热带牧草学各论

刘国道 王文强 主编

科学出版社

北京

内 容 简 介

热带和亚热带地区热量丰富、雨量充沛,蕴藏着大量的牧草资源。这些牧草资源是我国南方草牧业发展的基本物质保障。为使这些牧草得到充分的研究与利用,编者经过多年的野外考察,并结合对原有材料的系统整理,编写完成了《热带牧草学各论》。本书总结了热带牧草的功能作用和生产模式,详细介绍了369种牧草(包括部分品种)的地理分布、形态特性、生物学特征、饲用价值与栽培要点等。

本书文字简洁、图文并茂,对引导热带牧草资源开发、生产,发展和丰富热带草业科学均具有一定意义,同时也可供从事植物资源保护和生产利用相关专业人员借鉴和参考。

图书在版编目(CIP)数据

热带牧草学各论 / 刘国道,王文强主编. —北京:科学出版社,2020.3
ISBN 978-7-03-064052-9

Ⅰ.①热⋯ Ⅱ.①刘⋯ ②王⋯ Ⅲ.①热带牧草 – 研究 Ⅳ.①S54

中国版本图书馆CIP数据核字(2020)第014782号

责任编辑:罗 静 王 好 田明霞 / 责任校对:郑金红
责任印制:肖 兴 / 书籍设计:北京美光设计制版有限公司

科学出版社 出版
北京东黄城根北街16号
邮政编码:100717
http://www.sciencep.com

中国科学院印刷厂 印刷
科学出版社发行 各地新华书店经销

*

2020年3月第 一 版 开本:880×1230 A4
2020年3月第一次印刷 印张:41 1/2
字数:1 400 000

定价:680.00元

(如有印装质量问题,我社负责调换)

作者简介

刘国道，云南腾冲人，1963年6月生，二级研究员，博士生导师，国家牧草产业技术体系热带牧草育种岗位专家，现任中国热带农业科学院副院长，并兼任中国草学会副理事长、中国热带作物学会牧草与饲料专业委员会主任委员、全国牧草品种审定委员会副主任、中国农业境外产业发展联盟专家委员会委员、联合国粮食及农业组织热带农业平台全球工作委员会委员。长期从事热带牧草种质资源研究与新品种选育工作，先后育成国审草品种23个。主持各类科研项目30余项。主编《海南饲用植物志》《海南禾草志》《海南莎草志》《中国热带饲用植物资源》《热带作物种质资源学》《热带牧草栽培学》等专著15部；主编"热带畜牧业发展实用技术丛书"（19册）和"中国热带农业走出去实用技术丛书"（16册，中文、英文、法文出版）科普丛书2套；曾出访世界68个国家开展学术交流和热带牧草资源考察，主编"Field Guide to The Plants in FSM"系列丛书6部。在 *New Phytologist*、*Tropical Grasslands* 等国内外期刊发表200多篇研究论文。以第一完成人获省部级科技奖20余项。1993年获国家外国专家局"回国后作出突出贡献的回国人员奖"；2001年获第七届中国农学会青年科技奖和全国农业技术推广先进工作者称号；2003年入选教育部跨世纪优秀人才并享受国务院政府特殊津贴；2004年入选我国首批"新世纪百千万人才工程"国家级人选，获第四届海南省青年科技奖、海南省青年五四奖章、第八届中国青年科技奖、海南省国际合作贡献奖；2005年获海南省杰出人才奖；2007年被确定为中央直接联系高级专家；2010年入选海南省"515人才工程"第一层次人选；2012年入选全国农业科研杰出人才。

《热带牧草学各论》编写委员会

主　编　刘国道　王文强

副主编　罗丽娟　杨虎彪　钟　声　付玲玲

编　委（按姓氏拼音排序）

白昌军　陈志坚　陈志权　丁西朋　董荣书

付玲玲　郇恒福　黄　睿　黄春琼　黄冬芬

李欣勇　林照伟　刘国道　刘攀道　刘一明

罗丽娟　罗小燕　唐　军　王金辉　王文强

严琳玲　杨虎彪　虞道耿　张　瑜　钟　声

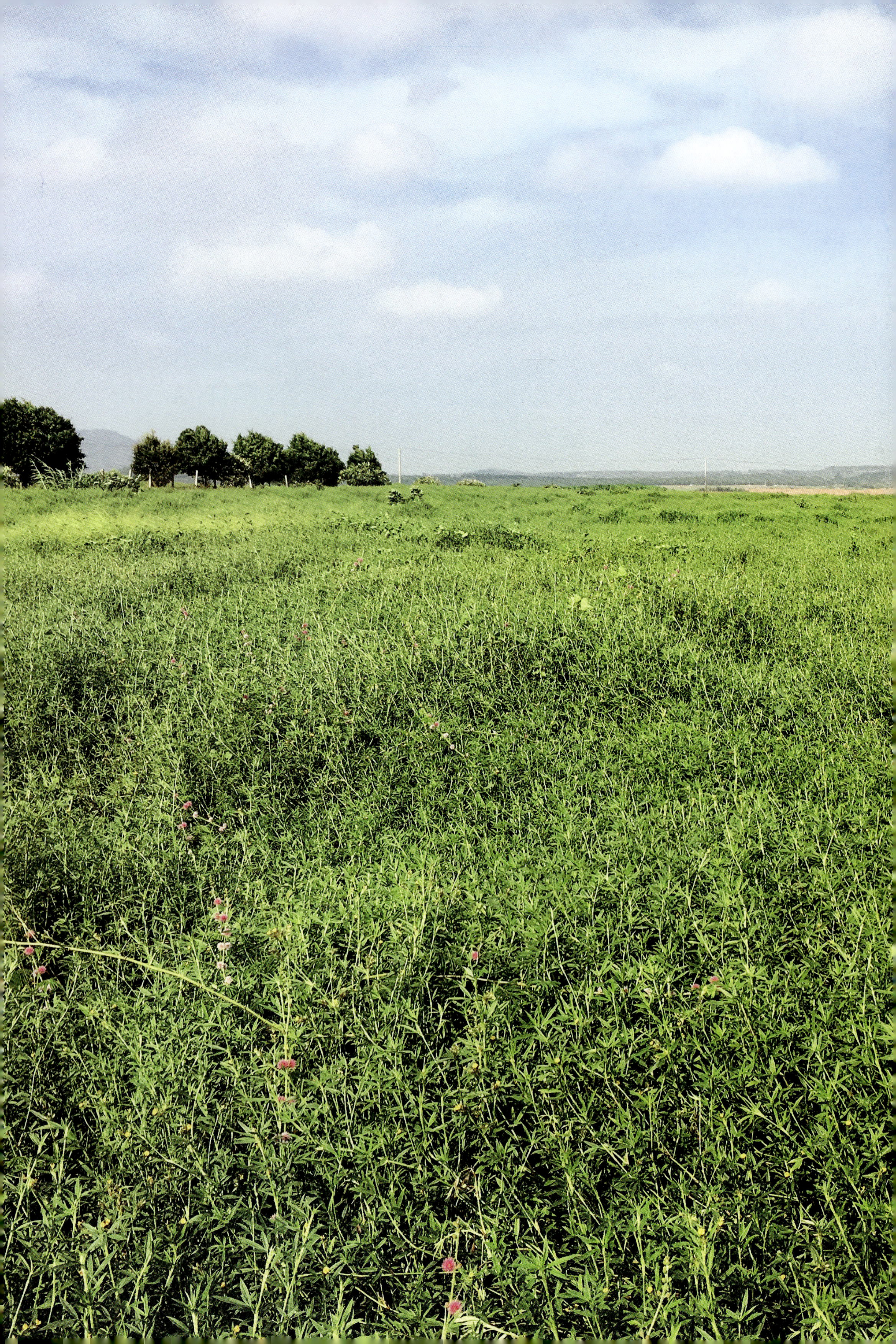

序

热带，又称热区，主要分布在赤道和南北回归线附近的亚洲、非洲、拉丁美洲和大洋洲等部分区域，是实施南南合作的主要地区之一，位于该地区的国家多为发展中国家。我国的热带主要包括海南和台湾两省的全部，广东、广西、云南、福建、湖南和江西等省（自治区）的南部，以及四川、贵州两省南端的干热河谷。这里聚居着30余个少数民族，有1.8亿农业人口，是我国扶贫攻坚的主战场之一。该区也是生物多样性高度丰富的地区，拥有高等植物种数高达全国高等植物总种数的2/3，全球所有的热带作物在这里几乎均有栽培。热带农业是我国农业的重要组成部分，全国冬季70%的蔬菜和水果均产自这里，该区的草业和草食家畜养殖业在我国具有独一无二的地位。国家历来高度重视热带农业，2016年中央一号文件《中共中央国务院关于落实发展新理念加快农业现代化　实现全面小康目标的若干意见》指出，要大力发展旱作农业、热作农业，对于广大农业工作者提出了更高的要求。

牧草在人类光辉灿烂的文明进程中，已经并将继续发挥重要的、不可替代的作用。追溯人类文明史，禾谷类作物，首先是作为家畜的饲料，后来才成为人类赖以生存的粮食，其种植推动了农业从渔猎发展到养殖、种植等高级阶段。据任继周先生考证，汉代以前，我国绝大部分土地用作草地畜牧业，牧业是重要行业（任继周，《中国农业伦理学导论》，2018）。被誉为世界最早的农业百科全书的《齐民要术》便是这一时期劳动人民在种植、养殖等方面智慧的结晶，其中提到"羊一千口者，三四月中，种大豆一顷，杂谷并草留之，不须锄治，八九月中刈作青茭"。该书约在19世纪传入欧洲，对欧洲科技的发展产生了重要影响，到了近代，欧美国家也产生了"No grass, no cattle, no cattle, no manure, no manure, no crops"的谚语，精辟地概括了草-畜-粮的辩证关系。

全国各地的研究与实践均表明，充分利用当地资源，大力种植牧草，发展以土-粮-草-畜相耦合为特征的草地农业，是实现农业现代化、全面实现小康的重要途径之一。在广袤草原牧区，栽培草地与天然草原相耦合，可以有效地遏制草原退化，恢复草原生产与生态功能，提高草原生产力，实现山川秀美、人民富裕。在传统农耕区，引草入田，草田轮作，粮草畜结合，可以减少农药、化肥的施用，提高土壤肥力，增加粮食产量和群众收入，保障国家生态与食物安全。近年来，栽培草地和天然草原的生产与生态功能得到了全社会的普遍认同。"藏粮于草""草畜结合"的理念不断得到认识与深化。2015年中央一号文件指出"加快发展草牧业，支持青贮玉米和苜蓿等饲草料种植，开展粮改饲和种养结合模式试点，促进粮食、经济作物、饲草料三元种植结构协调发展"。2016年中央一号文件进一步明确"扩大粮改饲试点，加快建设现代饲草料产业体系"。

热带降雨充沛，气候温暖，水热同季，具有发展草业得天独厚的资源和巨大的生产潜力。但无论国外还是我国，热带草业和草食畜牧业的发展均逊色于温带地区。国内外的草业科学研究均具有明显的温带研究多、热带研究少，豆科牧草研究多、禾本科和其他科牧草研究少的特点。比之北方层出不穷的温带牧草专著，见之于国际文献且较有影响力的热带牧草专著仅见Skerman编著、联合国粮食及农业组织于1988年出版的《热带豆科牧草》（*Tropical Forage Legumes*）。我国现代草原学奠基人王栋先生于1956年编著的《牧草学各论》及1989年由任继周先生主持修订的《牧草学各论》（新一版），虽然涉及了部分热带牧草，但是仍以温带牧草为主。

刘国道研究员三十余年来，潜心研究热带牧草与饲料作物资源，致力于发展热带草地畜牧业，取得了一系列创新性成果，从初出茅庐的青年学子，成长为国际草学界颇具影响、我国公认的热带草业科学带头人。《热带牧草学各论》是其近年的又一部力作。

该书不仅是刘国道研究员率领其团队，多年野外考察与收集、田间试验的成果结晶，也是落实改革开放国策"引进、消化、吸收、再创新"的真实写照。多年来，他们积极开展国际合作，充分利用国内外两种资源，培育适合我国的牧草新品种，对"热带豆科牧草之王"柱花草的研究与利用便是成功的范例。他们以引进品种与种质为材料，成功选育柱花草新品种20余个，不仅将这些品种在我国热带大规模推广，还将相关成果输出到非洲撒哈拉大沙漠以南的国家，在非洲参与建立了中国援刚果（布）农业技术示范中心和中国援尼日利亚农业技术示范中心，使热带草业成为我国向国际输出农业科技成果、开展国际科技合作的排头兵和桥头堡，使我国的农业科技成果在非洲大地开花结果，造福当地民众。建议国家组织有关部门将该书译为外文出版，进一步服务国际热带农业发展。

《热带牧草学各论》全书共四篇，其中第1篇为绪论，介绍了热带牧草的功能与作用、生产模式；第2~4篇，依次介绍了禾本科牧草、豆科牧草和其他科牧草，内容涉及各种牧草的形态特征、地理分布、饲用价值与栽培要点等。全书共包括热带牧草369种（包括部分品种），其中禾本科牧草146种、豆科牧草100种和其他科牧草123种，是我国目前较为全面地介绍热带牧草的专著。该书对指导热带草业生产、发展和丰富热带草业科学均具有重要意义，对草业科学、植物学、畜牧学、水土保持学、生态学等领域的学者、学生及农业推广人员均具有重要的参考价值。

从1956年王栋先生的《牧草学各论》，到1989年任继周先生主持修订的《牧草学各论》（新一版），再到该书的出版，我们不仅看到了我国牧草学的发展，更重要的是看到了草业科学的薪火相传，青蓝相济，兴旺发达！

祝贺《热带牧草学各论》的出版！

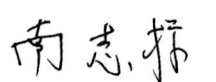

中国工程院　院士
草地农业生态系统国家重点实验室学术委员会　主任
兰州大学草地农业科技学院　教授
2019年6月18日

前　言

　　热带牧草自然分布于赤道两侧，北回归线和南回归线之间的热带、亚热带，我国主要分布于海南、广东、广西、福建、台湾、云南和四川等省（自治区）的大部，以及湖南、江西、湖北、安徽南部、西藏东南部、江苏西南部。此外，地带性热带、亚热带区域（如金沙江干热河谷等地）也分布有大量的热带牧草。该区热量丰富、雨量充沛，蕴藏了大量的野生牧草资源，同时，一些引进栽培牧草也大量逸生其中，如禾本科马唐属的升马唐（*Digitaria ciliaris*）、狗牙根属的狗牙根（*Cynodon dactylon*）、虎尾草属的台湾虎尾草（*Chloris formosana*）、画眉草属的弯叶画眉草（*Eragrostis curvula*）、狼尾草属的象草（*Pennisetum purpureum*）、黍属的坚尼草（*Panicum maximum*）、狗尾草属的非洲狗尾草（*Setaria anceps*）、臂形草属的俯仰臂形草（*Brachiaria decumbens*）、雀稗属的毛花雀稗（*Paspalum dilatatum*）等，豆科猪屎豆属的猪屎豆（*Crotalaria pallida*）、葛属的三裂叶野葛（*Pueraria phaseoloides*）、山蚂蝗属的长波叶山蚂蝗（*Desmodium sequax*）、假木豆属的假木豆（*Dendrolobium triangulare*）、田菁属的田菁（*Sesbania cannabina*）、千斤拔属的大叶千斤拔（*Flemingia macrophylla*）、柱花草属的圭亚那柱花草（*Stylosanthes guianensis*）、落花生属的平托落花生（*Arachis pintoi*）、决明属的圆叶决明（*Cassia rotundifolia*）等。这些牧草是我国热带草业和南方畜牧业发展的基本物质保障。为使这些牧草得到充分的研究与利用，编者经过多年的野外考察，并结合对原有材料的系统整理，编写完成了《热带牧草学各论》。

　　本书共4篇，第1篇主要介绍了热带牧草的功能与作用、生产模式。第2篇介绍了热带禾本科牧草，共14章，其中第3章对热带禾本科牧草的数量、分布、生活型、形态特征、生长习性和饲用价值进行了概述，接着从属和种出发，其后各章分别对黍属（*Panicum*）、狗尾草属（*Setaria*）、臂形草属（*Brachiaria*）、雀稗属（*Paspalum*）、马唐属（*Digitaria*）、狗牙根属（*Cynodon*）、高粱属（*Sorghum*）、虎尾草属（*Chloris*）、画眉草属（*Eragrostis*）、狼尾草属（*Pennisetum*）、须芒草属（*Andropogon*）、稗属（*Echinochloa*）及其他禾本科牧草146种（包括部分品种）进行了形态特征、地理分布、生物学特性、饲用价值和栽培要点等描述。第3篇介绍了热带豆科牧草，共14章，其中第17章对热带豆科牧草的数量、分布、形态特征、生长习性和饲用价值进行了概述，其后几章从属和种出发，分别对柱花草属（*Stylosanthes*）、落花生属（*Arachis*）、决明属（*Cassia*）、猪屎豆属（*Crotalaria*）、葛属（*Pueraria*）、菜豆属（*Phaseolus*）、豇豆属（*Vigna*）、山蚂蝗属（*Desmodium*）、假木豆属（*Dendrolobium*）、排钱草属（*Phyllodium*）、田菁属（*Sesbania*）、千斤拔属（*Flemingia*）及其他豆科牧草100种的形态特征、地理分布、生物学特性、饲用价值和栽培要点等进行了描述。第4篇概况介绍了除禾本科和豆科牧草之外的123种其他科热带牧草。

　　本书相关工作与出版得到了国家牧草产业技术体系，国家科技基础资源调查专项"中国南方草地牧草资源调查"项目，农业农村部物种资源保护（牧草）项目，国家热带植物种质资源库和马来群岛、柬埔寨农业资源搜集及农业科技发展研究项目的支持，在此一并致谢。

　　本书涉及热带牧草种类较多，虽然进行了长期反复核校修改，但因编者水平有限，不足之处在所难免，敬请读者批评指正。

编　者

2019年4月16日

目　　录

第 1 篇　绪　　论

第 1 章　热带牧草的功能与作用　　2
第 2 章　热带牧草生产模式　　9

第 2 篇　热带禾本科牧草

第 3 章　热带禾本科牧草总论　　18

第 4 章　黍属牧草　　22

1. 糠稷　*Panicum bisulcatum* Thunb.　　23
2. 短叶黍　*Panicum brevifolium* L.　　24
3. 大罗网草　*Panicum luzonense* J. Presl　　25
4. 藤竹草　*Panicum incomtum* Trin.　　26
5. 坚尼草　*Panicum maximum* Jacq.　　28
6. 青绿黍　*Panicum maximum* cv. Trichoglume　　30
7. 稷　*Panicum miliaceum* L.　　31
8. 铺地黍　*Panicum repens* L.　　33
9. 柳枝稷　*Panicum virgatum* L.　　35

第 5 章　狗尾草属牧草　　37

1. 卡松古鲁非洲狗尾草　*Setaria anceps* Stapf ex Massey cv. Kazungula　　38
2. 卡选 14 号非洲狗尾草　*Setaria anceps* Stapf ex Massey cv. Kaxuan 14　　40
3. 纳罗克非洲狗尾草　*Setaria anceps* Stapf ex Massey cv. Narok　　41
4. 南迪非洲狗尾草　*Setaria anceps* Stapf ex Massey cv. Nandi　　42
5. 金色狗尾草　*Setaria pumila* (Poir.) Roem. et Schult.　　44
6. 莠狗尾草　*Setaria parviflora* (Poir.) Kerguélen　　45
7. 粟　*Setaria italica* (L.) P. Beauv.　　46
8. 棕叶狗尾草　*Setaria palmifolia* (J. König) Stapf　　48
9. 皱叶狗尾草　*Setaria plicata* (Lam.) T. Cooke　　50
10. 西南莩草　*Setaria forbesiana* (Nees ex Steud.) J. D. Hooker　　51
11. 狗尾草　*Setaria viridis* (L.) P. Beauv.　　52

第6章　臂形草属牧草　53

1. 俯仰臂形草　*Brachiaria decumbens* Stapf　54
2. 珊状臂形草　*Brachiaria brizantha* Stapf　56
3. 网脉臂形草　*Brachiaria dictyoneura* (Fig. et De Not.) Stapf　58
4. 刚果臂形草　*Brachiaria ruziziensis* Germain et Evrard　60
5. 巴拉草　*Brachiaria mutica* (Forssk.) Stapf　62
6. 多枝臂形草　*Brachiaria ramose* (L.) Stapf　64
7. 四生臂形草　*Brachiaria subquadripara* (Trin.) Hitchc.　65
8. 湿生臂形草　*Brachiaria humidicola* (Rendle) Schweickt　67
9. 毛臂形草　*Brachiaria villosa* (Lam.) A. Camus　68

第7章　雀稗属牧草　69

1. 毛花雀稗　*Paspalum dilatatum* Poir.　70
2. 双穗雀稗　*Paspalum distichum* L.　72
3. 长叶雀稗　*Paspalum longifolium* Roxburgh　74
4. 圆果雀稗　*Paspalum scrobiculatum* L. var. *orbiculare* (G. Forst.) Hack.　76
5. 雀稗　*Paspalum thunbergii* Kunth ex Steud.　78
6. 棕籽雀稗　*Paspalum plicatulum* Michaux　79
7. 黑籽雀稗　*Paspalum atratum* Sw.　81
8. 宽叶雀稗　*Paspalum wettsteinii* Hack.　83
9. 丝毛雀稗　*Paspalum urvillei* Steud.　85
10. 百喜草　*Paspalum notatum* Flüggé　87
11. 海雀稗　*Paspalum vaginatum* Sw.　88

第8章　马唐属牧草　89

1. 升马唐　*Digitaria ciliaris* (Retz.) Koel.　90
2. 俯仰马唐　*Digitaria decumbens* Stent　92
3. 二型马唐　*Digitaria heterantha* (J. D. Hooker) Merr.　93
4. 海南马唐　*Digitaria setigera* Roth ex Roem. et Schult.　94
5. 红尾翎　*Digitaria radicosa* (J. Presl) Miq.　95
6. 十字马唐　*Digitaria cruciata* (Nees) A. Camus　96
7. 三数马唐　*Digitaria ternata* (Hochst. ex A. Rich.) Stapf　97

第9章　狗牙根属牧草　98

1. 狗牙根　*Cynodon dactylon* (L.) Pers.　99
2. 岸杂1号狗牙根　*Cynodon dactylon* (L.) Pers. cv. Coastcross-1　101
3. 弯穗狗牙根　*Cynodon radiatus* Roth ex Roem. et Schult.　102

第10章　高粱属牧草　103

1. 高粱　*Sorghum bicolor* (L.) Moench　104
2. 苏丹草　*Sorghum sudanense* (Piper) Stapf　106
3. 高丹草　*Sorghum bicolor* × *Sorghum sudanense*　108
4. 拟高粱　*Sorghum propinquum* (Kunth) Hitchc.　110

5. 光高粱　*Sorghum nitidum* (Vahl) Pers.　　111

第 11 章　虎尾草属牧草　　112

1. 台湾虎尾草　*Chloris formosana* (Honda) Keng ex B. S. Sun et Z. H. Hu　　113
2. 盖氏虎尾草　*Chloris gayana* Kunth　　115
3. 虎尾草　*Chloris virgata* Sw.　　117
4. 异序虎尾草　*Chloris pycnothrix* Trin.　　118

第 12 章　画眉草属牧草　　119

1. 鼠妇草　*Eragrostis atrovirens* (Desf.) Trin. ex Steud.　　120
2. 大画眉草　*Eragrostis cilianensis* (Allioni) Vignolo-Lutati ex Janchen　　122
3. 短穗画眉草　*Eragrostis cylindrica* (Roxburgh) Nees ex Hooker et Arnott　　123
4. 宿根画眉草　*Eragrostis perennans* Keng　　124
5. 画眉草　*Eragrostis pilosa* (L.) P. Beauv.　　125
6. 长画眉草　*Eragrostis brownii* (Kunth) Nees　　126
7. 弯叶画眉草　*Eragrostis curvula* (Schrad.) Nees　　127
8. 乱草　*Eragrostis japonica* (Thunb.) Trin.　　128

第 13 章　狼尾草属牧草　　129

1. 珍珠粟　*Pennisetum glaucum* (L.) R. Brown　　130
2. 宁杂 3 号美洲狼尾草　*Pennisetum glaucum* (L.) R. Brown cv. Ningza No. 3　　132
3. 宁杂 4 号美洲狼尾草　*Pennisetum glaucum* (L.) R. Brown cv. Ningza No. 4　　134
4. 象草　*Pennisetum purpureum* Schum.　　135
5. 摩特矮象草　*Pennisetum purpureum* Schum. cv. Mott　　137
6. 华南象草　*Pennisetum purpureum* Schum. cv. Huanan　　139
7. 德宏象草　*Pennisetum purpureum* Schum. cv. Dehong　　140
8. 桂闽引象草　*Pennisetum purpureum* Schum. cv. Guiminyin　　142
9. 杂交狼尾草　*Pennisetum glaucum* × *P. purpureum* cv. 23A × N51　　144
10. 桂牧 1 号杂交象草　(*Pennisetum glaucum* × *P. purpureum*) × *P. purpureum* Schum. cv. Guimu No. 1　　146
11. 邦得 1 号杂交狼尾草　*Pennisetum glaucum* × *Pennisetum purpureum* cv. Bangde No. 1　　148
12. 闽牧 6 号狼尾草　*Pennisetum glaucum* × *Pennisetum purpureum* cv. Minmu No. 6　　149
13. 热研 4 号王草　*Pennisetum purpureum* × *Pennisetum glaucum* cv. Reyan No. 4　　151
14. 东非狼尾草　*Pennisetum clandestinum* Hochst. ex Chiov.　　153
15. 多穗狼尾草　*Pennisetum polystachion* (L.) Schult.　　155

第 14 章　须芒草属牧草　　157

1. 华须芒草　*Andropogon chinensis* (Nees) Merr.　　158
2. 圭亚那须芒草　*Andropogon gayanus* Kunth　　160

第 15 章　稗属牧草　　162

1. 光头稗　*Echinochloa colona* (L.) Link　　163
2. 水田稗　*Echinochloa oryzoides* (Arduino) Fritsch　　164

第 16 章　其他禾本科牧草　　165

1. 墨西哥玉米　*Euchlaena mexicana* Schrad.　　165
2. 薏苡　*Coix lacryma-jobi* L.　　167
3. 危地马拉草　*Tripsacum laxum* Nash　　169
4. 扁穗牛鞭草　*Hemarthria compressa* (L. f.) R. Brown　　171
5. 糖蜜草　*Melinis minutiflora* P. Beauv.　　173
6. 地毯草　*Axonopus compressus* (Sw.) P. Beauv.　　175
7. 香根草　*Chrysopogon zizanioides* (L.) Roberty　　177
8. 菰　*Zizania latifolia* (Griseb.) Turcz. ex Stapf　　179
9. 穇　*Eleusine coracana* (L.) Gaert.　　181
10. 牛筋草　*Eleusine indica* (L.) Gaert.　　182
11. 龙爪茅　*Dactyloctenium aegyptium* (L.) Willd.　　183
12. 鼠尾粟　*Sporobolus fertilis* (Steud.) Clayt.　　185
13. 求米草　*Oplismenus undulatifolius* (Ard.) Roem. et Schult.　　186
14. 竹叶草　*Oplismenus compositus* (L.) P. Beauv.　　187
15. 纤毛蒺藜草　*Cenchrus ciliaris* L.　　188
16. 蒺藜草　*Cenchrus echinatus* L.　　189
17. 水蔗草　*Apluda mutica* L.　　190
18. 竹节草　*Chrysopogon aciculatus* (Retz.) Trin.　　192
19. 假俭草　*Eremochloa ophiuroides* (Munro) Hack.　　194
20. 蜈蚣草　*Eremochloa ciliaris* (L.) Merr.　　195
21. 臭根子草　*Bothriochloa bladhii* (Retz.) S. T. Blake　　197
22. 白羊草　*Bothriochloa ischaemum* (L.) Keng　　199
23. 双花草　*Dichanthium annulatum* (Forssk.) Stapf　　200
24. 纤毛鸭嘴草　*Ischaemum ciliare* Retz.　　202
25. 有芒鸭嘴草　*Ischaemum aristatum* L.　　204
26. 拟金茅　*Eulaliopsis binata* (Retz.) C. E. Hubbard　　206
27. 五节芒　*Miscanthus floridulus* (Labill.) Warb. ex K. Schum. et Lauterb.　　207
28. 芒　*Miscanthus sinensis* Anderss.　　208
29. 尼泊尔芒　*Miscanthus nepalensis* (Trin.) Hack.　　210
30. 斑茅　*Saccharum arundinaceum* Retz.　　211
31. 甜根子草　*Saccharum spontaneum* L.　　213
32. 蔗茅　*Saccharum rufipilum* Steud.　　215
33. 红苞茅　*Hyparrhenia yunnanensis* B. S. Sun　　216
34. 黄茅　*Heteropogon contortus* (L.) P. Beauv. ex Roem. et Schult.　　218
35. 苞子草　*Themeda caudata* (Nees) A. Camus　　220
36. 类芦　*Neyraudia reynaudiana* (Kunth) Keng ex Hitchc.　　221
37. 筒轴茅　*Rottboellia cochinchinensis* (Lour.) Clayt.　　222
38. 李氏禾　*Leersia hexandra* Sw.　　223
39. 虮子草　*Leptochloa panicea* (Retz.) Ohwi　　225
40. 千金子　*Leptochloa chinensis* (L.) Nees　　226
41. 柳叶箬　*Isachne globosa* (Thunb.) Kuntze　　228
42. 白花柳叶箬　*Isachne albens* Trin.　　229
43. 茅根　*Perotis indica* (L.) O. Kuntze　　230

44. 奥图草　*Ottochloa nodosa* (Kunth) Dandy　　232
45. 囊颖草　*Sacciolepis indica* (L.) Chase　　233
46. 毛颖草　*Alloteropsis semialata* (R. Brown) Hitchc.　　235
47. 类雀稗　*Paspalidium flavidium* (Retz.) A. Camus　　237
48. 刚莠竹　*Microstegium ciliatum* (Trin.) A. Camus　　238
49. 蔓生莠竹　*Microstegium fasciculatum* (L.) Henrard　　239
50. 柔枝莠竹　*Microstegium vimineum* (Trin.) A. Camus　　241
51. 金丝草　*Pogonatherum crinitum* (Thunb.) Kunth　　242
52. 棒头草　*Polypogon fugax* Nees ex Steud.　　244
53. 细柄草　*Capillipedium parviflorum* (R. Brown) Stapf　　246
54. 硬秆子草　*Capillipedium assimile* (Steud.) A. Camus　　248
55. 球穗草　*Hackelochloa granularis* (L.) Kuntze　　250
56. 石芒草　*Arundinella nepalensis* Trin.　　251
57. 孟加拉野古草　*Arundinella bengalensis* (Spreng.) Druce　　253
58. 刺芒野古草　*Arundinella setosa* Trin.　　254
59. 老鼠艻　*Spinifex littoreus* (N. L. Burman) Merr.　　255
60. 白茅　*Imperata cylindrica* (L.) Raeuschel　　256

第 3 篇　热带豆科牧草

第 17 章　热带豆科牧草总论　　260

第 18 章　柱花草属牧草　　263

1. 圭亚那柱花草　*Stylosanthes guianensis* (Aubl.) Sw.　　264
2. 头状柱花草　*Stylosanthes capitata* Vog.　　267
3. 矮柱花草　*Stylosanthes humilis* Kunth　　269
4. 粗糙柱花草　*Stylosanthes scabra* Vog.　　271
5. 有钩柱花草　*Stylosanthes hamata* (L.) Taub.　　273

第 19 章　落花生属牧草　　275

1. 平托落花生　*Arachis pintoi* Krap. et Greg.　　276
2. 蔓花生　*Arachis duranensis* Krap. et Greg.　　278
3. 光叶落花生　*Arachis glabrata* Benth.　　279

第 20 章　决明属牧草　　281

1. 决明　*Cassia tora* L.　　282
2. 短叶决明　*Cassia leschenaultiana* DC.　　283
3. 含羞草决明　*Cassia mimosoides* L.　　284
4. 羽叶决明　*Cassia nictitans* L.　　285
5. 圆叶决明　*Cassia rotundifolia* Pers.　　286

第 21 章　猪屎豆属牧草　　288

1. 猪屎豆　*Crotalaria pallida* Ait.　　289
2. 三尖叶猪屎豆　*Crotalaria micans* Link　　291

3. 菽麻　*Crotalaria juncea* L.	293
4. 翅托叶猪屎豆　*Crotalaria alata* Buch.-Ham. ex D. Don	295
5. 华野百合　*Crotalaria chinensis* L.	297
6. 假地蓝　*Crotalaria ferruginea* Grah. ex Benth.	298

第 22 章　葛属牧草　　300

1. 野葛　*Pueraria montana* (Lour.) Merr. var. *lobata* (Willd.) Maesen et Al. ex San. et Pred.	301
2. 葛　*Pueraria montana* (Lour.) Merr. var. *montana* van der Maesen	303
3. 三裂叶野葛　*Pueraria phaseoloides* (Roxb.) Benth.	304
4. 喜马拉雅葛藤　*Pueraria wallichii* Candolle	306

第 23 章　菜豆属牧草　　308

1. 棉豆　*Phaseolus lunatus* L.	309
2. 菜豆　*Phaseolus vulgaris* L.	311

第 24 章　豇豆属牧草　　313

1. 赤豆　*Vigna angularis* (Willd.) Ohwi et Ohashi	314
2. 绿豆　*Vigna radiata* (L.) Wilczek	316
3. 赤小豆　*Vigna umbellata* (Thunb.) Ohwi et Ohashi	318
4. 豇豆　*Vigna unguiculata* (L.) Walp.	319

第 25 章　山蚂蝗属牧草　　321

1. 卵叶山蚂蝗　*Desmodium ovalifolium* Wall.	322
2. 糙伏山蚂蝗　*Desmodium strigillosum* Schindl.	324
3. 假地豆　*Desmodium heterocarpon* (L.) DC.	326
4. 绿叶山蚂蝗　*Desmodium intortum* Urd.	328
5. 银叶山蚂蝗　*Desmodium uncinatum* DC.	330
6. 大叶山蚂蝗　*Desmodium gangeticum* (L.) DC.	332
7. 绒毛山蚂蝗　*Desmodium velutinum* (Willd.) DC.	334
8. 长波叶山蚂蝗　*Desmodium sequax* Wall.	336
9. 赤山蚂蝗　*Desmodium rubrum* (Lour.) DC.	338
10. 金钱草　*Desmodium styracifolium* (Osbeck.) Merr.	339
11. 三点金　*Desmodium triflorum* (L.) DC.	341
12. 异叶山蚂蝗　*Desmodium heterophyllum* (Willd.) DC.	342

第 26 章　假木豆属牧草　　343

1. 单节假木豆　*Dendrolobium lanceolatum* (Dunn) Schindl.	344
2. 假木豆　*Dendrolobium triangulare* (Retz.) Schindl.	346

第 27 章　排钱草属牧草　　347

1. 排钱草　*Phyllodium pulchellum* (L.) Desv.	348
2. 毛排钱草　*Phyllodium elegans* (Lour.) Desv.	350

第 28 章　田菁属牧草　351

1. 田菁　*Sesbania cannabina* (Retz.) Poir.　352
2. 大花田菁　*Sesbania grandiflora* (L.) Pers.　354

第 29 章　千斤拔属牧草　355

1. 大叶千斤拔　*Flemingia macrophylla* (Willd.) Prain　356
2. 蔓性千斤拔　*Flemingia prostrata* Roxb. f. ex Roxb.　358
3. 球穗千斤拔　*Flemingia strobilifera* (L.) W. T. Ait.　360

第 30 章　其他豆科牧草　361

1. 首冠藤　*Bauhinia corymbosa* Roxb. ex DC.　361
2. 羊蹄甲　*Bauhinia purpurea* L.　363
3. 洋紫荆　*Bauhinia variegata* L.　364
4. 银合欢　*Leucaena leucocephala* (Lam.) de Wit　365
5. 金合欢　*Acacia farnesiana* (L.) Willd.　367
6. 大叶相思　*Acacia auriculiformis* A. Cunn. ex Benth.　369
7. 香合欢　*Albizia odoratissima* (L. f.) Benth.　371
8. 海南槐　*Sophora tomentosa* L.　372
9. 水黄皮　*Pongamia pinnata* (L.) Merr.　373
10. 印度檀　*Dalbergia sissoo* Roxb.　374
11. 凤凰木　*Delonix regia* (Bojer) Raf.　375
12. 美丽鸡血藤　*Callerya speciosa* (Champ. ex Benth.) Schot　376
13. 圆叶舞草　*Codoriocalyx gyroides* (Roxb. ex Link) Hassk.　378
14. 白灰毛豆　*Tephrosia candida* DC.　380
15. 多花木蓝　*Indigofera amblyantha* Craib　382
16. 马棘　*Indigofera pseudotinctoria* Matsum.　383
17. 胡枝子　*Lespedeza bicolor* Turcz.　384
18. 美丽胡枝子　*Lespedeza formosa* (Vog.) Koehne　385
19. 草木犀　*Melilotus officinalis* L.　386
20. 杭子梢　*Campylotropis macrocarpa* (Bunge) Rehd.　387
21. 细长柄山蚂蝗　*Hylodesmum leptopus* (A. Gray ex Benth.) H. Ohashi et R. R. Mill　388
22. 葫芦茶　*Tadehagi triquetrum* (L.) H. Ohashi　390
23. 木豆　*Cajanus cajan* (L.) Huth　392
24. 蔓草虫豆　*Cajanus scarabaeoides* (L.) Thouars　393
25. 大豆　*Glycine max* (L.) Merr.　394
26. 蝴蝶豆　*Centrosema pubescens* Benth.　396
27. 黧豆　*Mucuna pruriens* var. *utilis* (Wall. ex Wight) Baker ex Burck　398
28. 四棱豆　*Psophocarpus tetragonolobus* (L.) DC.　400
29. 扁豆　*Lablab purpureus* (L.) Sweet　402
30. 链荚豆　*Alysicarpus vaginalis* (L.) DC.　404
31. 两型豆　*Amphicarpaea edgeworthii* Benth.　405
32. 鹿藿　*Rhynchosia volubilis* Lour.　407
33. 毛蔓豆　*Calopogonium mucunoides* Desv.　408

34. 密子豆　*Pycnospora lutescens* (Poir.) Schindl. — 410
35. 乳豆　*Galactia tenuiflora* (Klein ex Willd.) Wight et Arn. — 412
36. 紫花大翼豆　*Macroptilium atropurpureum* (Mociño et Sessé ex Candolle) Urban. — 413
37. 罗顿豆　*Lotononis bainesii* Baker — 415
38. 蝶豆　*Clitoria ternatea* L. — 417
39. 硬皮豆　*Macrotyloma uniflorum* (Lam.) Verdc. — 419
40. 豆薯　*Pachyrhizus erosus* (L.) Urban — 420
41. 蝙蝠草　*Christia vespertilionis* (L. f.) Bakhuizen f. ex Meeu-wen — 421
42. 铺地蝙蝠草　*Christia obcordata* (Poir.) Bakhuizen f. ex Meeu-wen — 422
43. 丁癸草　*Zornia gibbosa* Spanog. — 424
44. 猪仔笠　*Eriosema chinense* Vog. — 425
45. 黄羽扇豆　*Lupinus luteus* L. — 426
46. 紫雀花　*Parochetus communis* Buch.-Ham ex D. Don — 427
47. 合萌　*Aeschynomene indica* L. — 428
48. 美洲合萌　*Aeschynomene americana* L. — 429
49. 紫云英　*Astragalus sinicus* L. — 430
50. 南苜蓿　*Medicago polymorpha* L. — 432

第 4 篇　其他科热带牧草

第 31 章　海金沙科牧草 — 436

1. 海金沙　*Lygodium japonicum* (Thunb.) Sw. — 437
2. 小叶海金沙　*Lygodium microphyllum* (Cav.) R. Brown — 438

第 32 章　水蕨科牧草 — 439

1. 水蕨　*Ceratopteris thalictroides* (L.) Brongn. — 440

第 33 章　乌毛蕨科牧草 — 441

1. 乌毛蕨　*Blechnum orientale* L. — 442

第 34 章　苹科牧草 — 443

1. 苹　*Marsilea quadrifolia* L. — 444

第 35 章　天南星科牧草 — 445

1. 大藻　*Pistia stratiotes* L. — 446
2. 芋　*Colocasia esculenta* (L.) Schott — 447

第 36 章　雨久花科牧草 — 448

1. 水葫芦　*Eichhornia crassipes* (Mart.) Solms — 449
2. 雨久花　*Monochoria korsakowii* Regel et Maack — 450
3. 鸭舌草　*Monochoria vaginalis* (N. L. Burman) C. Presl ex Kunth — 451

第 37 章　鸭跖草科牧草 — 452

1. 鸭跖草　*Commelina communis* L. — 453

2. 饭包草　*Commelina benghalensis* L. … 454

3. 大苞鸭跖草　*Commelina paludosa* Bl. … 455

4. 水竹叶　*Murdannia triquetra* (Wall. ex C. B. Clarke) Brückner … 456

第 38 章　胡椒科牧草　457

1. 石蝉草　*Peperomia blanda* (Jacq.) Kunth … 458
2. 草胡椒　*Peperomia pellucida* (L.) Kunth … 459
3. 假蒟　*Piper sarmentosum* Roxb. … 460
4. 蒌叶　*Piper betle* L. … 461

第 39 章　落葵科牧草　462

1. 落葵　*Basella alba* L. … 463

第 40 章　三白草科牧草　465

1. 蕺菜　*Houttuynia cordata* Thunb. … 466
2. 三白草　*Saururus chinensis* (Lour.) Baill. … 468

第 41 章　紫茉莉科牧草　469

1. 黄细心　*Boerhavia diffusa* L. … 470

第 42 章　马齿苋科牧草　472

1. 马齿苋　*Portulaca oleracea* L. … 473
2. 土人参　*Talinum paniculatum* (Jacq.) Gaertn. … 474

第 43 章　酢浆草科牧草　475

1. 酢浆草　*Oxalis corniculata* L. … 476
2. 红花酢浆草　*Oxalis corymbosa* Candolle … 478

第 44 章　茜草科牧草　480

1. 玉叶金花　*Mussaenda pubescens* W. T. Ait. … 481
2. 阔叶丰花草　*Spermacoce alata* Aubl. … 482

第 45 章　荨麻科牧草　483

1. 大叶苎麻　*Boehmeria japonica* (L. f.) Miq. … 484
2. 苎麻　*Boehmeria nivea* (L.) Gaudichaud-Beaupré … 485
3. 糯米团　*Gonostegia hirta* (Bl. ex Hassk.) Miq. … 486

第 46 章　藜科牧草　488

1. 藜　*Chenopodium album* L. … 489
2. 小藜　*Chenopodium ficifolium* Smith … 490
3. 厚皮菜　*Beta vulgaris* var. *cicla* L. … 491

第 47 章　苋科牧草　492

1. 喜旱莲子草　*Alternanthera philoxeroides* (C. Mart.) Griseb. … 493

2. 莲子草　*Alternanthera sessilis* (L.) R. Brown ex Candolle ... 495
3. 凹头苋　*Amaranthus blitum* L. ... 496
4. 籽粒苋　*Amaranthus hypochondriacus* L. ... 497
5. 刺苋　*Amaranthus spinosus* L. ... 498
6. 青葙　*Celosia argentea* L. ... 499
7. 土牛膝　*Achyranthes aspera* L. ... 500

第 48 章　旋花科牧草　501

1. 番薯　*Ipomoea batatas* (L.) Lam. ... 502
2. 蕹菜　*Ipomoea aquatica* Forssk. ... 503
3. 五爪金龙　*Ipomoea cairica* (L.) Sweet ... 504
4. 厚藤　*Ipomoea pes-caprae* (L.) R. Brown ... 505
5. 猪菜藤　*Hewittia malabarica* (L.) Suresh ... 506

第 49 章　菊科牧草　507

1. 地胆草　*Elephantopus scaber* L. ... 508
2. 加拿大蓬　*Erigeron canadensis* L. ... 510
3. 鼠曲草　*Gnaphalium affine* D. Don ... 511
4. 豨莶　*Siegesbeckia orientalis* L. ... 512
5. 沼菊　*Enydra fluctuans* Lour. ... 513
6. 鳢肠　*Eclipta prostrata* (L.) L. ... 515
7. 蟛蜞菊　*Wedelia chinensis* (Osbeck.) Merr. ... 517
8. 肿柄菊　*Tithonia diversifolia* A. Gray ... 518
9. 金腰箭　*Synedrella nodiflora* (L.) Gaertn. ... 519
10. 鬼针草　*Bidens pilosa* L. ... 520
11. 羽芒菊　*Tridax procumbens* L. ... 521
12. 革命菜　*Crassocephalum crepidioides* (Benth.) S. Moore ... 522
13. 白子菜　*Gynura divaricata* (L.) DC. ... 524
14. 一点红　*Emilia sonchifolia* (L.) DC. ... 525
15. 千里光　*Senecio scandens* Buch.-Ham. ex D. Don ... 527
16. 黄鹌菜　*Youngia japonica* (L.) DC. ... 528

第 50 章　桑科牧草　530

1. 波罗蜜　*Artocarpus heterophyllus* Lam. ... 531
2. 桂木　*Artocarpus nitidus* subsp. *lingnanensis* (Merr.) F. M. Jarrett ... 532
3. 构树　*Broussonetia papyrifera* (L.) L'Hér. ex Vent. ... 533
4. 葎草　*Humulus scandens* (Lour.) Merr. ... 535
5. 地瓜　*Ficus tikoua* Bur. ... 537
6. 大果榕　*Ficus auriculata* Lour. ... 538
7. 对叶榕　*Ficus hispida* L. f. ... 539
8. 桑　*Morus alba* L. ... 540
9. 鹊肾树　*Streblus asper* Lour. ... 541

第 51 章　大戟科牧草　543

1. 铁苋菜　*Acalypha australis* L.　544
2. 红背山麻杆　*Alchornea trewioides* (Benth.) Müller Arg.　545
3. 银柴　*Aporusa dioica* (Roxb.) Müller Arg.　546
4. 黑面神　*Breynia fruticosa* (L.) Müller Arg.　547
5. 木薯　*Manihot esculenta* Crantz　549
6. 飞扬草　*Euphorbia hirta* L.　550
7. 重阳木　*Bischofia javanica* Bl.　551
8. 土蜜树　*Bridelia tomentosa* Bl.　552
9. 白饭树　*Flueggea virosa* (Roxb. ex Willd.) Voigt　553
10. 余甘子　*Phyllanthus emblica* L.　554

第 52 章　葫芦科牧草　555

1. 葫芦　*Lagenaria siceraria* (Molina) Standl.　556
2. 苦瓜　*Momordica charantia* L.　557
3. 丝瓜　*Luffa aegyptiaca* Mill.　558
4. 冬瓜　*Benincasa hispida* (Thunb.) Cogn.　559
5. 南瓜　*Cucurbita moschata* Duch.　560

第 53 章　莎草科牧草　561

1. 毛芙兰草　*Fuirena ciliaris* (L.) Roxb.　562
2. 异型莎草　*Cyperus difformis* L.　564
3. 毛轴莎草　*Cyperus pilosus* Vahl　565
4. 香附子　*Cyperus rotundus* L.　566
5. 红鳞扁莎　*Pycreus sanguinolentus* (Vahl) Nees ex C. B. Clarke　567
6. 高秆珍珠茅　*Scleria terrestris* (L.) Fassett　569
7. 十字薹草　*Carex cruciata* Wahlenb.　570

第 54 章　马鞭草科牧草　571

1. 大青　*Clerodendrum cyrtophyllum* Turcz.　572
2. 假败酱　*Stachytarpheta jamaicensis* (L.) Vahl　573

第 55 章　苦木科牧草　575

1. 牛筋果　*Harrisonia perforata* (Blanco) Merr.　576
2. 鸦胆子　*Brucea javanica* (L.) Merr.　577

第 56 章　漆树科牧草　578

1. 厚皮树　*Lannea coromandelica* (Houtt.) Merr.　579
2. 盐肤木　*Rhus chinensis* Mill.　580
3. 杧果　*Mangifera indica* L.　581

第 57 章　无患子科牧草　582

1. 坡柳　*Dodonaea viscosa* (L.) Jacq.　583

2. 赤才　*Lepisanthes rubiginosa* (Roxb.) Leenh. ... 584

第 58 章　椴树科牧草　586

1. 破布叶　*Microcos paniculata* L. ... 587
2. 刺蒴麻　*Triumfetta rhomboidea* Jacq. ... 588

第 59 章　锦葵科牧草　589

1. 磨盘草　*Abutilon indicum* (L.) Sweet ... 590
2. 肖梵天花　*Urena lobata* L. ... 592
3. 白背黄花稔　*Sida rhombifolia* L. ... 593
4. 黄槿　*Hibiscus tiliaceus* L. ... 594
5. 野葵　*Malva verticillata* L. ... 596

第 60 章　梧桐科牧草　597

1. 山芝麻　*Helicteres angustifolia* L. ... 598
2. 火索麻　*Helicteres isora* L. ... 599
3. 蛇婆子　*Waltheria indica* L. ... 600

第 61 章　桃金娘科牧草　601

1. 桃金娘　*Rhodomyrtus tomentosa* (Ait.) Hassk. ... 602
2. 番石榴　*Psidium guajava* L. ... 604

第 62 章　番木瓜科牧草　606

1. 番木瓜　*Carica papaya* L. ... 607

第 63 章　瑞香科牧草　608

1. 了哥王　*Wikstroemia indica* (L.) C. A. Mey. ... 609

第 64 章　木麻黄科牧草　611

1. 木麻黄　*Casuarina equisetifolia* L. ... 612

第 65 章　卫矛科牧草　613

1. 变叶美登木　*Maytenus diversifolius* (Maxim.) D. Hou ... 614

第 66 章　夹竹桃科牧草　615

1. 倒吊笔　*Wrightia pubescens* R. Brown ... 616

第 67 章　大风子科牧草　618

1. 红花天料木　*Homalium ceylanicum* (Gardner) Benth. ... 619

第 68 章　藤黄科牧草　621

1. 岭南山竹子　*Garcinia oblongifolia* Champ. ex Benth. ... 622

第 69 章　美人蕉科牧草　　623

1. 蕉藕　*Canna indica* L.　　624

第 70 章　竹芋科牧草　　626

1. 竹芋　*Maranta arundinacea* L.　　627

主要参考文献　　628
中文名索引　　629
拉丁名索引　　635

第1篇

绪 论

第1章 热带牧草的功能与作用

1.1 牧草与畜牧业生产

1.1.1 牧草是家畜的主要饲料

家畜饲料种类很多,但就整个畜牧业而论,牧草还是占最大部分的。在以畜牧业为主的广大牧区,牧草几乎是家畜的唯一饲料;在农耕区或城市附近,虽然有秸秆、糠麸等农业废料及工厂副产品可利用,但栽培或野生的牧草仍是主要饲料。现在由于草田轮作的推广和草地农业生态系统的逐步建立,畜牧业在农业中的地位正在不断提高,牧草在畜牧业中的作用也日益凸显。

1.1.2 牧草是家畜的优质饲料

热带牧草所含营养物质丰富,豆科牧草干物质含粗蛋白15%~20%,并且含有动物生长所需的各类氨基酸,蛋白质的生物学价值高,可以弥补谷物类饲料蛋白质的不足。豆科牧草还含有丰富的胡萝卜素和维生素B_1、维生素B_2、维生素C、维生素E、维生素K等,以及钙、磷、钾、铁、镁、锌、铜等多种矿质元素。适时刈割的豆科牧草粗纤维含量低,柔嫩多汁,适口性好,动物易消化。禾本科牧草含有丰富的精氨酸、谷氨酸、赖氨酸、聚果糖、葡萄糖、果糖、蔗糖等,此外,胡萝卜素的含量也较高。禾本科牧草所含营养物质一般较豆科牧草低,其干物质一般含粗蛋白5%~10%,少部分超过10%。

1.1.3 牧草是家畜的廉价饲料

牧草适应性强,对土地的要求较其他作物低;生活力强,一个生长季节可刈割多次,多年生牧草一次种植之后可连续利用多年;管理粗放,成本低。因此对发展草食动物而言,牧草是最廉价的饲料。

1.2 牧草与作物生产

热带牧草在农业生产系统中有重要作用,合理选择热带牧草品种,探索最佳的牧草与作物种植模式,进行间作、轮作,既可以提高土地利用率,又可以改良土壤,培肥地力,促进作物生产的可持续发展。

1.2.1 增加土壤肥力

豆科牧草可以将土壤深层的钙移至表层,从而使土壤接近于中性,这对根瘤菌的发育十分有利，因为根瘤菌最适宜生活在中性（pH6.5~7.4）土壤中，所以，豆科牧草根上能形成大量的根瘤。众多的根瘤菌，通过共生作用，吸收并固定空气中游离的氮素，增加了土壤的含氮量。豆科牧草生长所需要的氮肥，2/3是靠根瘤菌从空气中吸收的，只有1/3来自土壤。根瘤菌不仅可以提高土壤的含氮量，而且可以促进磷含量的增加。

豆科牧草的根瘤菌犹如生产氮肥的"天然地下工厂"。据测定，热带豆科牧草地上部分每生产3 t干物质，就可以固定约60 kg的氮。按目前海南种植豆科牧草一般干物质产量7500 kg/hm²计，则每年可固定氮150 kg/hm²，相当于施用优质硫酸铵化肥690 kg/hm²。中国热带农业科学院湛江实验站在广东湛江橡胶林间作圭亚那柱花草研究显示，间作6年后的橡胶园，间作样地0~10 cm和10~20 cm土层有机质含量分别提高了465%和17%，提高了土壤全氮含量。

果园间作能较好地利用作物的生长空间、生长期差异，使光、热、水、土资源得到充分利用，提高复种指数和农产品的产出率。云南省农业科学院热区生态农业研究所在金沙江干热河谷龙眼园间作柱花草，研究表明，间作柱花草充分利用了土地资源，达到了以草养园、以短养长的目的。在龙眼行间作柱花草2年后龙眼园的土壤养分得到了提高，在果园0~20 cm土层，有机质含量提高了17.76%，全氮含量提高了21.21%。龙眼长势得到了改善，龙眼株高提高了14.9%，地径增加了9.35%，产量增加了2.28%。说明间作柱花草可以改良土壤，提高土壤肥力。

在海南西南部干旱地区，桉树人工林间作牧草可显著提高桉树人工林地土壤养分含量。间作牧草3年后土壤pH提高0.30，土壤有机质含量提高35.07%，全氮含量提高26.91%，速效磷含量提高27.91%，速效钾含量提高9.50%，交换性钾含量提高15.47%，阳离子交换量（cation exchange capacity，CEC）提高25.19%，交换性钙含量提高100.75%，交换性镁含量提高65.45%。研究表明，在海南半干旱地区的杧果园间作柱花草及其他作物，间作3年后，在0~20 cm表层土壤中间作扁豆，土壤有机质含量提高53.30%，全氮含量提高40.83%，速效磷含量提高59.73%；间作柱花草，土壤有机质含量提高38.07%，全氮含量提高43.92%，速效磷含量提高78.16%；间作花生，土壤有机质含量提高17.77%，全氮含量提高9.8%，速效磷含量提高49.83%。同时，间作均使土壤pH明显提高。

1.2.2 改良土壤结构

热带牧草根系发达，特别是豆科牧草，主根入土深，一般可达1~3 m。根系在生长时产生挤压力，挤压旁边的细碎土粒，使其与土壤中的钙结合，有利于土壤形成团粒结构，从而改善土壤结构，使水、肥、气、热得以协调。

热带牧草作为绿肥或覆盖作物能增加土壤有机质和氮素等养分含量，其分解之后还能产生腐殖质，而腐殖质能与土壤中的无机化合物结合，并使黏土疏松、沙土团聚，形成团粒结构，改善土壤物理性质，从而增强土壤保水、保肥和通气的能力。对马来西亚橡胶园的调查显示，种植热带牧草的0~15 cm土层中，与其他类型地面覆盖对比，其团粒百分率最高（93.9%），团粒平均粒径最大（3.78 mm），容重较低（1.04 g/ml），总孔隙度较大（60.6%），渗透度最好（110.7 cm/h）。中国热带农业科学院对橡胶园绿肥压青的土壤理化性状进行了测定，利用绿肥压青的土壤比不用的土壤容重降低0.14~0.21 g/ml，总孔隙度增加5.4%~9.8%，饱和水增加10%~15%，毛细管水增加2.4%~4.2%，交换性盐基总量增加20~67 mg/kg。福建省农业科学院果树研究所在红壤地区柑橘园的试验表明，用热带牧草压青的30~60 cm土层，土壤容重较对照减少0.11~0.20 g/ml，土壤总孔隙度增加3.90%~8.66%，通气孔隙度增加8.40%~28.67%。

1.2.3 降低土壤温度，保持土壤湿度

影响土壤温度的主要热源是太阳辐射。如果种植园地面有了热带牧草作为覆盖作物遮阴，就会减少土壤表面的辐射量，从而降低土壤温度。在广东省揭西县，种植热带牧草的果园土壤水分含量为20.6%，不种草的对照则为13.8%，增加了6.8个百分点；有牧草覆盖的土表温度为31℃，15 cm土层为28.5℃，25 cm土层为27.6℃，无牧草覆盖的则分别为36℃、30.6℃和29.3℃。可见，种植热带牧草可使果园土壤温度降低1.7~5℃。在金沙江干热河谷地区建植的草灌植被不仅不同程度地增加了土壤有机质含量和土壤含水量，减少了土壤的水分蒸发，而且降低了地表温度，减小了温差。在当地最干旱的季节（1~3月），柱花草草地0~20 cm土层土壤水分比裸地提高0.4个百分点，20~40 cm土层土壤水分比裸地提高2.5个百分点。

1.2.4 提供绿肥

热带牧草作为绿肥、覆盖作物能产生大量的绿色体，这些绿色体含有植物所需的养分，以占干物质的百分比计，含氮约2.0%，含磷约0.2%，含钾约1.2%。热带牧草既可以直接作肥料施用，如直接压青、堆肥或沤肥等，又可以通过家畜再转化为肥料。

1.3 牧草与水土保持

种植牧草是一项见效快、成效显著的水土保持措施，与造林一起称为"生物措施"或"植物措施"，是水土保持的主要措施之一。

1.3.1 牧草保持水土的作用

1. 截留降水

牧草和地被植物是保持水土的第一道防线。牧草与地被植物能截留雨水，防止雨滴直接击溅地面，减少径流，减小径流速度。南方雨季集中，暴雨多，雨滴直接击溅地面，溅蚀严重。据观测，在东方唐马园飞播牧草5年后，凡有牧草覆盖之处，下大雨时水流清澈，地表冲刷现象少，而没有牧草覆盖处流水浑浊而急，地表被冲刷成浅沟，种草比不种草的地方土壤冲刷减少80%~90%。

地表径流集中是土壤侵蚀的主要动力。牧草多为丛生型，生长繁茂，其枝叶的拦截作用使雨水缓慢下滴或沿枝条下流，避免了强降雨直接冲击地面，减弱了降雨对土壤的冲刷，水土保持效果好。牧草须根多、分枝多，不仅可分散径流，还能阻截径流，改变径流方向，使径流由直流变为绕流，从而增大流程，减小流速，达到减弱径流对土壤冲刷、侵蚀的效果。暨南大学水生态科学研究所等单位在广东省东莞市桥头农科园坡地荔枝园进行的水土保持研究结果显示，每10 mm降水量，荔枝间作柱花草样地径流深度较荔枝裸地减少了65.06%，总水土流失量减少了65.68%（表1-1）。

2. 提高土壤渗透率

地表超渗水是径流的主要来源，增大土壤渗透率和持水力可有效降低地表径流。牧草枯枝落叶及根系形成的大量腐殖质可促进土壤形成良好的水稳性团粒结构，使土壤容重变小，

表1-1 不同间作处理的水土保持效果

降水量 (mm)	处理	径流深度 (mm)	径流系数	总水土流失量 (t/hm²)	总水土保持率 (%)	降水流失量 (t/hm²)	降水保持率 (%)	土壤流失量 (t/hm²)	土壤保持率 (%)
86.23	荔枝+柱花草	27.29	0.32	273.335	62.93	272.87	62.87	0.465	82.03
	荔枝园裸地	73.48	0.85	737.410	0.00	734.82	0.00	2.590	0.00
43.88	荔枝+柱花草	12.90	0.29	129.167	62.92	128.96	62.84	0.207	83.52
	荔枝园裸地	34.71	0.79	348.334	0.00	347.08	0.00	1.254	0.00
33.56	荔枝+柱花草	6.71	0.20	67.238	76.23	67.12	76.19	0.158	87.70
	荔枝园裸地	28.19	0.84	288.863	0.00	281.90	0.00	0.959	0.00
平均10.00	荔枝+柱花草	2.87	0.29	28.701	65.68	28.65	65.62	0.051	82.51
	荔枝园裸地	8.33	0.83	83.623	0.00	83.33	0.00	0.293	0.00

提高土壤的渗透率和持水力，从而减少地表超渗水，减少地表径流。条带式改良草地与天然草地相比，在坡度为23.5°～33°的地段，改良草地比天然草地地表径流量约减少10 m³/hm²，土壤冲刷量减少7.05～9 t/hm²（表1-2）。

表1-2 改良草地和天然草地地表径流量及土壤冲刷量

草地类型	坡度/(°)	地表径流量/(m³/hm²)	土壤冲刷量/(t/hm²)
改良草地	23.5	52.35	14.25
	31.2	62.10	22.95
天然草地	23.7	62.25	21.30
	32.9	71.85	31.95

1.3.2 牧草保持水土的特点

牧草形成土壤保护防线，可有效地保持水土。与造林相比，种植牧草在保持水土方面有以下几个方面的优点。

1. 牧草生长迅速、见效快

一般牧草播种当年或次年即具保土蓄水的功效，而且在水土流失最严重的雨季，生长最快，作用最大。例如，播种柱花草、臂形草，一般7～15天即可发芽，2～3个月即可完全覆盖地面，可有效地保持水土。而林木生长较慢，一般栽培3～5年方可奏效。

2. 牧草种植密度大，植株根系稠密，水土保持效果好

人工草地的密度一般为75万～750万株/hm²，100～800条枝/m²，且根系稠密。而林木的种植密度为0.34万～0.45万株/hm²，灌木约为1.5万株/hm²。因此草地地表裸露面积小，初期

效益极大，林地、灌木地地表裸露面积大，初期效益较小。例如，柱花草一般播种量为7.5～15 kg/hm²，按80%成苗计，每平方米有280～400株，且在建植后的2～3个月即可形成30～50 cm的草层，可有效地保持水土。但牧草根系分布浅，不能抵抗强大径流的冲击和防止沟壑侵蚀，更不能制止崩塌和滑坡的发生。木本植物根系粗壮深长，根幅大，能够防止较深的沟壑侵蚀，并在一定程度上防止崩塌和滑坡的产生。因此在水土保持上，宜林草、灌草结合应用。若只造林不种草，则早期不能很好地起到拦蓄径流、减免侵蚀的作用，不利于幼树生长；若只种草不造林，则长期效果不显著，不能彻底控制水土流失。只有造林与种草相结合，才能相互补充，形成多层次保护防线，更好地保护水土。

1.4 牧草与人居环境

牧草不仅具有饲料、肥料和水土保持三大功能，而且具有绿化美化人居环境、改善环境质量的功能，对人居环境起到绿化和保护作用。

1.4.1 牧草在人居环境美化中的历史源远流长

我国早在春秋时期，《诗经》中就有"薇""蒹葭""苍苍""萋萋"等相关草类及景观的描述。公元前126年张骞从西域返回时带回紫花苜蓿，当时的紫花苜蓿被用作御马的饲草而栽培于宫中，由于其草色绿、花色美，深受帝王的赞赏而成为御用花草。受天然草地牧草被家畜低茬采食以后形成平展绿地的启示，人们便将牧草移植于庭院中作为绿地美化环境，尤以元代以来为甚。所以现代的草坪起源于天然草地，草坪草则成为牧草的一个新的功能分支，广泛应用于庭院绿地、公园绿地、球场、公路等绿化和保护。

1.4.2 牧草在绿化和保护环境中的作用

1. 释放氧气

植物是二氧化碳的消耗者，是制造氧气的天然加工厂。植物通过叶绿素进行光合作用，吸收二氧化碳，释放氧气，保持空气中二氧化碳和氧气的平衡。植物每吸收44 g二氧化碳，能产生32 g氧气。1 hm²草地每天可吸收二氧化碳约900 kg，释放氧气约654 kg。

2. 净化空气

牧草对空气的净化作用主要表现在能稀释、分解、吸收和固定大气中的有毒有害物质。牧草吸收的空气中的有毒有害物质主要有二氧化硫、二氧化氮、氮化氢、氯气等。

3. 吸滞尘埃

绿色草地可阻挡、过滤和吸收灰尘，减轻和有效防止大气污染。有些牧草叶子表面带有绒毛，或叶面较粗糙，或分泌油脂和黏液，滞留和吸附大气中灰尘的作用更大。据测定，草地的减尘作用较裸地高15～20倍甚至更高。

4. 消除噪声

噪声已成为现代社会环境污染之一。据测定，单独的草地也可降低噪声5～10 dB；而"乔-灌-草"结合的生态工程对减弱噪声更为有效，带宽40 m的"乔-灌-草"组合，可降低噪声10～15 dB。

5. 调节小气候

牧草可调节空气的温度和湿度。牧草通过吸收阳光辐射，使气温降低，同时牧草含水量较高，随着蒸发又可释放出一定的水分，增加空气湿度。

1.5 牧草与生物质能

生物质能是以生物质为载体的能量。生物质是一切有生命的可以生长的有机质，包括动植物和微生物。其主要特点为：①可再生：生物质能通过生物光合作用等同化作用形成，可再生，不会枯竭。②普遍存在：生物质能几乎不分国家和地区，普遍存在，容易获取。③污染小：与矿物能源相比，生物质含硫少，灰分少，对环境污染小。④能量密集度低：尽管生物质能有诸多优点，但其能量密集度低，不易收集和贮存。

1.5.1 生物质能资源的种类

生物质能资源种类繁多，便于利用的主要有如下几类：①农作物秸秆及农业加工废弃物；②森林、树木的合理采伐和林业加工废弃物；③人畜粪便与工业有机废水和废物；④城市生活垃圾；⑤能源植物。

1.5.2 能源植物

能源植物泛指各种用于提供能源的植物，通常包括草本能源植物、油料作物、制取碳氢化合物植物和水生植物等，其开发的能源物质主要为生物乙醇和甲烷等。目前，生物乙醇和甲烷生产的主要原料为玉米、甘蔗与薯类等淀粉类作物。但鉴于对全球粮食安全和一年生农作物生产对土壤环境污染等问题的考量，纤维素类能源植物被认为是最具开发潜力和开发价值的能源植物。相比于玉米、甘蔗和薯类等农作物，纤维素类能源植物，特别是多年生草本类，产量高、适应性强、分布广，且生产中对土壤等环境影响小。当前，受技术局限，纤维素类能源植物开发应用较少。

1.5.3 热带牧草在生物质能中的作用

美国和欧洲从20世纪80年代起就开始进行草本植物，尤其是多年生热带牧草作为能源植物的研究，筛选了20种多年生草本植物，其中芒草、藕草、芦竹和柳枝稷被认为是最具能源植物潜力的植物。美国农业部研究中心历时5年完成了以牧草为原料生产生物乙醇的研究。结果显示，平均1 hm^2牧草大约能生产2800 L生物乙醇（同等面积的玉米大约可提取3270 L的生物乙醇），不仅成本低廉，乙醇质量也比较理想。虽然单位土地面积上牧草提取的生物乙醇少于玉米，但其成本低廉，因此这项研究成果对于开发和利用新型生物燃料具有重要意义。

牧草作为生物质能主要以转化为液体燃料、直接燃烧、与化石燃料共同燃烧的方式利用。但从长远来看，将纤维素类物质转化为生物乙醇是生物质能的根本出路。随着工业成本的降低（据相关研究预测，到2025年，纤维素类物质生产生物乙醇的成本将为8.72欧元/GJ），纤维素类物质生产生物乙醇将是生物质能研究与产业化发展的重要领域之一。我国有着广泛的不适于种植粮食作物的边际土地，在这些土地上，如果种植能源牧草，将其作为清洁能源如生物乙醇等的原料，前景将十分广阔。

1.6 牧草与中草药

植物是人类传统的疾病防治材料，世界上约有80%的人口主要依赖植物来防治疾病，维护健康。植物体及其次生代谢中的多种成分，如生物碱、蒽醌、黄酮、皂苷、挥发油、有机酸和鞣质等是重要的药物组分。目前，世界各国都致力于植物的药用研究与开发，我国更是积累了诸多宝贵的研究成果，大量草本植物被用作药物来源。

1.6.1 药用植物

药用植物是指用于防病、治病的植物,其植株的全部或一部分供药用或作为制药工业的原料。广义而言,可包括用作营养剂、某些嗜好品、调味品、色素添加剂,以及农药和兽医用药的植物资源。我国热带、南亚热带地区,气候温暖,雨量充沛,适宜多种药用植物的生长,现有药用植物资源4500种以上,占全国药用资源种类的36%。

1.6.2 热带牧草中的药用植物

很多热带牧草,特别是野生热带牧草,不仅是优良的饲草,而且是常用的药用植物,具有饲、药兼用的特点。例如,禾本科的淡竹叶(*Lophatherum gracile* Brongn.),味甘、性寒,具清热、利尿之功效,可用于热病烦渴、小便赤涩、口舌生疮等的治疗;白茅[*Imperata cylindrica* (L.) Raeuschel],其根味甘苦、性寒,具凉血、止血、清热、利尿之功效,可主治热病烦渴、吐血、肺热喘急、胃热哕逆、小便不利等。豆科的葫芦茶[*Tadehagi triquetrum* (L.) H. Ohashi],其根具清热、利湿、消滞、杀虫之功效,可主治感冒、咽痛、肺病咯血、肠炎、痢疾、黄疸、风湿等。猪屎豆(*Crotalaria pallida* Ait.),其根微苦、辛,性平,具解毒散结、消积之功效,可用于淋巴结结核、乳腺炎、痢疾、小儿疳积等的治疗;其种子味甘、涩,性凉,具有滋补、明目之功效,可用于头晕眼花、神经衰弱、尿频等的治疗;其茎叶味苦、辛,性平,具清热祛湿之功效,可用于痢疾、湿热腹泻等的治疗。

第 2 章 热带牧草生产模式

热带牧草自然分布于赤道两侧，以及北回归线和南回归线之间的热带、亚热带，我国主要分布于海南、广东、广西、福建、台湾、云南和四川等省（自治区）的大部，以及湖南、江西、湖北、安徽南部、西藏东南部、江苏西南部。此外，地带性热带、亚热带区域（如金沙江干热河谷等地）也分布有大量的热带牧草。该区地形多样，热量丰富，雨量充沛，牧草资源丰富，作物生产周期长，牧草生产模式多样。

2.1 天然草地改良放牧模式

我国南方农区草山草坡总面积有近6419万hm^2，其中适宜建立人工草地发展草食畜禽的约占总面积的80%，较易开发为人工草地的约占总面积的30%，可开发利用面积大。天然草地改良主要是选择适应特定区域气候和土壤、产量高、适口性好、营养丰富的优良牧草品种，通过单播或混播，并结合草地放牧管理等措施进行利用。

20世纪80年代以来，我国先后在南方实施了30多个草地畜牧业开发项目，如广西黔江示范牧场（中国-新西兰畜牧工程项目部分，1980~1983年，1100 hm^2）、广西草山改良试验研究（广西壮族自治区畜牧研究所试验研究，1980~1985年，200 hm^2）、海南东方示范牧场（中国与澳大利亚合作项目，1980~1985年，1800 hm^2，图2-1）、海南白沙细水牧场（农业部万亩草地改良建设项目，1984~1986年，467 hm^2，图2-2）、海南东方唐马园草场（农业部飞播牧草项目，1985~1995年，511 hm^2）、云南省热带草地资源开发利用（1980~1997年，5330 hm^2）等。近年来，国家结合石漠化治理、南方草地畜牧业推进大行动等，进一步促进了云南、贵州、广西、四川、湖南等省（自治区）天然草地的改良与利用。

2.2 高产人工草地刈割舍饲模式

人工草地是现代化畜牧业生产体系中的一个关键组成部分，不仅可有效弥补天然草地产草量不足的问题，还可结合家畜的集约化饲养，达到规模效益。南方主要利用相对平缓坡地和流转或弃耕的农田种植高产大型禾草与优质豆科饲草（图2-3，图2-4），结合奶牛、肉牛、山羊等进行鲜饲和青贮利用。

2.3 草田轮作（冬闲田种草）模式

草田轮作是根据草种和作物的茬口特性，将不同草种和作物按种植时间的先后排成一定顺序，在同一块土地上轮换进行饲草与作物生产。草田轮作不仅能为家畜提供优质牧草，还能提高农田系统的生产力。我国南方约有1466万hm^{2}的稻作水田，这些稻田"三季不足，

图2-1 珊状臂形草改良草地

图2-2 柱花草改良草地放牧黄牛

图2-3　热研4号王草刈割草地

图2-4　圭亚那柱花草刈割草地

水稻：6～7月至9～10月收获　　　　　　　　　　　　　　多花黑麦草：10～11月至翌年3～4月收获

图2-5　水稻-牧草轮作

两季有余"，稻田每年10～11月晚稻收获后至翌年4月（120～150天）处于闲期，利用稻田闲期，种植一年生牧草（如多花黑麦草），投资少、周期短、效果好，不仅可在冬、春旱季为家畜提供饲草，而且对后作水稻生长发育有良好的促进作用（图2-5）。南方利用冬闲田发展种草养畜，干草产量可达7.5～15.0 t/hm^2，按70%的转化率计算，再配合草地的开发利用，则可实现0.13～0.33 hm^{2}冬闲田饲养1个羊单位。四川稻田冬季种植多花黑麦草，干物质产量可达15 000 kg/hm^2。广西冬闲田种植黑麦草，平均鲜草量达80～150 t/hm^2。

2.4 "林（果）-草-牧"模式

南方林果用地范围广、面积大，其中园地800万hm^2、林地9000万hm^{2}以上，这是南方的一大优势，开发利用幼林果园种草，实行林草畜结合、种养结合是南方山地农业可持续发展的主要方式。林草结合，近期利用牧草发展养殖业，以增收、保持水土、培肥地力、促进树木生长；远期可以维持林果生产年限，最终可实现中长期利益结合，经济效益、生态效益兼顾。

在幼林和果园套种优质牧草，适时收割牧草饲养家畜，家畜排泄物用作果园有机肥，实现"林（果）-草-牧"有机结合，达到农、林、牧的可持续生产。此外，结合农村清洁能源建设，建立沼气池处理废弃物，生产的沼气提供生活燃料，沼液渣用于果园，形成"果-草-牧-沼"循环农业模式。该模式充分利用了园地生态系统内的光、温、水、气、养分及生物资源等，减少了化肥、农药对环境的污染，减少了水土流失，增加了土壤有机质含量，改善了园地小气候，实现了经济与生态并举发展。

近年来，幼林、果园下种草养殖模式发展快速，南方各地均进行了积极推广示范，如橡胶园、椰子园等幼林种草养鸡、养羊（图2-6，图2-7），柚子园、杧果园、荔枝园、柠檬园、剑麻地种草养鸡、养羊等（图2-8～图2-12），火龙果园等种草养鸡（图2-13）。闽北丘陵山地生态果园套种牧草，0.7～0.8 hm^{2}套种牧草量可满足1头奶牛的饲草需求。在三峡库区柑橘园发展种草养畜，可减少柑橘园80%以上的药肥投资。

图2-6 橡胶园套作三裂叶野葛

图2-7 椰子园套作柱花草

图2-8 柚子园套作柱花草

图2-9 杧果园套作柱花草

图2-10 荔枝园套作柱花草

图2-11 柠檬园套作柱花草

图2-12 剑麻套作柱花草

图2-13 火龙果园套作柱花草

第 2 篇

热带禾本科牧草

第 3 章　热带禾本科牧草总论

3.1 概述

所有的植物中，禾本科（Poaceae）对于人类的用途最大，它不仅是全世界主要的粮食来源和大部分的饲料来源，还是工业、医药、民间手工业的重要原料，也是广泛用于公园、花园等公共绿地的草坪植物和重要的水土保持植物。

从数量上看，禾本科是种子植物中大科之一，约700属11 000余种，仅次于菊科（Asteraceae，1600～1700属24 000余种）、兰科（Orchidaceae，约800属25 000余种）和豆科（Leguminosae，约650属18 000余种），我国禾本科植物200余属1000余种。我国热带、亚热带地区，草山草坡约6419.12万hm^2，禾本科牧草是重要的组成部分。野生牧草和栽培牧草在数量上均以禾本科最多。据记载，海南省饲用植物1064种，其中禾本科牧草为270种，占25.38%（刘国道和罗丽娟，1999）；广东省饲用植物482种，其中禾本科牧草为165种（含变种），占34.23%（莫熙穆等，1993）；四川省饲用植物123种，其中禾本科牧草为41种，占33.33%（杜逸等，1986）；江西省饲用植物509种，其中禾本科牧草为104种，占20.43%（余世俊，1997）。

禾本科牧草适应性广，生活力强，大多数为多年生，如象草（*Pennisetum purpureum*）、坚尼草（*Panicum maximum*）等，也有一年生者，如多穗狼尾草（*Pennisetum polystachion*）、龙爪茅（*Dactyloctenium aegyptium*）等。禾本科牧草除种子繁殖外，亦能进行无性繁殖，许多禾草还能借根茎或匍匐茎蔓延，因而分布极广，生长的环境也复杂多样，有旱生者，如狗尾草（*Setaria viridis*），有水生者，如李氏禾（*Leersia hexandra*）等，亦有少数既可旱生又可水生，如巴拉草（*Brachiaria mutica*）。

禾本科牧草蛋白质含量一般较豆科牧草低，但却是草食动物最主要的饲料来源。禾本科牧草耐践踏、再生力强，因而在建植放牧草地时较耐牧、耐刈割，同时适于晒制干草和调制青贮饲料。就利用价值而言，禾本科牧草居首位，在我国南方的栽培牧草中，禾本科牧草占80%以上。

3.2 形态特征

3.2.1 株型

禾本科牧草大多数为低矮的草本植物，株高一般在1 m左右，如珊状臂形草（*Brachiaria brizantha*），有的高达3～4 m，如热研4号王草（*Pennisetum purpureum* × *Pennisetum glaucum* cv. Reyan No. 4），亦有低至数厘米者，如沟叶结缕草（*Zoysia matrella*）。植株有的直立，如坚尼草，有的披散，如网脉臂形草（*Brachiaria dictyoneura*），有的平卧地面生长，如狗牙根（*Cynodon dactylon*），有的依附其他植物生长，如藤竹草（*Panicum incomtum*），有的茎部呈膝状弯曲而上部向上，如俯仰臂形草（*Brachiaria decumbens*），还有的能浮于水面，如巴拉草（*Brachiaria mutica*）。

3.2.2 根

禾本科牧草的根系为须根系，无主根。根的深度一般都较浅，分布在20～30 cm的表土层，如巴拉草，有的分布深度超过1 m，如香根草（*Chrysopogon zizanioides*）。不定根有的自匍匐茎的节上长出，如狗牙根，有的则自地面以上的节上长出，成为支持根，如危地马尼拉草（*Tripsacum laxum*），亦有的能从植株上部的节上长出，如热研4号王草。

3.2.3 茎

禾本科牧草的茎通常亦称秆，多数为圆柱形，如象草、热研4号王草、坚尼草等，少数为扁形，如双穗雀稗（*Paspalum distichum*）。大多数中空，如坚尼草、马唐（*Digitaria sanguinalis*）等，有的中心部分为髓所充满，如斑茅（*Saccharum arundinaceum*）、热研4号王草等。茎有节，节膨大而坚实，叶着生其上。基部节间较短，中部以上节间较长。禾本科牧草的茎大多数直立或斜上。有匍匐地面者，谓之匍匐茎，如狗牙根，亦有的横生于土中，谓之地下茎，如白茅（*Imperata cylindrica*）、拟高粱（*Sorghum propinquum*）。

3.2.4 叶

禾本科牧草的叶均为单叶，着生于节上，互生而成二纵列。叶由叶片和叶鞘组成，叶鞘包裹于茎之外，边缘分离而覆叠。叶片通常扁平而狭长，狭者呈线形（或条形），亦有较阔而呈心形或卵形者。叶片和叶鞘连接处的内侧有一透明膜质、软骨质或退化成一轮毛的附属物，谓之叶舌，叶舌的大小、形状、有毛或无毛因植物种类而异，稀缺叶舌者。叶片茎部的两侧有的具薄质耳状附属物，称为叶耳，亦有不具叶耳者。地下茎节上的叶通常退化成鳞片状、无色，称为鳞叶。

3.2.5 花序、花、小穗

禾本科植物的花序是指小穗排列在花序轴上的形状，小穗无柄而着生于花序轴上者称为穗状花序，如牛筋草（*Eleusine indica*）、台湾虎尾草（*Chloris formosana*）等；穗轴再分枝而着生花序者称为圆锥花序，如坚尼草、臂形草、斑茅等；小穗有柄或着生于穗轴的短分枝上者，形似穗状花序，实为圆锥花序，称为穗状圆锥花序，如囊颖草（*Sacciolepis indica*）、总苞草（*Elytrophorus spicatus*）等。小穗有小花1至多数，排列于小穗轴上，基部有1～2或多不孕的苞片，称为颖。花通常两性，少有单性或中性，通常小，外稃和内稃包被其外，每小花有2～3透明的小鳞片，称为鳞被；雄蕊1～6，但通常为3，花丝细柔，花药两室纵裂；雌蕊1，子房1室，有侧生胚珠1，花柱通常2，少有1或3，柱头通常羽毛状。禾本科牧草的果实通常称为颖果，干燥而不开裂，内含1种子，如臂形草、坚尼草、马唐等牧草的种子。

3.3 生长习性

3.3.1 种子的萌发

禾本科植物的种子主要由胚和胚乳构成，胚是形成新植株的基础。在适宜的水分、温度和足够的氧气条件下，种子萌发长出植株，其中胚芽形成幼枝，胚根形成初生根（种子根）。不同禾本科牧草种子萌发对水分和温度的要求不同，一般来讲，热带牧草种子萌发要求的温度比温带牧草的要高。野生牧草在自然情况下，当其没有适宜发芽的水分和温度条件时，种子常处于休眠状态，以度过不良的气候条件。在生产中，常采用低温、变温、浸种等措施促进种子的萌发。

3.3.2　根的生长

禾本科牧草种子发芽时长出的初生根，由主根及其上的少量侧根组成，在短时期内发挥根的作用，其功能一般只维持数周。待分蘖节形成后，主枝和侧枝上的分蘖节便会发出次生根，从而代替初生根的功能，并不断地更新，而形成"永久根"。次生根的数量、分布、生长周期等因种和品种的不同而不同，同时，也受温度、水分、营养条件等的直接影响。此外，根部及根状茎也是养分贮存器官，贮存的养分主要为葡萄糖、蔗糖、果糖和果聚糖等可溶性碳水化合物，其贮存养分的积累与转化是植株再生的基本物质保障。一般在冬、春温度较低的旱季，牧草生长缓慢，养分贮藏于根等贮藏器官中，当翌年旱季结束后，牧草开始加快生长，其贮藏的养分即被大量消耗，用于新组织的形成与生长。贮藏养分对牧草刈割后再生起积极的作用，当牧草被刈割后，其大部分，甚至是全部叶片被割掉，此时，贮藏的养分便即刻被释放出来，用于组织的分生，从而长出新的叶片和分蘖。

3.3.3　茎叶的生长

在胚根萌发生长的同时，胚芽或早或晚突破种皮向上生长，露出胚芽鞘，之后胚芽鞘纵向裂开，露出真叶，形成幼苗，并不断由叶鞘内顶端生长点上的叶原基长出新的叶鞘和叶片。当第一个叶鞘和叶片完全伸长之后，另一个也继续伸长，在生长点和第一个完全伸长的叶之间，通常有3~4片正在伸长的幼叶。随着叶片的不断增多，在较早长出的叶子的叶腋长出芽，形成新的有生长力的分蘖，节间也逐步伸长。分蘖的数量和生长速度因种和品种的不同而不同，同时，也受光照、温度、水分和营养条件等的直接影响。

一些放牧型的禾草，如圭亚那须芒草（*Andropogon gayanus*），在花部开始发育之前，仅有少量的节间伸长，因此，在营养期，叶的生长点和基部分生组织不易被牲畜采食，即使在重牧情况下，新叶生长和分蘖也仍可进行。有些种类，如柳枝稷（*Panicum virgatum*），在营养期，节间就显著伸长，且保持直立，生长点及多数腋芽处于高位，当刈割或放牧后，不易再生新的叶片和分枝，因此不适于重牧。但该类牧草对光照的竞争力强，生物量大，适合人工刈割草地种植。

有些禾草具匍匐茎，在茎节上生根，节处腋芽萌发侧分蘖，形成新的匍匐枝，如地毯草（*Axonopus compressus*）、狗牙根（*Cynodon dactylon*）等。这些草类的多数腋芽生长点和顶端生长点不易被牲畜采食，且繁殖扩展能力强，耐重牧。

有些禾草具根茎，分生的幼芽可在地下水平生长，如象草（*Pennisetum purpureum*）、白羊草（*Bothriochloa ischaemum*）等。这类草的根茎不仅可无限扩展，也可以有效贮存养分，有利于度过不良的气候环境。

3.3.4　生殖生长

禾草花序发育、生长顺序基本相同。在营养期，生长点不断以规则的互生顺序长出叶原基，叶原基生长为叶片。当植株度过幼年期后，如遇适宜的环境条件，植株的叶片和茎生长锥感受调节发育刺激，不再形成叶原基和腋芽原基，而发生花序原基，逐步分化形成穗状花序或花序分枝。小穗状花序的发育伴随着茎节间的伸长，随后出现花序。在花序发育的过程中，小穗构建与小花也随之发育，待小花的花器发育完全后，温度、光照、湿度适宜时，便进入开花、授粉、结实阶段。当花序旺盛发育的时候，其基部分蘖节新的分蘖芽和根的发育受抑制，一个枝的花序形成以后，该枝条即停止生长新的叶和新的营养芽。

光周期和温度是影响禾草生殖生长的主要环境因子。热带禾本科牧草多为短日照植物，如果光照超过临界光周期的上限，则无法形成穗状花序。

3.4 饲用价值

禾本科牧草种类虽不及菊科、兰科和豆科，但远超其他各科，而分布范围、分布总量可谓最大，在为家畜提供饲草方面具有重大意义。与其他草类相比，禾本科牧草富含无氮浸出物，在干物质中粗蛋白含量一般为5%~10%，粗纤维含量约为30%，就营养物质含量而言，禾本科牧草并不高。但禾本科牧草通常质地柔软、均匀，适口性好，家畜喜食，利用率高，适于放牧和刈割青饲。此外，禾本科牧草适于调制干草和青贮料，禾草茎秆中空，易于干燥，茎叶干燥速度较为一致，叶片不易脱落，调制的干草不易霉变；禾草碳水化合物含量相对较高，在调制青贮料时，可促进乳酸菌的发酵，青贮成功率高，青贮料不易腐烂。

第4章 黍属牧草

黍属（*Panicum* L.）又称稷属，为一年生或多年生草本。秆直立或基部膝曲或匍匐。叶片线形至卵状披针形，通常扁平；叶舌膜质，顶端具毛，甚至全由一列毛组成。圆锥花序顶生，分枝常开展，小穗具柄，成熟时脱节于颖下或第一颖先落，背腹压扁，含2小花；第一小花雄性或中性；第二小花两性；颖草质或纸质；第一颖通常较小穗短而小，有的种基部包着小穗；第二颖与小穗等长，且常常同形；第一内稃存在或退化甚至缺；第二外稃硬纸质或革质，有光泽，边缘包着同质内稃；鳞被2，其肉质程度、折叠、脉数等因种而异；雄蕊3枚；花柱2，分离，柱头帚状。

本属全球约500种，广布于世界热带或亚热带地区，少数分布于北美洲温带地区，生于荒漠、稀疏干草原、沼泽、田野、森林和灌丛中。我国产21种。

本属多为牲畜饲草，一些种适于人工栽培，用于建植人工草地。生产上广为栽培利用的种有坚尼草（*P. maximum*），品种主要有汉密尔坚尼草（*P. maximum* cv. Hamil）、青绿黍（*P. maximum* cv. Trichoglume）等。我国自1960年起，先后从国外引进该属种质数十份，通过适应性试验、品种比较试验、区域性试验和生产性试验，选育出了热研8号坚尼草（*P. maximum* cv. Reyan No. 8）、热研9号坚尼草（*P. maximum* cv. Reyan No. 9）、热引19号坚尼草（*P. maximum* cv. Reyin No. 19）等品种推广利用。

1. 糠稷
Panicum bisulcatum Thunb.

形态特征 为一年生草本。秆纤细，较坚硬，高0.5~1 m，直立或基部伏地，节上可生根。叶鞘松弛，边缘被纤毛；叶舌膜质，长约0.5 mm，顶端具纤毛；叶片质薄，狭披针形，长5~20 cm，宽3~15 mm，顶端渐尖，基部近圆形，几无毛。圆锥花序长15~30 cm，分枝纤细，斜举或平展，无毛或粗糙；小穗椭圆形，长2~2.5 mm，绿色或带紫色，具柄；第一颖近三角形，长约为小穗的1/2，具1~3脉，基部略包卷小穗；第二颖与第一外稃同形等长，均具5脉；第一内稃缺；第二外稃椭圆形，长约1.8 mm，顶端尖，表面平滑，光亮，成熟时黑褐色；鳞被长约0.26 mm，宽约0.19 mm，具3脉，折叠。

地理分布 分布于印度、澳大利亚、东南亚、日本、朝鲜等地。我国分布于华南、东南、西南、华北、东北等地。常生于湿地、水边或丘陵灌丛中。

饲用价值 糠稷草质柔软，牛、羊、马喜食，为优等牧草。糠稷的化学成分如表所示。

糠稷花序

测定项目	样品情况	成熟期干样
	干物质	92.90
占干物质	粗蛋白	6.30
	粗脂肪	1.72
	粗纤维	36.29
	无氮浸出物	50.08
	粗灰分	5.61
	钙	0.54
	磷	0.17

糠稷的化学成分（%）

糠稷群体

2. 短叶黍

Panicum brevifolium L.

形态特征 为一年生草本。株高10~50 cm，茎基部常伏卧地面，节上生根。叶鞘短于节间，松弛，被柔毛或边缘被纤毛；叶舌膜质，长约0.2 mm，顶端被纤毛；叶片卵形或卵状披针形，长2~6 cm，宽1~2 cm，顶端尖，基部心形，包茎，两面疏被粗毛。圆锥花序卵形，长5~15 cm，主轴直立，常被柔毛，通常在分枝和小穗柄的着生处下具黄色腺点；小穗椭圆形，长1.5~2 mm，具蜿蜒的长柄；颖背部被疏刺毛；第一颖近膜质，长圆状披针形，稍短于小穗，具3脉；第二颖薄纸质，与小穗等长，背部凸起，具5脉；第一外稃长圆形，与第二颖近等长，顶端喙尖，具5脉，有近等长且薄膜质的内稃；第二小花卵圆形，长约1.2 mm，具不明显的乳突；鳞被长约0.28 mm，宽约0.22 mm，薄而透明，局部折叠，具3脉。

地理分布 分布于非洲和亚洲热带地区。我国分布于海南、广西、广东、福建、台湾、云南等地。常生于丘陵地、灌木林或山地林缘湿地上。

饲用价值 短叶黍草质柔软，适口性好，牛、羊、马喜食，为优等牧草。短叶黍的化学成分如表所示。

短叶黍的化学成分（%）

测定项目	样品情况	营养期鲜草	成熟期鲜草
干物质		17.41	19.38
占干物质	粗蛋白	16.92	14.92
	粗脂肪	6.90	6.46
	粗纤维	18.75	27.82
	无氮浸出物	49.30	42.07
	粗灰分	8.13	8.73
	钙	—	—
	磷	—	—

短叶黍花序

短叶黍群体

3. 大罗网草
Panicum luzonense J. Presl

形态特征 为一年生草本。秆单生或丛生，直立或膝曲，高30～150 cm，稍粗壮，节上密生硬刺毛。全株除小穗外，多少被疣毛。叶鞘松弛，短于节间，下部的有时长于节间；叶舌极短，顶端被长约1.5 mm的纤毛；叶片披针形至线状披针形，长5～40 cm，宽3～15 mm，顶端尖，基部圆形。圆锥花序开展，长15～50 cm，主轴被疣毛；分枝纤细，具棱槽；小穗椭圆形，长2～2.5 mm，绿色或带紫色，顶端尖，具柄；第一颖宽卵形，长约为小穗的1/2，具5～7脉，脉间具横纹；第二颖卵状椭圆形，与小穗等长，具9～11脉，脉间具横脉；第一外稃与第二颖同形，等长，具7～9脉，脉间具横纹；内稃透明膜质，长约与外稃相等；第二外稃椭圆形，长1.5～1.8 mm，顶端钝；鳞被长约0.26 mm，宽约0.32 mm。

地理分布 分布于印度、斯里兰卡、缅甸、柬埔寨、印度尼西亚等地。我国分布于海南、广西、广东、福建、台湾等地。常生于田间、林缘或灌丛中。

饲用价值 大罗网草幼嫩期草质柔软，适口性好，抽穗前牛、羊喜食，为中等牧草。大罗网草的化学成分如表所示。

大罗网草的化学成分（%）

测定项目	样品情况	乳熟期鲜草
	干物质	22.8
占干物质	粗蛋白	11.02
	粗脂肪	0.91
	粗纤维	31.35
	无氮浸出物	49.62
	粗灰分	7.10
	钙	0.43
	磷	0.27

大罗网草花序

大罗网草群体

4. 藤竹草

Panicum incomtum Trin.

形态特征 为多年生草本。秆木质，攀缘或蔓生，多分枝，长1至数米，甚至可达10余米，无毛或常在花序下部被柔毛。叶鞘松弛，被毛，老时渐脱落；叶舌长0.5～1 mm，顶端被纤毛；叶片披针形至线状披针形，长10～25 cm，宽1～2.5 cm，顶端渐尖，基部圆形，两面被柔毛。圆锥花序开展，长10～25 cm，主轴直立，分枝纤细，常附有胶黏状物；小穗卵圆形，长2～2.2 mm，顶端钝或稍尖，小穗柄成熟后开展，具胶黏状物；第一颖卵形，基部包卷小穗，长为小穗的1/2或以上，具3～5脉；第一外稃与第二颖同形等长，均具5脉；第一内稃薄膜质，长约为外稃的2/3；第二外稃长约2 mm，平滑而光亮，成熟时褐色，背部具脊，顶端朝上弯曲；鳞被长约0.32 mm，宽约0.35 mm，局部折叠，薄而透明。

地理分布 分布于印度、马来西亚、菲律宾、印度尼西亚等地。我国分布于海南、广西、广东、福建、台湾、云南和江西等地。常生于山地次生林或灌丛中，多攀缘于其他植物之上。

饲用价值 藤竹草牛、羊喜食，为良等牧草。藤竹草的化学成分如表所示。

测定项目	样品情况	结实期干样
干物质		96.51
占干物质	粗蛋白	11.17
	粗脂肪	2.28
	粗纤维	44.61
	无氮浸出物	33.99
	粗灰分	7.95
	钙	0.37
	磷	0.16

藤竹草群体

藤竹草花序

5. 坚尼草
Panicum maximum Jacq.

形态特征　为多年生簇生高大草本。根茎发达。秆直立，高1~3 m，粗壮，节上密生柔毛。叶鞘疏生疣毛；叶舌膜质，长约1.5 mm，顶端被长纤毛；叶片宽线形，长20~60 cm，宽1~1.5 cm，腹面近基部被疣基硬毛，顶端长渐尖，基部宽，向下收狭呈耳状或圆形。圆锥花序开展，长20~35 cm，分枝纤细，下部的轮生，腋内疏生柔毛；小穗长圆形，长约3 mm，顶端尖；第一颖卵圆形，长约为小穗的1/3，具3脉，侧脉不甚明显，顶端尖；第二颖椭圆形，与小穗等长，具5脉，顶端喙尖；第一外稃与第二颖同形等长，具5脉，内稃薄膜质，与外稃等长，具2脉；雄蕊3，花丝极短，白色，花药暗褐色，长约2 mm；第二外稃长圆形，长约2.5 mm；鳞被具3~5脉，长约0.3 mm，宽约0.38 mm，局部增厚，肉质，折叠。

地理分布　坚尼草原产于非洲热带地区，18世纪中叶由非洲传入拉丁美洲，现广泛分布于世界热带和亚热带地区，印度、斯里兰卡、马来西亚、印度尼西亚、澳大利亚等地大面积栽培。我国最早于20世纪30年代末引入广州试种，1960年后，又先后从国外引进坚尼草种质数十份，并通过适应性试验、品种比较试验、区域性试验和生产性试验，选育出热研8号坚尼草（*Panicum maximum* cv. Reyan No. 8）、热研9号坚尼草（*P. maximum* cv. Reyan No. 9）、热引19号坚尼草（*P. maximum* cv. Reyin No. 19）等品种推广利用于生产，现海南、广东、广西分布较广。凡引种栽培地区，常可见其逸生种。

生物学特性　坚尼草喜湿热气候，适宜生长在海拔2000 m以下、年降水量1000~1800 mm的地区。对土壤适应性广泛，在各类土壤上均可生长，但以在肥沃的壤土上生长最为旺盛。不耐寒，怕霜冻。在热带地区能保持青绿过冬，但生长缓慢，特别是冬季刈割后，叶形变小，分蘖纤细，生长量低。当温度低于-7.8℃时，会冻死。抗旱、耐热性强，在高温干旱的情况下也不会枯死。不耐涝。耐荫蔽，可间作于种植园内，但若荫蔽度太大，则分蘖少，生长纤细。耐火烧，火烧后2个月，单株分蘖可达100个左右，草层高达0.6~1 m；火烧后4个月，单株分蘖可

坚尼草植株

坚尼草花序

达140个左右，草层高达2~2.6 m。坚尼草不耐重牧，如果被连续啃食至地面，则会死亡。

坚尼草生长快，分蘖旺盛。种植1个月后即大量分蘖。在海南6~9月生长最快。在未刈割的情况下，每株分蘖通常30~40个，当年刈割3~6次，分蘖76~148个。第二年以后，分蘖通常为75~85个。刈割频率太高，会影响其生长。

在海南，一般7月中旬至8月中旬大量抽穗开花，8月底至9月种子成熟，种子成熟不一致，成熟后易脱落，收种较为困难。

饲用价值 坚尼草生长快，产量高，栽培条件下，年鲜草产量为45 000~75 000 kg/hm²；叶片柔软，适口性好，各种牲畜均喜食；叶量大，茎秆所占比例小，利用率高，为优等牧草。坚尼草可刈割青饲或放牧利用，也可用来晒制干草或调制青贮饲料。在株高60~90 cm时刈割，营养丰富，在株高1~1.5 m时刈割，可获得较高产量。坚尼草用作放牧草地建植，可与蝴蝶豆（*Centrosema pubescens*）和圭亚那柱花草（*Stylosanthes guianensis*）等豆科牧草混播。此外，坚尼草可种在梯田边、水沟边或斜坡地，用于水土保持和抑制杂草。主要坚尼草品种的化学成分如表所示。

栽培要点 坚尼草可用种子繁殖，也可分蘖繁殖。坚尼草对土壤要求不严，一般的土壤均可种植，但种前须充分犁耙整地。用种子繁殖时，可按行距50 cm

主要坚尼草品种的化学成分（%）

样品情况 测定项目		热研8号坚尼草刈割40天后再生鲜草	热研9号坚尼草刈割40天后再生鲜草	热研19号坚尼草营养期鲜草
干物质		22.23	24.31	21.27
占干物质	粗蛋白	8.04	8.39	10.50
	粗脂肪	2.36	2.40	3.26
	粗纤维	35.54	34.05	28.54
	无氮浸出物	46.32	46.74	46.70
	粗灰分	7.74	8.42	11.00
	钙	0.57	0.58	0.37
	磷	0.29	0.24	0.42

条播，也可以撒播，播后不需覆土。播种量为7.5~11.0 kg/hm²，播种期以5~9月为宜。分株繁殖时，选用生长粗壮的植株，割去上部，留茬15~20 cm，然后整株连根挖起，以4~5条带根的茎为一丛，挖穴种植，穴深20~25 cm，株行距60 cm×90 cm或80 cm×100 cm。一般于雨季开始时种植为宜，若遇旱天，则在定植前用泥浆根，以促进成活。为保证其产量，种植第二年以后，应追有机肥7 500~15 000 kg/hm²。

6. 青绿黍
Panicum maximum cv. Trichoglume

形态特征　为多年生丛生型草本。根系发达，深可达1.5～3.5 m。杆直立，高1.5～3 m。茎秆被稀疏刚毛，节间长18～27 cm，略被蜡粉。叶鞘抱茎，长19～22 cm；叶片宽线形，长20～66 cm，宽2.5～4 cm。圆锥花序顶生，青绿色，长51～75 cm，每花序有70～90花枝，每花枝具17～20小穗枝，每穗枝具5～6小穗；第一颖浅绿色，卵圆形，具4脉，长不及小穗的1/3，2～4 mm；第二颖具5脉，长2.4～3 mm，外稃长2.4～2.6 mm，具纹；内稃略短于外稃，长圆形；雄蕊3，花丝极短，白色，花药暗褐色。颖果长4 mm，宽2.3～2.5 mm。

地理分布　青绿黍原产于非洲热带地区，现广布于世界热带、亚热带地区。我国于20世纪80年代由华南热带作物科学研究院自澳大利亚引进，现华南、西南有栽培。

生物学特性　青绿黍较抗旱，在年降水量为560 mm的绝大部分地区均可生长。对肥料反应敏感，耐轻霜，耐荫蔽，能与紫花大翼豆（*Macroptilium atropurpureum*）、绿叶山蚂蝗（*Desmodium intortum*）等豆科牧草一起良好生长。

饲用价值　青绿黍生长快、产量高，在海南年平均温度24.4℃、年降水量1766.3 mm、土壤pH 6.4、有机质含量1.32%的砖红壤地区，年鲜草产量为110 300 kg/hm²；叶片柔软，适口性好，各种牲畜均喜食；叶量大，茎秆所占比例小，利用率高，为优等牧草。青绿黍可刈割青饲或放牧利用，也可用来晒制干草或调制青贮饲料。青绿黍的化学成分如表所示。

栽培要点　青绿黍可用种子繁殖，亦可用分株繁殖。种子繁殖时，要精细整地，结合整地施磷肥150～225 kg/hm²、有机肥7 500～15 000 kg/hm²作基肥。可撒播或条播，播后覆盖一层薄土。由于种子空瘪率高，发芽率较低，适宜播种量为15.0～25.0 kg/hm²。

分株繁殖时，宜选用生长粗壮的植株，割去上部，基部留茬20～30 cm，然后整株连根挖起，以3～4条带根的茎为一丛，挖穴种植，株行距60 cm×80 cm或80 cm×100 cm，穴深20～25 cm，施基肥后将种苗直插于穴内，回土压实。一般于雨季开始时种植为宜，若遇旱天，则在定植前用泥浆根，以促进成活。

青绿黍草地年可刈割4～6次，留茬高度一般在15～20 cm。根据生长情况，可以增施氮肥等肥料，以获得高产。

青绿黍的化学成分（%）

测定项目	样品情况	营养期鲜草
	干物质	22.50
占干物质	粗蛋白	10.94
	粗脂肪	0.81
	粗纤维	27.84
	无氮浸出物	49.46
	粗灰分	10.95
	钙	0.35
	磷	0.64

青绿黍群体

青绿黍花序

7. 稷

Panicum miliaceum L.

形态特征 又名黍、糜子，为一年生草本。秆稍粗壮，直立，高0.2～1.5 m，单生，少丛生，节密被髯毛，节下被疣毛。叶鞘松弛，被疣毛；叶舌膜质，长约1 mm，顶端具长约2 mm的纤毛；叶片线形或线状披针形，长10～40 cm，宽5～25 mm，顶端渐尖，基部近圆形。圆锥花序开展或较紧密，成熟时下垂，长10～35 cm，下部裸露，上部密生小枝与小穗；小穗卵状椭圆形，长4～5 mm；颖纸质，无毛，第一颖正三角形，长为小穗的1/2～2/3，顶端尖，通常具5～7脉；第二颖与小穗等长，通常具11脉，其脉顶端渐汇合成喙状；第一外稃形似第二颖，具11～13脉；内稃透明膜质，长1.5～2 mm，顶端微凹或深2裂；第二小花长约3 mm，成熟后呈黄色、乳白色、褐色、红色或黑色；第二外稃背部圆形，具7脉，内稃具2脉；鳞被较发育，长0.4～0.5 mm，宽约0.7 mm，多脉。胚乳长为谷粒的1/2；种脐点状，黑色。

地理分布 分布于亚洲、美洲、非洲等地。我国为起源地，分布于西北、华北、西南、东北、华南、华东等地。稷是古老的粮食和酿造作物，在我国已有3000多年的栽培历史。

生物学特性 稷为喜温短日照作物，其发芽所需最低温度为14℃，分蘖期所需温度为15～20℃，开花期所需温度为17℃以上。生育期短，一般为110～120天。我国北方一般5月播种，7～8月开花、结实，9月种子成熟。

稷须根系发达，入土深度为80～100 cm，根幅为100～150 cm，耕作层根量占总根量的79.6%。对水分的要求不太严格，抗旱性强，生活力较强，种子遇水分便可萌发，自农田逸出者经常生长在道旁和田边，成为农田杂草。较耐盐碱，在pH 8～9的土壤上也能良好地生长。因此，在碱化严重的草地或荒地上播种黍，是一种有效的生物治碱措施，既可以刈割作为饲草，又可以积累土壤有机质，改善土壤的理化性质，

稷群体

稷花序

稷的化学成分（%）		
测定项目	样品情况	地上部干草
	干物质	86.60
占干物质	粗蛋白	12.50
	粗脂肪	2.50
	粗纤维	33.90
	无氮浸出物	44.50
	粗灰分	6.60
	钙	—
	磷	—

为草地植被的恢复创造良好条件。

饲用价值 稷既是粮食作物，也是优良的饲草和饲料作物。茎叶青绿时可刈作青饲或青贮，草质柔软，叶量丰富，适口性较好，马、牛、羊喜食。秸秆可作为牛、马、羊等的粗饲料，也可粉碎后喂猪。籽粒除食用外，还可用作猪、鸡的饲料。此外，其籽粒、茎及根可入药，籽粒能益气补中，主治泻痢、烦渴、吐逆；茎及根能利水消肿、止血，主治小便不利、水肿、妊娠尿血。稷的化学成分如表所示。

栽培要点 稷对前作要求不严，但以夏茬地较好。前作收后，于夏秋深耕，施足有机肥，冬春镇压，播前浅耕。垄作地区冬前或春季起垄，肥施入垄内，种子播于垄上。水平沟种植地区，秋季或春季修水平沟，并将肥料施入沟内。

适宜播种期为5月初，播前进行种子晾晒、拌种等处理，以提高发芽率和防治病虫害。平作不间苗地区，播种量为15～22.5 kg/hm²，行距12～15 cm，播种深度5～7 cm。平作间苗地区行距20 cm左右。垄作地区平均行距45～60 cm，垄上3行或2行。水平沟种植，每沟内2～4行。干旱区播后应耱地，幼苗接近地面时镇压。生长发育期，中耕除草2～3次，同时进行断垄、间苗和培土。

稷的栽培方式依栽培目的而异，粮草兼收的可作为多年生豆科牧草的保护作物种植。以牧草为主的可选用晚熟高秆品种，并早播种，以增加营养生长时间，提高牧草产量。

8. 铺地黍

Panicum repens L.

形态特征 又名硬骨草、枯骨草，为多年生草本。根茎粗壮发达。秆直立，高30～120 cm。叶鞘光滑，边缘被纤毛；叶舌长约0.5 mm，顶端被纤毛；叶片线形，长5～25 cm，宽2.5～5 mm，顶端渐尖，上表皮粗糙或被毛，下表皮光滑。圆锥花序开展，长5～20 cm，分枝斜上，具棱槽；小穗长圆形，长约3 mm，顶端尖；第一颖薄膜质，长约为小穗的1/4，基部包卷小穗，顶端截平或圆钝，脉常不明显；第二颖与小穗近等长，顶端喙尖，具7脉；第一小花雄性，其外稃与第二颖等长，雄蕊3，花丝极短，花药长约1.6 mm，暗褐色；第二小花结实，长圆形，长约2 mm，平滑、光亮，顶端尖；鳞被长约0.3 mm，宽约0.24 mm。

地理分布 广泛分布于世界热带和亚热带地区。我国分布于海南、广东、广西、福建、台湾、浙江等地。常生于海边、溪边和潮湿之处。

生物学特性 铺地黍喜温热湿润气候，适宜在热带、亚热带，年降水量800～1500 mm的地区生长。在水分充足、日温22℃以上时生长迅速。具较强的抗旱、耐寒能力，能耐受－4～－2℃的低温和霜冻。对土壤要求不严，在较贫瘠的酸性红黄壤至海滨沙土上均能生长，但最适宜在肥沃的潮湿沙地或冲积土壤上生长。一般夏秋季抽穗开花，结籽率很低，采收种子比较困难，通常以根茎繁殖。粗壮的根茎再生力好，繁殖能力很强，常在小范围内成为群落优势种。

饲用价值 铺地黍茎多汁，略带甜味，适口性好，消化率较高，牛、羊、马、兔、鹅均喜食。此外，铺地黍根茎粗壮，扩展性强，生长迅速，是保水固堤的优良植物。铺地黍的化学成分如表所示。

铺地黍的化学成分（%）

测定项目	样品情况	营养期鲜草	孕穗期鲜草	抽穗期鲜草	成熟期鲜草
	干物质	18.8	23.0	25.7	27.3
占干物质	粗蛋白	12.05	10.93	8.78	7.84
	粗脂肪	2.48	1.70	1.77	1.39
	粗纤维	25.44	27.12	31.15	35.93
	无氮浸出物	54.33	53.05	51.28	47.51
	粗灰分	5.70	7.20	7.02	7.33
	钙	0.21	0.28	0.22	0.19
	磷	0.25	0.24	0.26	0.25

铺地黍群体

铺地黍花序

9. 柳枝稷

Panicum virgatum L.

形态特征 为多年生草本。根状茎发达，基本被鳞片。秆直立，高0.6~2 m，通常无分枝。叶鞘无毛，上部者短于节间；叶舌长约0.5 mm，顶端具纤毛；叶片线形，长20~40 cm，宽约5 mm，顶端长尖，两面无毛或腹面基部具长柔毛。圆锥花序长15~55 cm，疏生小枝与小穗；小穗椭圆形，顶端尖，无毛，长约5 mm，绿色或带紫色；第一颖长为小穗的2/3~3/4，顶端尖至喙尖，具5脉；第二颖与小穗等长，顶端喙尖，具7脉；第一外稃与第二颖同形，稍短，具7脉，顶端喙尖，内稃较短，内包雄蕊3；第二外稃长椭圆形，顶端稍尖，长约3 mm。

地理分布 柳枝稷原产于北美洲，现许多地区作为能源牧草引种栽培。

生物学特性 柳枝稷适应性强，从干旱草原到盐碱地，甚至在森林中都可以生长。对土壤要求不严，以粗质土壤为宜。抗旱能力强，对水分敏感，最适年降水量为400~800 mm。生长迅速，产量高，可达74 000 kg/hm^2。

饲用价值 柳枝稷幼嫩时适口性好，可青饲或调制干草，干草质量较优，是牛的优良粗饲料。

栽培要点 柳枝稷种子具有较强的休眠性，可以将种子在潮湿和低温（4~10℃）条件下贮存一段时间，有助于打破休眠，提高发芽率。经过14天的层积处理，发芽率可以提高80%，处理后的干燥过程会恢复部分种子的休眠性，延长处理至42天则可以避免

柳枝稷群体

柳枝稷花序

种子再次休眠。柳枝稷种子细小，播前要精细整地，播后充分镇压，以保证种子与土壤的紧密接触，避免种苗因干旱而死亡。柳枝稷幼苗竞争力较弱，一般选择春季土壤充分回暖到较高的温度（15~20℃）后播种，播种量为6~9 kg/hm^2。建植初期，幼苗竞争力较弱，要及时防除杂草。

第 5 章　狗尾草属牧草

狗尾草属（*Setaria* P. Beauv.）为一年生或多年生草本，秆直立或基部倾斜。叶片平展或有明显的纵向皱褶。圆锥花序通常狭窄而呈圆锥状，如非洲狗尾草（*Setaria anceps*）、金色狗尾草（*S. pumila*），或有时疏散而开展，如棕叶狗尾草（*S. palmifolia*）；小穗单生或簇生，椭圆形或卵状披针形，通常含2小花，全部或部分小穗的基部有1至多条由小枝退化而成的宿存刚毛，小穗从极短而呈杯状的小穗柄顶端上脱落；第一颖通常卵形或宽卵形，长为小穗的1/4~1/2，具3~5脉或无脉；第二颖与第一外稃等长或较短，具5~7脉；第一小花中性或雄性，常具内稃；第二小花两性，外稃革质，背部隆起，平滑或有皱纹，边缘内卷，包围着同质的内稃。

本属全球约130种，广布于世界热带、亚热带，少数种扩散到温带地区，我国约14种。生产上栽培利用的种主要是非洲狗尾草（*S. anceps*），品种主要有卡松古鲁非洲狗尾草（*S. anceps* cv. Kazungula）、南迪非洲狗尾草（*S. anceps* cv. Nandi）、纳罗克非洲狗尾草（*S. anceps* cv. Narok）、卡选14号非洲狗尾草（*S. anceps* cv. Kaxuan 14）。作为粮食作物栽培者有粟（*S. italica*）。

1. 卡松古鲁非洲狗尾草
Setaria anceps Stapf ex Massey cv. Kazungula

形态特征 又名蓝绿非洲狗尾草、扁平非洲狗尾草，为多年生丛生型草本。秆直立，高0.5～1.8 m，幼时茎基紫红色。叶鞘龙骨状，下部闭合，明显长于节间，鞘口及边缘疏生红色长柔毛；叶舌退化为一圈长2～2.5 mm的白色柔毛；叶片线形，长30～50 cm，宽1～1.4 cm，蓝绿色，光滑无毛。圆锥花序紧缩成圆柱状，长6～20 cm，径5～7 mm；小穗排列紧密，花紫红色。颖果椭圆形，长2～2.5 mm，宽约1 mm，成熟时刚毛黄棕色。

地理分布 卡松古鲁非洲狗尾草起源于非洲的赞比亚，津巴布韦、南非等地有种植。除非洲外，菲律宾、巴布亚新几内亚、印度、斐济、澳大利亚和美国等国家也有引种栽培。我国于1974年由中国农业科学院北京畜牧兽医研究所引入，先后在广西、广东、福建及湖南等地试种。现广东、海南、云南等地有种植。

生物学特性 卡松古鲁非洲狗尾草适宜在热带和亚热带海拔1500 m左右、年降水量750 mm以上的地区生长。对光照要求不严，一般12～16 h光周期可促进生长。最适生长温度20～25℃，相对湿度70%～80%，分蘖生长旺盛，亦适宜开花。适应性强，对土壤要求不严，除强酸、强碱性土壤外，能适生于各种质地的土壤，在pH 4.5的丘陵红壤地区也可建植。耐寒性较强，在无霜地区可保持茎叶青绿越冬；遇霜，植株上部茎叶会受霜害；在-9℃低温时，仍有近57%的植株能够留存下来。可经受短时间的水淹或浸泡。耐火烧。

根茎分蘖能力较强，再生力较好，如水肥适中，每刈割一次，植株的分蘖数几乎成倍增加。开花时间为上午7～9时，开花从穗的中上部开始向上向下开放，全穗开花一般历时7天左右。由于株群分蘖多，且持续分蘖，故抽穗不完全一致，开花结束至种子完全成熟持续2个月以上。

卡松古鲁非洲狗尾草群体

卡松古鲁非洲狗尾草的化学成分（%）

测定项目	样品情况	刈割后再生3周鲜草	刈割后再生6周鲜草	刈割后再生9周鲜草	刈割后再生12周鲜草
干物质		11.7	14.3	18.6	19.1
占干物质	粗蛋白	12.04	9.78	7.10	3.70
	粗脂肪	3.97	3.77	3.66	3.58
	粗纤维	34.55	38.00	43.00	44.29
	无氮浸出物	39.40	38.67	39.14	41.30
	粗灰分	10.04	9.78	7.10	7.13
钙		0.26	0.20	0.14	0.12
磷		0.54	0.41	0.35	0.12

饲用价值 卡松古鲁非洲狗尾草抽穗前茎叶柔嫩，适口性好，牛、羊、兔、鹅、鱼喜食，也可切碎喂鸡、鸭。随着生长时间的延长，其营养价值逐渐下降。刈割后再生3周、6周、9周和12周的植株，其可饲用部分分别占96.7%、83.7%、66.7%和47.4%。卡松古鲁非洲狗尾草适宜放牧、刈割青饲、青贮或晒制干草。此外，卡松古鲁非洲狗尾草再生力强，覆盖快，也可作为水土保持植物。卡松古鲁非洲狗尾草的化学成分如表所示。

栽培要点 卡松古鲁非洲狗尾草一般采用种子繁殖。播种前精细整地，保证一犁一耙，并尽可能杀灭杂草，特别是白茅等恶性杂草，需用除草剂喷杀。结合整地，施255～375 kg/hm²磷肥作为基肥。撒播，播后轻压。单播播种量约3.75 kg/hm²，混播播种量约2.25 kg/hm²。待苗高10～15 cm时，追施氮肥75 kg/hm²。若是混播草地，以施用磷肥为主，少施或不施氮肥，以免禾草对豆科牧草的过分竞争。

卡松古鲁非洲狗尾草花序

卡松古鲁非洲狗尾草花期长，种子成熟不一致，可采用人工多次采收。若用机械收种，应在全部株穗枯萎，刚毛呈棕黄色，籽粒转淡黄色，或先熟的种子开始脱落时，一次性采收。

2. 卡选 14 号非洲狗尾草
Setaria anceps Stapf ex Massey cv. Kaxuan 14

形态特征 为多年生草本。秆直立，高1~2 m；节具气生根，微带白粉，幼时基部茎紫红色，抽穗后呈淡红色。叶鞘下部闭合，明显长于节间，微带白粉，鞘口有白色柔毛；叶片长20~40 cm，宽1.1~1.5 cm，叶缘淡紫红色。圆锥花序圆柱形，长10~20 cm，径4~5 mm，小穗排列不紧密，花淡紫色。种子卵圆形，长2~2.5 mm，宽约1 mm，成熟后刚毛呈棕黄色。

地理分布 卡选14号非洲狗尾草是广西壮族自治区畜牧研究所于1981年在非洲狗尾草（*Setaria anceps* Stapf ex Massey）种内杂交群体中选育而成的，1986年通过全国牧草品种审定委员会审定，现广西、广东、福建、海南、云南等地有栽培。

生物学特性 卡选14号非洲狗尾草适宜在温暖、潮湿、阳光充足、海拔60~1800 m的地区生长。对土壤的适应性广泛，在低海拔（800 m以下）地区的肥沃壤土上生长良好，也能在贫瘠的红壤或黄壤上生长。对光照周期要求不严，一般12~16 h光周期可促进生长。最适生长温度25℃，相对湿度70%~80%。耐寒，在广西，田间最低温度为－4℃时，仍有50%的植株保持青绿；耐热，夏季气温高达35~40℃，仍不会枯黄。抽穗不一致，早晚相差约20天。

饲用价值 卡选14号非洲狗尾草叶量大，鲜叶重约占全株的53%，草质柔嫩，牛、羊、兔、鹅喜食，也可饲喂草食性鱼类，是优质牧草。卡选14号非洲狗尾草可刈割青饲或放牧利用，也可晒制干草或调制青贮料。在较肥沃的地块种植，年可刈割4次，鲜草产量120 000 kg/hm²左右。卡选14号非洲狗尾草的化学成分如表所示。

栽培要点 常用种子繁殖，小面积栽培也可用分蘖繁殖。以刈割利用为目的时，宜选用平坦肥沃的土地种植。多采用育苗移栽法，待苗高15~20 cm时挖穴定植，每穴3~5株，株行距30 cm×30 cm或40 cm×40 cm，宜在阴雨天移植。返青后追施氮肥，每次刈割后需施足氮肥。收种地应增施磷肥，一般3~4年后需更新，以提高种子产量。若与豆科牧草混播建植草地，常用种子直播，播种量为3~4 kg/hm²。

卡选14号非洲狗尾草的化学成分（%）

测定项目	样品情况	刈割再生3周鲜草	刈割再生6周鲜草	刈割再生9周鲜草	刈割再生12周鲜草
	干物质	21.9	26.7	27.9	29.4
占干物质	粗蛋白	12.41	8.04	5.55	5.47
	粗脂肪	1.74	1.99	1.69	2.47
	粗纤维	30.98	37.23	41.42	43.12
	无氮浸出物	49.46	46.50	45.29	43.62
	粗灰分	5.41	6.24	6.05	5.32
	钙	0.30	0.46	0.31	0.28
	磷	0.36	0.16	0.19	0.21

3. 纳罗克非洲狗尾草
Setaria anceps Stapf ex Massey cv. Narok

形态特征 为多年生丛生型禾草，秆直立，光滑，高1.5~2 m，径4~8 mm，基部茎略带紫色，各节被白粉。叶鞘下部闭合，明显长于节间，鞘口及边缘被白色柔毛；叶舌退化为长约2 mm的白色柔毛；叶长条形，长15~40 cm，宽7~12 mm。圆锥花序圆柱形，长15~20 cm，径约5 mm，主轴被深黄色刚毛；花淡紫色；小穗卵形，长15~20 mm，宽约10 mm。

地理分布 纳罗克非洲狗尾草原产于非洲肯尼亚海拔2200 m的阿伯德尔（Aberdare）地区，澳大利亚广泛栽培。我国于1983年从澳大利亚引入，于1997年通过全国牧草品种审定委员会审定，南方各地栽培。

生物学特性 纳罗克非洲狗尾草喜温暖气候，宜栽培于高温多雨的热带及亚热带地区。适宜生长温度为20~30℃。对土壤的适应性广泛，能在各类土壤上生长，耐酸性强，在pH 4.5的红壤上可以正常生长，但在不同的土壤上产量差异很大，在疏松而肥沃的土壤上产量最高。冬季气温达-8℃，根部仍可安全越冬，海南冬春干旱季节仍保持青绿，并有一定的产量，夏季高温季节也能保持青绿。耐短时渍涝，耐火烧，耐重牧。

饲用价值 纳罗克非洲狗尾草抽穗前茎叶柔嫩，适口性极佳，牛、羊极喜食，幼嫩时，也可喂鸡、鸭、鹅、鱼、兔等。纳罗克非洲狗尾草适宜刈割青饲、晒制干草或调制青贮饲料。也可与豆科牧草，如圭亚那柱花草（*Stylosanthes guianensis*）、有钩柱花草（*S. hamata*）、粗糙柱花草（*S. scabra*）混播建植优质人工草地。纳罗克非洲狗尾草的化学成分如表所示。

纳罗克非洲狗尾草的化学成分（%）

测定项目	样品情况	刈割再生3周鲜草	刈割再生6周鲜草	刈割再生9周鲜草	刈割再生12周鲜草
	干物质	12.8	14.1	19.1	20.0
占干物质	粗蛋白	11.60	9.02	5.22	4.82
	粗脂肪	3.55	2.88	1.66	1.47
	粗纤维	30.36	37.06	41.15	43.16
	无氮浸出物	43.68	42.14	45.63	44.77
	粗灰分	10.81	8.90	6.34	5.78
	钙	0.37	0.32	0.24	0.26
	磷	0.25	0.22	0.33	0.33

纳罗克非洲狗尾草花序

纳罗克非洲狗尾草群体

4. 南迪非洲狗尾草
Setaria anceps Stapf ex Massey cv. Nandi

形态特征 为多年生禾草。秆直立，光滑，高1.5～2.5 m，径6～8 mm，基部节上有气根，并抽生分枝，节膨大。叶鞘下部闭合，长于节间，鞘口及边缘有柔毛；叶舌退化为长1～2 mm的柔毛；叶片较薄，条状披针形，长20～35 cm，宽8～15 mm。圆锥花序呈狭长圆柱状，长15～25 cm，下垂，主轴有刚毛；小穗单生，下托以刚毛，脱节于小穗柄上，且与宿存的刚毛分离；第一颖宽卵形，长为小穗的1/3；第二颖长为小穗的1/2；第一外稃与小穗等长。颖果矩圆形，长10～20 mm。

地理分布 南迪非洲狗尾草原产于非洲，澳大利亚有栽培。我国于1974年由澳大利亚引入，现广西、广东、福建、云南、海南等地有栽培。

生物学特性 南迪非洲狗尾草喜温热湿润气候，在炎热多雨的夏季生长尤为旺盛，适宜在北纬30°以南，海拔60～1800 m的热带、亚热带地区栽培。对土壤适应性广泛，从沙质土壤到黏土，从低湿地到较干旱的坡地均可栽培，也适于在酸性、碱性等不同类型土壤上生长。对氮肥反应良好，施用氮肥，可达到增加产量和提高蛋白质含量的效果。南迪非洲狗尾草根系发达，须根纤细，量大。分蘖能力强，分蘖数达30～50个。具一定的耐寒能力，在－2℃低温仍能越冬。

饲用价值 南迪非洲狗尾草草质柔嫩，叶量大，茎叶比约为1∶2，适口性好，各种家畜，尤其是大家畜最为喜食，适宜放牧或刈割青饲。南迪非洲狗尾草植株失水较快，因此易调制干草，且调制的干草绿色度较高，品质佳。南迪非洲狗尾草的化学成分如表所示。

南迪非洲狗尾草群体

南迪非洲狗尾草的化学成分（%）

测定项目	样品情况	刈割再生3周鲜草	刈割再生6周鲜草	刈割再生9周鲜草	刈割再生12周鲜草
干物质		12.90	16.00	16.80	18.50
占干物质	粗蛋白	10.40	6.25	5.47	4.81
	粗脂肪	1.52	0.78	1.66	1.20
	粗纤维	31.20	37.89	41.82	43.35
	无氮浸出物	46.14	47.21	45.24	44.54
	粗灰分	10.74	7.87	5.81	6.10
	钙	0.33	0.19	0.26	0.25
	磷	0.53	0.44	0.42	0.38

栽培要点 南迪非洲狗尾草适于春播。播前要求精细整地，并施有机肥料作基肥。条播行距30 cm，播种深度1~2 cm，播种量约7.5 kg/hm²。苗期注意中耕除草。种子成熟期不一致，易脱落，应及时采收。

南迪非洲狗尾草花序

5. 金色狗尾草
Setaria pumila (Poir.) Roem. et Schult.

形态特征 为一年生草本。高20~90 cm，秆直立或基部倾斜。叶鞘下部压扁而具脊，上部圆柱状；叶舌退化为一圈长约1 mm的柔毛；叶片线形，长5~45 cm，宽3~10 mm，顶端长渐尖，基部钝圆。圆锥花序紧缩，圆柱状，长3~17 cm，径6~15 mm，刚毛稍粗糙，金黄色或稍带褐色，长4~8 mm；小穗椭圆形，长3~4 mm，顶端尖，通常在一簇中仅一个发育；第一颖宽卵形，长约为小穗的1/3，顶端尖，具3脉；第二颖长约为小穗的1/2，具5~7脉；第一小花雄性，雄蕊3，外稃与小穗近等长，具5脉，内稃膜质，长和宽近等于第二小花；第二小花两性，外稃长与第一小花近等，顶端尖，黄色或灰色，背部隆起，具明显的横皱纹，成熟时与颖一起脱落。

地理分布 广泛分布于欧亚大陆的温带、亚热带和热带地区。我国分布于南北各地。常生于林边、山坡、路边及荒弃的园地和田野。

生物学特性 金色狗尾草喜温暖湿润环境，适应性强。在中性及微酸性、微碱性土壤上生长良好。对水分较敏感，多生长于湿润的沟边、谷地、河滩和田间。抗旱力较差，多分布于农耕区，为一年生田间杂草。

饲用价值 金色狗尾草茎叶柔嫩，叶量较大，茎叶比一般为1:1.5，牛、羊喜食，适宜放牧、刈割青饲或调制干草。金色狗尾草持水力弱，失水较快，易于调制干草。调制的干草绿色度较高，品质佳。金色狗尾草的化学成分如表所示。

测定项目	样品情况	开花期鲜草	成熟期鲜草
干物质		21.4	25.0
占干物质	粗蛋白	11.62	11.20
	粗脂肪	2.28	2.66
	粗纤维	26.09	31.39
	无氮浸出物	50.31	45.05
	粗灰分	9.70	9.70
钙		0.15	0.15
磷		0.27	0.25

金色狗尾草群体

金色狗尾草花序

6. 莠狗尾草
Setaria parviflora (Poir.) Kerguélen

形态特征 为一年生簇生草本。秆直立或基部膝曲，高30～100 cm。叶鞘通常压扁而具脊，多密集叠生于植株基部；叶舌退化为一圈长约1 mm的纤毛；叶片线形，长6～30 cm，宽2～6 mm，无毛或仅腹面近基部疏生长柔毛。圆锥花序紧缩，圆柱状，长2～20 cm，径8～15 mm，主轴密被微柔毛，刚毛粗糙，长5～8 mm，金黄色、淡褐色或褐色；小穗椭圆形，长2～2.5 mm；第一颖宽卵形，长约为小穗的1/3，具3脉；第二颖卵形，长约为小穗的1/2，具5脉；第一小花中性，其外稃与小穗等长，具5脉，内稃较第二小花狭窄；第二小花两性，其外稃背面具细微皱纹。

地理分布 分布于世界热带、亚热带地区。我国分布于海南、广东、广西、福建、台湾、云南、贵州等地。常生于海拔1500 m以下的山坡、旷野或路边。

生物学特性 莠狗尾草喜温暖湿润气候，常生于热带、亚热带地区的丘陵草坡、路边及田边湿地。对土壤适应性广泛，能在各类土壤上良好生长，但以在湿润的壤土至黏土上生长最盛。稍耐荫蔽，可在疏林下建立群丛。耐火烧，火烧后植株存活率为60%～70%，且落地种子可在烧草地上产生大量的自播苗。野生状态下莠狗尾草的花果期为6～11月，人工栽培及刈割条件下，全年抽穗开花，一般存活2～3年。

饲用价值 莠狗尾草抽穗前草质柔嫩，牛、羊、马喜食，主要供放牧利用。莠狗尾草的化学成分如表所示。

莠狗尾草的化学成分（%）

测定项目	样品情况	刈割再生3周鲜草	刈割再生6周鲜草	刈割再生9周鲜草	刈割再生12周鲜草
占干物质	干物质	18.60	23.60	24.70	25.40
	粗蛋白	13.27	11.34	8.24	5.31
	粗脂肪	5.49	4.01	3.75	2.44
	粗纤维	34.84	34.18	36.60	39.36
	无氮浸出物	38.29	43.98	44.51	45.67
	粗灰分	8.11	6.49	6.90	7.22
	钙	0.46	0.25	0.36	0.33
	磷	0.28	0.20	0.19	0.19

莠狗尾草群体　　莠狗尾草花序

7. 粟

Setaria italica (L.) P. Beauv.

形态特征　又名狗尾粟、黄粟、谷子、粱，为一年生草本。秆直立，粗壮，高30～100 cm。叶鞘无毛，上部稍具脊，松弛包茎；叶舌短小，顶端被纤毛；叶片披针状线形，长约45 cm，宽约2.5 cm，顶端长渐尖，基部钝圆，两面近无毛。圆锥花序圆柱状，长10～40 cm，径0.5～5 cm，成熟时常下垂，主轴密生长柔毛；小穗椭圆形，长2～3 mm，基部的刚毛比小穗长；第一颖具3脉；第二颖具5～9脉；第一小花不孕，外稃与小穗等长，内稃较短；第二小花卵形或圆球形，其外稃长约与第一外稃相等，背面具细点状皱纹。

地理分布　粟原产于我国，栽培历史悠久，主要分布于淮河、汉水、秦岭以北，河西走廊以东，阴山山脉，黑龙江以南和东至渤海海滨的广大地区，华南地区偶见栽培。印度、巴基斯坦、日本、朝鲜、缅甸、斯里兰卡和土耳其等国也有栽培。

生物学特性　粟适宜在海拔2000 m以下、年降水量400～600 mm的地区生长。为喜温作物，生长发育要求较高的温度。粟发育早期是感温阶段，必须有一定的温度才能完成第一阶段的发育，然后进入第二阶段，即感光阶段。喜光，在光照充足时，植株生长健壮，形成的干物质较多，产量高。对土壤的适应性广泛，在各类土壤上均可种植，以pH 6～7的中性壤土上生长最佳。耐盐碱，能在0.4%含盐量的土壤上生长。抗旱能力较强。

饲用价值　粟以食用为主，籽实营养价值较高，每千克小米含蛋白质97 g、脂肪17 g、维生素B_1 5.9 mg、维生素B_2 0.9 mg。收获后的秸秆及加工过程中获得的糠皮兼作饲料。秸秆易贮存，是牛、马等大家畜的优质饲草，糠皮是猪、鸡、鸭的优质饲料。粟也可以专门作为饲草栽培，于播种50天后刈割青饲或放牧利用。开花期到乳熟期刈割，饲用价值最高。粟的化学成分如表所示。

栽培要点　粟种子细小，整地要求深耕，并耙糖，使土地平整，土块细碎，以利出苗。结合整地，

粟群体

粟花序

测定项目	样品情况	营养期鲜草	抽穗期鲜草	乳熟期鲜草
	干物质	20.0	21.5	31.4
占干物质	粗蛋白	8.85	7.66	6.72
	粗脂肪	1.87	2.22	2.33
	粗纤维	28.27	28.71	33.01
	无氮浸出物	51.44	51.25	45.33
	粗灰分	9.57	10.16	12.61
	钙	0.69	0.51	0.36
	磷	0.37	0.33	0.29

粟的化学成分（%）

施足基肥，基肥一般以有机肥与磷肥混施为宜。播前4～5天进行晒种，以提高发芽率。播种可采用撒播、条播、作垄播种等方式进行，播后覆土2～3 cm。苗期生长慢，应及时防除杂草。在拔节期应及时追肥，生长中后期结合降水情况进行适宜的灌水。

粟成熟后，当稃皮全部变黄时，应及时收获，收割过早，籽粒不饱满，收割过晚，籽粒脱落，影响产量。若以青饲为目的，在抽穗前10天左右进行刈割；若以调制干草为目的，则以抽穗初期收获为宜；若以青贮为目的，则以主穗开始成熟时收获为宜。

8. 棕叶狗尾草
Setaria palmifolia (J. König) Stapf

形态特征 又名雏茅，为多年生草本。秆直立，高1～2 m，径4～8 mm，基部茎粗可达1 cm。叶鞘通常松弛包茎，无毛或被疣毛；叶舌长约1 mm，顶端被长2～3 mm的纤毛；叶片狭披针形至披针形，明显纵向皱褶，长20～50 cm，宽2～8 cm，顶端渐尖，基部常折叠并渐狭成柄状，无毛或被硬毛。圆锥花序大而开展，塔形，长20～50 cm，径10～20 cm；分枝具棱，常具小枝；小穗卵状披针形，长3.5～4 mm，基部有刚毛1条或有时无，刚毛长5～14 mm；第一颖卵形，长为小穗的1/3～1/2，具3～5脉；第二颖长为小穗的2/3～3/4；第一小花中性或雄性；其外稃膜质，椭圆形，长与小穗近等，顶端渐尖，具5脉，内稃透明膜质，狭披针形，长为外稃的1/2～3/4；第二小花两性。谷粒具不明显的横皱纹。

地理分布 分布于世界热带和亚热带地区。我国分布于长江以南。常生于山坡、山谷的阴湿处或林下。

生物学特性 棕叶狗尾草喜温暖湿润气候，适于在热带和亚热带地区生长。对土壤要求不严，适宜在南方红壤或黄壤地区栽培。在良好水肥条件下，生长旺盛，生物量高。在瘠薄、干旱地区，茎叶老化快，生物量低。具一定的耐寒性，在福建省北部，冬季气温 −9℃时，仍能顺利越冬。生育期约180天。

饲用价值 棕叶狗尾草的粗蛋白含量比一般禾本科牧草要高，但茎叶质地粗糙，适口性稍差，牛、羊采食。棕叶狗尾草的化学成分如表所示。

棕叶狗尾草的化学成分（%）

测定项目	样品情况	刈割再生3周鲜草	刈割再生6周鲜草	刈割再生9周鲜草	刈割再生12周鲜草
	干物质	19.90	20.40	21.30	21.60
占干物质	粗蛋白	14.94	12.39	10.08	8.76
	粗脂肪	3.36	4.09	2.56	2.54
	粗纤维	24.10	27.39	28.67	30.08
	无氮浸出物	42.54	44.86	49.86	48.70
	粗灰分	15.06	11.27	8.83	9.92
	钙	0.37	0.31	0.42	0.33
	磷	0.25	0.25	0.18	0.24

棕叶狗尾草群体

棕叶狗尾草花序

栽培要点 棕叶狗尾草种子细小，整地要求深耕耙平，以利出苗。结合整地，施有机肥7500 kg/hm²作基肥，或用尿素、过磷酸钙拌种后代替基肥。播种前，晾晒种子，以提高发芽率。可条播或撒播，条播行距30 cm，覆土深度1～2 cm，播种量45 kg/hm²。收种地宜穴播，株行距30 cm×30 cm。当苗高40～60 cm时，即可刈割或放牧利用，每次利用后应追施尿素和过磷酸钙各15 kg/hm²。

9. 皱叶狗尾草
Setaria plicata (Lam.) T. Cooke

形态特征 为多年生草本。秆较纤细，直立或基部倾斜，高40～130 cm，径3～6 mm。叶鞘压扁而具脊；叶舌长约1 mm，被长约1.5 mm的纤毛；叶狭披针形至线状披针形，长10～40 cm，宽1～3 cm，明显纵向皱褶，顶端渐尖，基部渐狭成柄状，背面被短柔毛。圆锥花序狭长圆形，长15～33 cm，径常不及5 cm；分枝斜上举，下部的常具小枝；小穗卵状披针形，长3～3.5 mm，基部有刚毛1条或有时无刚毛，刚毛长达10 mm；第一颖宽卵形，具3～4脉；第二颖顶端钝或尖；第二小花中性，外稃约与小穗等长，具5脉，顶端尖，内稃短小，狭披针形，透明膜质；第二小花的外稃略短于第一小花的外稃，背面具明显的横皱纹，顶端具硬而小的尖头。

地理分布 分布于印度、尼泊尔、斯里兰卡、马来西亚等地。我国分布于长江流域以南各地。常生于山坡林下、沟谷地阴湿处或路边草地上。

饲用价值 皱叶狗尾草草质柔嫩，牛、马、羊喜食，结实期茎、叶、穗重量比约为26：72：3。皱叶狗尾草的化学成分如表所示。

皱叶狗尾草花序

测定项目	样品情况	抽穗期鲜草	成熟期鲜草
干物质		24.34	26.49
占干物质	粗蛋白	13.01	9.36
	粗脂肪	4.21	3.82
	粗纤维	26.46	22.58
	无氮浸出物	45.27	54.06
	粗灰分	11.05	10.18
钙		—	—
磷		—	—

皱叶狗尾草的化学成分（%）

皱叶狗尾草群体

10. 西南莩草

Setaria forbesiana (Nees ex Steud.) J. D. Hooker

形态特征 为多年生草本。秆直立或基部膝曲、高0.6~1.7 m。叶鞘边缘具密的纤毛；叶舌短小，具长约3 mm的纤毛；叶片线形或线状披针形，长10~40 cm，宽4~20 mm，扁平，先端渐尖，基部钝圆。圆锥花序狭尖塔形、披针形或呈穗状，长10~32 cm，宽1~4 cm，主轴具棱；小穗椭圆形或卵圆形，长约3 mm，具极短柄，小穗下均具1枚刚毛，刚毛粗壮，长约为小穗的3倍；第一颖宽卵形，长为小穗的1/3~1/2，具3~5脉；第二颖约为小穗的1/4或2/3；第一小花雄性或中性，第一外稃与小穗等长，通常3~5脉；第二外稃等长于第一外稃；花柱基联合。

地理分布 分布于尼泊尔、印度北部及缅甸等地。我国长江以南均有分布。常生于海拔较高的山谷、路旁、沟边及山坡草地。

饲用价值 西南莩草叶量丰富，各种家畜均喜食，为良等牧草。西南莩草的化学成分如表所示。

测定项目	样品情况	结实期绝干样
	干物质	100
占干物质	粗蛋白	8.67
	粗脂肪	2.93
	粗纤维	42.82
	无氮浸出物	34.67
	粗灰分	10.91
	钙	—
	磷	—

西南莩草的化学成分（%）

西南莩草花序（局部）

西南莩草花序

11. 狗尾草

Setaria viridis (L.) P. Beauv.

形态特征 为一年生草本。根须状，植株具支持根。秆直立或基部膝曲，高0.3~1.0 m。叶鞘松弛，边缘具较长的密绵状纤毛；叶舌极短；叶片扁平，长三角状狭披针形或线状披针形，先端长渐尖或渐尖，基部钝圆形，长4~30 cm，宽2~18 mm。圆锥花序紧密呈圆柱状或基部稍疏离，主轴被较长柔毛，长2~15 cm，径4~13 mm（刚毛除外），刚毛长4~12 mm；小穗2~5个簇生于主轴上或更多的小穗着生在短小枝上，椭圆形，先端钝，长2~2.5 mm；第一颖卵形、宽卵形，长约为小穗的1/3，具3脉；第二颖与小穗几等长，椭圆形，具5~7脉；第一外稃与小穗等长，具5~7脉，先端钝，其内稃短小狭窄；第二外稃椭圆形，顶端钝，具细点状皱纹，边缘内卷，狭窄；鳞被楔形，顶端微凹；花柱基分离。

地理分布 狗尾草原产于欧亚大陆的温带和暖温带地区，现世界温带和亚热带地区广泛分布。我国各地常见。生于荒野、路旁。

饲用价值 狗尾草种子产量大，雨季来临后萌发，生长迅速，鲜草产量高。草质柔软，适口性好，各种家畜均喜食，可放牧或刈割利用。狗尾草的化学成分如表所示。

狗尾草的化学成分（%）

测定项目	样品情况	抽穗期绝干样
	干物质	100
占干物质	粗蛋白	10.27
	粗脂肪	2.60
	粗纤维	34.40
	无氮浸出物	42.13
	粗灰分	10.60
	钙	—
	磷	—

狗尾草花序

狗尾草植株

第6章　臂形草属牧草

臂形草属（*Brachiaria* Griseb.）为一年生或多年生草本，通常簇生。圆锥花序顶生，由穗形总状花序组成；小穗背腹压扁，具短柄或近无柄，单生或孪生，交互成2行排列于穗轴一侧，有1~2小花，第一小花为雄性或退化，第二小花为两性；第一颖长通常约为小穗的1/2，基部包卷小穗；第二颖与第二外稃等长，具5~7脉；第二小花的外稃坚硬，背部凸起，背穗轴着生，尤以单生小穗更为明显，边缘内卷，包卷着同质的内稃。

本属约100种，分布于全世界的热带、南亚热带地区。我国分布10种（包括引种），海南原产4种，引种栽培5种。本属多为优质放牧型牧草，已有数种被驯化栽培，在生产上广泛利用，主要有珊状臂形草（*Brachiaria brizantha*）、俯仰臂形草（*B. decumbens*）、湿生臂形草（*B. humidicola*）、网脉臂形草（*B. dictyoneura*）、刚果臂形草（*B. ruziziensis*）和巴拉草（*B. mutica*）。我国最早于1954年和1961年自斯里兰卡分别引进珊状臂形草和俯仰臂形草，1982年以后又自哥伦比亚国际热带农业中心（International Center for Tropical Agriculture，CIAT）引进大批该属种质。经适应性试验、品种比较试验、区域性试验和生产性试验，先后选育出热研3号俯仰臂形草（*B. decumbens* cv. Reyan No. 3）、贝斯莉斯克俯仰臂形草（*B. decumbens* cv. Basilisk）、热研6号珊状臂形草（*B. brizantha* cv. Reyan No. 6）、热研14号网脉臂形草（*B. dictyoneura* cv. Reyan No. 14）和热研15号刚果臂形草（*B. ruziziensis* cv. Reyan No. 15）等品种推广应用。本属种间杂交育种工作亦取得突破性进展，哥伦比亚国际热带农业中心牧草育种学家John Miles团队利用珊状臂形草与刚果臂形草杂交，培育出了高产、优质的杂种后代Mulato，现已大面积推广利用。

1. 俯仰臂形草
Brachiaria decumbens Stapf

形态特征 又名伏生臂形草，为匍匐性多年生草本。秆坚硬，高50～150 cm。叶片宽条形至窄披针形，长5～20 cm，宽7～25 mm。圆锥花序由2～4总状花序组成，花序轴长1～8 cm，总状花序长1～5 cm；小穗具短柄，交互成2行排列于穗轴一侧，椭圆形，长4～5 mm，常具短柔毛；下部颖片为小穗长度的1/3～1/2，急尖至钝形；上部颖片膜质；上部外稃颗粒状，急尖。

地理分布 俯仰臂形草原产于非洲热带地区，分布于南北纬27°范围、海拔1750 m以下的地区。现广泛分布于世界热带及亚热带地区。我国最早于1963年由华南热带作物科学研究院引种试种，其后，云南省肉牛和牧草研究中心等多家单位引种试种。经适应性试验、品种比较试验、区域性试验和生产性试验，选育出热研3号俯仰臂形草（*Brachiaria decumbens* cv. Reyan No. 3）和贝斯莉斯克俯仰臂形草（*B. decumbens* cv. Basilisk）等俯仰臂形草品种在海南、广西、广东、云南等地推广种植。其中热研3号俯仰臂形草于1991年通过全国牧草品种审定委员会审定，贝斯莉斯克俯仰臂形草于1992年通过全国牧草品种审定委员会审定。

生物学特性 俯仰臂形草是典型的湿热带草种，喜温暖潮湿气候。最适生长温度为30～35℃，最适年降水量为1500 mm。对土壤的适应性广泛，能在各类土壤上良好生长，但铝含量高的瘠薄土壤对其生长有一定的影响。为短日照作物，在稍有荫蔽的椰林下生长旺盛。抗旱，可忍受4～5个月的旱季，在旱季末期其饲草产量较巴拉草、俯仰马唐（*Digitaria decumbens*）、坚尼草高。不耐涝，在排水良好的沃土上产量最高。耐牧、耐践踏、耐火烧。

俯仰臂形草生长快、花期长。在海南，分蘖定植后2个月或种子播种后3个月即可完全覆盖地面。一年当中以高温多雨的6～9月生长最快，茎每天伸长2～

俯仰臂形草群体

俯仰臂形草花序（局部）

4 cm；其生长速度随着雨量的减少和温度的降低而减慢，低温干旱的1~2月，几乎停止生长，但仍保持青绿。花期长，每年6月开始抽穗开花，花期可延续至11月，其间种子陆续成熟，成熟高峰期为10~11月，结实率低，且成熟的种子极易脱落，种子产量低。

俯仰臂形草侵占性强，能靠种子自繁扩展蔓延，对飞机草（*Chromolaena odoratum*）等恶性杂草有抑制作用。常与柱花草、三裂叶野葛、蝴蝶豆等混播，初期豆科牧草能良好生长，但2~3年后，则被俯仰臂形草压制，混播草地逐渐变成单一的禾本科草地。卵叶山蚂蝗（*Desmodium ovalifolium*）、异叶山蚂蝗（*D. heterophyllum*）可与之良好混生。在云南普洱市曼中田牧场，利用平托落花生（*Arachis pintoi*）与之混播，效果良好，在建植30年以上的草地上，俯仰臂形草与平托落花生仍混生良好。

饲用价值 俯仰臂形草叶量大，牛、羊喜食。营养期适口性好，抽穗后饲草营养价值及适口性均有所降低，可青饲、调制干草或青贮料。俯仰臂形草可单播，亦可同多种豆科牧草混播。此外，俯仰臂形草是一种优良的水土保持作物。俯仰臂形草的化学成分如表所示。

栽培要点 可种子繁殖，也可营养繁殖。利用种子繁殖时，新收获的种子可用硫酸浸种处理，以打

俯仰臂形草的化学成分（%）

测定项目	样品情况	营养期鲜草	抽穗期鲜草	成熟期鲜草
	干物质	24.7	26.3	29.3
占干物质	粗蛋白	7.57	6.99	4.49
	粗脂肪	3.21	2.36	2.70
	粗纤维	30.94	36.93	38.46
	无氮浸出物	49.95	46.86	48.45
	粗灰分	8.33	6.86	5.90
	钙	0.56	0.46	0.21
	磷	0.13	0.08	0.12

破休眠，经处理的种子，其发芽率可提高30%以上。也可将新收获的种子置于通风干燥条件下保存10~12个月，待翌年播种。播种深度1 cm，播种后镇压。建植单一草地时，播种量为22.5~30 kg/hm²，与豆科牧草混播时，播种量为2.5~5.0 kg/hm²。分蘖繁殖时，可以将植株分为具2~3个分蘖的繁殖体。匍匐茎较长的，可扦插繁殖，剪切成长约30 cm的插条穴植，每穴2~3苗，将苗的2/3埋入土中，压实即可，株行距为80 cm×80 cm。营养繁殖以阴雨天进行为宜。

2. 珊状臂形草
Brachiaria brizantha Stapf

形态特征 为多年生草本。根状茎和匍匐茎发达。株高80～120 cm，匍匐或稍向上，具节13～16个，节间长1～30 cm，粗2.5～4.5 mm，基部节间较短，上部节间较长。叶鞘长3.8～28 cm，基部叶鞘较节间长，中上部叶鞘较节间短；叶片线形，深绿色，在叶片2/3处有一条皱缩带，叶片长4～28 cm，宽1～2.1 cm，基部叶片较短，上部叶片较长。圆锥花序由2～8个总状花序组成，长6～20 cm；小穗具短柄，交互成2行排列于穗轴一侧，含1～2小花；第一小花为雄花；第二小花为两性花，雄蕊3，雌蕊柱头羽毛状，深紫色；第二颖长约为小穗的1/2，基部包卷小穗，第二颖与第一外稃同形同质，具7脉；第二外稃骨质，背部突起，外颖圆形，为内颖的1/2，内颖长5 mm。

地理分布 珊状臂形草原产于非洲热带地区，生长在年降水量750 mm以上热带干草原的林缘。现分布于刚果、乌干达、美国夏威夷、澳大利亚昆士兰等地。我国由华南热带作物科学研究院于1982年引进试种，后经适应性试验、品种比较试验、区域性试验和生产性试验，选育出热研6号珊状臂形草（*Brachiaria brizantha* cv. Reyan No. 6），于2000年通过全国牧草品种审定委员会审定。热研6号珊状臂形草现为华南、西南建植人工草地的优良牧草，在种植区域内常见其逸为野生状态。

生物学特性 珊状臂形草喜湿热气候，在海南，7～9月生长最快，1～2月几乎停止生长，但叶片仍呈浓绿色，无枯黄现象。对土壤适应性广泛，耐酸性瘦土。侵占性强，耐践踏，耐牧，但连续放牧后则絮结成稀疏草皮。耐火烧，火烧后2个月即可完全恢复生长，单株分蘖达133个，草层高20～40 cm；火烧后4个月，单株分蘖达170个，草层高90～100 cm。抗旱能力中等。

分蘖能力强，生长快。在海南，植后两个半月，总分蘖数达165～225个，植后三个半月，单株生长幅度达2.5～2.9 m。花期长，5月即开始抽穗开花，8～9月为盛花期，11月停止开花，种子在9月至翌年1月成熟，成熟极不一致，结实率低。种子发芽率低，一般

珊状臂形草株丛

珊状臂形草花序（局部）

不足10%。

饲用价值　珊状臂形草茎叶较粗糙，具毛，茎秆易老化，适口性稍差。但因其高产（年产鲜草37 500～60 000 kg/hm²）、侵占性强、耐践踏、冬季不干枯，故亦为一种优良的放牧型牧草。用作放牧时，可与三裂叶野葛、蝴蝶豆混播，以提高草场的产量及饲草品质。珊状臂形草也可用来调制干草或青贮料，供冬春枯草季节饲用。珊状臂形草的化学成分如表所示。

栽培要点　珊状臂形草结种少，且种子发芽率低，常用匍匐茎插条繁殖。整地要求不严，犁耙后即可定植。施腐熟有机肥3000～4500 kg/hm²、过磷酸钙150～200 kg/hm²作基肥。剪取长约30 cm的带节匍匐茎作为种苗进行穴植，每穴2～3苗，穴深15 cm左右，将苗的2/3埋于土中，1/3露出地面，株行距一般为80 cm×80 cm。种植时受季节影响不大，3～10月均可种植，冬季如土壤水分充足，也可定植成活，但以雨季开始时定植为好。

珊状臂形草的化学成分（%）

测定项目	样品情况	营养期鲜草	开花期鲜草
干物质		19.50	16.82
占干物质	粗蛋白	10.49	7.99
	粗脂肪	2.22	3.77
	粗纤维	30.13	28.81
	无氮浸出物	46.51	50.78
	粗灰分	10.65	8.65
	钙	0.25	0.36
	磷	0.29	0.30

3. 网脉臂形草
Brachiaria dictyoneura (Fig. et De Not.) Stapf

形态特征 为多年生匍匐型草本。具长匍匐茎和短根状茎。秆半直立，高40～120 cm；匍匐茎略带红色，具10～18个节，节间长8～20 cm。叶鞘抱茎，长7～12 cm；叶片线形、条形至披针形，长4～40 cm，宽3～18 cm，常对折，上举，边缘呈齿状。圆锥花序由3～8个总状花序组成，花序轴长5～25 cm，分枝总状花序长1～8 cm；小穗具短柄，交互成2行排列于穗轴一侧，椭圆形，长4～7 cm，被疏毛；每小穗含2小花，第一小花为雄花，雌蕊退化；第二小花为两性花，雄蕊3，黄色，雌蕊柱头羽毛状，深紫色；第一颖与小穗近等长，或略短，具11脉；第二颖具7～9脉，外稃具5脉。颖果卵形，长约4.1 mm，宽约1.9 mm。

地理分布 网脉臂形草起源于东非和南非，后被引种到东南亚及太平洋地区，南美洲引种并大面积种植。我国于1991年由华南热带作物科学研究院自哥伦比亚国际热带农业中心引进试种，后经适应性试验、品种比较试验、区域性试验和生产性试验，选育出热研14号网脉臂形草（*Brachiaria dictyoneura* cv. Reyan No. 14），其于2000年通过全国牧草品种审定委员会审定，现海南、广东、广西、云南等地有种植。

生物学特性 网脉臂形草喜湿润的热带气候，最适宜在海拔1800 m以下、年降水量1500～3500 mm甚至以上的湿热地区生长。对土壤的适应性广泛，从沙土到重黏土均可良好生长，耐酸瘦土壤，能在pH 4.5～5.0的强酸性土壤和极端贫瘠的土壤上生长，并表现出良好的持久性和丰产性，在极端恶劣的土壤基质（沙石）上也有良好的覆盖效果。耐干旱，在年降水量750 mm以上的热带、亚热带地区均可良好生长。耐一定的荫蔽，在林下间作表现出良好的持续性。侵占性强，触地各节产生不定根，自然传播迅速，并能与飞机草等恶性杂草竞争，但初期生长缓慢。

网脉臂形草种子具生理性休眠，新鲜种子发芽率

网脉臂形草群体

低，种子贮存6～8个月后可破除休眠。

饲用价值 网脉臂形草是一种优良的放牧型牧草，可同多种豆科牧草，如卵叶山蚂蝗、蝴蝶豆、三裂叶野葛、圭亚那柱花草等混播建植良好的人工草地。在瘦瘠的酸性土上，其鲜草产量约为12 000 kg/hm^2。网脉臂形草的化学成分如表所示。

栽培要点 网脉臂形草主要用种子繁殖，整地要求全垦，最少一犁一耙，播种量为3～12 kg/hm^2。也可用分蘖繁殖，按株行距1 m×2 m挖穴定植，每穴2～3株。放牧高度控制在15～20 cm，并适时追施一定的氮肥，以保持其生产潜能。

网脉臂形草的化学成分（%）

测定项目	样品情况	营养期鲜草	抽穗期鲜草	成熟期鲜草
干物质		10.1	17.0	20.9
占干物质	粗蛋白	9.93	7.61	5.40
	粗脂肪	4.10	3.45	2.92
	粗纤维	23.35	34.32	36.32
	无氮浸出物	51.84	44.70	43.34
	粗灰分	10.78	9.92	12.02
	钙	0.14	0.13	0.22
	磷	0.17	0.15	0.43

网脉臂形草花序

4. 刚果臂形草
Brachiaria ruziziensis Germain et Evrard

形态特征 又名刚果草、露西草，为多年生丛生型匍匐草本。秆半直立，多毛，具分枝，高50～150 cm；匍匐茎扁圆形，具节5～18个，节间长8～20 cm。叶片狭披针形，长5～28 cm，宽8～19 mm，顶端渐尖，基部近圆形，两面被柔毛；叶鞘松弛，长7～12 cm，背具脊。圆锥花序顶生，由3～9个穗形总状花序组成，花序轴长4～10 cm，穗形总状花序长3～6 cm；小穗具短柄，单生，交互成2行排列于穗轴一侧，长椭圆形，长3.5～5 mm，径约1.5 mm，被短柔毛；穗轴扁平，具翅，常略带紫色；第一颖广卵形，长为小穗的1/2，具11脉，包卷小穗基部；第二颖与小穗等长，具7脉；每小穗含2小花，第一小花为雄花，雌蕊退化，外稃具6脉，内稃膜质，雄蕊3；第二小花两性，外稃革质，椭圆形，长约3 mm，具3脉，具明显横皱纹，边缘内卷，包卷同质内稃，雄蕊3，黄色，雌蕊柱头羽毛状，深紫色。颖果卵形，长约0.51 cm，宽约0.17 cm。

地理分布 刚果臂形草起源于刚果东部的Ruzizi山谷及布隆迪，世界热带地区广泛种植。我国于1991年由华南热带作物科学研究院引进试种，后经适应性试验、品种比较试验、区域性试验和生产性试验，选育出热研15号刚果臂形草（*Brachiaria ruziziensis* cv. Reyan No. 15），其于2005年通过全国牧草品种审定委员会审定，现海南、广东、广西、云南等地有种植。

生物学特性 刚果臂形草喜湿润的热带气候，适宜在海拔1000～2000 m、年平均温度19～33℃、年降水量1000 mm以上的热带、亚热带地区生长。对土壤适应性广泛，从沙土到重黏土均可良好生长，但以在排水良好的肥沃土壤上生长最好。耐酸瘦土壤，能在pH 4.5～5.0的强酸性土壤和极端贫瘠的土壤上生长，在极端恶劣的沙石土上也具有良好的覆盖效果。刚果臂形草种子具有休眠特性，新鲜的种子发芽率低。通过一段时间的贮藏，种子可破除休眠。

刚果臂形草群体

饲用价值　刚果臂形草是一种优良的放牧型牧草，牧草品质好，与其他牧草亲和力高，可同圭亚那柱花草、卵叶山蚂蝗、蝴蝶豆等多种豆科牧草混播，建植优良的人工草地，也可间作于椰子园、油棕园，用于林下放牧。在肥沃地块，其干草产量可达 20 000 kg/hm^2 以上。此外，刚果臂形草还是优良的水土保持植物。刚果臂形草的化学成分如表所示。

栽培要点　刚果臂形草可以用种子繁殖，也可以通过分蘖或带节（生根）的根茎进行营养繁殖。用种子繁殖，整地要求全垦，最少一犁一耙，选用隔年种子播种，播种深度为1.5~2.5 cm，播种量为2.5~10 kg/hm^2。营养繁殖，一般按株行距50 cm×100 cm挖穴定植，穴深10~15 cm，每穴2~3苗，选阴雨天或土壤湿润时定植。

刚果臂形草的化学成分（%）

测定项目	样品情况	营养期鲜草	开花期鲜草	成熟期鲜草
	干物质	22.51	25.84	31.40
占干物质	粗蛋白	7.75	7.01	5.32
	粗脂肪	1.80	1.94	2.33
	粗纤维	27.98	29.45	30.76
	无氮浸出物	57.17	55.43	55.15
	粗灰分	5.30	6.17	6.44
	钙	0.21	0.25	0.20
	磷	0.15	0.11	0.17

刚果臂形草花序

5. 巴拉草
Brachiaria mutica (Forssk.) Stapf

形态特征 为多年生半匍匐状草本。茎基部匍匐平卧，可蔓延至10 m长，扁圆形，径0.4～1.0 cm，节间长5～11 cm。叶片线形至披针形，长6～30 cm，宽5～20 mm，平展，无毛或略被绒毛；叶鞘密生绒毛。圆锥花序顶生，长6～30 cm，由5～20个总状花序组成，总状花序长2～15 cm；小穗孪生，顶部者常单生，椭圆形，长2.5～5 mm；上部小花可育，长约3 mm，内稃在成熟时呈黄色。

地理分布 巴拉草原产于非洲热带地区，现广泛分布于世界热带及亚热带湿润地区。我国于1964年由华南热带作物科学研究院引种试种，现广东、广西、云南、海南等地有少量栽培。由于其侵占性极强，许多地方已逸为野生状态。

生物学特性 巴拉草喜温暖湿润的热带、亚热带气候，适于在年平均温度19～24℃、最低月平均温度7～17℃、年降水量900 mm以上的地区生长。最适年平均温度为21℃，低于15℃生长不良。对土壤的适应性广泛，但以在冲积土上生长最好，能在铝含量高的土壤上生长。耐渍水，可在土壤水分近于饱和的地方，如河边、田边、沟边、池塘边良好生长，甚至还可以生长在水中。在干旱的地方虽然可以生长，但产量较低。对氮肥的反应敏感，增施氮肥，产量提高明显。

巴拉草开花结实率低，在原产地或条件适合的地方，其种子产量最高仅达31 kg/hm^2，在我国偶见抽穗，未见结实。

饲用价值 巴拉草适口性良好，蛋白质含量比一般禾本科牧草高。可以同一些喜欢潮湿的豆科牧草，如异叶山蚂蝗（*Desmodium heterophyllum*）、三裂叶野葛、蝴蝶豆、毛蔓豆（*Calopogonium mucunoides*）等建植良好的群丛，进行适当的放牧利用，也可刈割青饲、调制干草或青贮料。此外，巴拉草长势强，枝条蔓延快，可用于护堤等水土保持工程。由于产量高，茎叶容易腐烂，也可在农田轮作，以改良土壤。巴拉草的化学成分如表所示。

栽培要点 在原产地，巴拉草可收获一定的种子，可用种子繁殖，精细整地，播种量为2.5～4.5 kg/hm^2。在我国，主要用插条繁殖。一般将匍匐茎剪切成带2～3节、长20～30 cm的切段作为种苗穴植。每穴2～3苗，斜插，株行距100 cm×100 cm。种植期以雨季

巴拉草群体

巴拉草的化学成分（%）

测定项目	样品情况	营养期鲜草
	干物质	22.50
占干物质	粗蛋白	6.67
	粗脂肪	2.60
	粗纤维	36.42
	无氮浸出物	45.03
	粗灰分	9.28
	钙	0.45
	磷	0.09

开始时为宜，但在潮湿土壤或能灌溉时，全年均可种植。施有机肥4000～7500 kg/hm^{2}和过磷酸钙150 kg/hm^{2}作基肥。追肥可结合刈割进行，一般在刈割后施硫酸铵75～100 kg/hm^2。巴拉草初期生长较稀疏，杂草容易滋长，在种植后需中耕除草1～2次。

巴拉草栽培管理容易，生长快，产量高。种植后约3个月，当株高达1 m左右时，即可进行第一次刈割，种植当年一般可刈割2～3次。此后，可根据气候、水肥条件和生长情况，每隔30～45天刈割一次，鲜草产量为60 000～75 000 kg/hm^2。

巴拉草花序（局部）

6. 多枝臂形草
Brachiaria ramose (L.) Stapf

形态特征 为一年生草本。秆基部倾斜，具分枝，高30～60 cm，具细柔毛。叶片线状披针形，长5～15 cm，宽4～20 mm，两面均被柔毛。总状花序长1.5～4 cm，2至数枚着生于主轴上组成圆锥花序；穗轴具狭翼；小穗长3.5 mm，具小尖头，孪生或上部者单生，孪生者一具柄，长1～2 mm，一几无柄；第一颖长约为小穗的1/2，具3～5脉；第二颖与小穗等长，具5脉；第一外稃具5脉；内稃窄狭较短。颖果倒卵形，长2.5～3 mm，先端尖，背面具凸起的中脉，具横皱纹。

地理分布 分布于印度、印度尼西亚至非洲。我国分布于海南、广东、云南等地。常生于丘陵草地或疏林灌丛中。

饲用价值 多枝臂形草秆叶柔软，牛、羊、马喜食。多枝臂形草的化学成分如表所示。

多枝臂形草花序

测定项目	样品情况	开花期鲜草
干物质		11.21
占干物质	粗蛋白	22.26
	粗脂肪	1.46
	粗纤维	28.12
	无氮浸出物	36.54
	粗灰分	11.62
钙		0.35
磷		0.42

多枝臂形草的化学成分（%）

多枝臂形草群体

7. 四生臂形草
Brachiaria subquadripara (Trin.) Hitchc.

形态特征 为一年生草本。株高20～60 cm；茎纤细，下部平卧地面，节上生根，节间具狭槽，节膨大而被柔毛。叶鞘松弛，具脊；叶舌极短，被长约1 mm的纤毛；叶片狭披针形至线状披针形，长4～15 cm，宽4～10 mm，边缘增厚而粗糙，常呈微皱波状，近基部边缘上常被疣基纤毛。总状花序疏离，开展，长2～4 cm；小穗近无柄，通常单生，绿色或略带紫色，无毛，狭长圆形，长3.5～4 mm，顶端具小凸尖；第一颖广卵形，长近小穗的1/2，具5～7脉，包卷小穗基部；第二颖与小穗等长，具7脉；第一小花退化，仅具外稃，外稃与第二颖等长，具5脉；第二小花的外稃革质，椭圆形，长2～2.5 mm，表面具微细横皱纹，边缘内卷。

地理分布 分布于亚洲和大洋洲热带地区。我国分布于海南、广东、广西、福建、台湾等地。常生于荒坡草地、撂荒地或路边。

生物学特性 四生臂形草喜温暖气候，适宜在年降水量1000～1800 mm的地区生长，年降水量低于750 mm或持续干旱4个月以上会出现干枯。对土壤适应性广，能在各类土壤上生长，但以在沙壤土上生长最佳。具根状茎，节上生根，靠落地种子或根茎繁衍。

饲用价值 四生臂形草为优质禾本科牧草，牛、羊喜食，常与链荚豆（*Alysicarpus vaginalis*）、龙爪茅（*Dactyloctenium aegyptium*）等建立群丛，可供放牧利用。四生臂形草的化学成分如表所示。

四生臂形草的化学成分（%）

测定项目	样品情况	营养期鲜草	抽穗期鲜草	成熟期鲜草
	干物质	14.91	16.57	21.13
占干物质	粗蛋白	18.96	15.87	7.18
	粗脂肪	0.60	0.42	0.53
	粗纤维	28.23	31.07	35.40
	无氮浸出物	39.45	40.70	46.93
	粗灰分	12.76	11.94	9.96
	钙	0.45	0.39	0.51
	磷	0.20	0.21	0.13

四生臂形草植株

四生臂形草花序

栽培要点 四生臂形草主要以野生状态利用，也有少量在林下间作，供放牧利用的。宜于雨季开始时播种，可以撒播或条播，播种量为1.5～3.0 kg/hm²；也可用根状茎进行无性繁殖，在土壤湿润时挖穴种植，穴深15～20 cm，株行距100 cm×100 cm。

8. 湿生臂形草
Brachiaria humidicola (Rendle) Schweickt

形态特征 为多年生草本。茎节着地生根，直立部分高20～60 cm。叶鞘光滑；叶舌短，纤毛状，长不足1 mm；叶片线状披针形，常向上内卷，长5～20 cm，宽7～9 mm，叶缘疏生硬刺毛，叶尖较硬，光滑无毛。圆锥花序由3～5总状花序组成；总状花序长2～5 cm；小穗卵状披针形，长2.8～3 mm，小穗柄疏生一至数条短于小穗的疣毛；第一颖长为小穗的4/5；第二颖稍短于小穗，疏被极短的纤毛；第一小花雄性或中性；第一外稃表面疏生短纤毛，有的具不明显的网状脉纹；第二外稃骨质，比小穗稍短。

地理分布 原产于非洲刚果、苏丹、埃塞俄比亚等地，世界热带地区引种栽培。我国海南引种栽培。

饲用价值 湿生臂形草草质细，家畜喜食，为优良放牧草种。湿生臂形草的化学成分如表所示。

湿生臂形草花序（局部）

湿生臂形草的化学成分（%）

测定项目		营养期鲜草	开花期鲜草	成熟期鲜草
干物质		21.40	24.90	25.10
占干物质	粗蛋白	9.53	5.76	3.46
	粗脂肪	2.45	2.50	3.11
	粗纤维	34.93	36.53	38.71
	无氮浸出物	46.53	47.91	48.24
	粗灰分	6.56	7.30	6.48
	钙	0.27	0.32	0.26
	磷	0.10	0.12	0.12

湿生臂形草群体

9. 毛臂形草
Brachiaria villosa (Lam.) A. Camus

形态特征 为一年生草本。株高0.1～0.5 m，基部倾斜，全体密被柔毛。叶鞘被柔毛；叶舌小，具长约1 mm的纤毛；叶片卵状披针形，长1～4 cm，宽3～10 mm，两面密被柔毛。圆锥花序由4～8总状花序组成；总状花序长1～3 cm；主轴与穗轴密生柔毛；小穗卵形，长约2.5 mm，通常单生；小穗柄长0.5～1 mm；第一颖长为小穗之半，具3脉；第二颖等长或略短于小穗，具5脉；第一小花中性，其外稃与小穗等长，具5脉，内稃膜质，狭窄；第二外稃草质，稍包卷同质内稃；鳞被2，膜质，折叠，长约0.4 mm；花柱基分离。

地理分布 分布于东亚、南亚等地。我国除东北地区及新疆外，大部分地区均有分布。常生于田野、山坡草地中。

饲用价值 毛臂形草草质柔软，牛、马、羊喜食。夏季生长旺盛，耐牧，为中等牧草。毛臂形草的化学成分如表所示。

测定项目	样品情况	地上部绝干样
干物质		100
占干物质	粗蛋白	6.51
	粗脂肪	2.04
	粗纤维	32.58
	无氮浸出物	44.99
	粗灰分	13.88
	钙	0.69
	磷	0.47

毛臂形草的化学成分（%）

毛臂形草花序

毛臂形草植株

第7章　雀稗属牧草

雀稗属（*Paspalum* L.）为一年生或多年生草本。株高变化甚大，矮者仅20～30 cm，如海雀稗（*Paspalum vaginatum*），高者可达2～4 m，如黑籽雀稗（*P. atratum*）。2至多数总状花序呈指状着生或排列于延伸的主轴上；小穗近无柄，平凸状，背腹压扁，无芒，单生或孪生，2～4行互生排列于穗轴一侧，2小花；第一颖通常退化；第二颖和第二小花的外稃等长，膜质；第一小花中性，内稃缺；第二小花两性，背向穗轴，外稃纸质或软骨质，成熟后变硬，边缘内卷，包卷着同质的内稃。

本属约330种，分布于世界热带、亚热带和温带地区，尤以美洲最多。我国分布16种，海南现分布12种，大多为优质牧草。目前，在生产上广泛利用者有黑籽雀稗、棕籽雀稗（*P. plicatulum*）、毛花雀稗（*P. dilatatum*）、宽叶雀稗（*P. wettsteinii*）和百喜草（*P. notatum*）。

1. 毛花雀稗
Paspalum dilatatum Poir.

形态特征 又名宜安草、大利草、达利雀稗，为多年生草本。具短根状茎。秆丛生，直立，粗壮，高50～150 cm，径约5 mm。叶鞘光滑无毛；叶舌膜质，长2～5 mm；叶片灰绿色，长10～45 cm，宽4～12 mm，中脉明显。总状花序长5～8 cm，4～10枚呈总状着生于长4～10 cm的主轴上，形成大型圆锥花序，分枝腋间具长柔毛；小穗柄微粗糙；小穗卵形，长3～4 mm，宽约2.5 mm，孪生，覆瓦状排列成4行，边缘具长丝状柔毛，两面贴生短毛。颖果卵状圆形，短于小穗，长2～2.5 mm。

地理分布 毛花雀稗原产于巴西东南部、阿根廷北部和乌拉圭等地。世界热带、亚热带地区广泛引种栽培。我国于1962年从越南引入，并在广西、湖南等地试种，现云南、广东、福建、江西、湖北、贵州等地有种植。

生物学特性 毛花雀稗喜温暖湿润的亚热带气候，适于在海拔2000 m以下、年降水量750～1650 mm的地区生长。在潮湿而黏重的土壤上生长最好，在沙质土上生长不良。最适生长温度为30℃，分蘖最适温度为27℃，开花最适温度为22.5℃。毛花雀稗根系发达，建植后抗旱能力强，并能有效地同杂草竞争。但当肥力下降时，杂草会占据优势。耐践踏，在重牧情况下仍可继续生长。在整个生长季节毛花雀稗均可抽穗开花，日照时数为14～16 h时，利于其种子萌发生长。在适宜条件下，可靠种子自然传播。

饲用价值 毛花雀稗叶量大，适口性好，是一种优质的栽培牧草。耐践踏，可供放牧利用，也可晒制干草或调制青贮料，晒制的干草和调制的青贮料品质均佳。毛花雀稗的化学成分如表所示。

栽培要点 毛花雀稗种子细小，整地要精细，单播播种量为9～15 kg/hm²，混播播种量为4.5～7.5 kg/hm²。单种时宜多施氮肥，与豆科牧草混播时宜增施磷肥和石灰。定期施用氮肥可保证草地的持续生产能力。

毛花雀稗的化学成分（%）

测定项目	样品情况	刈割后生长3周鲜草	刈割后生长6周鲜草	刈割后生长9周鲜草	刈割后生长12周鲜草
	干物质	23.2	24.9	25.4	25.7
占干物质	粗蛋白	12.53	9.70	8.06	7.01
	粗脂肪	3.75	3.45	3.21	2.98
	粗纤维	36.07	36.64	37.05	37.36
	无氮浸出物	40.68	44.01	45.67	46.46
	粗灰分	6.97	6.20	6.01	6.19
	钙	0.78	0.82	0.73	0.57
	磷	0.30	0.23	0.24	0.16

毛花雀稗花序

毛花雀稗植株

2. 双穗雀稗

Paspalum distichum L.

形态特征 又名牛粪草，为多年生草本。具根茎及匍匐茎，匍匐茎横走、粗壮，长可达1 m，向上直立部分高20~40 cm，扁压，具棱，节密被柔毛。叶鞘短于节间，背部具脊，边缘或上部被柔毛；叶舌长2~3 mm，无毛；叶片披针形，长5~15 cm，宽3~7 mm，无毛。总状花序2枚，生于主轴顶端，呈叉状，稀为3枚，长2~5 cm；穗轴宽1~1.5 mm，边缘波状稍粗糙；小穗2行排列，倒卵状长圆形，长3~3.5 mm；第一颖退化；第二颖贴生柔毛，具明显的中脉；第一外稃具3~5脉，通常无毛；第二外稃草质，与小穗等长，黄绿色。颖果椭圆形，长约2.5 mm，灰色，顶端具少数细毛。

地理分布 双穗雀稗原产于非洲、美洲，现广泛分布于世界热带及亚热带地区。我国分布于海南、广东、广西、福建、台湾、云南、湖北、江苏、贵州等地。

生物学特性 双穗雀稗喜潮湿的热带气候，适宜在南北纬30°范围内生长。种子发芽最适温度为20~30℃。耐渍，耐水淹，耐盐碱性极强，可在潮湿的沼泽地、微碱性和盐渍土上良好生长。对磷肥及氮肥反应敏感。较耐阴。

饲用价值 双穗雀稗幼嫩时茎叶柔嫩，牛、羊、马喜食，成熟时适口性差。双穗雀稗的化学成分如表所示。

双穗雀稗的化学成分（%）

测定项目	样品情况	营养期鲜草	抽穗期鲜草
干物质		21.3	20.9
占干物质	粗蛋白	13.60	9.96
	粗脂肪	1.90	2.13
	粗纤维	26.30	37.44
	无氮浸出物	44.60	43.29
	粗灰分	13.60	7.18
钙		—	0.25
磷		—	0.16

双穗雀稗群体

双穗雀稗花序

3. 长叶雀稗
Paspalum longifolium Roxburgh

形态特征 为多年生单生或丛生草本。秆直立，高1～1.5 m。叶鞘扁平，远长于节间，背部具脊，平滑或被疣基柔毛；叶舌膜质，长约2 mm；叶片平展或对折，宽线形，长20～60 cm，宽6～10 mm。总状花序近无柄，长5～7 cm，4～9枚互生于长达15 cm的总轴上；穗轴宽3～4 mm，边缘粗糙；小穗孪生，绿色，有时带红紫色，广倒卵形，长2～2.5 mm，顶端凸尖，于穗轴的一侧紧密排列成4行；第一颖退化；第二颖被卷曲的细毛；第一外稃被细毛，具3脉；第二外稃黄绿色。

地理分布 分布于亚洲热带及澳大利亚北部地区。我国分布于海南、广东、广西、台湾、云南、贵州等地。常生于潮湿山坡、田边及路边湿地。

生物学特性 长叶雀稗生育期约150天。在昆明，5月下旬播种，6月下旬出苗，7月上旬分蘖，7月中旬拔节，8月上旬孕穗，8月中下旬抽穗，9月上旬初花，10月下旬结实，11月下旬种子成熟。

饲用价值 长叶雀稗草质柔软，牛、马、羊喜食，为优质牧草。结实期茎、叶、穗重量比约为23.5∶64.7∶11.7。长叶雀稗的化学成分如表所示。

栽培要点 利用种子繁殖。播前平整土地，用0.2％的硝酸钾溶液和400～600 mg/kg赤霉素溶液分别浸种36 h和48～72 h，以提高种子发芽率。雨后趁墒播种，可条播或撒播，条播行距35～40 cm，播后覆土1 cm左右，轻压。花期刈割。刈割后追施氮肥，适时灌水，以促其再生。

长叶雀稗的化学成分（％）

测定项目	样品情况	成熟期鲜草
	干物质	22.01
占干物质	粗蛋白	5.80
	粗脂肪	5.28
	粗纤维	31.87
	无氮浸出物	48.91
	粗灰分	8.14
	钙	—
	磷	—

长叶雀稗植株

第 7 章　雀稗属牧草 | 75

长叶雀稗花序

4. 圆果雀稗
Paspalum scrobiculatum L. var. *orbiculare* (G. Forst.) Hack.

形态特征 为多年生草本。秆直立，丛生，高30~90 cm。叶鞘长于节间；叶舌膜质，棕色，长约1.5 mm；叶片长披针形至线形，扁平或卷折，长10~20 cm，宽5~10 mm。总状花序长3~8 cm，2~10枚交互近指状排列于长1~3 cm之主轴上，分枝腋间具长柔毛；穗轴宽1.5~2 mm，边缘微粗糙；小穗椭圆形或倒卵形，长2~2.3 mm，单生于穗轴一侧，覆瓦状排列成2行；小穗柄长约0.5 mm；第二颖与第一外稃等长，具3脉，顶端稍尖；第二外稃等长于小穗，成熟后褐色，革质，具光泽。

地理分布 世界热带、亚热带地区均有分布。我国分布于华南、西南及湖北、浙江等地。常生于低海拔的荒坡、草地、路旁及田间。福建农业大学经过对野生圆果雀稗的比较评价，选育出福建圆果雀稗（*Paspalum scrobiculatum* var. *orbiculare* cv. Fujian），该品种于1995年通过全国牧草品种审定委员会审定，现在我国东南广泛种植。

生物学特性 圆果雀稗对土壤适应性广泛，在红壤、黄壤上均能良好生长。在水肥条件良好时，分蘖多，产量高。根系强大，分蘖能力强，再生能力强，生长旺盛，刈割后日平均生长0.6~1.8 cm。具一定的耐寒性，冬季气温在-4℃时，仅地上部嫩叶枯萎，地下部可安全越冬；翌年气温回升到10~15℃时，可迅速返青生长。耐热、抗旱，在37~39℃的高温下，可耐受2个月的持续干旱，此间生长虽然受到一定的影响，但不至于枯死，并且能正常开花结实。

圆果雀稗播种当年生育期约107天，冬播生育期约187天。

饲用价值 圆果雀稗草质柔软，牛、羊、马喜食。在生长后期，茎叶老化较快，适口性降低，可晒制干草或调制青贮料，供冬春缺草时补饲。圆果雀稗的化学成分如表所示。

圆果雀稗群体

圆果雀稗的化学成分（%）

测定项目	样品情况	刈割后生长3周鲜草	刈割后生长6周鲜草	刈割后生长9周鲜草	刈割后生长12周鲜草
干物质		21.8	22.2	22.5	23.1
占干物质	粗蛋白	9.59	9.34	8.59	7.27
	粗脂肪	1.03	1.88	1.15	2.11
	粗纤维	32.03	32.31	32.77	32.87
	无氮浸出物	49.36	47.87	49.50	50.01
	粗灰分	7.99	8.60	7.99	7.74
	钙	0.43	0.40	0.41	0.40
	磷	0.51	0.60	0.47	0.48

栽培要点 种子繁殖，播前翻耕土地，整细耙平，施入有机肥。可条播或撒播，条播行距30 cm，覆土深度0.5～1 cm。出苗后，追施尿素、过磷酸钙。苗高25～30 cm时，即可刈割或放牧利用。年刈割4～5次，鲜草产量为15 000～28 500 kg/hm²。每次利用后，需追肥一次，以保证持续高产。

圆果雀稗花序

5. 雀稗
Paspalum thunbergii Kunth ex Steud.

形态特征 为多年生草本。秆直立，丛生，高50～100 cm，节被长柔毛。叶鞘具脊，长于节间，被柔毛；叶舌褐色，膜质，长0.5～1.5 mm；叶片线形，长10～25 cm，宽5～8 mm，两面密生柔毛。总状花序3～6枚，长5～10 cm，互生于长3～8 cm的主轴上，形成总状圆锥花序，分枝腋间具长柔毛；穗轴宽约1 mm；小穗柄长0.5～1 mm；小穗椭圆状倒卵形，长2.6～2.8 mm，宽约2.2 mm，散生微柔毛；第二颖与第一外稃等长，膜质，具3脉，边缘有明显微柔毛；第二外稃等长于小穗，革质，具光泽。颖果倒卵状圆形，与小穗等长，具细点状粗糙。

地理分布 分布于东半球热带、亚热带地区。我国分布于华东、华中、华南及西南各地。常生于潮湿草地、荒野、溪边及潮湿道旁。

生物学特性 雀稗喜温暖湿润气候。6～10月开花结实，种子成熟后自行脱落，条件适宜时则萌发形成新的株丛。

饲用价值 雀稗生长前期，茎叶较柔软，牛喜食。生长后期，适口性稍差。适宜早期放牧利用，也可调制干草或青贮料，供冬春缺草时补饲。雀稗的化学成分如表所示。

雀稗的化学成分（%）

测定项目	样品情况	营养期鲜草	孕穗期鲜草	抽穗期鲜草	成熟期鲜草
	干物质	18.9	20.0	21.4	22.5
占干物质	粗蛋白	7.90	9.16	6.85	5.86
	粗脂肪	1.82	1.76	1.42	1.43
	粗纤维	28.24	34.42	35.15	36.92
	无氮浸出物	52.04	43.96	46.28	45.79
	粗灰分	10.00	10.70	10.30	10.00
	钙	0.30	0.23	0.24	0.23
	磷	0.26	0.32	0.29	0.24

雀稗花序

雀稗植株

6. 棕籽雀稗
Paspalum plicatulum Michaux

形态特征 又名高雀稗、皱稃雀稗,为多年生簇生草本。秆直立,丛生,高30~80 cm。叶鞘长于节间,背部具脊;叶舌干膜质,黄色,长约2 cm;叶片基部对折,上部扁平,顶端渐尖,长10~50 cm,宽3~10 cm。总状花序3~7枚,长5~8 cm,互生于长3~15 cm的主轴上,腋间生长柔毛;穗轴宽约1 cm;小穗柄长者约2 cm;小穗倒卵状长圆形,长约3 cm,宽约2 cm;第二颖背部隆起,具5脉;第一外稃具3脉,边缘稍隆起,其内侧有一圈短的横皱纹;第二外稃深褐色,背部隆起,厚约1.5 cm。颖果深褐色,具光泽。

地理分布 棕籽雀稗原产于中美洲和南美洲,现引种至非洲(肯尼亚及科特迪瓦)、澳大利亚、美国、斐济及东南亚的菲律宾、泰国、印度尼西亚、马来西亚等地。我国广东、广西、海南等地引种栽培。

生物学特性 棕籽雀稗适宜在年降水量750 mm以上的热带和亚热带地区生长。对土壤的适应性广泛,能耐铝含量高的强酸性土壤,可在瘦瘠的土壤上良好生长。发芽最适温度为20~35℃,低于10℃时萌发的芽停止生长,遇霜冻,地上部分枯死,但来年春季地下部分仍可抽芽生长。不耐荫蔽,耐火烧。

棕籽雀稗花期较短,抽穗后21天种子成熟。由于其颖片及稃片影响了种子的渗透性,成熟的种子一般有休眠期。

饲用价值 棕籽雀稗草质柔嫩,牛、羊、马、兔、鹅及火鸡喜食,为优质放牧型牧草,亦可刈割青饲。棕籽雀稗的化学成分如表所示。

栽培要点 一般采用种子繁殖,也可分株繁殖。种子繁殖时,选用低温(7℃)条件下放置30天以上,破除种子的休眠。播前需全垦,且要整地精细。

棕籽雀稗群体

棕籽雀稗花序

棕籽雀稗的化学成分（%）				
测定项目 \ 样品情况	刈割后生长3周鲜草	刈割后生长6周鲜草	刈割后生长9周鲜草	刈割后生长12周鲜草
干物质	17.8	17.9	19.6	21.4
占干物质 粗蛋白	11.84	8.34	7.89	6.71
粗脂肪	3.25	4.50	2.66	3.59
粗纤维	27.76	27.91	31.00	32.99
无氮浸出物	48.24	50.15	48.97	47.75
粗灰分	8.91	9.10	9.48	8.96
钙	0.74	0.75	0.60	0.68
磷	0.22	0.14	0.17	0.17

种子撒播于地表，后镇压，也可以开1～1.5 cm浅沟条播，播种量为2.1～3.0 kg/hm²。建植人工草地时，可以同大翼豆属、柱花草属、山蚂蝗属等豆科牧草混播。灌溉、施肥条件下，以5周为刈割周期，每次刈割干草产量约2400 kg/hm²。

7. 黑籽雀稗
Paspalum atratum Sw.

形态特征 为多年生丛生草本。秆直立,高2~2.5 m;茎节稍膨大。叶鞘半包茎,叶鞘长13~18 cm,背部具脊,叶鞘内近叶舌处具稀长柔毛;叶舌膜质,褐色,长1~3 mm;叶片长50~85 cm,宽2.4~4.2 cm,两边平滑无毛。圆锥花序由7~12个近无柄的总状花序组成,总状花序互生于长达25~40 cm的主轴上,总状花序长12.8~15.3 cm;穗轴近轴面扁平,远轴面具棱,穗轴宽1~1.5 mm;小穗孪生,交互排列于穗轴远轴面;第一颖退化;第二颖和第一小花的外稃等长,膜质,具3脉;第二小花与小穗等长,平凸状,软骨质,成熟后变褐色,表面细点状粗糙;外稃内卷,包卷着同质内稃;内稃边缘内卷,于中部处向外延伸成膜质耳状物。种子卵圆形,褐色,具光泽,长1.5~2.2 mm,宽约1 mm。

地理分布 黑籽雀稗原产于南美洲的巴西和玻利维亚,现引种至东南亚、澳大利亚及美国等地的热带、亚热带地区种植。我国于1994年由中国热带农业科学院自印度尼西亚引入试种,后经适应性试验、品种比较试验、区域性试验和生产性试验,选育出热研11号黑籽雀稗(*Paspalum atratum* cv. Reyan No. 11),该品种于2003年通过全国牧草品种审定委员会审定,现海南、广东、广西、福建、云南等地广泛种植。

生物学特性 黑籽雀稗适宜在年降水量1500~2000 mm的热带、亚热带地区生长。最适生长温度为22~27℃,最适年平均温度为23℃。对土壤适应性广泛,从沙质土壤到黏重土壤均能生长,耐酸瘦土壤,对氮肥敏感。耐水渍、耐涝,常生长于地下水位较高的低湿地,但不耐长时间水淹。具一定的抗旱性。耐阴、耐刈割、耐牧。在海南,8月开始开花,9月底至10月初种子成熟。

饲用价值 黑籽雀稗再生能力强,分蘖多,叶量大,耐刈割,适口性好,产量高,年产鲜草约100 000 kg/hm^2,为优质牧草。黑籽雀稗的化学成分如表所示。

栽培要点 选择在土层深厚、结构疏松、肥沃、排灌良好的壤土或沙壤土上种植。种植前一个月备耕,一般一犁二耙,深翻15~20 cm,清除杂草、平整

黑籽雀稗株丛

黑籽雀稗花序

测定项目	样品情况	刈割后生长45天鲜草
	黑籽雀稗的化学成分（%）	
	干物质	21.5
占干物质	粗蛋白	9.83
	粗脂肪	1.00
	粗纤维	24.88
	无氮浸出物	50.75
	粗灰分	13.54
	钙	1.43
	磷	0.56

地面，熟地种植一犁一耙。可直播或育苗移栽。直播时，将种子与细沙（或细肥土）按1∶2混合后以50 cm行距进行条播，播后覆土0.5 cm，播种量为7.5～11.25 kg/hm^2；育苗移栽时，将种子播于苗床，播后30～45天，苗高30～40 cm时移栽，株行距为肥地80 cm×80 cm、瘦地60 cm×80 cm。此外，也可进行分蘖繁殖，选用大田健壮植株，割去上部，留茬15～20 cm，整丛挖起后分株，以2～3株为一小丛穴植，株行距60 cm×80 cm或80 cm×100 cm，穴深20～25 cm。施磷肥150～225 kg/hm^2、有机肥7 500～15 000 kg/hm^{2}作基肥。刈割周期40～60天，刈割高度10～15 cm。

8. 宽叶雀稗
Paspalum wettsteinii Hack.

形态特征 为多年生半匍匐丛生型草本。株高1~1.5 m，无毛，具节2~5个，被短柔毛。叶鞘包茎；叶舌膜质，长约2 mm；叶片线状披针形，长20~43 cm，宽1.5~3 cm。圆锥花序直立，开展，由4~9个穗状花序组成，互生，下部者长8~10 cm，上部者长3~5 cm；小穗呈4行排列于穗轴一侧，椭圆形，长2.3~2.5 mm，先端钝，一面平坦或稍凹，另一面显著凸起，浅褐色；第一颖缺；第二颖与小穗等长，长椭圆形，具3脉；内稃与外稃相似。颖果成熟时褐色，长卵圆形，长约2 mm。

地理分布 宽叶雀稗原产于南美洲的巴西、巴拉圭、阿根廷北部等多雨地区，澳大利亚、巴西等国广泛栽培。我国于1974年由广西壮族自治区畜牧研究所自澳大利亚引进试种，后经适应性试验、品种比较试验、区域性试验和生产性试验，选育出桂引1号宽叶雀稗（*Paspalum wettsteinii* cv. Guiyin No. 1），该品种于1989年通过全国牧草品种审定委员会审定，现在广西、广东、云南、福建等地草地改良中应用。

生物学特性 宽叶雀稗喜高温多雨气候。对土壤适应性广泛，在贫瘠的红壤、黄壤土上可正常生长，但在肥沃、排水良好的土壤上生长旺盛。耐寒力中等，在我国南亚热带地区四季常绿，遇-2℃低温时，上部叶片受冻变黄，温度回升后即恢复生长。分蘖力强，再生力强，耐牧。耐火烧，火烧后恢复快。

在南宁，3月播种，4月初出苗，出苗2周后即进入分蘖期，5月下旬拔节，6月下旬抽穗，7月中旬开花，8月中旬大量结实。花期较长，一年可收种子2次，种子产量375~450 kg/hm^2。

饲用价值 宽叶雀稗适口性好，牛喜食，适于放牧利用或刈割青饲。宽叶雀稗的化学成分如表所示。

宽叶雀稗花序

测定项目	样品情况	分蘖期绝干样	抽穗期绝干样	开花期绝干样
干物质		100	100	100
占干物质	粗蛋白	10.29	8.31	7.93
	粗脂肪	3.60	2.79	2.82
	粗纤维	35.39	34.24	39.06
	无氮浸出物	40.94	42.51	41.97
	粗灰分	9.78	12.15	8.22
钙		—	—	—
磷		—	—	—

宽叶雀稗的化学成分（%）

9. 丝毛雀稗
Paspalum urvillei Steud.

形态特征 为多年生草本。具短根状茎。秆丛生，高0.5～2 m。叶鞘长于节，密生糙毛，鞘口具长柔毛；叶舌楔形，膜质，长3～5 mm；叶片长15～30 cm，宽5～15 mm。总状花序10～25枚，长8～15 cm，构成长10～40 cm的大型总状圆锥花序；小穗卵形，顶端尖，长2～3 mm，稍带紫色，边缘密生丝状柔毛；第二颖与第一外稃等长，同形，具3脉；第二外稃椭圆形，革质，平滑。种子浅黄色，卵圆形。

地理分布 丝毛雀稗原产于巴西、乌拉圭和阿根廷等地。我国于20世纪60年代由广西壮族自治区畜牧研究所引入试种，后经适应性试验、品种比较试验、区域性试验和生产性试验，选育出桂引2号小花毛花雀稗（*Paspalum urvillei* cv. Guiyin No. 2），该品种于1989年通过全国牧草品种审定委员会审定，现广西、广东、海南、福建、江西、湖南、湖北、云南、贵州等地有种植。

生物学特性 丝毛雀稗喜温暖湿润气候。对土壤适应性广。春季返青早，与杂草竞争力强。耐寒性强，在江西越冬率在80%以上。在华南地区花期较早，6月始花，花期持续至10月。

饲用价值 丝毛雀稗适口性好，牛、羊、兔均喜食。丝毛雀稗的化学成分如表所示。

丝毛雀稗的化学成分（%）

测定项目	样品情况	开花期绝干样
	干物质	100
占干物质	粗蛋白	7.09
	粗脂肪	1.89
	粗纤维	37.79
	无氮浸出物	45.80
	粗灰分	7.43
	钙	—
	磷	—

丝毛雀稗群体

丝毛雀稗花序

栽培要点 可用种子繁殖或分株繁殖。种子繁殖，3～4月春播，也可秋播。播前进行地表处理，全翻耕或重耙。单播播种量为11～20 kg/hm²，与豆科牧草混播时，禾本科与豆科可按1∶1.5的比例播种。分株移植应在雨季进行，行距约30 cm，株距约20 cm。丝毛雀稗苗期生长缓慢，应注意除杂草及水肥管理，苗期追施尿素60 kg/hm²。建植成功后，每刈割一次应追施尿素60～75 kg/hm²。

10. 百喜草
Paspalum notatum Flüggé

形态特征 为多年生草本。具粗壮、木质、多节的根状茎。秆密丛生，高20～80 cm。叶鞘长10～20 cm，长于其节间，背部压扁成脊，无毛；叶舌膜质，极短；叶片长20～30 cm，宽3～8 mm，扁平或对折，平滑无毛。总状花序2枚对生，斜展，长7～16 cm，腋间具长柔毛；穗轴宽1～1.8 mm；小穗柄长约1 mm；小穗卵形，长3～3.5 mm，平滑无毛，具光泽；第二颖稍长于第一外稃，具3脉，中脉不明显，顶端尖；第一外稃具3脉；第二外稃浅绿色，长约2.8 mm，顶端尖；花药紫色，长约2 mm；柱头黑褐色。

地理分布 百喜草原产于美洲，现广布于世界热带、亚热带地区。我国广东、广西、台湾、福建、云南、四川、贵州、江西等地引种栽培，江西农业大学选育出赣引百喜草（*Paspalum notatum* cv. Ganyin），该品种于2001年通过全国牧草品种审定委员会审定。

生物学特性 百喜草适应性强，适于在热带、亚热带年降水量750 mm以上的地区生长。在温度为28～33℃时生长良好，低于10℃停止生长，叶色黄绿，初霜后，叶色枯黄并休眠。对土壤要求不严，在肥力较低、较干燥的沙质土壤上仍可旺盛生长。根系发达，地下茎粗壮，分蘖旺盛，抗旱、耐践踏。

饲用价值 百喜草叶量大，耐践踏，适宜放牧利用，也可刈割青饲或调制干草。此外，百喜草匍匐茎可形成坚固致密的草皮，是优良的护坡、水土保持和地被植物。百喜草的化学成分如表所示。

测定项目	样品情况	营养期鲜草
	干物质	22.73
占干物质	粗蛋白	11.55
	粗脂肪	4.67
	粗纤维	34.34
	无氮浸出物	40.51
	粗灰分	8.93
	钙	1.22
	磷	0.21

百喜草的化学成分（%）

百喜草花序

百喜草群体

11. 海雀稗
Paspalum vaginatum Sw.

形态特征 为多年生匍匐草本。具根状茎和长匍匐茎，匍匐茎节间长约4 cm，节上抽出直立枝，株高10～50 cm。叶鞘长约3 cm，具脊；叶舌长约1 mm；叶片长5～10 cm，宽2～5 mm，线形，顶端渐尖，内卷。总状花序大多2枚，对生，有时1或3枚，直立，后开展或反折，长2～5 cm；穗轴宽约1.5 mm；小穗卵状披针形，长约3.5 mm；第二颖膜质，中脉不明显，近边缘有2侧脉；第一外稃具5脉；第二外稃软骨质；花药长约1.2 mm。

地理分布 广泛分布于世界热带、亚热带地区。我国分布于华南、东南、西南等地。常生于沟边、湖边、旷野、湿地及海滨沙地。

饲用价值 海雀稗草质柔软，牛、马、羊喜食，可放牧利用。此外，海雀稗还是热带地区优良的水土保持和草坪植物。海雀稗的化学成分如表所示。

海雀稗的化学成分（%）

测定项目	样品情况	营养期绝干样
	干物质	100
占干物质	粗蛋白	16.67
	粗脂肪	4.24
	粗纤维	23.43
	无氮浸出物	45.98
	粗灰分	9.68
	钙	0.65
	磷	0.24

海雀稗群体

海雀稗花序

第8章 马唐属牧草

马唐属（*Digitaria* Haller）为一年生或多年生草本。秆直立或基部倾卧，节上生根。叶片线状披针形至线形。总状花序纤细，2至数个呈指状排列于秆顶或着生于短缩的主轴上。小穗含一两性花，背腹压扁，椭圆形至披针形，顶端尖，2或3～4枚着生于穗轴各节，互生或成4行排列于穗轴一侧；穗轴扁平具翼或狭窄呈三棱状线形；小穗柄长短不等，下方一枚近无柄；第一颖短小或缺；第二颖披针形，较小穗短，常生柔毛；第一外稃与小穗等长或稍短，有3～9脉，通常生柔毛或具多种毛被；第二外稃厚纸质或软骨质，顶端尖，背部隆起，贴向穗轴，边缘膜质扁平，覆盖同质的内稃而不内卷；雄蕊3；柱头2；鳞被2。颖果长圆状椭圆形。

本属300余种，广泛分布于世界热带、亚热带和温带地区，尤以东半球为多。我国有22种，海南产9种2变种。该属牧草品质优良，但生物量不高，目前广泛栽培者为俯仰马唐（*Digitaria decumbens*）。

1. 升马唐
Digitaria ciliaris (Retz.) Koel.

形态特征 又名纤毛马唐，为一年生草本。秆基部倾卧地面，节处生根和分枝，高30～100 cm。叶鞘短于节间，鞘口或下部疏生疣毛；叶舌钝圆，长1～3 mm；叶片条状披针形，长4～12 cm，宽5～10 mm，腹面散生柔毛，边缘稍厚，微粗糙。总状花序3～8枚，长5～12 cm，呈指状排列于秆顶；穗轴宽约1 mm；小穗披针形，长约3 mm，一有柄，一几无柄，孪生于穗轴一侧；第一颖微小，三角形，无脉；第二颖披针形，长为小穗的1/2～3/4，具3脉，脉间及边缘生柔毛；第一外稃与小穗等长，具5～7脉，脉间贴生柔毛，边缘具长柔毛；第二外稃椭圆状披针形，与小穗等长，革质，黄绿色或带铅色，顶端渐尖。颖果和外稃几等长，厚纸质，顶端尖，背部隆起，边缘质薄，覆盖同质的内稃。

地理分布 广泛分布于世界热带、亚热带地区。我国南北各地均有，尤以长江沿岸及以南地区为多。常生于路旁、荒野、荒坡。

生物学特性 升马唐喜温暖湿润气候。一般4～5月萌发生长，6～7月为生长盛期，8月抽穗开花，9月结实。种子成熟后易脱落，自然散播于土壤中，次年春夏萌发生长。常与光头稗（*Echinochloa colona*）、莎草类（*Cyperus* spp.）等构成群丛；在耕地中，有时与狗尾草、金色狗尾草及马唐属其他种类组成群丛；在路旁和地边，有时与圆果雀稗、雀稗等组成群落，成为伴生种。升马唐主要靠种子繁殖，其茎基部各节斜卧地面，具不定根，亦可行营养繁殖。

饲用价值 升马唐茎、叶质地柔软，牛、马喜食。可放牧、刈割青饲或晒制干草。初秋结实时，草质仍较柔嫩，可晒制高品质干草，用作冬季牲畜的补充饲料。升马唐的化学成分如表所示。

升马唐群体

升马唐的化学成分（%）

测定项目	样品情况	营养期鲜草
干物质		13.6
占干物质	粗蛋白	15.61
	粗脂肪	3.49
	粗纤维	22.04
	无氮浸出物	48.26
	粗灰分	10.60
	钙	0.57
	磷	0.47

升马唐花序

2. 俯仰马唐
Digitaria decumbens Stent

形态特征 又名潘哥拉草，为多年生半直立疏丛型草本。须根发达。茎半直立，长约1 m，节间长6～11 cm，径2～3 mm。叶鞘包茎，茎上部叶鞘短于节间；叶舌膜质，截平，长1.5～2.5 mm；叶片浓绿色，质软，线状披针形，长5～20 cm，宽4～7 mm，两面无毛。总状花序4～7个呈指状排列于秆顶，柱头紫红色；小穗两性，孪生于穗轴一侧，下面小穗无柄，上面小穗具柄，同形，小穗长2～3 mm；第一颖微小，钝三角形，第二颖长为小穗的2/3，颖上具3条不明显的脉；第一外稃具5条明显的脉，中间3条较粗，外稃边缘具纤毛。

地理分布 俯仰马唐原产于南非东南部的蓬戈拉河（Pongola River）流域周边。1935年引入美洲试种，1950年后广泛传播于加勒比海诸岛及拉丁美洲各国，成为当地最受欢迎的牧草。我国于1962年由华南热带作物科学研究院引入试种，现海南、广东、广西、福建、云南、湖南等地少量栽培。

生物学特性 俯仰马唐适应性强，适宜在降水量为500～2500 mm、-9℃以上、海拔900 m以下的地区种植。对土壤适应性广泛，在各类土壤上均可生长，但以湿润的沃土为好。耐酸瘦土壤，不耐长久水渍、碱性或缺铜土壤。俯仰马唐根系发达，抗旱能力较强，冬春干旱季节仍保持青绿。具一定的耐阴性，在部分荫蔽条件下，亦可良好生长。耐践踏和重牧，放牧后恢复生长快。

俯仰马唐生长快，种茎种植后10～15天即发生第一分枝，30～40天发生第二、第三分枝。植后45～60天生长最快。高温多雨的7～9月生长最茂盛，10月下旬，生长逐渐缓慢，12月至翌年1月基本停止生长，但保持青绿过冬，2月以后，若有小雨，又开始生长。如果土壤的保水能力强或是有灌溉条件，冬季仍可继续生长。俯仰马唐5月下旬孕穗，6月初抽穗，6月中旬至7月为盛花期。

饲用价值 俯仰马唐产草量高，在肥力中等的土壤上年产鲜草60 000～75 000 kg/hm²，营养价值高，适口性好，各种畜禽均喜食，为优质牧草。此外，可种植于河边、堤坝、渠道或水土流失严重的斜坡地，用于水土保持。俯仰马唐的化学成分如表所示。

栽培要点 俯仰马唐种子活力差，主要以匍匐茎进行无性繁殖。植前将匍匐茎切成20～30 cm的小段穴植，每穴2～4苗，穴深10 cm左右，斜插，苗顶端露出10～15 cm，植后踏实，株行距60 cm×60 cm或80 cm×80 cm。生长初期应注意除草。放牧或收割后应追施氮肥，施氮肥可提高产量和改善饲草品质。在干旱或氮肥不足时，植株常矮化，但施氮肥后即可恢复。

俯仰马唐的化学成分（%）

测定项目	样品情况	刈割20天后再生鲜草
占干物质	干物质	19.9
	粗蛋白	10.11
	粗脂肪	2.32
	粗纤维	29.70
	无氮浸出物	49.47
	粗灰分	8.40
	钙	—
	磷	—

3. 二型马唐

Digitaria heterantha (J. D. Hooker) Merr.

形态特征 为一年生草本。高50～100 cm。茎基部倾斜或匍匐，下部节上生根。叶鞘松弛，疏生疣毛或近无毛；叶舌膜质，长约2 mm，无毛；叶片线形，长2.5～8 cm，宽2～4 mm，边缘稍增厚。总状花序3～4个呈指状排列于秆顶，长10～25 cm；穗轴三棱形，具极狭的绿翼，宽约1 mm；小穗孪生，披针形，一具长柄，一近无柄；无柄小穗长3.5～4 mm，第一颖微小，钝圆而无脉，第二颖长为小穗的5/8～3/4，无毛或于边缘1/3～1/2甚至以上处被纤毛，具3～5脉，脉粗而突起，第一外稃与小穗近等长，无毛，具6～8脉，脉宽而突起，脉间极狭；有柄小穗长4～4.5 mm，柄长约4 mm，第一颖与无柄小穗等长，第二颖略短于小穗，具3～5条宽而突起的脉，脉间被丝状长柔毛，边缘被长纤毛，第一外稃与小穗近等长，具5～8条宽而突起的脉，脉间极狭，沿中脉两侧的脉间无毛，其余的脉间被近透明的疣基刚毛，边缘被长纤毛；第二小花色淡，稍短于小穗。

地理分布 分布于印度、斯里兰卡、越南、马来西亚、印度尼西亚等亚洲热带、亚热带地区。我国分布于海南、广东、广西、福建、台湾等地。常生于近海沙滩及草坡沙地。

饲用价值 牛、羊喜食，为优质牧草。二型马唐的化学成分如表所示。

二型马唐的化学成分（%）		
测定项目	样品情况	结实期干样
占干物质	干物质	93.25
	粗蛋白	6.89
	粗脂肪	1.71
	粗纤维	39.21
	无氮浸出物	45.11
	粗灰分	7.08
	钙	0.20
	磷	0.14

二型马唐茎叶（示叶舌）

二型马唐花序（局部）

4. 海南马唐

Digitaria setigera Roth ex Roem. et Schult.

形态特征　又名短颖马唐，为一年生草本。秆基部倾斜或横卧地面，节上生根，高达0.3～1 m，具多节，无毛；叶鞘短于节间，多少被疣基糙毛；叶舌膜质，长2～3 mm；叶片宽线形，长8～15 cm，宽5～8 mm。总状花序7～13枚，长6～12 cm，呈伞房状排列于秆顶延伸的主轴上，腋间无毛；穗轴宽0.5～1 mm，中肋白色，较宽，两侧绿色，较狭，边缘粗糙；小穗披针形，长约3 mm，孪生，一具长柄，一具短柄或几无柄；第一颖缺；第二颖长不及小穗的1/3，具1～3条不明显的脉或几无脉，边缘具长纤毛；第一外稃与小穗等长，具5～7脉，中央3脉明显，脉间距离较宽而无毛，侧脉甚接近，脉间狭窄而具纤毛，边缘具长纤毛；第二外稃浅绿色。颖果与小穗几等长。

地理分布　广泛分布于亚洲热带地区。我国分布于海南、广东、广西、福建、台湾、云南、贵州等地。常生于林缘、旷野。

饲用价值　牛、羊、马喜食，为优质牧草。海南马唐的化学成分如表所示。

海南马唐花序（局部）

海南马唐群体

测定项目	样品情况	营养期鲜草
	干物质	18.4
占干物质	粗蛋白	13.89
	粗脂肪	2.13
	粗纤维	27.09
	无氮浸出物	44.49
	粗灰分	12.40
	钙	0.58
	磷	0.27

海南马唐的化学成分（%）

5. 红尾翎

Digitaria radicosa (J. Presl) Miq.

形态特征 为一年生草本。秆匍匐地面,下部节生根,直立部分高30~50 cm。叶鞘松弛,短于节间,无毛至密生或散生柔毛或疣基柔毛;叶舌膜质,长1~2.5 mm;叶片狭披针形,长3~8 cm,宽2~4 mm,腹面被毛或无毛,边缘稍增厚。总状花序2~4枚,长4~10 cm,着生于长1~2 cm的主轴上,穗轴具翼,无毛;小穗狭披针形,长2.8~3 mm,为其宽的4~5倍,顶端尖或渐尖;第一颖三角形,长约0.2 mm;第二颖长为小穗的1/3~2/3,具1~3脉,长柄小穗的颖较大,脉间与边缘生柔毛;第一外稃等长于小穗,具5~7脉,中脉与其两侧的脉间距离较宽,具3脉,侧脉及边缘生柔毛;第二外稃黄色,厚纸质,具纵细条纹;花药3枚,长0.5~1 mm。

地理分布 分布于东半球热带地区,印度、缅甸、菲律宾、马来西亚、印度尼西亚至大洋洲等地。我国分布于海南、广东、广西、福建、台湾、云南等地。常生于丘陵、路边、湿润草地上。

饲用价值 秆、叶可作牲畜饲料。红尾翎的化学成分如表所示。

红尾翎的化学成分(%)

测定项目	样品情况	结实期干样
	干物质	92.8
占干物质	粗蛋白	6.82
	粗脂肪	1.65
	粗纤维	42.48
	无氮浸出物	39.06
	粗灰分	9.99
	钙	0.20
	磷	0.36

红尾翎植株(局部)

红尾翎花序

6. 十字马唐
Digitaria cruciata (Nees) A. Camus

形态特征 为一年生披散草本。株高0.3~1.0 m，基部倾斜，具多节，各节着地生根抽出花枝。叶鞘常短于节间，鞘节生硬毛；叶舌长1~2.5 mm；叶片线状披针形，长5~20 cm，宽3~10 mm，顶端渐尖，基部近圆形。总状花序长3~15 cm，5~8枚着生于长1~4 cm的主轴上；穗轴宽约1 mm；小穗长2.5~3 mm，宽约1.2 mm，孪生；第一颖微小；第二颖宽卵形，顶端钝圆，长约为小穗的1/3，具3脉；第一外稃稍短于其小穗，顶端钝，具7脉；第二外稃成熟后肿胀，顶端渐尖成粗硬小尖头，伸出第一外稃之外而裸露；花药长约1 mm。

地理分布 分布于印度、尼泊尔等地。我国分布于云南、贵州、四川、西藏等地。常生于山坡草地或路旁。

饲用价值 十字马唐草质较为柔嫩，适口性好，牛、马、羊喜食。十字马唐的化学成分如表所示。

测定项目	样品情况	初花期绝干样
	干物质	100
占干物质	粗蛋白	6.93
	粗脂肪	1.55
	粗纤维	35.52
	无氮浸出物	48.34
	粗灰分	7.66
	钙	0.31
	磷	0.12

十字马唐的化学成分（%）

十字马唐花序及小穗

十字马唐群体

7. 三数马唐
Digitaria ternata (Hochst. ex A. Rich.) Stapf

形态特征 为一年生丛生草本。株高0.6～1.0 m。基部叶鞘通常长于节间，上部者短于节间；叶舌长1～2 mm；叶片线状披针形，长10～30 cm，宽6～10 mm，顶端长渐尖，基部圆形，上面生疣基长柔毛。总状花序3～6枚，长10～20 cm，指状排列于较短的主轴上；穗轴宽约1 mm，中肋白色，具翼；小穗柄长约2 mm；第一颖不存在；第二颖长为小穗的2/3，具3脉，边缘及脉间具圆头状棒毛；第一外稃具5脉；第二外稃等长于小穗，成熟后黑褐色；花药长约0.8 mm。

地理分布 分布于非洲、印度至马来西亚等地。我国分布于华南、西南等地。常生于林地或田野。

饲用价值 三数马唐草质柔软，各种家畜均喜食。三数马唐的化学成分如表所示。

三数马唐的化学成分（%）

测定项目	样品情况	抽穗期绝干样
占干物质	干物质	100
	粗蛋白	13.74
	粗脂肪	1.69
	粗纤维	33.00
	无氮浸出物	42.43
	粗灰分	9.14
	钙	0.40
	磷	0.08

三数马唐秆节

三数马唐花序及小穗

第 9 章　狗牙根属牧草

　　狗牙根属（*Cynodon* Rich.）又名仪芝属或绊根草属；多年生草本，常具根茎及匍匐枝。一长节间与一极短节间交互生长，致使叶鞘近似对生；叶舌短或仅具一轮纤毛；叶片狭而短、平展。穗状花序2至数枚指状着生；小穗覆瓦状排列于穗轴一侧，无柄或近无柄，两侧压扁，无芒，含1~2小花，成熟时自颖之上脱落；颖狭窄，先端渐尖，近等长，均为1脉或第二颖具3脉，全部或仅第一颖宿存；小穗轴延伸于内稃之外而呈细软的针芒状，有时其上具一退化的小花，颖狭窄，渐尖，近等长，具1脉；外稃较宽，具3脉，侧脉接近边缘，无芒，脊上有毛；内稃与外稃近等长，具2脊。颖果长圆柱形或稍两侧压扁；种脐线形；胚微小。

　　本属约10种，分布于世界热带、亚热带和温带地区。我国产2种1变种，海南有2种，即狗牙根（*Cynodon dactylon*）和弯穗狗牙根（*C. radiatus*）。作为饲料作物引进者的有岸杂1号狗牙根（*C. dactylon* cv. Coasteross-1），作为草坪草引进者的有若干品种，如*C. dactylon* cv. Tifway、*C. dactylon* cv. Tifgreen、*C. dactylon* cv. Jackpot、*C. dactylon* cv. Cheyenne、*C. dactylon* cv. Common等。狗牙根的适应性甚强，南至西沙群岛，北至新疆，高至海拔2500 m的山坡，低至海拔数米的海滨均有分布。既能在旱坡地生长，也能在类似沼泽地的湿地生长。

1. 狗牙根
Cynodon dactylon (L.) Pers.

形态特征 又名绊根草，为多年生草本。具根茎。秆细而坚韧，下部匍匐地面，长可达2 m，节上常生不定根，直立部分高10～40 cm，径1～1.5 mm，秆光滑无毛。叶鞘微具脊，无毛或有疏柔毛，鞘口常具柔毛；叶舌退化为一轮纤毛；叶片线形，长2～10 cm，宽1～3 mm。穗状花序3～6枚，长2～6 cm，呈指状排列于秆顶；小穗排列于穗轴一侧，长2～2.5 mm，含1小花；颖狭披针形，长1.2～1.5 mm，具1脉，背部成脊而边缘膜质；外稃舟形，具3脉，背部明显成脊，脊上被柔毛；内稃与外稃近等长，具2脉；鳞被上缘近截平；花药淡紫色；子房无毛，柱头紫红色。颖果长圆柱形。

地理分布 广泛分布于世界热带、亚热带和温带地区。我国黄河以南各地广泛分布，华南各地极常见。常生于道旁、河岸、荒地、山坡及村旁和路边。我国登记推广的饲用狗牙根品种主要有鄂引3号狗牙根（*Cynodon dactylon* cv. Eyin No. 3），引进利用者有岸杂1号狗牙根（*C. dactylon* cv. Coasteross-1）；登记推广的坪用狗牙根品种主要有兰引1号狗牙根（*C. dactylon* cv. Lanyin No. 1）、南京狗牙根（*C. dactylon* cv. Nanjing）、阳江狗牙根（*C. dactylon* cv. Yangjiang）等。

生物学特性 狗牙根喜热而不耐寒，气候寒冷时生长差，易遭受霜害。在日平均温度24℃以上时，生长最佳；当日平均温度降至6～9℃时，生长缓慢；当日平均温度为-3～-2℃时，其茎、叶死亡，落地，以根茎和匍匐茎越冬，翌年靠休眠芽萌发生长。

狗牙根对土壤适应性广泛，在沙土到重黏土的各种土壤上均能生长，以在湿润而排水良好的中等到黏重的土壤上生长最好。抗旱性强，能抗较长时期的干旱，但在干旱条件下，产量低。

狗牙根具有强大的营养繁殖力，因此具有强大的竞争力。其发达的匍匐茎在适宜的土壤条件下能迅速蔓延，一般日生长约0.9 cm，高者可达1.4 cm。匍匐茎的节向下生不定根，节上的腋芽向上发育成地上枝，并于其基部形成分蘖节，从此节上分生侧枝；此外，还从分蘖节上产生新的匍匐茎。当环境条件不适

狗牙根群体

狗牙根花序及小穗

宜时，其匍匐茎只向前伸长，而不产生不定根，也不形成地上枝。狗牙根的匍匐茎长达1 m以上，有的达2 m以上；每条匍匐茎具节24～35（或更多）。新老匍匐茎在地面上向各个方向穿插，交织成网，覆盖地面，使其他植物不易侵入，从而形成以狗牙根占绝对优势的群落。

饲用价值　狗牙根叶量丰富，草质柔软，牛、羊、马及兔等牲畜极喜食，幼嫩时猪及家禽亦采食。狗牙根生长快，年可刈割3～4次，一般干草产量为2250～3000 kg/hm²，在肥沃的土壤上，干草产量可达7 500～11 250 kg/hm²。由于狗牙根较耐践踏，一般宜放牧利用，也可用于晒制干草或调制青贮饲料。此外，狗牙根的根系发达，根量多，营养繁殖能力强，是一种良好的水土保持植物和优良的草坪草种。狗牙根的化学成分如表所示。

栽培要点　狗牙根能育种子少，种子发芽率低，故多用根茎和匍匐茎繁殖。营养繁殖可采用分株移栽、茎段撒播、草皮块植和条植等方式进行。分株移栽时，挖取狗牙根草皮，然后分株穴植于整好的土地中；茎段撒播时，将匍匐茎和根茎挖起，切成长6～10 cm的小段，混土撒于整好的土地里，然后镇压；草皮块植时，将挖起的草皮切成小块，然后铺植于整好的土地里；条植时，按行距60～100 cm挖沟，将切碎的根茎、匍匐茎放入沟中，枝梢露出土面，盖土踩实即可。植后视土壤墒情适当浇水以利成活。施肥与否，对狗牙根的产量影响很大，在种植前可施用有机肥，利用之后宜追施氮肥。

狗牙根的化学成分（%）

测定项目	样品情况	生长6周鲜草	生长10周鲜草	营养期鲜草	成熟期鲜草
干物质		29.5	39.8	19.1	30.2
占干物质	粗蛋白	14.20	13.20	12.20	8.80
	粗脂肪	1.90	1.50	1.60	1.70
	粗纤维	26.63	29.45	33.32	33.30
	无氮浸出物	44.90	43.90	43.30	48.80
	粗灰分	12.40	12.00	9.60	7.40
钙		—	—	—	—
磷		—	—	—	—

2. 岸杂1号狗牙根
Cynodon dactylon (L.) Pers. cv. Coastcross-1

形态特征 为多年生草本。茎斜卧或匍匐，节着地生根，匍匐茎长达2.5 m，径2～4 mm。叶片披针形，长12～13 cm，宽5～7 mm，叶缘平整，叶面光滑，近叶舌处密生长绒毛。穗状花序3～5枚呈指状排列于秆顶，每小穗着生1朵小花；花深紫色或淡黄色；花药不开裂。

地理分布 岸杂1号狗牙根为美国佐治亚州海岸平原实验站用海岸狗牙根（*Cynodon dactylon* 'Coastal Bermuda grass'）与肯尼亚狗牙根（*C. nlemfuensis* 'PI255445'）杂交育成的，并在美国佛罗里达州及以南地区广泛栽培，现世界热带、亚热带地区引种栽培。我国于1976年由华南农业大学引入，经试种表现良好。现广东、广西、海南、福建、湖南、江西等地有栽培。

生物学特性 岸杂1号狗牙根为喜温植物，适宜生长温度为20～30℃，高于35℃或低于6℃时，生长明显受抑制。我国南方7～9月气温高，岸杂1号狗牙根长势差，10月至翌年6月，特别是3～6月，温度适宜，生长茂盛，该阶段的产量可占全年总产量的70%以上。喜肥沃、水分充足、排水良好的土壤。贫瘠而干燥之地长势较弱，产量低，草质差。具一定的耐寒性。

岸杂1号狗牙根花期为10月至翌年1～2月。开花时花药闭合，花粉不能散出，无法授粉，故结实率极低。

饲用价值 岸杂1号狗牙根草质柔软细嫩，营养价值高，适口性好，牛、羊、兔、鹅、火鸡及草食性鱼类均喜食。其茎节着地生根萌蘖，铺地生长，耐践踏，故适合放牧利用。此外，其也是优良的水土保持植物。岸杂1号狗牙根的化学成分如表所示。

栽培要点 岸杂1号狗牙根常用种茎繁殖。栽植前精细整地，耕深15～20 cm，并及时耙地、镇压。耕地前每公顷撒施厩肥15 000～20 000 kg、过磷酸钙75～150 kg作基肥。种苗选用茎粗、节密、长势旺盛的植株。每公顷用种茎2250～3000 kg。栽植时，将整苗（即不切断）撒放在种植地的表面，然后用泥土压埋2/3茎节数，留出1/3的茎节不压土，覆土2～3 cm。栽植后7～10天可长出新根。阴雨天栽植，成活率较高。栽植后5～10天，如遇干旱，则要及时灌水。栽植后的30天内，生长较慢，易受杂草危害，要及时中耕除草1～2次，保证苗期生长旺盛。

岸杂1号狗牙根对氮肥敏感，每收割或放牧1～2次之后，应追施氮肥一次，每次施硫酸铵75～100 kg/hm^{2}或尿素45～75 kg/hm^2。刈割青饲时，一般每30～40天刈割一次，留茬高度5 cm。放牧利用时，宜轮放，且每次的采食量不高于总产草量的50%～60%。

岸杂1号狗牙根的化学成分（%）

	样品情况 测定项目	刈割后生长3周鲜草	刈割后生长6周鲜草	刈割后生长9周鲜草	刈割后生长12周鲜草
	干物质	30.4	33.5	35.3	39.1
占干物质	粗蛋白	10.58	8.25	7.43	6.85
	粗脂肪	2.26	1.39	1.41	1.54
	粗纤维	30.63	30.78	31.08	32.92
	无氮浸出物	50.78	53.84	54.29	53.08
	粗灰分	5.75	5.74	5.82	5.61
	钙	0.29	0.22	0.30	0.31
	磷	0.14	0.11	0.09	0.19

3. 弯穗狗牙根
Cynodon radiatus Roth ex Roem. et Schult.

形态特征 为多年生草本。秆下部匍匐，直立部分高20~50（~80）cm，径1~1.5 mm，无毛，长节间长可达8 cm。叶鞘无毛，鞘口疏生柔毛；叶舌膜质，长0.2~0.3 mm；叶片线形，长2.5~10 cm，宽4~5 mm，先端长渐尖，两面无毛。穗状花序5~7，长7~10 cm，指状着生于秆顶，常弯曲；穗轴具纵棱，棱上被短硬毛；小穗长卵状披针形，长约2.5 mm；小穗轴延伸至内稃之后，顶端不具退化小花；颖狭窄，具1脉，脊上粗糙；第一颖长约1 mm，第二颖长约1.2 mm，边缘均膜质；外稃与小穗等长，草质，具3脉，中脉凸起成脊，侧脉靠近边缘，脊和侧脉上被短柔毛；内稃略短，具2脊；花药黄色；柱头深紫色。

地理分布 分布于印度南部、缅甸、马来西亚及菲律宾等地。我国分布于华南、东南一带。常生于旷野草地或路旁。

饲用价值 弯穗狗牙根草质柔软，牛、羊、马及兔等牲畜喜食，可放牧利用，亦是一种优良的水土保持植物。

弯穗狗牙根花序（示小穗）

弯穗狗牙根群体

第 10 章　高粱属牧草

高粱属（*Sorghum* Moench）又名蜀黍属，为一年生或多年生草本。秆直立、高大、粗壮。叶片线形至线状披针形。圆锥花序直立、开展，多数含1~5节的总状花序，小穗成对着生于穗轴各节，一具柄，一无柄，在穗轴顶端一节有3小穗，一无柄，二具柄；穗轴节间与小穗柄线形，边缘常具纤毛；有柄小穗雄性或中性；无柄小穗的第一颖草质或近草质，背部凸起或扁平，成熟时变硬而具光泽，边缘内卷，向顶端则渐内折；第二颖舟形，背部具脊；第一外稃厚膜质至透明膜质；第二外稃透明膜质，全缘而无芒或2齿裂，裂齿间具一长或短的芒。

本属约30种，分布于世界热带、亚热带和温带地区。我国分布5种，其中3种为引进种。该属多数种类的谷粒可食用或用作饲料，茎叶为各种家畜的优质饲料，但幼嫩的茎叶含有氢氰酸，若利用不当，则常发生中毒现象，刈割青饲时应引起注意。目前，生产上广泛应用的有苏丹草（*Sorghum sudanense*）和高丹草（*S. bicolor* × *S. sudanense*）（高粱与苏丹草杂交种）。

1. 高粱
Sorghum bicolor (L.) Moench

形态特征 为一年生草本。秆直立，粗壮，高1～4 m，径2～5 cm，基部节上具支撑根。叶片线形至线状披针形，长30～60 cm，宽3～8 cm，先端渐尖，背面淡绿色或有白粉，两面无毛，边缘软骨质，具微细小刺毛，中脉较宽，白色。圆锥花序疏松，主轴裸露，长15～45 cm，宽4～10 cm，总花梗直立或微弯曲；主轴具纵棱，分枝3～7，轮生；每一总状花序具3～6节；无柄小穗倒卵形或倒卵状椭圆形，长4.5～6 mm，宽3.5～4.5 mm；两颖均革质；第一颖背部圆凸，上部1/3质地较薄，具12～16脉，有横脉，顶端尖或具3小齿；第二颖7～9脉，背部圆凸，近顶端具不明显的脊，略呈舟形；外稃透明膜质，第一外稃披针形；第二外稃披针形至长椭圆形，具2～4脉；雄蕊3，花药长约3 mm；子房倒卵形；花柱分离，柱头帚状。颖果两面平凸，长3.5～4 mm，淡红色至红棕色，熟时宽2.5～3 mm，顶端微外露。有柄小穗的柄长约2.5 mm，小穗线形至披针形，长3～5 mm，雄性或中性，宿存。

地理分布 广泛分布于非洲、亚洲及欧洲的部分地区。我国东北、华北及西北栽培较多，华南、西南等地亦有栽培，海南偶见栽培。

生物学特性 高粱为喜温短日照作物。从出苗到结实期间都需要充足的光照。穗分化和籽粒形成期对光照最为敏感。生长锥伸长后，充足的光照有利于幼穗分化。生育期要求较高的温度，种子发芽的最低温度为8～10℃，适宜的发芽温度为20～30℃，最高生长温度为44～50℃，25～30℃的温度能加速幼穗分化，低温会使幼穗分化时间延长，夏季35℃以上的高温加速生长。不耐寒，种子发芽前遇多变低温容易形成"粉籽"，生育期间遇-3～-2℃低温即受冻害。抽穗开花期遇16℃以下低温时，容易发生颖壳不张、花粉减少和花期延迟现象。高粱需水较多，适宜在年降水量400～800 mm的地区种植。种子吸水达到自身重的40%～50%时才能发芽，种子发芽的适宜土壤含水量为10%～20%。幼穗分化期间需充足的水分，水分不足影响幼穗发育，造成结实不良，水分充足亦可延长叶片寿命，保持根系旺盛的活力。高粱庞大的根系、紧密的表皮组织可有效增强其抗旱能力。耐盐碱，适宜的土壤pH为6.5～8.0，pH 8.5时也能生长，

高粱群体

但不同生育期耐盐碱能力有一定差异。发芽出苗期耐盐碱能力弱，以后随着生长逐渐增强。

饲用价值 高粱用作粮食作物栽培，其秸秆可用作反刍家畜的粗饲料。用作饲用作物栽培，可刈割青饲或在蜡熟期刈割调制青贮料。在我国南方，利用高粱的残茬，可获得一季再生高粱，而青刈高粱可刈割利用两次。高粱青株含氢氰酸，氢氰酸随不同生育期、不同部位、不同环境而不同，幼苗期、幼嫩部位含量高，成熟期、老化部位含量低。青株经晾晒或青贮后，其氢氰酸含量有效降低。高粱的化学成分如表所示。

栽培要点 高粱对土壤的适应能力较强，沙土、黏土、盐碱土、旱坡、低湿易涝地均能种植。为了保证高产稳产，应选土层深厚、结构良好、富含有机质、酸碱度适宜的壤土或沙质壤土种植。高粱根系较深，种子较小，要求疏松细碎的土层，翻地深度要在20 cm以上。当5 cm地温稳定在10~12℃甚至以上时，便可播种。选用粒大饱满的种子，并在播前用55~57℃的温水浸种3~5 min，以提高出苗率。高粱宜单播，可平作或垄作。播种量因品种、栽培目的、种子质量不同而不同，发芽率在95%以上的种子，普通高粱播种量一般为22.5 kg/hm²左右，青贮用甜高粱播种量一般为24 kg/hm²左右。播后覆土3~4 cm，镇压1~2次。

高粱的化学成分（%）			
测定项目	样品情况	茎叶鲜样	茎叶干样
干物质		23.3	93.7
占干物质	粗蛋白	8.20	3.70
	粗脂肪	1.50	1.10
	粗纤维	22.60	41.80
	无氮浸出物	61.90	44.00
	粗灰分	5.80	9.40
钙		—	—
磷		—	—

高粱从出苗到拔节需40~50天，苗期要及时清除杂草。每次中耕除草之后，酌情追肥和灌水1~2次。施肥是高粱丰产的基础，高粱产籽粒6000~7500 kg/hm²时，需施有机肥45 000~60 000 kg/hm²。施用种肥对促进根系发育和培育壮苗都有重要作用，一般施用氮肥75 kg/hm²，在盐碱地和黄沙土地上，增施磷肥效果明显，每施1 kg磷肥，亩可增产3 kg左右的籽粒。拔节至孕穗期应适时追肥，施硫酸铵75~105 kg/hm²、过磷酸钙150~200 kg/hm²。高粱易遭黏虫、草地螟、蚜虫等危害，要早发现早防治。

2. 苏丹草
Sorghum sudanense (Piper) Stapf

形态特征 又名野高粱，为一年生直立草本。须根粗壮。秆直立，高2～3 m，径3～6 mm，单生或自基部发出数秆而丛生。基部叶鞘长于节间，上部叶鞘短于节间；叶舌硬膜质，棕褐色，顶端具毛；叶片线形或线状披针形，长20～40 cm，宽1～4 cm，中部以下逐渐收狭，中脉粗，在背面隆起，两面无毛。圆锥花序狭长卵形至塔形，长15～30 cm，宽6～12 cm，主轴具棱，棱间具浅沟槽，分枝斜升，开展，细弱而弯曲，具小刺毛而微粗糙；小穗成对着生于小分枝上，其中一个有柄，一个无柄，无柄小穗长椭圆形或长椭圆状披针形，长6～7.5 mm，宽2～3 mm；第一颖纸质，边缘内折，具11～13脉；第二颖背部圆凸，具5～7脉；第一外稃椭圆状披针形，透明膜质，长5～6.5 mm；第二外稃卵形或卵状椭圆形，长3.5～4.5 mm，顶端具0.5～1 mm的裂缝，自裂缝间伸出长10～16 mm的芒，雄蕊3，花药长圆形，长约4 mm；花柱2，柱头帚状。颖果椭圆形至倒卵状椭圆形，长3.5～4.5 mm。种子扁椭圆形。

地理分布 苏丹草原产于非洲的苏丹高原，在尼罗河流域上游及埃及境内均有野生种。广泛分布于世界亚热带、温带地区，其中俄罗斯、美国、加拿大、丹麦、日本及非洲各国栽培较多。我国于20世纪30年代初从美国引入，目前已遍及全国，其中以内蒙古、甘肃、新疆、山东、河北、吉林、黑龙江、陕西、湖南、四川、贵州、江西等地为多。海南于1987年引进，少量栽培。

生物学特性 苏丹草为喜温短日照作物。光照充足时，分蘖增加，植株高大，产量高，品质好；光照不足时，分蘖减少，植株细弱，产量低，质地粗劣，品质差。喜温暖气候，不耐寒，种子发芽最适温度为20～30℃，最低温度为8～10℃，低于8℃时种子停止

苏丹草植株

苏丹草花序（示小穗）

苏丹草的化学成分（%）

测定项目	样品情况	抽穗期鲜草	开花期鲜草	结实期鲜草
	干物质	21.60	23.40	28.50
占干物质	粗蛋白	15.30	8.10	6.00
	粗脂肪	2.80	1.70	1.60
	粗纤维	25.90	35.90	33.70
	无氮浸出物	47.20	44.00	51.20
	粗灰分	8.80	10.30	7.50
	钙	—	—	—
	磷	—	—	—

发芽，苗期对低温反应敏感，在2～3℃时即受冻害。低温下生长发育缓慢，3～5℃时停止生长，0～3℃时开始死亡。

苏丹草对土壤要求不严，在各种土壤上均可生长，但以黑钙土和栗钙土为好，从土壤质地和土壤养分状况来看，以富含有机质的沙壤土或黏壤土为好。耐酸铝和耐盐碱性均较强，故在红壤、黄壤和轻度盐渍化土壤上均可种植。苏丹草茎叶繁茂，生长量大，水分需求量大。种子发芽时需吸收种子自身重量60%～80%的水分，土壤相对持水量低于60%时不发芽；苗期水分不足影响扎根和分蘖；拔节至分蘖期需水量逐渐增多，生长逐渐加快，进入分蘖期的苏丹草，若为其供给充足的肥料和水分，一昼夜可增长5～6 cm；抽穗至开花期需水量最多，此期土壤水分不足或空气干燥，影响授粉，降低结实率，且草质粗糙，品质不佳。苏丹草不耐过分的潮湿，特别是在气温较低的情况下，过湿不仅产量降低，还易遭病虫危害。苏丹草次生根发达，抗旱能力强，分蘖后的苏丹草，遇高温干旱时，叶部可闭合，防止水分蒸发。

苏丹草生育期为100～130天，各个发育时期所需日数，因品种和地域不同而不同。在适宜的温度条件下，播种后4～5天即可出苗，7～8天全部出齐；出苗50～60天进入拔节期，株高可达40～50 cm；出苗后的60～70天开始抽穗，抽穗后的5～6天进入开花期。苏丹草通常主茎已经出穗，而分蘖枝仍在生长，整个抽穗期可延续2～3周。抽穗和开花常交互进行，持续时间久。主穗和侧穗，以及同一花序的开花成熟期亦不一致。

饲用价值 苏丹草柔嫩多汁，牛、羊、猪、兔、鹅、鱼均喜食，为优质一年生禾本科牧草，可供放牧、刈割青饲、晒制干草或调制青贮饲料。在苏丹草地上放牧家畜时，第一次放牧宜在拔节期，轻牧；第二次放牧宜在孕穗期，中牧；第三次放牧宜在抽穗期，重牧；第四次放牧在11月以前，可全部利用完。刈割青饲时，在株高50～70 cm时进行第一次刈割，以后每隔30～50天刈割一次。用鲜苏丹草喂猪时，宜打浆或粉碎后饲喂，可占日粮比例的30%～50%。晒制干草时，宜在抽穗期刈割。调制青贮料时，宜在孕穗期至开花期刈割。苏丹草的化学成分如表所示。

栽培要点 选土层深厚、结构良好、富含有机质、酸碱度适宜的沙壤土或黏壤土种植。苏丹草根系较深，要求疏松细碎的土层，翻地深度要在20 cm以上。在盐碱土带，宜采用重耙整地，以防引起碱化。当地表温度稳定在12～14℃甚至以上时，便可播种。常条播，行距30 cm或60 cm，播种量为40.0～45.0 kg/hm²，播后镇压1～2次。

苏丹草幼苗细弱，与杂草的竞争力弱，出苗后要及时中耕除草。杂草严重的地块，可在30～40天内连续中耕除草3～4次，将杂草消灭在封垄前。单播的苏丹草地，苗期喷洒0.5%的2,4-D类除草剂2～3次，可消灭所有的阔叶杂草。苏丹草对氮肥尤为敏感，及时供给充足的氮肥，可增加分蘖，加快生长，显著提高产量和品质。苏丹草对磷的要求较高，有效磷不足的红壤、黄壤和盐渍化土壤，有必要增施磷肥。若条件允许，可增施厩肥，不仅可大幅度提高产量和品质，还可改良土壤。苏丹草在分蘖至孕穗期生长迅速，需肥渐多。当生长缓慢、叶色黄淡时，要及时追肥和灌水。每次刈割之后，应追肥一次，每次追施硫酸铵100～150 kg/hm²、过磷酸钙150～200 kg/hm²。在北方干旱地区和南方炎热地区，苏丹草都要适时灌溉。苏丹草易遭黏虫、蝗虫等危害，要注意早期发现，及时防治。

3. 高丹草
Sorghum bicolor×Sorghum sudanense

形态特征 为高粱和苏丹草杂交种，一年生直立草本。秆直立，高2~3 m，单生或自基部发出数秆而丛生。叶片宽线形，中脉褐色或淡褐色。圆锥花序疏散，分枝细长。种子扁卵形，黄色、棕褐色或黑色。

地理分布 世界各地广泛栽培。我国华北、西北、东北、西南、华中、华东、华南等地均有栽培。

生物学特性 高丹草为喜温植物。种子发芽最低土壤温度为16℃，最适发芽温度为20~30℃，最适生长温度为24~33℃。幼苗对低温较敏感，成株具有一定的耐寒能力。对土壤适应性广泛，在沙壤土、重黏土、微酸性土壤和盐碱土壤上均可生长。高丹草根系发达，抗旱性强，在年降水量250 mm的地区种植，仍可获得一定产量，但最适宜在年降水量500~800 mm的地区种植。

饲用价值 高丹草再生能力强，适口性好，营养价值高，为优质禾本科牧草，适于刈割青饲、青贮，也可直接放牧或调制干草。在灌溉条件下，北方地区年可刈割3~4次，鲜草产量为100 000~120 000 kg/hm^2，南方地区年可刈割6~8次，鲜草产量为160 000~180 000 kg/hm^2。高丹草的化学成分如表所示。

栽培要点 高丹草根系发达，要求土壤深耕，土层疏松细碎。对播种期无严格要求，当10 cm土壤温度达16℃时即可开始播种，但光周期敏感型品种最好选择日照长度大于12 h的季节播种，以获得更长的营养期。条播行距20~30 cm，播种深度3~4 cm，播后镇压，以促进发芽。播种量一般为12.5~45 kg/hm^2。高丹草苗期生长缓慢，与杂草竞争能力弱，必须及时清除杂草。喜肥，除播种前施足基肥外，在分蘖期、拔节期及每次刈割后要及时追施速效氮肥，一般每次追施尿素90~120 kg/hm^2。

高丹草植株

高丹草的化学成分（%）				
测定项目	样品情况	营养期（株高115 cm）干样	营养期（株高220 cm）干样	抽穗期（株高240 cm）干样
占干物质	干物质	94.11	95.52	95.23
	粗蛋白	9.09	7.32	6.22
	粗脂肪	1.91	1.46	0.96
	粗纤维	29.25	34.41	34.65
	无氮浸出物	50.09	46.39	46.55
	粗灰分	9.66	10.42	11.62
	钙	0.28	0.24	0.34
	磷	0.89	0.93	1.41

高丹草可供放牧或刈割青饲，以株高70~80 cm利用为宜，过早放牧会影响再生。放牧宜采用较大的放牧强度，在10天内完成牧草采食，牧后将植株残体割去，留茬20 cm左右，以促进再生。晒制干草以抽穗至初花期，株高1~1.5 m刈割为宜。青贮以种子乳熟至蜡熟期刈割为宜。

高丹草花序

4. 拟高粱
Sorghum propinquum (Kunth) Hitchc.

形态特征 为多年生密丛型草本。根茎粗壮。秆直立，高1~3 m，基部径1~3 cm，具多节，节上具灰白色短柔毛。叶鞘无毛，或鞘口内面及边缘具柔毛；叶舌质较硬，长0.5~1 mm；叶片线形或线状披针形，长40~90 cm，宽3~5 cm，中脉较粗，边缘软骨质。圆锥花序顶生，长30~50 cm，宽6~15 cm；分枝纤细，3~6枚轮生，下部者长15~20 cm，基部腋间具柔毛；总状花序具3~7节；小穗成熟后，其柄与小穗均易脱落，无柄小穗椭圆形或狭椭圆形，长3.8~4.5 mm，宽1.2~2 mm；颖薄革质，具不明显的横脉，第一颖具9~11脉；第二颖具7脉；第一外稃透明膜质，宽披针形，稍短于颖，具纤毛；第二外稃短于第一外稃，顶端尖或微凹，无芒或具1细弱扭曲的芒；花药长2~2.5 mm，棕黄色；花柱2，分离或仅基部连合；柱头帚状。颖果倒卵形，棕褐色。

地理分布 分布于中南半岛及印度尼西亚等地。我国分布于华南、华东、华中等地。常生于河岸旁或湿润之地。

生物学特性 拟高粱喜温暖湿润气候，适宜在低海拔地区生长。日平均温度在25~35℃时，生长极为旺盛。在中亚热带地区，生长发育良好，但北移到北温带地区，有时种子不能成熟，甚至地下茎越冬困难。在湿润的条件下生长良好，在干旱的山坡、阴坡上也能生长，但长势差。对土壤适应性广泛，但在pH 4.0~5.5的红壤上生长旺盛。拟高粱根茎粗壮，穿透能力强，萌生新株能力强，常连片分布。栽培条件下，生育期约220天。

饲用价值 拟高粱茎叶柔嫩、多汁，适口性好，牛、羊、马及禽类均喜食，可青饲或晒制干草。拟高粱幼嫩茎叶含有少量氢氰酸，青饲时，宜在株高100~120 cm时刈割利用，以防畜禽中毒，同时，也保证了牧草的产量。拟高粱的化学成分如表所示。

测定项目	样品情况	抽穗期绝干样
	干物质	100
占干物质	粗蛋白	6.57
	粗脂肪	1.97
	粗纤维	30.23
	无氮浸出物	50.28
	粗灰分	10.95
	钙	—
	磷	—

拟高粱的化学成分（%）

拟高粱植株

5. 光高粱
Sorghum nitidum (Vahl) Pers.

形态特征 为多年生草本。秆直立，高0.6～2 m，基部具鳞芽，节上密生白色长毛。叶鞘紧密抱茎；叶舌较硬，长1～1.5 mm，具毛；叶片线形，长20～30 cm，宽4～6 mm，两面具粉屑状柔毛或疣基细毛，边缘具向上的小刺毛。圆锥花序长圆形，长10～30 cm，宽6～10 cm，分枝近轮生，纤细，微曲折，长2～5 cm；总状花序通常含1～4节，着生于分枝顶端，长1～2 cm；小穗成对生于各节或3顶生；无柄小穗卵状披针形，长3～5 mm；颖革质，成熟后变黑褐色，中部以下质地较硬，光亮无毛，上部及边缘具棕色柔毛，第一颖背部略扁平，先端渐尖而钝，第二颖略呈舟状；第一外稃膜质，稍短于颖；第二外稃透明膜质；雌蕊花柱分离，柱头棕褐色，帚状。颖果长卵形，棕褐色。

地理分布 分布于印度、斯里兰卡、中南半岛及澳大利亚等地。我国分布于浙江、福建、台湾、广东、广西、海南、云南、贵州等地。常生于向阳或空旷的草坡上。

饲用价值 光高粱叶量较少，营养期牛、马、羊喜食，为中等牧草。光高粱的化学成分如表所示。

测定项目	样品情况	抽穗期干样
	干物质	91.54
占干物质	粗蛋白	4.08
	粗脂肪	0.70
	粗纤维	43.57
	无氮浸出物	41.73
	粗灰分	9.92
	钙	0.36
	磷	0.08

光高粱花序（局部）

光高粱群体

第 11 章　虎尾草属牧草

虎尾草属（*Chloris* Sw.）为一年生或多年生草本。一些种具匍匐茎。秆直立或下部斜倚。叶片线形，平展或对折；叶鞘常于背部具脊；叶舌短小，膜质。穗状花序数至多枚呈指状簇生于秆顶；小穗2列呈覆瓦状排列于穗轴一侧，每小穗具小花2~4朵；第一小花为两性，上部小花退化不孕而互相包卷成球形；小穗脱节于颖之上；颖不等长，具1脉，宿存，顶端尖或具短芒；第一外稃两侧压扁，边脉被长柔毛，顶端全缘或具2浅裂，中脉延伸于顶端之外成一直芒，基盘被柔毛；小花仅具外稃，外稃无毛，顶端截平，常具芒。颖果长圆柱形。

本属约有55种，分布于世界热带和亚热带地区。我国产4种，即虎尾草（*Chloris virgata*）、台湾虎尾草（*C. formosana*）、孟仁草（*C. barbata*）、异序虎尾草（*C. pycnothrix*）。此外，还有引进种1个，即盖氏虎尾草（*C. gayana*）。其中，盖氏虎尾草和虎尾草均为优质的栽培牧草。

1. 台湾虎尾草
Chloris formosana (Honda) Keng ex B. S. Sun et Z. H. Hu

形态特征 为一年生草本。秆直立或基部伏卧地面，株高0.3~1 m，径约3 mm，光滑无毛。叶鞘两侧压扁，背部具脊，无毛；叶舌长0.5~1 mm，具纤毛；叶片线形，平展或折合，长15~45 cm，宽可达7 mm。穗状花序长4~8 cm，4~11枚呈指状簇生于秆顶，穗轴被微柔毛；小穗长2.5~3 mm，含1可育小花和2不孕小花；第一颖三角钻形，长1~2 mm，具1脉，被微毛；第二颖长椭圆状披针形，膜质，长2~3 mm，先端常具2~3 mm短芒或无芒；第一小花两性，与小穗近等长，倒卵状披针形；外稃纸质，具3脉，侧脉靠近边缘，被稠密白色柔毛；芒长4~6 mm；内稃倒长卵形，透明膜质，先端钝，具2脉；第二小花具内稃，长约1.5 mm，宽约1 mm，具长约4 mm的芒；第三小花仅存外稃，偏倒梨形，具长约2 mm的芒。颖果纺锤形，长约2 mm。

地理分布 越南。产我国台湾、福建、海南、广东、广西等地。常生于海边沙地。

生物学特性 台湾虎尾草喜温，抗旱，生长快，在海边沙地常形成优势种，连片分布。

饲用价值 抽穗前，牛、羊喜采食，是一种优质的一年生禾本科牧草。幼嫩时草质细软而且柔嫩，可用来饲喂火鸡、鹅及草食性鱼类。抽穗后草质老化，适口性下降。此外，本种可在近海沙地上良好生长，是一种优良的固沙植物。台湾虎尾草的化学成分如表所示。

台湾虎尾草群体

台湾虎尾草花序

台湾虎尾草的化学成分（%）

测定项目	样品情况	刈割后生长3周鲜草	刈割后生长6周鲜草	刈割后生长9周鲜草	刈割后生长12周鲜草
干物质		29.8	30.3	32.6	40.2
占干物质	粗蛋白	8.77	8.41	8.17	6.57
	粗脂肪	2.22	1.42	1.83	1.69
	粗纤维	29.70	32.27	33.40	44.74
	无氮浸出物	52.33	51.91	49.39	40.97
	粗灰分	6.98	5.99	7.21	6.03
	钙	0.27	0.19	0.27	0.37
	磷	0.13	0.11	0.11	0.16

2. 盖氏虎尾草
Chloris gayana Kunth

形态特征 又名非洲虎尾草,为多年生疏丛型草本。具长匍匐茎。秆坚硬,多少压扁,高1~2 m。叶鞘无毛,鞘口具柔毛;叶舌长约1 mm,具细纤毛;叶披针形,长30~50 cm,宽3~10 mm。穗状花序5~20簇生于秆顶,长5~10 cm;小穗密生,灰绿色,长4~4.5 mm,每小穗具2朵小花,排列为2行,其中1小花为完全花;颖膜质,具1脉;第一颖长约2 mm;第二颖长约3 mm;第一外稃长3~3.5 mm;内稃顶端微凹,稍短于外稃;花药浅黄色,长约2 mm。种子极小,淡棕色,具光泽。

地理分布 盖氏虎尾草原产于东非和南非,分布于热带和亚热带地区。我国于1964年从澳大利亚引入,广西、广东、海南、福建等地有栽培。

生物学特性 盖氏虎尾草喜温暖潮湿气候,适宜在年降水量600~2000 mm、海拔500 m以下的热带、亚热带地区种植。最适生长温度为30~35℃,不耐霜冻,温度低于8℃时开始受害。不耐阴,在荫蔽条件下生长不良。对土壤的适应性广泛,但以疏松壤土最为适宜。对氮肥、磷肥反应敏感,施用氮肥、磷肥可显著提升其产量及粗蛋白含量。根系发达,入土深,可吸收土壤深处的水分和养分,抗旱能力极强。但在旱季由于气候干燥,生长不良,产量较低。6~8月高温多雨,生长极为旺盛。耐盐性强,可在盐渍土上生长。酸性土壤不利于其幼苗生长。盖氏虎尾草匍匐茎发达,侵占力强,覆盖度大,可抑制杂草,耐践踏。

饲用价值 盖氏虎尾草茎秆细、叶量大,牛、羊极喜食,幼嫩时还可用来饲喂猪或食草性鱼类。其生活力强,耐牧,是建设放牧草地的优良草种。也可刈割青饲,或调制干草和青贮料,干草和青贮料为冬季牛、羊的优质粗饲料。盖氏虎尾草的化学成分如表所示。

栽培要点 常用种子繁殖。由于种子细小,故要精细整地,除深耕细耙外,还要做到土地平整。为达到稳产、高产,结合整地,施厩肥20 000~30 000 kg/hm²。

盖氏虎尾草群体

盖氏虎尾草花序

盖氏虎尾草的化学成分（%）

测定项目	样品情况	刈割后生长3周鲜草	刈割后生长6周鲜草	刈割后生长9周鲜草	刈割后生长12周鲜草
干物质		23.10	25.60	29.60	30.30
占干物质	粗蛋白	7.71	5.48	5.56	4.06
	粗脂肪	2.48	1.34	1.14	1.57
	粗纤维	38.13	38.45	38.70	38.72
	无氮浸出物	43.85	47.25	47.97	48.53
	粗灰分	7.83	7.48	6.63	7.12
	钙	0.32	0.31	0.28	0.36
	磷	0.45	0.51	0.46	0.45

一般春播，也可夏播或秋播。可撒播，亦可条播。条播时行距30 cm，覆土深度1～2 cm，播种量7.5～10 kg/hm²。播种时以阴雨天为宜。若进行秋播，常遇高温，易受干旱危害，要及时灌溉。

盖氏虎尾草苗期生长缓慢，易受杂草危害，故苗期要中耕除草1～2次，并及时查苗补苗。如果缺苗，将缺苗处的土壤表面疏松，然后补播或补栽。盖氏虎尾草年可刈割利用4～5次，每刈割利用1～2次后，追施尿素75～150 kg/hm²，以促进再生。入冬前停止刈割，增强其越冬能力，至来年天气转暖时，将老草层割去，并追肥1次，以促进其提早生长，提前利用。

3. 虎尾草
Chloris virgata Sw.

形态特征 为一年生草本。秆直立或基部膝曲，高15～60 cm，径1～4 mm，光滑无毛。叶鞘背部有脊，松弛抱秆；叶舌长约1 mm；叶片线形，长10～25 cm，宽2～7 mm，腹面及边缘粗糙，背面平滑，基部有毛。穗状花序5～12枚，长1.5～5 cm，指状着生于秆顶，常直立而并拢成毛刷状，有时包藏于顶叶之膨胀叶鞘中，成熟时常带紫色；小穗无柄，长约3 mm；颖膜质，具1脉；第一颖长约1.8 mm；第二颖与小穗等长或略短，中脉延伸成长0.5～1 mm的小尖头；第一小花两性；外稃纸质，两侧压扁，呈倒卵状披针形，长2.8～3 mm；内稃膜质，略短于外稃，具2脊，脊上被微毛；第二小花不孕，长楔形，仅存外稃，长约1.5 mm，顶端截平或略凹，芒长4～8 mm，自背部边缘稍下方伸出。颖果纺锤形，淡黄色，半透明。

地理分布 广泛分布于世界热带、亚热带和温带地区。我国各地均有分布。常生于路旁、田间、撂荒地、山坡和林缘。

生物学特性 虎尾草对水分反应非常敏感，在生长季节，只要有雨即可迅速生长。种子发芽最低温度为7～8℃，在12～16℃时，5～6天即可发芽出苗。因此，雨季到来时大量发芽，雨量充沛时，迅速生长。在干旱地区，虎尾草大量生长在过度放牧的草原上，是草场过度放牧的指示植物。耐盐碱性强，夏季多雨时期，在盐碱化土壤上可迅速生长，形成单一的优势群落，甚至在碱斑上也可良好生长。因此，是土壤盐碱化的指示植物，亦可作为盐碱地改良的先锋植物。

虎尾草一般7月大量发芽，8月开花结实，9月中旬种子成熟，种子产量高。

饲用价值 虎尾草幼嫩时草质佳，适口性好，牲畜喜食，可放牧利用，亦可调制干草。虎尾草的化学成分如表所示。

	虎尾草的化学成分（%）	
测定项目	样品情况	盛花期绝干样
	干物质	100
占干物质	粗蛋白	12.9
	粗脂肪	1.8
	粗纤维	31.1
	无氮浸出物	40.4
	粗灰分	13.8
	钙	—
	磷	—

虎尾草群体

4. 异序虎尾草
Chloris pycnothrix Trin.

形态特征 为多年生草本。具匍匐茎。秆直立或基部膝曲，光滑无毛，有时带淡紫色，高35～60 cm，径2～3 mm；2～4节，节上无毛，淡褐色。叶鞘光滑无毛，稍压扁而背部具脊；叶舌干膜质，长3～4 mm，上缘浅裂，常具白色纤毛；叶片线状矩圆形，长3～16 cm，宽3～5 mm。穗状花序长5～9 cm，常7～11枚指状着生于秆顶，或有时下部数枚略疏离，开花时各穗状花序向外辐射展开；小穗近无柄，含2小花，两侧压扁，卵状披针形，长2.5～3.2 mm，宽约1 mm；颖片钻形，草质，微内弯，常带紫红色，均为1脉，脊上粗糙，花后宿存；第一颖长1～1.6 mm；第二颖长2～3.2 mm；第一小花两性；外稃长卵形，质稍厚，无毛，具3脉，顶端具0.2 mm的齿裂，芒自齿间伸出；内稃薄膜质，与外稃近等长，具2脉；花药紫色，长0.2 mm；柱头紫色，子房圆柱形，长约1 mm；第二小花仅存外稃，卵状披针形，长0.3～0.8 mm，着生于小穗轴一侧，常包藏于第一小花内侧，先端具3～7 mm的直芒。颖果长圆柱状，长约1 mm。

地理分布 分布于非洲、南美洲等地。我国分布于云南、海南、广东等地。常生于山地、路旁草丛中。

饲用价值 异序虎尾草适口性好，家畜喜食，为优质禾本科牧草，但植株矮小，生物量低。

异序虎尾草花序

异序虎尾草植株

第 12 章　画眉草属牧草

画眉草属（*Eragrostis* Wolf）为多年生或一年生草本。秆常丛生。叶片线形。圆锥花序开展或紧缩；小穗两侧压扁，有数至多朵小花，小花常疏松或紧密地覆瓦状排列；小穗轴常呈"之"字形曲折，逐渐断落或延续而不折断；颖不等长，通常短于第一小花，具1脉，宿存，或个别脱落；外稃无芒，具3条明显的脉，或侧脉不明显；内稃具2脊，常呈弓形弯曲，宿存或与外稃同落。颖果与稃体分离，球形或压扁。

本属约有350种，广泛分布于世界热带、亚热带地区。我国分布约38种，海南现分布16种。一些植株高大者有望作为优质牧草。生产上广泛使用的栽培品种有Sun burst弯叶画眉草（*Eragrostis curvula* cv. Sun burst）、DZ01-176埃塞俄比亚画眉草（*E. abyssinica* cv. DZ01-176）。

1. 鼠妇草

Eragrostis atrovirens (Desf.) Trin. ex Steud.

形态特征 又名卡氏画眉草，为多年生簇生草本。根系粗壮。秆直立，疏丛生，基部稍膝曲，高0.5~1 m，径约4 mm，具5~6节。叶鞘较节间短，光滑，鞘口有毛；叶片扁平或内卷，长4~17 cm，宽2~3 mm，腹面粗糙，背面光滑，近基部疏生长毛。圆锥花序长5~20 cm，宽2~15 cm，每节有一分枝，穗轴下部往往有1/3左右裸露，腋间无毛；小穗柄长0.5~1 cm；小穗窄矩形，深灰色或灰绿色，长5~15 mm，宽约2.5 mm，含小花8~40，小穗轴宿存；颖具1脉，第一颖长约1.2 mm，卵圆形；第二颖长约2 mm，长卵圆形，先端渐尖；第一外稃长约22 mm，广卵形，先端尖，具3脉，侧脉明显；内稃长约1.8 mm，脊上有疏纤毛，与外稃同时脱落；花药长约0.8 mm。颖果长约1 mm。

地理分布 分布于亚洲热带、亚热带地区。我国分布于海南、广东、广西、云南、贵州、四川等地。常生于田野、路旁或水边。

饲用价值 鼠妇草草质柔软，牛、羊、马喜食。鼠妇草的化学成分如表所示。

鼠妇草的化学成分（%）

测定项目	样品情况	结实期干样
	干物质	91.90
占干物质	粗蛋白	3.77
	粗脂肪	1.33
	粗纤维	46.87
	无氮浸出物	44.58
	粗灰分	3.45
	钙	0.09
	磷	0.06

鼠妇草群体

鼠妇草花序

2. 大画眉草

Eragrostis cilianensis (Allioni) Vignolo-Lutati ex Janchen

形态特征 又名西连画眉草，为一年生丛生草本。秆粗壮，直立丛生，基部常膝曲，高0.3～1 m，径3～5 mm，具3～5节，节下有1圈明显的腺体。叶鞘疏松包茎，脉上有腺体，鞘口具长柔毛；叶舌为1圈成束的短毛，长约0.5 mm；叶片线形，长6～20 cm，宽2～6 mm，无毛，叶脉与叶缘均有腺体。圆锥花序长圆形或尖塔形，长5～20 cm，分枝粗壮，单生，上举，腋间具柔毛，小枝和小穗柄上均有腺体；小穗长圆形或卵状长圆形，扁压并弯曲，长5～20 mm，宽2～3 mm，有10～40小花；雄蕊3，花药长0.5 mm。颖果近圆形，径约0.7 mm。

地理分布 分布于世界热带、亚热带和温带地区。我国分布于南方各地。常生于荒地、路边、田园。

饲用价值 大画眉草可青饲，亦可晒制干草，种子可饲家禽。大画眉草的化学成分如表所示。

大画眉草的化学成分（%）

测定项目	样品情况	开花后期绝干样
	干物质	100
占干物质	粗蛋白	15.30
	粗脂肪	2.40
	粗纤维	29.00
	无氮浸出物	42.70
	粗灰分	10.60
	钙	—
	磷	—

大画眉草花序

大画眉草秆叶（局部）

3. 短穗画眉草

Eragrostis cylindrica (Roxburgh) Nees ex Hooker et Arnott

形态特征 为多年生草本。秆丛生，膝曲上升，高30～90 cm，径1～2.5 mm，坚硬，光滑无毛，具3～4节。叶鞘短于节间，有柔毛，鞘口被长柔毛；叶舌为一圈毛；叶片线形，多内卷，长3～15 cm，宽2～5 mm，被柔毛。圆锥花序紧缩密集，似穗状花序，长2～8 cm，宽1～2.5 cm，分枝短，向上紧贴，腋间有毛；小穗长圆形，长约7 mm，宽2.5～3 mm，褐黄色或微紫色，含4～17小花；雄蕊3，花药长约0.4 mm，淡黄色。颖果黄色，透明，长约1 mm，椭圆形。

地理分布 分布于东南亚。我国分布于海南、广东、广西、福建、台湾、江苏、安徽等地。常生于山坡或旷野草地，亦见于干瘠沙地。

饲用价值 短穗画眉草幼嫩时草质柔软，牛、羊喜食，为优质牧草。短穗画眉草的化学成分如表所示。

短穗画眉草的化学成分（%）

测定项目	样品情况	结实期干样
	干物质	93.0
占干物质	粗蛋白	3.90
	粗脂肪	1.33
	粗纤维	45.51
	无氮浸出物	41.73
	粗灰分	7.53
	钙	0.13
	磷	0.09

短穗画眉草花序

短穗画眉草群体

4. 宿根画眉草
Eragrostis perennans Keng

形态特征 为多年生草本。秆直立而坚硬，高0.5~1.1 m，径1~3 mm，具2~3节。叶鞘较硬，圆筒形，鞘口密生长柔毛，基部叶鞘多残存；叶舌膜质，长约0.2 mm，或为一圈纤毛；叶片平展，长10~45 cm，宽3~5 mm，质硬，无毛，上面较粗糙。圆锥花序开展，长20~35 cm，宽3~6 cm，每节1分枝，下部节有时具多个分枝，腋间疏生柔毛；小穗柄长1~5 mm；小穗黄色而带紫色，长5~20 mm，宽2~3 mm，含7~24小花；花药长约1 mm。颖果棕褐色，椭圆形，微扁，长约0.8 mm。

地理分布 分布于东南亚。我国分布于海南、广东、广西、福建、云南、贵州等地。常生于田野路边及山坡草地。

饲用价值 宿根画眉草茎叶柔软，牛、羊、马喜食，为优质牧草。宿根画眉草的化学成分如表所示。

宿根画眉草花序（局部）

测定项目	样品情况	成熟期鲜草
干物质		32.53
占干物质	粗蛋白	3.54
	粗脂肪	4.75
	粗纤维	38.97
	无氮浸出物	48.69
	粗灰分	4.05
	钙	—
	磷	—

宿根画眉草的化学成分（%）

宿根画眉草群体

5. 画眉草
Eragrostis pilosa (L.) P. Beauv.

形态特征　又名蚊子草、星星草，为一年生草本。秆丛生，直立或基部膝曲，高15~60 cm，径1.5~2.5 mm，通常具4节，光滑。叶鞘松抱茎，压扁，鞘缘近膜质，鞘口有长柔毛；叶舌为一圈纤毛，长约0.5 mm；叶片线形，扁平或卷缩，长6~20 cm，宽2~3 mm，无毛。圆锥花序长10~25 cm，宽2~10 cm，分枝单生、簇生或轮生，多直立向上，腋间有长柔毛；小穗具柄，长3~10 mm，宽1~1.5 mm，含4~14小花；雄蕊3，花药长约0.3 mm。颖果长圆形，长约0.8 mm。

地理分布　广泛分布于世界温暖地区。我国分布于南方各地。常多生于田园或阴湿地上。

饲用价值　画眉草草质柔软，牛、羊、马喜食，为优质牧草。画眉草的化学成分如表所示。

画眉草的化学成分（%）

测定项目	样品情况	结实期干样
	干物质	92.0
占干物质	粗蛋白	12.41
	粗脂肪	2.37
	粗纤维	30.05
	无氮浸出物	47.96
	粗灰分	7.21
	钙	0.68
	磷	0.22

画眉草小穗及小花

画眉草群体

6. 长画眉草
Eragrostis brownii (Kunth) Nees

形态特征 又名长穗画眉草、铺地草，为多年生草本。秆纤细，丛生，直立或基部稍膝曲，高15~50 cm，径0.5~1 mm，具3~5节，基部节上常有分枝。叶鞘短于节间或与节间近等长，光滑无毛，鞘口有长柔毛；叶舌膜质，长约0.2 mm；叶片常集生于基部，线形，长3~10 cm，宽1~3 mm。圆锥花序长3~18 cm，宽1.5~3.5 cm，分枝较粗短，单一，常不再分枝，基部密生小穗；小穗线状长圆形，暗棕色而带紫红色，长4~15 mm，宽1.5~2 mm，含7至多数小花，小穗柄极短或无柄，通常2~4小穗密集在一起；雄蕊3，花药长约1.3 mm。颖果黄褐色，透明，长约0.5 mm。

地理分布 分布于东南亚至大洋洲一带。我国分布于华东、华南、西南等地。常生于山地、平原、路边。

饲用价值 牛、羊采食。长画眉草的化学成分如表所示。

长画眉草的化学成分（%）

测定项目	样品情况	结实期干样
	干物质	90.3
占干物质	粗蛋白	3.84
	粗脂肪	1.45
	粗纤维	43.37
	无氮浸出物	44.11
	粗灰分	7.23
钙		0.09
磷		0.56

长画眉草花序

长画眉草株丛

7. 弯叶画眉草
Eragrostis curvula (Schrad.) Nees

形态特征 为多年生草本。秆直立,密丛生,高 0.9~1.2 m,基部稍压扁,一般具5~6节,基部叶鞘相互跨覆,长于节间数倍,上部叶鞘短于节间,鞘口具长柔毛;叶片细长丝状,向外弯曲,长10~40 cm,宽1~2.5 mm。圆锥花序开展,长15~35 cm,宽6~9 cm;穗柄贴生紧密,小穗柄极短,分枝腋间有毛;小穗长6~11 mm,宽1.5~2 mm,有5~12小花,排列较疏松;颖披针形,先端渐尖,均具1脉,第一颖长约1.5 mm,第二颖长约2.5 mm;第一外稃长约2.5 mm,广长圆形,先端尖或钝,具3脉;内稃与外稃近等长,长约2.3 mm,具2脊,无毛,先端圆钝,宿存或缓落;雄蕊3,花药长约1.2 mm。

地理分布 弯叶画眉草原产于非洲。我国华南、西南、华东、华北等地引种栽培。常见于园圃中。

饲用价值 弯叶画眉草草质细,牛、羊采食。其生长能力极强,尤其是在生境条件较为干旱的沙质土壤上也能够良好地生长,是一种优良的水土保持植物。弯叶画眉草的化学成分如表所示。

弯叶画眉草的化学成分(%)

测定项目	样品情况	营养期绝干样
	干物质	100
占干物质	粗蛋白	6.30
	粗脂肪	2.30
	粗纤维	34.50
	无氮浸出物	51.40
	粗灰分	5.50
	钙	—
	磷	—

弯叶画眉草群体

8. 乱草
Eragrostis japonica (Thunb.) Trin.

形态特征 为一年生草本。秆直立或膝曲丛生，高0.3~1.0 m，径1.5~2.5 mm，具3~4节。叶鞘常长于节间，光滑无毛；叶舌干膜质，长约0.5 mm；叶片平展，长3~25 cm，宽3~5 mm。圆锥花序长圆形，长6~15 cm，宽1.5~6 cm，分枝纤细，簇生或轮生；小穗柄长1~2 mm；小穗卵圆形，长1~2 mm，有4~8小花，成熟后紫色，自小穗轴由上而下逐节断落；颖近等长，长约0.8 mm，先端钝，具1脉；第一外稃长约1 mm，广椭圆形，先端钝，具3脉；内稃长约0.8 mm，先端为3齿，具2脊，脊上疏生短纤毛；雄蕊2，花药长约0.2 mm。颖果棕红色，透明，卵圆形，长约0.5 mm。

地理分布 分布于印度、东南亚、日本及朝鲜等地。我国分布于华南、华东、华中、西南等地。常生于田野路旁、河边及潮湿地。

饲用价值 植株柔嫩，牛、马、羊喜食，为良等牧草。

乱草花序

乱草植株

第 13 章　狼尾草属牧草

狼尾草属（*Pennisetum* Richard）为一年生或多年生草本。秆质坚硬。叶片线形，扁平或内卷。圆锥花序紧缩，呈穗状圆柱形；小穗单生或2～3聚生成簇，无柄或具短柄，有1～2朵小花，其下围以总苞状的刚毛；刚毛长于或短于小穗，光滑、粗糙或生长柔毛而呈羽毛状，随同小穗一起脱落，其下有或无总梗；颖不等长，第一颖质薄而微小，第二颖长于第一颖；第一小花雄性或中性；第一外稃与小穗等长或稍短，通常包1内稃；第二小花两性；第二外稃厚纸质或革质，平滑，等长或短于第一外稃，边缘质薄而平坦，包着同质的内稃，但顶端常游离；鳞被2，楔形，折叠，通常3脉；雄蕊3；花柱基部多少联合，很少分离。颖果长圆形或椭圆形，背腹压扁；种脐点状；胚长为果实的1/2以上。

本属约80种，主要分布于世界热带、亚热带地区，非洲为本属分布中心。我国有11种，海南4种（包括引种栽培）。此外，随着畜牧业发展的需要，我国从世界各地引入了大量野生种和栽培品种，如东非狼尾草（*Pennisetum clandestinum*）、热研4号王草（*P. purpureum* × *P. glaucum* cv. Reyan No. 4）、摩特矮象草（*P. purpureum* cv. Mott）、杂交狼尾草（*P. glaucum* × *P. purpureum*）等。该属的一些品种，如热研4号王草、杂交狼尾草等，株型高大，生物产量高，品质优，是畜牧业中可集约化生产的优良品种。

1. 珍珠粟

Pennisetum glaucum (L.) R. Brown

形态特征 别名御谷、美洲狼尾草，为一年生草本。秆直立，常单生，高达3 m，在花序以下密生柔毛。叶鞘疏松而平滑；叶舌连同纤毛长2~3 mm；叶片扁平，长20~100 cm，宽2~5 cm，基部近心形，两面稍粗糙，边缘具细刺。圆锥花序紧密，长40~50 cm，宽1.5~2.5 cm；主轴粗壮，硬直，密生柔毛；小穗通常孪生于一总苞内成束，倒卵形，长3.5~4.5 mm，基部稍两侧压扁；刚毛短于小穗，粗糙或基部生柔毛；颖膜质，具细纤毛；第一颖微小，长约0.8 mm；第二颖长1.5~2 mm，具3脉；第一小花雄性，第一外稃长约2.5 mm，先端截平，边缘膜质，具纤毛，具5脉，内稃薄纸质，遍生细毛；第二小花两性，第二外稃长约3 mm，先端钝圆，具纤毛，具5~6脉；鳞被退化；雄蕊3，花药顶端具毫毛。颖果近球形或梨形，成熟时膨大外露，长约3 mm。

地理分布 珍珠粟原产于非洲热带地区，亚洲和非洲广为栽培。我国南北各地引种栽培，品种较多。

生物学特性 珍珠粟喜温暖湿润气候，其原产地年平均温度为23~26℃。珍珠粟对温热条件适应幅度较大，在温带半湿润、半干旱地区均能生长。温带多雨地区，珍珠粟生长尤为繁茂，再生力强，产量高。对土壤要求不严，可适应酸性土壤，亦能在碱性土壤上生长；珍珠粟根系庞大，具有较好的抗旱与耐瘠薄特性。

珍珠粟为短日照作物，开花受日照长短变化影响，因此，我国南方向北方引种时，往往会延长生育期，抽穗开花期延迟。南昌地区，生育期约120天。4月中下旬播种（此时气温尚低），种子萌发缓慢，幼苗矮小发黄，苗期长约40天；待气温上升到30℃左右时，植株生长加快，7月初即抽穗，8月初结实。

珍珠粟群体

珍珠粟花序（成熟期）

饲用价值 珍珠粟茎粗叶宽，抽穗前柔嫩，品质优良，牛、羊、兔、鱼均喜食，可刈割青饲、调制干草或青贮，年可刈割3～4次。珍珠粟的化学成分如表所示。

栽培要点 整地时先犁耙1次，再用旋耕机将表土块耙碎，施有机肥22 500～37 500 kg/hm²作基肥。在红壤地可施450～750 kg/hm²磷肥作基肥。播种量15～20 kg/hm²，宜点播，青饲用株行距为20 cm×30 cm，种子田株行距为30 cm×40 cm。苗期应及时中耕除草。每次刈割后应及时浇水、追施氮肥。种子成熟后易脱落，易遭鸟害，要及时采收。

珍珠粟的化学成分（%）		
测定项目	样品情况	抽穗前鲜草
	干物质	10.10
占干物质	粗蛋白	10.19
	粗脂肪	2.91
	粗纤维	31.07
	无氮浸出物	46.61
	粗灰分	9.22
	钙	—
	磷	—

2. 宁杂 3 号美洲狼尾草
Pennisetum glaucum (L.) R. Brown cv. Ningza No. 3

形态特征 为美洲狼尾草种内杂交种，一年生草本。根系发达，基部常有支撑根。秆直立，高约3 m。叶片披针形，长60～70 cm。穗状花序，长约25 cm。种子灰色，种皮薄而光滑。

地理分布 宁杂3号美洲狼尾草是由江苏省农业科学院利用美洲狼尾草不育系Tift23A配制的高产种内杂交组合，1998年通过全国牧草品种审定委员会审定，我国江苏、浙江、上海等地有栽培。

生物学特性 宁杂3号美洲狼尾草喜温暖湿润气候，当气温达到20℃以上时，生长旺盛。根系发达，分蘖力强，分蘖数可达15～20个，成穗茎蘖4～5个。抗旱，抗倒伏。宁杂3号美洲狼尾草生育期内几乎不受病虫害侵袭，但其籽粒味甜，播后的种子或者成熟时的籽实易遭虫害。在南京，生育期约130天。

饲用价值 宁杂3号美洲狼尾草叶量大，产量高，一般年产鲜草120 000～135 000 kg/hm²，适宜多次刈割利用，为草食家畜的优质牧草，亦可作为草食性鱼类的饵料。除作饲草外，其籽实中的粗脂肪和粗蛋白含量分别为6.9%和10.6%，还可作精饲料。宁杂3号美洲狼尾草的化学成分如表所示。

宁杂3号美洲狼尾草的化学成分（%）

测定项目		青干草	秸秆
干物质		88.3	87.5
占干物质	粗蛋白	17.44	8.23
	粗脂肪	4.98	1.83
	粗纤维	39.64	51.43
	无氮浸出物	29.90	28.91
	粗灰分	8.04	9.60
	钙	—	—
	磷	—	—

宁杂3号美洲狼尾草群体（花期）

宁杂3号美洲狼尾草花序

栽培要点　宁杂3号美洲狼尾草用种子繁殖。由于其种子小，因此要精细整地，以利于出苗。在长江中下游地区宜4~5月播种，播后5~6天即可出苗。刈草地一般条播，行距50 cm，播后覆土深度1.5 cm，播种量10.5~15 kg/hm²。也可育苗移栽，行距45 cm，株距20~25 cm，栽60 000~75 000株/hm²。宁杂3号美洲狼尾草是需肥较多的牧草，一般施用优质有机肥22 500 kg/hm²，缺磷的土壤施过磷酸钙250~300 kg/hm²作基肥。作为青饲料时，一般在拔节后刈割利用。每次刈割后施追肥一次。

3. 宁杂4号美洲狼尾草
Pennisetum glaucum (L.) R. Brown cv. Ningza No. 4

形态特征 为美洲狼尾草种内杂交种，一年生草本。植株高大，紧凑。茎直立，圆形，高约3 m。叶片披针形，长60~70 cm。穗状花序柱形，长约25 cm。种子灰白色。

地理分布 宁杂4号美洲狼尾草是江苏省农业科学院以Tift23DA矮秆美洲狼尾草不育系为母本，以恢复性强的Bil3B-6为父本，配制的种内杂交组合，2001年通过全国牧草品种审定委员会审定，我国江苏、浙江等地有栽培。

生物学特性 宁杂4号美洲狼尾草喜温暖湿润气候，当气温达到20℃时，生长速度加快。根系密集、发达，分蘖力强，高者可达15~20个。抗旱、耐酸、耐瘠薄。宁杂4号美洲狼尾草生育期内几乎不受病虫害侵袭。对氮肥敏感，在较高氮肥条件下生长旺盛。在南京，生育期约128天。

饲用价值 宁杂4号美洲狼尾草为粮饲兼用型品种。籽粒可食用或作家畜精料，秸秆可青贮或粉碎调制草粉，如不收籽粒，可直接青刈利用。宁杂4号美洲狼尾草的化学成分如表所示。

栽培要点 宁杂4号美洲狼尾草用种子繁殖。因其种子小，故需精细整地，以利出苗。在长江中下游地区宜4~5月播种，播后5~6天即可出苗。刈割草地一般条播，行距50 cm，播后覆土深度1.5 cm，播种量10.5~15 kg/hm²。也可育苗移栽，行距45 cm，株距20~25 cm，栽60 000~75 000株/hm²。宁杂4号美洲狼尾草是需肥较多的牧草，一般施用优质有机肥22 500 kg/hm²，缺磷的土壤施过磷酸钙200~400 kg/hm²作基肥。作为青饲料利用时，一般在拔节后刈割利用。喂牛、羊等牲畜，一般20~30天刈割一次；喂兔、鹅、鸭等畜禽，一般15~20天刈割一次。每次刈割后施追肥一次。

宁杂4号美洲狼尾草的化学成分（%）

测定项目	样品情况	拔节至孕穗期绝干样（株高1.3 m）
	干物质	100
占干物质	粗蛋白	14.93
	粗脂肪	5.05
	粗纤维	40.18
	无氮浸出物	30.77
	粗灰分	9.07
	钙	—
	磷	—

4. 象草

Pennisetum purpureum Schum.

形态特征　为多年生丛生大型草本。常具地下茎。秆直立，高2～4 m，节上光滑或具毛。叶鞘光滑或具疣毛；叶舌短小，具长1.5～5 mm纤毛；叶片线形，长20～120 cm，宽1～2 cm，腹面疏生刺毛，近基部有小疣毛，背面无毛，边缘粗糙。圆锥花序长10～30 cm，宽1～3 cm；主轴密生长柔毛；刚毛金黄色、淡褐色或紫色，长1～2 cm；小穗通常单生或2～3簇生，披针形，长5～8 mm，近无柄，如2～3簇生，则两侧小穗具长约2 mm的短柄；第一颖长约0.5 mm或退化，先端钝或不等二裂，脉不明显；第二颖披针形，长约为小穗的1/3，先端锐尖或钝，具1脉或无脉；第一小花中性或雄性，第一外稃长约为小穗的4/5，具5～7脉；第二外稃与小穗等长，具5脉；鳞被2，微小；雄蕊3，花药顶端具毫毛；花柱基部联合。

地理分布　象草原产于非洲热带地区，世界热带、亚热带地区引种栽培。我国于20世纪30年代前引入广州种植，现已遍及南方各地，早期在广东、广西、海南、福建、云南、贵州、湖南、江西、台湾等地大面积种植。我国生产上利用的象草品种主要有摩特矮象草（*Pennisetum purpureum* cv. Mott）、华南象草（*P. purpureum* cv. Huanan）、德宏象草（*P. purpureum* cv. Dehong）、桂闽引象草（*P. purpureum* cv. Guiminyin）和苏牧2号象草（*P. purpureum* cv. Sumu No. 2）。

生物学特性　象草喜温暖湿润气候，但其适应性很强，能耐短期轻霜。在广州、南宁能保持青绿过冬。一般在气温12～14℃时开始生长，25～35℃时生长迅速，10℃以下生长受抑制，5℃以下则停止生长，持续受冻会死亡。

象草对土壤要求不严，但以土层深厚、肥沃疏松的土壤最为适宜。在瘠薄缺肥的土壤条件下，象草生长缓慢，茎细弱，分蘖少，叶片短小，色黄，产量低。

象草具有强大的根系，能深入土层，抗旱力较

象草群体

强，经30～40天干旱仍能生长。在特别干旱高温的季节，叶片稍有卷缩，叶尖端有枯死现象，生长缓慢。但水分充足时，很快恢复生长。

象草在温度、水分适宜的条件下，一般种植后7～10天出苗，15～20天开始分蘖，分蘖能力很强。分蘖数除与温度、降水量、土壤肥力相关外，还与刈割次数、刈割高度密切相关。年刈割3次的单株分蘖数一般为25～75个，年刈割4次的为43～45个，年刈割6次的可达90个以上；高刈割的分蘖多（离地20 cm），低刈割的（平根刈）分蘖少。在广东、广西、福建等地，象草每年2～12月均能生长，4～9月生长最盛，10月以后生长逐渐减弱。在海南全年均可生长，以高温多雨的6～9月生长最快，冬春干旱季节生长较慢。象草抽穗开花因品种不同而不同，小茎种一般在9～10月抽穗，大茎种则在11月至翌年3月抽穗。一般结实率很低，种子成熟不一致，容易散落。种子发芽率很低，实生苗生长慢，性状不稳定，因此，在生产上多采用无性繁殖。

象草花序

象草的化学成分（%）

测定项目	样品情况	刈割后生长3周鲜草	刈割后生长6周鲜草	刈割后生长9周鲜草	刈割后生长12周鲜草
	干物质	14.3	15.0	16.5	17.9
占干物质	粗蛋白	14.04	7.98	7.86	5.72
	粗脂肪	2.57	1.59	1.07	0.80
	粗纤维	31.09	34.32	34.55	37.89
	无氮浸出物	42.44	48.68	48.26	48.63
	粗灰分	9.86	7.43	8.26	6.96
	钙	0.25	0.15	0.14	0.14
	磷	0.25	0.13	0.22	0.14

饲用价值 象草是热带和亚热带地区一种高产的多年生牧草。年可刈割6～8次，产鲜草75 000～150 000 kg/hm²，高者可达225 000～450 000 kg/hm²。利用年限也较长，一般为3～5年，如果栽培管理利用得当，可延长至5～6年，甚至10年以上。适期刈割，象草柔软多汁，适口性好，利用率高，粗蛋白含量和消化率均较高，牛、马、羊、兔、鹅等畜禽喜食，幼嫩时期也是猪、鱼的优良粗饲料。象草除四季为家畜提供青饲料外，还可调制成干草或青贮料。此外，象草根系发达，种植在塘边、堤岸，可起到护堤保土作用。象草的化学成分如表所示。

栽培要点 象草种子结实率及发芽率均很低，种子后代性状变异大，生产上常用种茎繁殖。肥水充足是象草高产的关键。因此，要选择土层深厚、疏松肥沃、排灌良好的地块种植。种植前结合整地施足基肥，一般施有机肥22 500～37 500 kg/hm²。水田种植，宜畦作；旱田坡地种植，宜平作。

象草对种植时期要求不严，在平均气温达13～14℃时，即可栽种。在广东、广西为2月，湖南长沙为3月。在海南，只要有水分，周年均可栽种。

种植时要选择生长100天以上的茎秆作种茎，2～3个节切成一段，每畦2行，株距50～60 cm，种芽向上斜插，露土2～3 cm，也可将种茎平放，覆土5～7 cm，压实。每公顷用种茎1500～3000 kg。

生长前期要及时中耕锄草，每次刈割后，应及时中耕、松土、追肥。象草要适时刈割利用，饲喂大家畜（黄牛、奶牛、水牛），株高1～1.5 m时刈割为宜；饲喂山羊、绵羊，株高1～1.2 m时刈割为宜；饲喂猪，株高80～100 cm时刈割为宜；饲喂鹅、鸭、鸡、鱼，宜在株高20～30 cm时齐地刈割利用。

5. 摩特矮象草
Pennisetum purpureum Schum. cv. Mott

形态特征 为多年生丛生型草本。秆直立，高1~1.5 m，径1~2 cm；节密，节间短，成熟的节间被黑粉。叶鞘包茎，长15~20 cm，基部叶鞘老时松散；叶舌截平，膜质，长2 mm；叶片披针形，长50~100 cm，宽3~4.5 cm，深绿色，叶质厚，边缘微粗糙，幼嫩时全株光滑无毛，老时基部叶面和边缘近叶鞘处生疏毛。圆锥花序穗状，长15~20 cm，径1.5~3 cm；小穗长约1 cm。

地理分布 摩特矮象草是美国育成的象草品种。我国于1987年从美国引进试种，并于1994年经全国牧草品种审定委员会审定，在广西、广东、海南、福建、湖南等地均有推广种植。

生物学特性 摩特矮象草喜温暖湿润气候，春季14℃时开始生长，25~30℃生长最快，适宜在海拔1000 m以下、年极端低温-5℃以上、年降水量700 mm以上的热带、亚热带地区种植。对土壤要求不严，各种土壤均可栽植，以土层深厚、有机质含量高的壤土为佳。对氮肥敏感，增施氮肥，鲜草产量和草质明显提高。摩特矮象草分蘖多，在水肥较好且合理利用的情况下，每株分蘖100个左右，多者达150个。较耐寒，桂北重霜雪时部分叶枯萎，但地下部可安全过冬，桂南地区全年青绿，生长期10个月以上。较抗旱，缺水时叶片萎缩，生长变慢，水肥充足时很快恢复生长。结实率、种子发芽率低。

饲用价值 摩特矮象草叶量大，质软、细嫩，适口性好，营养价值高，牛、羊、兔、猪、鹅、鱼均喜食，为优质刈割型禾本科牧草。在闽南地区，中等水肥条件下，年可刈割4~8次，年产鲜草150 000~300 000 kg/hm^2，高者可达450 000 kg/hm^{2}以上。摩特矮象草的化学成分如表所示。

栽培要点 摩特矮象草用种茎繁殖。宜选择土质深厚、肥沃、排灌良好的壤土或沙壤土地块种植。种植前一个月要进行备耕，一般一犁二耙，熟地种植

摩特矮象草株丛

摩特矮象草根系及根状茎

摩特矮象草的化学成分（%）

测定项目	样品情况	营养期（春季）绝干样	营养期（夏季）绝干样	营养期（秋季）绝干样	营养期（冬季）绝干样
干物质		100	100	100	100
占干物质	粗蛋白	12.00	6.70	6.10	7.60
	粗脂肪	3.10	2.50	2.80	2.30
	粗纤维	26.40	28.80	27.70	23.90
	无氮浸出物	43.50	49.40	50.10	42.00
	粗灰分	15.00	12.60	13.30	24.20
钙		0.36	0.25	1.00	0.95
磷		0.52	0.39	0.36	0.52

一犁一耙，犁地深度20～25 cm，清除杂草，耕后耙平、耙碎，以不见大土块为宜。结合整地施有机肥25 000～45 000 kg/hm²。种茎宜选用颜色青绿、节芽饱满的成熟茎秆。种苗选定后，取茎秆中下部，用利刀切断，每段应带2个腋芽发育良好的节。切段后的种茎平置于沟内，覆盖5～10 cm厚沃土，压实即可。种植行距30～40 cm、株距20～30 cm。全年均可种植，但以春、夏季最好。株高70～90 cm即可刈割利用，每次刈割后施尿素70～105 kg/hm²。

6. 华南象草

Pennisetum purpureum Schum. cv. Huanan

形态特征 为多年生丛生型草本。秆直立，高2~3 m，径1~2.5 cm，茎基部节密。叶鞘长于节间，包茎，长8.5~15.5 cm；叶片线形，扁平，长30~100 cm，宽2~4.5 cm。圆锥花序长15~20 cm，幼时浅绿色，成熟时褐色；小穗披针形，单生或3~4簇生，每小穗3小花，下部小花雄性，上部小花两性。

地理分布 华南象草由广西壮族自治区畜牧研究所和华南热带作物科学研究院共同选育而成，1990年通过全国牧草品种审定委员会审定，我国华南、西南、东南等地广泛栽培。

生物学特性 华南象草适宜在年降水量1000 mm以上、≥0℃积温7000℃以上、≥10℃积温6500℃以上的地区生长。须根发达，主要分布在30~40 cm的土层。分蘖力强，一般单株分蘖25~40个。对氮肥敏感，在较高氮肥条件下生长旺盛。耐热、耐酸，但不耐涝。一般在11月至翌年2月抽穗开花，结实率极低。

饲用价值 华南象草适口性好，牛、羊极喜食，幼嫩时也可饲喂猪及食草性鱼类。产量高，一般产鲜草75 000 kg/hm²左右。华南象草的化学成分如表所示。

栽培要点 华南象草用种茎繁殖。宜选择土质深厚、肥沃、排灌良好的壤土或沙壤土种植。种植前一个月要进行备耕，一般一犁二耙，熟地种植一犁一耙。犁地深度20~25 cm，清除杂草，耕后耙平、耙碎，并进行地面平整。结合整地施有机肥30 000~45 000 kg/hm²。种茎宜选用颜色青绿、节芽饱满的成熟茎秆。种苗选定后，取茎秆中下部，用利刀切断，每段应带2个腋芽发育良好的节。切段后的种茎平置于沟内，覆土5~10 cm，压实即可。种植行距30~40 cm、株距20~30 cm。全年均可种植，但以春、夏季最好。

华南象草的化学成分（%）

测定项目	样品情况	营养期（生长50天）
占干物质	干物质	20.72
	粗蛋白	10.36
	粗脂肪	2.01
	粗纤维	36.34
	无氮浸出物	38.25
	粗灰分	13.04
	钙	0.24
	磷	0.34

华南象草植株

华南象草花序

7. 德宏象草

Pennisetum purpureum Schum. cv. Dehong

形态特征 为多年生丛生型草本。秆直立，高3～4 m，径1～4 cm，节间长8～25 cm，被白色蜡粉。叶鞘长于节间，包茎；叶舌短小，具纤毛；叶片线形，扁平，长约80 cm，宽2～3 cm，中脉粗壮，浅白色，腹面疏生细毛，背面无毛。圆锥花序柱状，黄色，长约23 cm，径约3.9 cm。

地理分布 德宏象草是由云南省草地动物科学研究院和云南省德宏傣族景颇族自治州盈江县畜牧局共同申报的地方品种，2007年通过全国草品种审定委员会审定，我国西南一带广泛栽培。

生物学特性 德宏象草喜温暖湿润气候，适宜在热带、亚热带地区种植。气温在12℃以上时开始生长，20℃以上时生长迅速；气温低于10℃时生长缓慢，5℃以下时停止生长。对土壤适应性广泛，在沙土、黏土上均可正常生长，但在土层深厚而肥沃疏松的土壤上生长旺盛。根系发达，种植当年根系入土深度可达50 cm，抗旱性较强。通常9～10月抽穗开花。

饲用价值 德宏象草适口性好、饲用率高，适于刈割青饲或调制青贮饲料。德宏象草的化学成分如表所示。

德宏象草的化学成分（%）

测定项目	样品情况	营养期（株高1.4 m）绝干样	营养期（株高2.3 m）绝干样	营养期（株高3.5 m）绝干样
占干物质	干物质	100	100	100
	粗蛋白	12.35	9.06	4.50
	粗脂肪	2.36	1.81	1.68
	粗纤维	25.20	30.2	36.39
	无氮浸出物	46.50	46.73	48.89
	粗灰分	13.59	12.2	8.54
	钙	—	—	—
	磷	—	—	—

德宏象草群体

德宏象草花序

栽培要点 德宏象草用种茎繁殖。宜选择土质深厚、肥沃、排灌良好的壤土或沙壤土地块种植。种植前一个月要进行备耕,一般一犁二耙,熟地种植一犁一耙。犁地深度20~25 cm,清除杂草,耕后耙平、耙碎,并进行地面平整。结合整地施有机肥30 000~45 000 kg/hm^2。种茎宜选用颜色青绿、节芽饱满的成熟茎秆。种苗选定后,取茎秆中下部,用利刀切断,每段应带2个腋芽发育良好的节。切段后的种茎平放于沟内,覆土5~10 cm,压实。种植株行距30 cm×50 cm。全年均可种植,但以春、夏季最好。

8. 桂闽引象草

Pennisetum purpureum Schum. cv. Guiminyin

形态特征 为多年生丛生型草本。株型紧凑，秆直立，高2~5 m，径1~3 cm。茎幼嫩时被白色蜡粉，老时被一层黑色覆盖物。叶鞘长于节间，包茎，长10.5~18.5 cm；叶长条形，长50~100 cm，宽2~4 cm，叶面与叶鞘光滑无毛。圆锥花序密生成穗状，长20~30 cm；小穗披针形，3~4枚簇生成束，每簇下围以刚毛组成的总苞；每小穗2小花，雄蕊3，花药浅绿色，柱头外露，浅黄色。

地理分布 桂闽引象草由广西壮族自治区畜牧研究所和福建省畜牧总站共同选育，2009年通过全国草品种审定委员会审定，我国华南、东南、西南等地有栽培。

生物学特性 桂闽引象草喜温暖湿润气候，日均温达13℃以上时开始生长，日均温25~35℃时生长最快；温度低于8℃时，生长明显受到抑制，若低于-2℃时间稍长，则会冻死。在我国北纬28°以南的地区，可自然越冬。对土壤适应性广泛，在各类土壤上均可生长。桂闽引象草根系庞大，抗旱性强，在干旱少雨的季节仍可获得较高的生物量。对氮肥敏感，在高水肥条件下生长快，草产量高。耐湿，不耐涝。通常11月中旬抽穗开花。

饲用价值 桂闽引象草适口性好，牛、羊、兔、鹅、鱼等喜食，为优质刈割型禾本科牧草。植株高大，产草量高，适于刈割青饲或调制青贮饲料。桂闽引象草的化学成分如表所示。

桂闽引象草的化学成分（%）

测定项目	样品情况	营养期（株高1~1.2 m）
占干物质	干物质	19.60
	粗蛋白	10.50
	粗脂肪	2.70
	粗纤维	39.10
	无氮浸出物	38.50
	粗灰分	9.20
	钙	0.25
	磷	0.32

桂闽引象草群体

栽培要点　桂闽引象草用种茎繁殖。宜选择土质深厚、肥沃、排灌良好的微酸性壤土种植。种植前一个月要进行备耕，一般一犁二耙，熟地种植一犁一耙。犁地深度20~25 cm，清除杂草，耕后耙平、耙碎，并进行地面平整。结合整地施有机肥30 000~45 000 kg/hm²。种茎宜选用颜色青绿、节芽饱满的成熟茎秆。种苗选定后，取茎秆中下部，用利刀切断，每段应带2个腋芽发育良好的节。切段后的种茎平置于沟内，覆土5~10 cm，压实。种植行距30~40 cm，株距20~30 cm。全年均可种植，但以春、夏季最好。每次刈割后结合松土追施氮肥1次，施用量为150~225 kg/hm²。

桂闽引象草茎秆基部

9. 杂交狼尾草

Pennisetum glaucum×P. purpureum cv. 23A×N51

形态特征　为多年生草本。株高约3.5 m，最高可达4 m以上。秆圆柱形，直立，株型明显松散。每个分蘖茎有20~25个节。叶片长60~80 cm，宽约2.5 cm，叶缘粗糙，叶面光滑或疏被细毛，中肋明显；叶鞘光滑无毛，与叶片连接处有紫纹。圆锥花序密集呈穗状，黄褐色，长20~30 cm，径2~3 cm；小穗近无柄，2~3簇生成一束，每簇下围以由刚毛组成的总苞，具向上的糙刺，先端褐色，下部具柔毛。子房发育不良。

地理分布　杂交狼尾草较好地综合了父本象草高产和母本美洲狼尾草品质好的特点，在世界上热带、亚热带地区均有栽培。我国最早于1981年由江苏省农业科学院引种选育，于1989年通过全国牧草品种审定委员会审定，现江苏、浙江、福建、广东和广西等地有栽培。

生物学特性　杂交狼尾草喜温暖湿润的热带气候。日均温度达15℃以上时开始生长，最适生长温度为25~30℃。不耐寒，气温低于10℃时生长明显受到抑制，气温低于0℃的时间稍长则会受冻死亡。对土壤要求不严，在沙土、黏土、微酸性土、轻度盐碱土上均可种植。在含盐量为0.1%的土壤上生长良好，在含盐量为0.5%的土壤上仍能立苗。但以土层深厚、pH适中的黏质壤土最为适宜。对氮肥、锌肥敏感，增施氮肥后，植株生长旺盛，生物量大；在缺锌的土壤上种植，叶片发白，生长不良，特别是在幼苗期如不及时补施，会造成植株死亡。根系发达，根幅大，但根系分布浅，多分布在20 cm以上土层内。一般分蘖20个左右，多次刈割后分蘖增加，可达50~100个。抗旱、耐湿，干旱、淹水数月亦不会死亡，但长势差，产量低。

杂交狼尾草在温度、水分适宜的情况下，一般扦插7~10天后生根、出苗，15~20天后开始分蘖；分株

杂交狼尾草群体（花期）

繁殖的栽植10天后开始分蘖，以后随着刈割次数的增加，分蘖迅速增多，在肥水充足的情况下，单株分蘖可多达200个以上。在江苏省，5月上旬前后栽种，生长期为5~10月，6~9月为生长高峰期，进入10月后生长变慢，11月上旬停止生长，在自然条件下会冻死。

饲用价值 杂交狼尾草综合了象草和美洲狼尾草的优点，鲜草产量高、粗蛋白含量高、氨基酸含量比较平衡。在江苏，如果作牛、羊的青饲料，株高1.2 m左右时刈割，既有较高的产量，适口性也较好，年可刈割5~6次；如果作鱼、兔、鹅、猪等的青饲料，在株高70~100 cm时刈割，这时叶量比例大，草质柔嫩，年可刈割8~10次，一般产鲜草120 000~150 000 kg/hm²。除青饲外，也可晒制干草或调制青贮料。杂交狼尾草的化学成分如表所示。

栽培要点 杂交狼尾草适应性强，对土壤要求不严，但为获得高产，应选择在土层深厚、肥沃、排灌良好的壤土或沙壤土上种植。种植前备耕整地，结合整地施22 500~30 00 kg/hm²有机肥作基肥。主要通过种茎繁殖，选用生长100天以上的茎秆作种茎，取茎秆中下部，用利刀切断，每段应带2~3个腋芽发育良好的节。切段后的种茎平置于沟内，覆土5~10 cm，压实。株行距为20 cm×60 cm。也可以分蘖移栽，2~3个苗为一丛，穴植，株行距45 cm×60 cm。作牛、羊等大家畜饲料时，在株高120 cm左右刈割；作鱼和小家畜饲料时，在株高90 cm左右刈割，留茬高度15~20 cm。杂交狼尾草虽然抗旱，但充足的肥水仍是高产的保证。全年需施用无机氮肥225~300 kg/hm²，每次刈割后都要及时追肥，一般每次施225 kg/hm²硫酸铵。

杂交狼尾草花序

杂交狼尾草的化学成分（%）

测定项目	样品情况	拔节期鲜草
	干物质	15.20
占干物质	粗蛋白	9.95
	粗脂肪	3.47
	粗纤维	32.90
	无氮浸出物	43.46
	粗灰分	10.22
	钙	—
	磷	—

10. 桂牧 1 号杂交象草
(*Pennisetum glaucum* × *P. purpureum*) ×*P. purpureum* Schum. cv. Guimu No. 1

形态特征 为多年生丛生型草本。秆直立，高3~3.5 m，每条茎秆具节20~30个。叶片长100~120 cm，宽4~6 cm，无毛。圆锥花序，长25~30 cm；每小穗1~3小花。

地理分布 桂牧1号杂交象草是广西壮族自治区畜牧研究所采用矮象草为父本，杂交狼尾草为母本进行有性杂交而育成的牧草品种，于2000年通过全国牧草品种审定委员会审定，我国华南、华东、东南、西南等地均有栽培。

生物学特性 桂牧1号杂交象草喜温暖湿润气候。最适生长温度为25~32℃，在35℃以上的高温情况下，仍生长茂盛。在轻霜地区，部分叶片枯萎，在4℃以下有重霜冻的情况下，则整株腋芽易被冻坏，但茎基部分与地下茎仍然存活，来年温度达到17℃左右时返青生长。对土壤适应性广泛，在各类土壤上均可生长，但在土层深厚、富含有机质的土壤上生长旺盛。对氮肥敏感，增施氮肥生物量明显提高。较抗旱，缺水时叶片萎缩、生长变慢，水肥充足时很快恢复生长。

桂牧1号杂交象草分蘖力强，刈割情况下，单株分蘖100~150个。青绿期长，在湖南省，青绿期为4月中旬至12月中旬，在海南省，全年保持青绿，11月中旬抽穗开花。结实率低，发芽率低。

饲用价值 桂牧1号杂交象草产量高，再生能力强。在中等水肥条件下年刈割4~6次，一般产鲜草150 000~255 000 kg/hm²；品质好，柔软、细嫩，适口性好，营养丰富，牲畜消化率高，是适于在热带、亚热带地区栽培的优质高产牧草。桂牧1号杂交象草的化学成分如表所示。

栽培要点 桂牧1号杂交象草以种茎进行营养繁殖，一般坡地和平地均可种植，但以土壤疏松、肥沃、排灌良好的地块为好。种植前应深翻耕，深度25~30 cm，耕后耙碎、整平、起畦、开沟。结合整地施有机肥20 000 kg/hm²左右作为基肥。选用生长6~7个月的健壮茎秆作为种茎，砍成具2节的小段，平放于植沟，覆土5~10 cm，压实。种植行距30~40 cm，

桂牧1号杂交象草群体

桂牧1号杂交象草茎秆基部

桂牧1号杂交象草的化学成分（%）		
测定项目	样品情况	刈割后生长35天绝干样
干物质		100
占干物质	粗蛋白	13.09
	粗脂肪	2.55
	粗纤维	28.74
	无氮浸出物	45.56
	粗灰分	10.06
	钙	0.61
	磷	0.42

株距30～35 cm，覆土5～10 cm。苗期除杂草1～2次，封行前追施尿素100～125 kg/hm²。遇到持续干旱天气要及时灌水。桂牧1号杂交象草种植50天后便可刈割利用，首次刈割高度为5～10 cm，之后齐地刈割，年可刈割利用6～8次。

11. 邦得 1 号杂交狼尾草

Pennisetum glaucum×Pennisetum purpureum cv. Bangde No. 1

形态特征 为多年生疏丛型草本，须根发达。秆直立，高约3.5 m。叶片条形，长约80 cm，宽约6.5 cm，腹面被稀柔毛，叶缘具刚毛。圆锥花序柱状，长约30 cm；小穗花器发育不全。

地理分布 邦得1号杂交狼尾草由北海绿邦生物景观发展有限公司引种选育，2005年通过全国牧草品种审定委员会审定，我国广西、广东等地栽培。

生物学特性 邦得1号杂交狼尾草喜温暖湿润气候。根系发达，耐干旱。分蘖能力强，稀植时单株分蘖100～200个。再生力好，耐刈割。

饲用价值 植株高大，叶片多，草质柔嫩，适口性好，各种家畜喜食。适于刈割青饲或调制青贮饲料。邦得1号杂交狼尾草的化学成分如表所示。

邦得1号杂交狼尾草的化学成分（%）

样品情况 测定项目	营养期（株高1.25 m）绝干样
干物质	100
占干物质 粗蛋白	9.98
占干物质 粗脂肪	3.57
占干物质 粗纤维	32.90
占干物质 无氮浸出物	44.51
占干物质 粗灰分	9.04
钙	—
磷	—

12. 闽牧 6 号狼尾草
Pennisetum glaucum×*Pennisetum purpureum* cv. Minmu No. 6

形态特征 为多年生草本。秆直立，高3～3.2 m。叶片条形，长50～130 cm，宽2.5～5.2 cm，两面和叶鞘被少量绒毛，叶缘锯齿状，中脉向叶背突起。圆锥花序穗状，长约20 cm，不结实。

地理分布 闽牧6号狼尾草是福建省农业科学院农业生态研究所等单位对杂交狼尾草杂种一代种子经 ^{60}Co-γ 射线辐射诱变选育而成的，2011年通过福建省农作物品种审定委员会认定，在我国东南一带推广种植。

生物学特性 闽牧6号狼尾草喜温暖湿润的气候，日平均温度达到15℃时开始生长，最适生长温度为25～35℃，气温低于10℃时，生长明显受抑。对土壤适应性广泛，在各类土壤上均可生长，但在土层深厚、富含有机质的土壤上生长旺盛。对氮肥敏感，增施氮肥，生物量明显提高。对锌肥敏感，在缺锌的土壤上种植，叶片发白，生长不良。根系发达，分蘖能力强。

饲用价值 闽牧6号狼尾草植株高大，产量高，叶量大，柔嫩，适口性好，各种家畜喜食。适于刈割青饲或调制青贮饲料。闽牧6号狼尾草的化学成分如表所示。

闽牧6号狼尾草的化学成分（%）

测定项目	样品情况	刈割后生长40天绝干样
占干物质	干物质	100
	粗蛋白	15.30
	粗脂肪	3.50
	粗纤维	22.30
	无氮浸出物	50.05
	粗灰分	8.85
	钙	0.30
	磷	—

闽牧6号狼尾草群体

闽牧6号狼尾草根系及茎秆基部

13. 热研4号王草

Pennisetum purpureum × *Pennisetum glaucum* cv. Reyan No. 4

形态特征 为多年生丛生型高秆禾草。高1.5~4.5 m，每株具节15~35个，节间长4.5~15.5 cm；茎幼嫩时被白色蜡粉，老时被一层黑色覆盖物；基部各节有气生根发生，少数秆中部至中上部也产生气生根。叶鞘长于节间，包茎，长12.5~20.5 cm；叶片长条形，长55~115 cm，宽3.2~6.1 cm，叶脉明显，呈白色。圆锥花序密生呈穗状，长25~35 cm，初呈浅绿色，成熟时呈黄褐色；小穗披针形，3~4簇生成束；颖片退化成芒状，尖端略为紫红色；每小穗2小花；雄蕊3，开花时花药伸出稃外，花药浅绿色；柱头外露，浅黄色。颖果纺锤形，浅黄色，具光泽。

地理分布 中美洲、南美洲广泛栽培。我国于1984年由华南热带作物科学研究院自哥伦比亚国际热带农业中心引进，现海南、广东、广西、云南、湖南、贵州、四川、江西广泛种植，并作为一年生牧草在陕西、甘肃、河南、河北、新疆、内蒙古等地少量种植。

生物学特性 热研4号王草的亲本原产于热带地区，喜温暖湿润的气候条件，能在亚热带地区良好生长。热研4号王草具有明显的杂种优势，其生物产量及抗性均优于亲本。

热研4号王草生长临界温度为5~10℃，温度低于5℃停止生长，最适生长温度为25~33℃。在热带和亚热带地区常年保持青绿。在温度越高的地方，其生长越快，产草量亦越高。在0℃以上能越冬，但在有霜冻的地区要采取保护措施方能越冬。对土壤适应性广泛，在酸性红壤或轻度盐碱土上生长良好，尤以在土层深厚、有机质丰富的壤土至黏土上生长最盛。根系发达，地下根系可吸收土壤深层水分，茎上气生根可吸收氧气，抗旱和耐涝能力极强。耐火烧，老化后烧草，植株存活率为100%，并能明显促进植株的再生。

热研4号王草分蘖、再生能力极强。在不刈割的条件下，每丛分蘖数约为20个；在刈割条件下，随着刈割次数的增多，分蘖数也增多，通常为30~50个，如果结合培土，分蘖数可达100个以上。

热研4号王草栽种7~10天出苗，20~30天开始分蘖，在海南5~10月为生长旺季，11月以后，气温降低，雨量减少，生长缓慢，在土壤瘦瘠和不施肥时，于12月至翌年2月有部分抽穗，并能正常结实，种子千粒重为0.54~0.67 g，但在刈割及施肥条件下，则无抽穗现象。对肥料反应敏感，特别是氮肥。植株高大，为丛生型的C_4光合类型禾草，光呼吸强度低，净光合作用效率高，干物质积累多，生物产量极高，年产鲜草75 000~180 000 kg/hm^2。

饲用价值 热研4号王草植株高大，叶量大，柔嫩，嫩茎叶多汁且略具甜味，牛、羊喜食，是牛、羊

热研4号王草植株

热研4号王草根系

理想的青饲料，也可饲喂兔、猪、鸡、鸭、鹅等。

在华南和西南的一些地区，热研4号王草作为牛、羊的青饲料，可以实现周年供应。在长江中下游地区，热研4号王草是青饲料供应的主栽草种，结合多花黑麦草和三叶草等构建周年青饲料供应体系。热研4号王草株型高大，水分含量较大，在饲喂的过程中，不宜切得过碎，应切成3～6 cm的小段，或与豆科、其他禾本科牧草混合饲喂，可以大大提高动物采食率，促进动物消化吸收。热研4号王草的化学成分如表所示。

栽培要点 热研4号王草用种茎繁殖。宜选择在土质深厚、肥沃、排灌良好的壤土或沙壤土地块种植。种植前一个月要进行备耕，一般一犁二耙，熟地种植一犁一耙，犁地深度20～25 cm，清除杂草，耕后耙碎、耙平。结合整地施有机肥30 000～45 000 kg/hm²、磷肥150～200 kg/hm²作基肥。种茎宜选用生长6～7个月、颜色青绿、节芽饱满的茎秆。种苗选定后，取茎秆中下部，用利刀切断，每段2节，切段后的种茎平放于沟内，覆土5～10 cm，压实。种植株行距为：刈草地（40～60）cm×（60～80）cm，留种地（60～80）cm×（80～100）cm。

当苗高15 cm左右时，热研4号王草开始分蘖，要追第1次肥，一般施尿素120～150 kg/hm²，再过20～25天开始拔节，再追1次尿素。以后每刈割1次追施1次尿素，施用量150～225 kg/hm²。刈割2～3次或留种地刈割1次后要追施1次钾肥，用量为75～120 kg/hm²。这样有利于早生快发，达到丰收效果。

热研4号王草的化学成分（％）

测定项目	样品情况	生长60天刈割鲜草（沙地施肥）	生长60天刈割鲜草（沙地不施肥）	生长60天刈割鲜草（砖红壤施肥）	生长60天刈割鲜草（砖红壤不施肥）
	干物质	18.68	20.65	15.15	15.93
占干物质	粗蛋白	8.00	7.52	13.01	10.65
	粗脂肪	2.94	3.65	1.70	4.77
	粗纤维	36.97	35.56	41.35	31.47
	无氮浸出物	46.50	47.51	31.49	45.43
	粗灰分	5.59	5.76	12.45	7.68
	钙	0.27	0.23	0.54	0.27
	磷	0.13	0.16	0.33	0.32
	镁	0.29	0.19	0.41	0.23

14. 东非狼尾草
Pennisetum clandestinum Hochst. ex Chiov.

形态特征 又名铺地狼尾草、隐花狼尾草，为多年生草本。具粗壮肉质的匍匐根茎，长可达2 m，匍匐茎各节生根，长出粗壮的新枝。茎密丛生，高10～15 cm。叶鞘淡绿色，长1～2 cm，密被毛；无叶耳；叶舌为一环毛；叶片长1～15 cm，宽1～5 mm，幼时折叠，成熟时扁平，浅绿色，被软毛。圆锥花序退化为一具2～4小穗的花穗；小穗2小花，通常1小花可育。颖果长约2.5 mm，成熟时深棕色。

地理分布 东非狼尾草原产于非洲东部和中部的高原地区，后被引入热带、亚热带湿润地区种植。东南亚主要分布于菲律宾海拔1900 m以上的高原地区。我国南方引种试种后表现良好，云南广泛栽培，海南于1991年少量引种种植。我国生产中利用的东非狼尾草品种主要是威提特东非狼尾草（*Pennisetum clandestinum* cv. Whittet）。

生物学特性 东非狼尾草喜温暖湿润的热带、亚热带气候，其原产地海拔为1950～3000 m，年降水量为1000～1600 mm，年平均温度为16～22℃，最低温度为2～8℃。东非狼尾草在日温25℃、夜温20℃条件下生长最佳。耐寒性较强，可耐轻度霜冻。－2℃时植物组织受冻死亡。东非狼尾草对土壤的适应性广泛，可在瘠薄的酸性土壤上生长，以在排水良好且富含磷、钾、硫的土壤上生长最盛。

饲用价值 东非狼尾草草质柔嫩，营养价值较高，各类畜禽均喜食，可供放牧利用，也可刈割青饲。此外，东非狼尾草具有强大的根茎状，是一种优良的水土保持植物。东非狼尾草的化学成分如表所示。

栽培要点 东非狼尾草可用种子或根茎繁殖。新收获的种子有一定的休眠期，需用酸处理以打破休

东非狼尾草群体

东非狼尾草匍匐茎

东非狼尾草的化学成分（%）

测定项目	样品情况	营养期绝干样
干物质		100
占干物质	粗蛋白	13.64
	粗脂肪	3.47
	粗纤维	20.50
	无氮浸出物	52.89
	粗灰分	9.50
钙		—
磷		—

眠。用种子直播时，整地要精细，可撒播，也可按1 m左右的行距条播，单播播种量为2～4 kg/hm²。用根茎繁殖时，可按株行距80 cm×80 cm或100 cm×100 cm穴植。

15. 多穗狼尾草
Pennisetum polystachion (L.) Schult.

形态特征 又名牧地狼尾草，为一年生或短期多年生丛生草本。根茎短小。秆直立，多分枝，株高0.5~2 m。叶鞘疏松，有硬毛，边缘具纤毛，老后常宿存基部；叶舌为一圈长约1 mm的纤毛；叶片线形，长10~40 cm，宽3~15 mm，多少有毛。圆锥花序紧缩成圆柱状，长10~25 cm，宽8~10 mm，黄色至紫色；总苞由多数羽毛状的刚毛组成，刚毛不等长，外层细短，内层长可达1~2 cm，均有羽毛状绢毛，绢毛相互缠绕，呈厚密的网状；小穗卵状披针形至狭披针形，长3~4 mm，多少被短毛；第一颖退化；第二颖与小穗近等长，具5脉，先端三丝裂；第一内稃之二脊及先端有毛；第二外稃稍软骨质，短于小穗，长约2.4 mm。

地理分布 多穗狼尾草原产于热带美洲及非洲热带地区，多数国家引种栽培。我国台湾、海南等地引种栽培，后扩散到广东、广西等地。现已归化并逸为野生，常见于山坡草地，多连片生长。

生物学特性 多穗狼尾草根系发达，根深可达157 cm。分蘖能力强，分蘖可达55个；再生力好，年可刈割3~4次，刈割后3天便可抽生新叶。对土壤要求不严，耐酸，在pH 4.1的土壤上可正常生长。抗旱。繁殖速度快，抽穗整齐，种子成熟较一致，产量高。当年落下的种子，次年春夏可自繁。

饲用价值 多穗狼尾草抽穗前适口性好，产草量高，年产鲜草可达130 000 kg/hm²。多穗狼尾草的化学成分如表所示。

栽培要点 多穗狼尾草用种子繁殖。播种期一般为3~4月，播种前应翻耕土地、清除杂草。可撒播或条播，条播行距40 cm，通常播后10天出苗，出苗后借雨水天追施肥料，以促进生长，一般施尿素450 kg/hm²。株高50 cm即可刈割利用。

多穗狼尾草花序

多穗狼尾草的化学成分（%）

测定项目	样品情况	营养期绝干样
	干物质	100
占干物质	粗蛋白	13.42
	粗脂肪	4.33
	粗纤维	34.68
	无氮浸出物	39.73
	粗灰分	7.84
	钙	0.40
	磷	0.33

第 14 章　须芒草属牧草

须芒草属（*Andropogon* L.）为多年生草本，秆直立，丛生。叶片线形或狭线形。总状花序孪生或呈指状排列于主秆或分枝的顶端，基部托以鞘状总苞；小穗成对生于穗轴各节，一具柄，一无柄；无柄小穗两性或有时生于花序基部者不孕，常有2小花；二颖等长，膜质或革质；第一颖边缘通常内折而在中部以上成明显的两脊，常无芒；第二颖舟状，背部常具一脊，有1~3脉，有芒或无芒；第一小花常退化剩一透明膜质的外稃，第一外稃有2脉，第二外稃透明膜质或稍厚，顶端多少2裂，从裂齿间抽出芒；内稃很小或缺；有柄小穗雄性或中性，多少扁平，有时退化。

该属约100种，分布于全世界。我国产2种，即华须芒草（*Andropogon chinensis*）和西藏须芒草（*A. munroi*）。20世纪80年代末，我国以生产为目的自哥伦比亚引种圭亚那须芒草（*A. gayanus*），2006年以研究为目的又从哥斯达黎加引种二角须芒草（*A. bicornis*）。该属在生产上广为栽培利用者只有圭亚那须芒草。

1. 华须芒草

Andropogon chinensis (Nees) Merr.

形态特征 为多年生丛生草本。秆直立，高0.4~1 m，光滑无毛，上部多分枝。叶鞘无毛或被柔毛；叶舌膜质，长1~2.5 mm，顶端圆钝；叶片线形，扁平或干时内卷，长8~25 cm，宽2~3 mm，顶端长渐尖，两面常有柔毛，有时背面无毛。总状花序孪生，长2~3 cm，花序梗被微柔毛，成熟时伸出佛焰苞外；佛焰苞舟形或线形，其上叶片常退化；小穗柄长2.5~4 mm；无柄小穗（含基盘）长约5 mm，线状披针形；第一颖背部具2脊，脊由顶端伸出成短芒或小尖头；第二颖舟形，背上部被毛，顶端2齿裂，裂齿间具1芒，芒长6~10 mm；第一外稃线状长圆形，长约4 mm，透明膜质，上部边缘疏生纤毛；第二外稃与第一外稃同质，长约3 mm，顶端2裂，边缘具纤毛；芒自裂片间伸出，长2~3 cm；内稃长为第一颖的1/2，边缘具纤毛；鳞被2，长约1 mm；雄蕊3，花药长约3 mm；花柱分离，柱头羽毛状；有柄小穗长圆状披针形，长约4 mm；第一颖背部扁平，具数脉，顶端具长约7 mm的细直芒；第二颖较窄，短，顶端具1短芒。

地理分布 分布于越南、老挝、柬埔寨等地。我国分布于海南、广东、广西、云南、四川等地。常生于海拔1800 m以下的山坡草地、灌丛、疏林等较干燥的环境。

生物学特性 华须芒草耐酸瘦土壤，适宜生长于砖红壤上，极耐干旱。常与赤山蚂蝗（*Desmodium rubrum*）、岗松（*Baeckea frutescens*）、桃金娘（*Rhodomyrtus tomentosa*）等伴生，构成连片的群丛。

饲用价值 华须芒草为中等野生牧草。抽穗前较幼嫩，牛、羊喜食。抽穗后茎秆迅速老化，粗纤维含量增加，并有大量花序，适口性降低。华须芒草的化学成分如表所示。

华须芒草植株

华须芒草花序（局部）

华须芒草的化学成分（%）

测定项目	样品情况	刈割后生长3周鲜草	刈割后生长6周鲜草	刈割后生长9周鲜草	刈割后生长12周鲜草
	干物质	28.6	33.6	39.5	41.1
占干物质	粗蛋白	8.34	8.22	7.65	7.51
	粗脂肪	1.66	1.39	1.30	1.39
	粗纤维	27.61	30.29	32.59	36.47
	无氮浸出物	55.99	55.29	52.15	47.10
	粗灰分	6.40	4.81	6.31	7.53
	钙	0.25	0.20	0.21	0.27
	磷	0.09	0.09	0.10	0.09

2. 圭亚那须芒草
Andropogon gayanus Kunth

形态特征 又名甘巴草，为多年生草本。具强壮支持根。秆密丛生，粗壮，具分枝，圆柱形，高1~3 m。叶片长披针形，长30~100 cm，宽1~3 cm，急尖，两面被毛。佛焰苞假圆锥花序，由成对或稀单生的总状花序组成，花序轴节间和花梗棒状，一边或两边具缘毛。总状花序黄色，长4~9 cm，含小穗17对，每对小穗中，一无柄，一具柄；无柄小穗长8 mm，具长1 mm的长椭圆形颖托；上部小花两性，下部小花不育，退化成一透明的外稃；有柄小穗长椭圆形，长5~8 mm，下部颖片具芒，芒长1~10 mm；上部小花为雄花，下部小花不育。颖果纺锤形，长2~3 mm，宽0.5~0.8 mm；盾片和胚大而明显。

地理分布 圭亚那须芒草原产于非洲西部，广泛分布于非洲赤道南北干旱地区。我国于1982年由华南热带作物科学研究院引入海南试种，并在白沙细水牧场大面积种植。

生物学特性 圭亚那须芒草适应性强，可在海拔2000 m的地区生长，但以海拔1000 m以下的地区生长最好。耐酸性瘦土，在pH 4.6的土壤上仍能繁茂生长，耐瘠。根系入土深，一般情况下，入土达80 cm，在肥沃而疏松的土壤中，入土可达3 m以上，因此抗旱性极强，可耐受长达9个月的旱季，在年降水量720 mm以上、旱季为3~5个月的地区生产能力最大。耐火烧，旱季火烧后，植株可全部再生。

圭亚那须芒草为短日照植物，开花临界日照长为12~14 h，海南儋州市5月初即有部分植株开始抽穗，植株间花期长短不一，盛花期集中在8月中旬至9月下旬，10月种子大量成熟，种子成熟后即逐渐脱落。种子成熟落地后，在雨季来临时，可自繁，单播草地自繁苗可达10~75株/m^2。

圭亚那须芒草可与柱花草、大果蝴蝶豆（*Centrosema macrocarpum*）、平托落花生等多种豆科牧草建立稳定的混播草地。

圭亚那须芒草植株（栽培）

圭亚那须芒草花序（局部）

饲用价值　圭亚那须芒草叶量大，柔软，适口性好，营养价值中等。冬春干旱季节不枯死，牛可全年采食。在海南，年鲜草产量为75 000～105 000 kg/hm²，其中旱季产量占25.2%。圭亚那须芒草的化学成分如表所示。

栽培要点　采用种子或分株繁殖。用种子繁殖时，单播草地用种量为5.25～7.50 kg/hm²，与豆科牧草混播时，圭亚那须芒草的用种量为总播种量的1/3～1/2。分株繁殖时，选阴雨天定植，可挖穴或开沟定植，穴（沟）深20～25 cm，株行距50 cm×80 cm。

圭亚那须芒草成熟期时，产生大量的花茎，花茎坚硬，适口性极差。并易形成高的草丛，此时可通过刈割或焚烧加以清除，清除后2个月，即可恢复利用。

圭亚那须芒草的化学成分（%）

测定项目	样品情况	刈割后生长3周鲜草	刈割后生长6周鲜草	刈割后生长9周鲜草	刈割后生长12周鲜草
	干物质	25.3	27.4	28.1	28.9
占干物质	粗蛋白	13.80	10.79	10.63	8.10
	粗脂肪	2.81	2.65	2.44	1.62
	粗纤维	29.20	30.41	32.83	33.09
	无氮浸出物	47.79	51.34	47.79	49.66
	粗灰分	6.40	4.81	6.31	7.53
	钙	0.33	0.29	0.32	0.29
	磷	0.12	0.12	0.11	0.09

第 15 章 稗属牧草

稗属（*Echinochloa* P. Beauv.）为一年生或多年生草本。叶鞘扁；无叶舌；叶片平展。圆锥花序由数枚穗形总状花序组成；小穗含2小花，平凸状，近无柄，单生或不规则地聚集于穗轴一侧；第一颖甚小，三角形，先端尖，长为小穗的1/3～3/5；第二颖与第一小花的外稃等长，二者顶端尖或具短尖，或前者具短芒，后者具长芒；第一小花有时具雄蕊，外稃有时稍变硬，内稃膜质；第二小花的外稃平凸状，背部平滑而具光泽，顶端呈小尖头状，边缘内卷，包卷同质的内稃。

该属约35种，分布于世界热带、亚热带和温带地区。我国产8种及数变种，海南产5种及1变种。该属有数种草质优，可作为优质牧草加以利用，但大多生物量不高，不具备人工栽培价值。

1. 光头稗

Echinochloa colona (L.) Link

形态特征 为一年生草本。秆直立，高10～60 cm。叶鞘压扁具脊，无毛；叶舌缺；叶片线形，长3～20 cm，宽3～7 mm，无毛，边缘稍粗糙。圆锥花序狭窄，长5～10 cm，主轴具棱；花序分枝长1～2 cm，排列稀疏，直立上升或贴向主轴；小穗卵圆形，长2～2.5 mm，具小硬毛，无芒，较规则的成4行排列于穗轴一侧；第一颖三角形，长约为小穗的1/2，具3脉；第二颖与第一外稃等长而同形，顶端具小尖头，具5～7脉；第一小花常中性，其外稃具7脉，内稃膜质，稍短于外稃，脊上被短纤毛；第二外稃椭圆形，平滑，光亮，边缘内卷，包着同质的内稃；鳞被2，膜质。

地理分布 分布于世界的温暖地区。我国各地均有分布。常见于田野、园圃和路边湿地上。

饲用价值 光头稗草质柔软细嫩，牛、羊、马、火鸡、鸭、鹅喜食。光头稗的化学成分如表所示。

光头稗花序（局部）

光头稗的化学成分（%）

测定项目	样品情况	营养期鲜草	抽穗期鲜草	成熟期鲜草
	干物质	17.8	23.6	25.7
占干物质	粗蛋白	15.77	12.40	9.41
	粗脂肪	2.94	1.88	1.78
	粗纤维	23.77	27.03	27.65
	无氮浸出物	48.12	48.29	51.46
	粗灰分	9.40	10.40	9.70
	钙	1.06	0.72	0.79
	磷	0.30	0.41	0.28

光头稗株丛

2. 水田稗

Echinochloa oryzoides (Arduino) Fritsch

形态特征 又名旱稗，为一年生草本。秆粗壮，直立，下部节上常生不定根，高0.25~1.5 m，基部径2~8 mm，光滑无毛，常有分枝。叶鞘光滑无毛或鞘口附近有少数瘤基长硬毛和少数微柔毛；叶舌缺；叶片线形，扁平，长7~35 cm，宽5~15 mm，两面光滑无毛，边缘粗糙。圆锥花序线柱形或长卵圆形，直立或垂头，绿色，长6~25 cm，直径1~4 cm，主轴具纵棱，棱上粗糙，节上密生长刚毛；分枝在主轴上略呈不太明显的2行排列，基部者长达6 cm，上升或靠近主轴，通常不分枝或基部者具小短枝；小穗椭圆形，长4~6 mm（芒除外），数枚簇生，紧密排列于穗轴一侧；颖草质，脉上具糙硬毛，脉间也有微柔毛；第一颖阔三角形，长约为小穗的1/3，具3脉；第二颖与小穗等长，先端渐尖，具5脉；第一外稃草质，但背部中央草质，具5脉，先端渐尖，无芒或具短芒，芒长通常不及0.5 cm；第二外稃草质，长3.5~5 mm，坚硬，光亮，具5脉，先端有草质尖头。

地理分布 分布于朝鲜、日本、印度等地。我国各地广泛分布。常见于田野湿地，为稻田中的主要杂草。

饲用价值 水田稗茎叶柔嫩，牛、羊、马喜食。水田稗的化学成分如表所示。

测定项目	样品情况	营养期鲜草	抽穗期鲜草	成熟期鲜草
	干物质	12.9	15.1	17.6
占干物质	粗蛋白	12.33	10.09	7.94
	粗脂肪	2.37	1.18	1.72
	粗纤维	25.81	27.26	27.56
	无氮浸出物	46.89	49.97	50.88
	粗灰分	12.60	11.50	11.90
	钙	0.51	0.45	0.50
	磷	0.45	0.34	0.30

水田稗的化学成分（%）

水田稗花序

水田稗植株

第 16 章　其他禾本科牧草

1. 墨西哥玉米
Euchlaena mexicana Schrad.

形态特征　又名类蜀黍，为类蜀黍属一年生高大丛生草本。须根发达。秆直立，粗壮，多分枝，高2～4 m。叶鞘紧包茎秆；叶舌截形，顶端具不规则齿裂；叶片长约0.5 m，宽达8 cm，中脉粗壮。花序单性；雌小穗着生于肥厚序轴之凹穴内而呈圆柱状雌花序，腋生，并全部为数枚苞鞘所包藏，花丝细长，青红色；雄小穗长约8 mm，孪生于延续序轴的一侧，组成总状花序，再由总状花序组成大型顶生圆锥花序；第一颖具10余条脉纹，顶端尖；第二颖具5脉；鳞被2，顶端截形有齿，具数脉。颖果纺锤形，麻褐色。

地理分布　墨西哥玉米原产于墨西哥，中美洲各国均有栽培。我国长江以南及华北等地均有种植。

生物学特性　墨西哥玉米喜欢温暖湿润气候。最适于在海拔500 m以下、年平均温度24～27℃、土壤pH 6.5～7.5的地区生长。耐高温，在38℃高温条件下仍生长旺盛。不耐霜冻，不耐渍。

墨西哥玉米生长旺盛，生长期长。苗期生长慢，5片叶后开始分蘖，生长速度加快。在南方，3月上中旬播种，播后10天出苗，45～50天开始分蘖，9～10月开花，11月种子成熟，全生育期约245天。种子成熟后，易落粒。北方地区种植，往往不能结实。

饲用价值　墨西哥玉米草质脆嫩，多汁、甘甜，适口性好，牛、羊、马、兔、鹅等均喜食，为优质牧草，可刈割青饲，也可调制干草和青贮饲料。再生力强，年可刈割4～5次，年鲜草产量112 500～150 000 kg/hm²。墨西哥玉米的化学成分如表所示。

栽培要点　墨西哥玉米用种子繁殖。宜选择平坦、肥沃、排灌良好的地块，并施足基肥。条播或穴播，行距30～40 cm，株距30 cm，播种量7.5 kg/hm²，出苗后5片叶时生长开始加快，应结合中耕培土追施氮肥75～150 kg/hm²。用作青饲时，可在株高1 m左右刈割，每次刈割后追施氮肥；用作青贮时，前期可先刈割1～2次青饲，待再生草高2 m左右、孕穗时再行刈割青贮。

墨西哥玉米的化学成分（%）

测定项目	样品情况	再生草（株高95 cm）绝干样	再生草（株高130 cm）绝干样
	干物质	100	100
占干物质	粗蛋白	10.24	8.18
	粗脂肪	2.40	2.19
	粗纤维	46.22	39.84
	无氮浸出物	32.75	40.66
	粗灰分	8.39	9.13
	钙	—	—
	磷	—	—

墨西哥玉米群体

墨西哥玉米花序

2. 薏苡

Coix lacryma-jobi L.

形态特征 为薏苡属一年生草本。秆粗壮，直立，高1~3 m，具10多节，节多分枝。叶片扁平宽大，开展，长10~40 cm，宽1.5~3 cm，基部圆形或近心形，中脉粗厚，在背面隆起，边缘粗糙，通常无毛。总状花序腋生成束，长4~10 cm，直立或下垂，具长梗。雌小穗位于花序下部，外面包以骨质念珠状总苞，总苞卵圆形，长7~10 mm，径6~8 mm，坚硬，有光泽；雄蕊常退化；雌蕊具细长柱头，从总苞顶端伸出；颖果小，含淀粉少，常不饱满。雄小穗2~3对，着生于总状花序上部，长1~2 cm；无柄雄小穗长6~7 mm，有柄雄小穗与无柄者相似或较小而不同程度的退化。

地理分布 分布于亚洲东南部与太平洋岛屿地区，世界热带、亚热带地区均有种植或逸生。我国大部地区有分布，尤以低纬度的湿润地区为多。常生于河边、溪边、田边或阴湿山谷中。

生物学特性 薏苡喜温暖湿润气候。对土壤要求不严，在大部分类型的土壤上均可生长，但以在肥沃的壤土或黏壤土上生长最为旺盛。耐盐碱，耐渍，不抗旱，苗期受干旱影响的植株矮小；抽穗期遭遇干旱，花梗短小、穗稀少；扬花期遭遇干旱，籽实不饱满或空壳较多。生态类型多，形态差异大。

饲用价值 薏苡抽穗前茎叶柔嫩多汁，品质好，各种家畜均喜食，为优良牧草。开花期茎秆比例急剧上升，饲用价值降低。此外，薏苡种子可供药用或食用，有健脾、和湿、清热、排毒之功效。薏苡的化学成分如表所示。

薏苡的化学成分（%）

测定项目	样品情况	茎叶
	干物质	14.37
占干物质	粗蛋白	11.12
	粗脂肪	0.79
	粗纤维	27.61
	无氮浸出物	44.10
	粗灰分	16.38
	钙	0.49
	磷	0.12

薏苡植株

栽培要点 薏苡作为饲料作物栽培时，宜选择光照充足、排灌良好的地块。种植前精细整地，并施有机肥30 000～40 000 kg/hm²作基肥。3月下旬至4月上中旬播种，条播，行距50～60 cm，播种量45～52.2 kg/hm²。苗高20～25 cm时，按株距9～10 cm中耕定苗，追施硫酸铵225 kg/hm²、过磷酸钙200 kg/hm²，并进行培土，防止倒伏。抽穗前刈割利用，一般南方年可刈割2～3次，若刈割1次后再收种子，则对种子产量影响不大。

薏苡花序

3. 危地马拉草
Tripsacum laxum Nash

形态特征 又名磨擦禾，为磨擦草属多年生高大粗壮草本。下部秆节上常有支撑根。秆直立，光滑，高3～4 m，基部径达2～5 cm；节压扁，横断面呈椭圆形，节间短，长5～10 cm。叶片长披针形，长1～1.5 m，宽5～10 cm，中脉白色、粗壮，腹面于中脉附近常有绒毛，背面光滑。圆锥花序顶生或腋生，由数枚细弱的总状花序组成；小穗单性，雌雄同序，雌花序位于总状花序基部，轴脆弱，成熟时逐节断落；雄花序伸长，其轴延续，成熟后整体脱落。雌小穗单生穗轴各节，嵌陷于肥厚序轴之凹穴中；第一颖质地硬，包藏着小花，第一小花中性，第二小花雌性，孕性外稃薄膜质，无芒。雄小穗孪生于穗轴各节，均含2雄性小花。

地理分布 危地马拉草原产于中美洲的危地马拉等地，印度、斯里兰卡、委内瑞拉、巴西、刚果等地均有栽培。我国于1962年由华南热带作物科学研究院从斯里兰卡引进，后在云南、广东、海南、广西等地栽培。云南省草地动物科学研究院从德宏傣族景颇族自治州盈江县选育出地方品种盈江危地马拉草，在云南德宏傣族景颇族自治州种植。

生物学特性 危地马拉草喜温暖湿润气候，最适于在低海拔、高温多雨且雨量分布均匀的地区生长。对土壤的适应性广泛，在酸性瘦土上可良好生长，但以在肥沃、保水性好的土壤上生长最为旺盛。不耐涝，在透气性差、经常受涝的土壤上长势较差。抗旱，在高温干旱时，生长缓慢，叶片卷缩，但一旦有水分供应，就很快恢复生长。危地马拉草对氮肥反应敏感，土壤氮素不足时，会出现株型变小、黄化及叶片早枯现象。

危地马拉草早期生长缓慢，通常种植后2个月开始分蘖，3个月后生长加快，4个月后茎秆逐渐伸长，株高达1.5～2 m，分蘖5～10个。

饲用价值 危地马拉草幼嫩时叶量大，通常可占全株的60%以上，产量高，年产鲜草45 000～75 000 kg/hm^2。适口性好，营养价值高，家畜喜食，为优良牧草。适宜刈割青饲或调制青贮饲料。危地马拉草叶片的中脉较硬，且根系较浅，家畜采食时不易

危地马拉草株丛

危地马拉草花序

将叶片咬断，易将植株连根拔起，故不宜放牧利用。危地马拉草的化学成分如表所示。

栽培要点 危地马拉草少结实，通常用种茎或分株繁殖。用种茎繁殖时，将生长10~12个月的茎秆剪切为具2~3节的小段作为种茎，穴植，每穴1~2段，顶端1节稍露出地面，种植后踏实即可。株行距60 cm×90 cm或80 cm×100 cm，种茎用量1500~2200 kg/hm²。分株繁殖时，选择茎粗4~5 cm的株丛，离地40~50 cm刈割后整株挖起，后分株穴植，每穴1苗，种植后培土踏实。

危地马拉草养分消耗大，种植前应施有机肥7 500~15 000 kg/hm²、过磷酸钙150~220 kg/hm²作为基肥。每次刈割后追施硫酸铵120~150 kg/hm²。危地马拉草年可刈割3~4次，刈割高度10~15 cm。

危地马拉草的化学成分（%）

测定项目	样品情况	刈割再生3周鲜草	刈割再生6周鲜草	刈割再生9周鲜草	刈割再生12周鲜草
干物质		20.90	24.10	24.90	26.00
占干物质	粗蛋白	11.99	10.95	9.49	9.19
	粗脂肪	3.55	3.27	3.47	4.30
	粗纤维	27.96	28.75	31.38	31.61
	无氮浸出物	49.10	49.82	49.76	49.53
	粗灰分	7.40	7.21	5.90	5.37
钙		0.38	0.29	0.21	0.26
磷		0.25	0.26	0.28	0.26

4. 扁穗牛鞭草
Hemarthria compressa (L. f.) R. Brown

形态特征 为牛鞭草属多年生草本。秆常横卧地面，节处生根，长达1 m以上，分枝多数。叶鞘压扁，常短于节间；叶舌短小，膜质，截平，具一圈纤毛；叶片线形，扁平，长2～15 cm，宽3～8 mm，顶端渐尖，基部圆，无毛。总状花序压扁，长2～10 cm，深绿色，单生或2～4成束腋生；无柄小穗狭椭圆状长圆形，长4～5 mm，基盘明显，长约1 mm，三角形；第一颖卵状披针形，顶端钝，在顶端以下不显著地收缩，革质，有7～9脉；第二颖舟形，膜质，与穗轴愈合，与第一颖近等长；第一小花仅有长约3 mm的膜质外稃；第二小花两性，外稃膜质，较第一外稃稍短，其内稃甚短，线形，钝头。有柄小穗雄性，披针形，较无柄小穗稍长而窄。

地理分布 分布于中南半岛及印度。我国分布于河北、山东、陕西、江苏及长江以南。

生物学特性 扁穗牛鞭草喜温暖湿润气候，适宜在年平均温度16.5℃的地区种植。平均气温达7℃以上时开始萌发，随着气温升高，植株生长加快，夏季日可生长3.5 cm。耐热，在39.8℃的极端高温天气可良好生长；耐寒，气温达 –3℃时，枝叶仍能保持青绿。对土壤酸碱性适应范围广，在pH 4～8的土壤上均能生长。

饲用价值 扁穗牛鞭草茎叶柔嫩，适口性好，牛极喜食，为优良牧草。再生能力强，既可放牧利用，也可刈割青饲或调制干草和青贮料。扁穗牛鞭草的化学成分如表所示。

栽培要点 扁穗牛鞭草结实率极低，常采用具节茎段繁殖。栽植时，将生长健壮的茎剪切为具2～3节的茎段作种苗，扦插于深8 cm左右的沟内，后覆土，种茎1节露出土表，压实。行距30～40 cm，株距10～15 cm。种茎用量约为2250 kg/hm^2。扦插后注意要保持土壤湿润，在雨前扦插或插后浇定根水，成活率可达95%以上。此外，也可将整株种茎沟埋种植，或将

扁穗牛鞭草茎叶

扁穗牛鞭草花序

扁穗牛鞭草的化学成分（%）

测定项目	样品情况	营养期全株
干物质		15.70
占干物质	粗蛋白	10.70
	粗脂肪	1.98
	粗纤维	31.02
	无氮浸出物	49.42
	粗灰分	6.88
钙		—
磷		—

种茎铡成小节撒播，但二者的成活率均较低，建植效果较扦插繁殖差。

在水肥条件较好的情况下，扁穗牛鞭草栽植后70～80天即可刈割利用，首次刈割留茬2～3 cm。此后，每隔30天左右可刈割利用1次。放牧利用时，春季返青期禁牧，秋季刈割后的再生草应轻牧。

5. 糖蜜草
Melinis minutiflora P. Beauv.

形态特征 为糖蜜草属多年生草本。全株被黏质腺毛，具蜜糖味。秆基部平卧，节上生根，上部直立，多分枝，花期高达1 m，节上具柔毛。叶鞘短于节间，密被长柔毛和瘤基毛；叶舌短，膜质，上缘有纤毛；叶片线形，扁平，长5~20 cm，宽5~10 mm，两面被毛，边缘具纤毛。圆锥花序开展，长10~20 cm，末级分枝纤细，弯曲；小穗卵状椭圆形，长约2 mm，稍两侧压扁，无毛；第一颖小，三角形，无脉；第二颖长圆形，具7脉，先端2齿裂，裂齿间无芒或有短尖头；第一小花仅存外稃，外稃狭长圆形，具5脉，先端2裂，裂齿间有一直或微弯曲的芒，芒长5~15 mm；第二外稃卵状长圆形，较第一小花外稃略短，具3脉，先端2微裂，透明；鳞被2；雄蕊3，花丝极短；花柱2。颖果长圆形。

地理分布 糖蜜草原产于非洲热带地区，后引种到其他热带地区。我国于1977年由广东省农业科学院自澳大利亚引入，并在广东、海南推广。1982年再由华南热带作物科学研究院自哥伦比亚国际热带农业中心引入新的品系，在海南推广种植。目前，海南、广东、广西广泛栽培，并已逸为野生。

生物学特性 糖蜜草原产于非洲热带，生长在年降水量800~1800 mm的地区。经驯化栽培，其适应范围为北纬15.9°~30.5°、南纬15.9°~30.5°、海拔800~2000 m的地区。最适生长温度为20~30℃，最冷月平均温度不低于6~15℃。对霜冻敏感，持续霜冻会死亡。耐干旱，可忍受4~5个月的旱季。耐酸、耐瘠，可在酸性瘦土上生长，但以在肥沃的土壤上生长最为旺盛。不耐盐碱，不耐水淹，不耐火烧，不耐重牧。

饲用价值 糖蜜草是牛的优质饲草，但因其具有特殊的气味，开始时适口性差，动物需一段时间的适应过程，一旦习惯后，则较喜食。可供放牧、刈割青饲或调制干草和青贮料。糖蜜草的化学成分如表所示。

栽培要点 糖蜜草种子细小，整地要做到耙地均

糖蜜草群体

糖蜜草花序

测定项目	样品情况	刈割后生长3周鲜草	刈割后生长6周鲜草	刈割后生长9周鲜草	刈割后生长12周鲜草
干物质		23.3	24.9	27.0	29.1
占干物质	粗蛋白	13.31	9.78	9.51	8.88
	粗脂肪	3.11	2.78	3.25	2.53
	粗纤维	27.61	27.96	30.14	32.13
	无氮浸出物	45.01	51.93	50.48	49.92
	粗灰分	10.96	7.55	6.62	6.54
钙		0.38	0.43	0.42	0.45
磷		0.15	0.14	0.15	0.13

糖蜜草的化学成分（%）

匀、土块细碎。可条播或撒播，条播行距60 cm，播后不需覆土，播种量10 kg/hm²。为保证播种均匀，可在种子中掺以细沙、细肥。糖蜜草可与圭亚那柱花草、三裂叶野葛、蝴蝶豆、紫花大翼豆等豆科牧草建植混播草地，混播时，可与豆科牧草种子混匀后同时播下，也可将糖蜜草种子播到已长成群丛的豆科草地上。

糖蜜草建植快，生长繁茂，年可刈割4～5次，刈割高度为15～25 cm。若放牧利用，宜进行轮牧，放牧高度控制在20～30 cm，每次放牧后待草层恢复至30～50 cm高时再行下次利用。

6. 地毯草

Axonopus compressus (Sw.) P. Beauv.

形态特征 为地毯草属多年生草本。具长匍匐茎。秆压扁，一侧具沟槽，节常密生灰白色髯毛，花枝高15～50 cm。叶鞘松弛，压扁，背部具脊，无毛，有时鞘口附近疏生纤毛；叶舌短，膜质，长约5 mm；叶片扁平，线状长圆形，质较柔薄，顶端钝，基部近心形，通常腹面疏生疣毛，边缘被细柔纤毛，茎生叶长10～25 cm，宽6～10 mm，匍匐茎上的叶较短。总状花序长4～10 cm，通常3枚着生于秆顶，其中最上2枚常对生；穗轴三角形，一面扁平，宽不及1 mm；小穗长圆状披针形，长2.2～2.5 mm，疏生丝状柔毛；第一颖缺；第二颖卵形，略短于小穗，顶端尖，具5脉，侧脉较明显，脉间有细绢质毛；第一小花退化，仅存与第二颖同质同形的外稃；第二小花两性，外稃革质，卵形、椭圆形至长圆形，长约1.7 mm，先端钝而有细毛簇生，边缘稍厚，包卷同质内稃，表面有细点状皱纹；雄蕊3。颖果椭圆形。

地理分布 地毯草原产于美洲热带地区，现广泛分布于世界热带和亚热带地区。我国分布于海南、广东、广西、福建、台湾等地。常生于开阔草地、疏林下和路边，尤以橡胶林下或林缘最多。

生物学特性 地毯草喜潮湿的热带和亚热带气候，生长于南北纬27°之间、年降水量775 mm以上的地区。适于在潮湿的沙土上生长。不耐霜冻；不耐干旱，旱季时休眠；不耐水淹；耐荫蔽，在橡胶林及其他类似的荫蔽条件下可良好生长。

地毯草根蘖及地下茎繁殖扩展迅速，侵占性强，可形成单一的优势种群落，常与两耳草（*Paspalum conjugatum*）、弓果黍（*Cyrtococcum patens*）、蔓生莠竹（*Microstegium fasciculatum*）、竹节草（*Chrysopogon aciculatus*）、白花地胆草（*Elephantopus tomentosus*）等在橡胶林缘组成良好的群丛。

种子产量不高，但种子生活力强，在温度20～

地毯草群体

地毯草匍匐茎

35℃的湿润条件下，发芽率达60%，幼苗长势好。

饲用价值 地毯草草质柔嫩，叶量大，适口性好，各类家畜、家禽及食草性鱼类喜食，为优良牧草。但草层低，产量不高，一般直接放牧利用。此外，地毯草草层低矮，根蘖及地下茎繁殖扩展迅速，侵占性强，易形成草坪，是公共绿地的优良坪用草种。地毯草的化学成分如表所示。

栽培要点 地毯草主要用分蘖繁殖，极易成活，株行距50 cm×50 cm。用种子繁殖时，适宜在杂草危害较小的春末或初秋播种。播前精细整地，撒播、条播均可，播后镇压，盖土，播种量为6 kg/hm²。建植草坪时，可分株繁殖，或将草坪切成草块，条植或穴植。

地毯草的化学成分（%）

测定项目	样品情况	旱季生长4周鲜草	旱季生长8周鲜草	雨季生长4周鲜草	雨季生长8周鲜草
	干物质	28.60	35.60	23.80	24.90
占干物质	粗蛋白	9.00	7.60	10.50	11.40
	粗脂肪	1.50	1.10	1.20	1.80
	粗纤维	29.20	28.80	43.10	42.40
	无氮浸出物	49.80	54.40	32.80	34.00
	粗灰分	10.50	8.10	12.40	10.40
	钙	—	—	—	—
	磷	—	—	—	—

7. 香根草
Chrysopogon zizanioides (L.) Roberty

形态特征 为金须茅属多年生草本。须根具浓郁的香气。秆丛生，高1～2.5 m，径约5 mm。叶片线形，下部对折，长30～70 cm，宽5～10 mm，无毛，边缘粗糙，顶生叶片较小。大型圆锥花序顶生，长20～30 cm；主轴粗壮，各节具多数轮生的分枝，分枝细长上举，长10～20 cm，下部常裸露；无柄小穗线状披针形，长4～5 mm，基盘无毛；第一颖革质，背部圆形，边缘稍内折，近两侧压扁；第二颖脊上粗糙或具刺毛；第一外稃边缘具丝状毛；第二外稃较短，具1脉，顶端2裂齿间伸出一小尖头；鳞被2，顶端截平，具多脉；雄蕊3，柱头帚状，花期自小穗两侧伸出；有柄小穗背部扁平，等长或稍短于无柄小穗。

地理分布 原产于印度，世界热带地区广泛种植。我国分布于广东、海南、云南、广西、福建、浙江、江苏等地引种栽培。

生物学特性 香根草适宜在海拔300～1250 m、年降水量500～1500 mm的地区栽培。对土壤的适应性广泛，可在沙壤土至黏质土上生长，对土壤酸碱性的适应范围也较大，在pH 4～7.5的土壤上均能良好生长，但以中性至微碱性土壤最为适宜。耐水淹，可在排水不良之地种植。

饲用价值 香根草茎叶可作反刍动物的粗饲料，但其草质粗硬而坚韧，适口性不佳。香根草植株丛生，根系庞大，是一种优良的水土保持植物。此外，须根含香精油，可用来提取香料。茎叶除作饲料外，还可用于造纸与纺织原料。香根草的化学成分如表所示。

栽培要点 香根草主要用分株繁殖，取苗时将植株离地30 cm以上割去，整丛挖起，2～3个分蘖为一苗，穴植，株行距80 cm×100 cm。

香根草群体

香根草花序

香根草的化学成分（%）

测定项目	样品情况	刈割后生长3周鲜草	刈割后生长6周鲜草	刈割后生长9周鲜草	刈割后生长12周鲜草
干物质		26.80	29.50	30.40	30.60
占干物质	粗蛋白	9.38	6.97	6.50	6.41
	粗脂肪	2.53	2.81	2.65	2.44
	粗纤维	29.20	32.13	35.72	37.48
	无氮浸出物	52.35	50.97	49.23	48.30
	粗灰分	6.54	7.12	5.90	5.37
钙		0.45	0.33	0.29	0.32
磷		0.13	0.12	0.12	0.11

8. 菰

Zizania latifolia (Griseb.) Turcz. ex Stapf

形态特征　为菰属多年生水生草本。具发达而粗壮的根状茎，节上轮生多数具羽状分枝的不定根，并有残存叶鞘包裹节间。秆直立，高达2.5 m，粗壮，中空，基部常膨大。叶鞘肥厚，光滑无毛，基部的常具横脉；叶舌纸质或膜质，稍厚，近三角形，长可达2.5 cm；叶片宽大、平展，长可达100 cm，宽2～4 cm，中脉粗厚且于背面凸起。圆锥花序长30～60 cm；分枝多数，近轮生；小穗单性，小花1，雌雄同株，颖缺。雄小穗常生于圆锥花序分枝的下部，圆筒形；外稃膜质，长10～12 mm（芒除外），具5条显著脉，先端渐尖成长0.5～1 cm的芒；内稃膜质，具3脉；花丝短，花药线形，棕黄色，长6～9 mm。雌小穗生于圆锥花序分枝的上部，几呈线形，淡黄绿色；外稃纸质，长1.5～2.5 cm，具5条粗壮的脉，先端具长达3 cm的芒；内稃纸质，具2脉；柱头羽毛状，棕黄色。颖果圆柱状，长10～15 mm，花柱宿存于其上而成一喙。

地理分布　广泛分布于亚洲东部，从俄罗斯西伯利亚东部至日本均有。我国南北各地均有栽培。

生物学特性　菰喜温暖湿润气候，适宜的生长温度为15～25℃。不耐寒冷和高温干旱。冬季地上部枯死，地下茎埋在土中越冬。春季气温回升后，地下茎和根茎抽生新的分蘖苗，形成新株；并从新株的短缩茎上发生新的须根，腋芽萌发，产生新分蘖和次级分蘖。对日照长短要求不严。对水肥条件要求高，适宜在水分充足、土层深厚、土壤肥沃、保水保肥能力强的黏壤土或壤土上种植。

菰植物体内一般寄生食用黑粉菌，其菌丝体随植株生长而生长。在抽穗期，花茎组织受菌丝体代谢产物——吲哚乙酸的刺激，膨大成肥嫩的可食肉质茎，称为"茭白"。有些植株往往不抽花茎，或即使抽花茎，但由于个体抗性强等也不被黑粉菌寄生或未被其代谢产物刺激，因而花茎正常延伸，组织不膨大，甚至开花结实，这些植株被习惯叫作"雄茭"。另有些植株，虽然能正常"孕茭"，但茭内黑粉菌菌丝体发育成厚垣孢子，致使茭肉瘦小，内布黑点或全是黑粉，不堪食用，称为"灰茭"。

饲用价值　菰主要以产茭为目的而栽培，其秆叶可作牲畜的粗饲料。此外，菰可入药，味甘，性寒，有清热解毒、通乳利尿之功效。菰的化学成分如表所示。

菰植株

菰花序

菰的化学成分（%）

测定项目	样品情况	开花期干样
干物质		91.45
占干物质	粗蛋白	7.70
	粗脂肪	1.37
	粗纤维	39.46
	无氮浸出物	36.14
	粗灰分	15.33
	钙	0.49
	磷	0.24

9. 穆
Eleusine coracana (L.) Gaert.

形态特征　又名穆子、龙爪稷、鸭距粟，为穆属一年生草本。秆直立，粗壮簇生，高0.5～1.2 m。叶鞘长于节间；叶舌顶端密生长柔毛，长1～2 mm；叶片线形。穗状花序5～8枚呈指状着生于秆顶，成熟时常内曲，长5～10 cm，宽8～10 mm；小穗含5～6小花，长7～9 mm；第一颖长约3 mm；第二颖长约4 mm，外稃三角状卵形，具5脉，内稃狭卵形，具2脊。花柱自基部即分离。囊果。种子近球形，黄棕色，表面皱缩；胚长为种子的1/2～3/4；种脐点状。

地理分布　分布于东半球热带及亚热带地区。我国分布于长江以南及安徽、河南、陕西、西藏等地。

生物学特性　穆属于暖季型牧草，最适生长温度为30～35℃。耐瘠，在瘠瘦的酸性土壤上可良好生长。耐湿，在潮湿田块生长良好，但不耐水淹。

饲用价值　穆适口性好，牛、马、羊喜食。穆的化学成分如表所示。

穆的化学成分（%）

测定项目	样品情况	生长75天鲜草
	干物质	12.80
占干物质	粗蛋白	16.10
	粗脂肪	2.50
	粗纤维	25.60
	无氮浸出物	42.50
	粗灰分	13.30
	钙	0.49
	磷	1.64

穆花序

穆植株

10. 牛筋草

Eleusine indica (L.) Gaert.

形态特征　为䅟属一年生草本。秆丛生，直立或基部膝曲斜升，下部节上常分枝，高10~90 cm。叶鞘松弛，两侧压扁而具脊；叶舌膜质，长0.6~1 mm，上缘截平，有纤毛；叶片线形，平展，长10~25 cm，宽3~6 mm。花序由1~10个穗状花序呈指状或近指状排列于秆顶，其中常有1或2个单生于其花序下方，罕有单生于秆顶者；穗状花序长4~12 cm，宽3~5 mm；小穗长4~8 mm，宽2~3 mm，小花3~9；颖具脊，第一颖较小，长1.5~2 mm，第二颖长2~3 mm；外稃披针形，长2.5~3.5 mm，先端急尖；第一外稃长3~3.5 mm；内稃短于外稃，脊上被短纤毛；雄蕊3，花药长约1 mm。囊果卵形或卵状长圆形，长约1.5 mm，具钝3棱，有明显的波状皱纹。

地理分布　分布于世界热带、亚热带、温带地区，尤以亚洲分布最为广泛。我国南北各地均有分布。常生于园圃、荒地、路边。

生物学特性　牛筋草适于在年降水量500~1200 mm、海拔2000 m以下的地区生长。种子发芽最适温度为23℃，低于20℃不利于发芽。幼苗生长健壮，并能迅速覆盖地面。抗旱能力强。常与龙爪茅（*Dactyloctenium aegyptium*）等伴生。

饲用价值　牛筋草叶量大，抽穗期茎、叶、穗重量之比约为30.6：52.9：16.5，适口性好，牛、羊喜食，幼嫩时可饲喂兔、鸡、鸭、鹅及草食性鱼类。牛筋草的化学成分如表所示。

牛筋草的化学成分（%）

测定项目	样品情况	营养期鲜草	抽穗期鲜草	成熟期鲜草
	干物质	18.4	21.2	23.4
占干物质	粗蛋白	11.90	10.33	8.69
	粗脂肪	2.27	2.33	1.71
	粗纤维	27.54	29.34	29.78
	无氮浸出物	48.69	48.60	48.72
	粗灰分	9.60	9.40	11.10
	钙	1.05	0.99	1.06
	磷	0.15	0.39	0.28

牛筋草花序

牛筋草植株

11. 龙爪茅

Dactyloctenium aegyptium (L.) Willd.

形态特征 为龙爪茅属一年生草本。秆膝曲斜升或横卧地面,节处生根而形成匍匐茎,高15~60 cm。叶鞘疏松,常短于节间;叶舌膜质,长1~2 mm;叶片平展,长5~20 cm,宽2~6 mm,顶端尖或渐尖,两面被疣基柔毛。花序由2~5个穗状花序指状排列于秆顶,穗状花序长1~6 cm,宽3~6 mm;穗轴粗壮,光滑无毛,背部具脊;小穗无柄,阔卵形,长3~5 mm,小花3~4朵;颖具1脉,脉凸起成脊,脊上被短硬纤毛,两颖不等长,第一颖近披针形,背部加厚微弯,边缘膜质;第二颖椭圆形或近倒卵形,顶端具短芒,芒长1~2 mm;外稃狭卵形至卵形,长2.5~4 mm,偏侧囊肿,具3脉,中脉成脊,顶端具短芒,第一外稃长约2.5 mm;内稃较外稃略短,顶端2裂,长约3 mm;雄蕊3,花药长约0.5 mm,黄色。囊果长约1 mm,宽倒卵形至倒三棱形,具横皱纹,红黄色。

地理分布 广泛分布于世界热带、亚热带地区。我国分布于海南、广东、广西、福建、台湾、贵州、浙江等地。常生于山坡或草地。

生物学特性 龙爪茅适于在年降水量400~1500 mm、海拔2000 m以下的地区生长。对土壤适应性广泛,能在各类土壤上良好生长,耐碱性土壤。抗旱能力极强。常与牛筋草、羽芒菊(*Tridax procumbens*)、链荚豆(*Alysicarpus vaginalis*)等伴生。

饲用价值 龙爪茅叶量大,抽穗期茎、叶、穗重量之比约为29.4∶43.1∶27.5,叶柔软而略多汁,适口性好,牛、羊喜食,幼嫩时可饲喂兔、鸡、鸭、鹅及草食性鱼类,是半干旱地区优质的一年生禾本科牧草。龙爪茅的化学成分如表所示。

龙爪茅的化学成分(%)

测定项目		营养期鲜草	抽穗期鲜草	成熟期鲜草
干物质		15.6	20.7	22.2
占干物质	粗蛋白	13.48	9.82	9.17
	粗脂肪	2.43	1.11	2.02
	粗纤维	22.59	24.39	24.99
	无氮浸出物	47.70	52.38	51.62
	粗灰分	13.80	12.30	12.20
	钙	1.36	1.16	1.14
	磷	0.29	0.20	0.20

龙爪茅植株

龙爪茅花序

12. 鼠尾粟
Sporobolus fertilis (Steud.) Clayt.

形态特征 为鼠尾粟属多年生草本。秆直立，纤细，基部常有分枝，高0.2~1 m，径2~3 mm。叶鞘松弛；叶舌厚膜质，长约0.3 mm，上缘截平，有微细小纤毛；叶片线形，长10~50 cm，宽2~5 mm，顶端长渐尖。圆锥花序紧缩成细圆柱形，长10~45 cm；主轴粗壮，光滑无毛；分枝单生或簇生，基部者长可达7 cm，常再分出小枝，中部者长约2.5 cm，直立而贴近主轴，或稍向外张开；小穗灰绿色或略带紫色，长约2 mm；颖膜质，透明；第一颖小，长约0.5 mm，顶端钝或截平；第二颖卵圆形或卵状披针形，长约1 mm，顶端钝或尖；外稃与小穗等长，顶端稍尖，内稃与外稃近等长；雄蕊3，花药长0.8~1 mm，黄色。囊果倒卵状长圆形或椭圆形，成熟时红褐色，长1~1.2 mm，顶端截平。

地理分布 分布于尼泊尔、缅甸、泰国、马来西亚及日本等地。我国分布于华东、华中、华南、西南及陕西、甘肃等地。常生于田野、路边和山坡草地。

生物学特性 鼠尾粟生活力强，耐瘠薄，耐践踏。不耐寒，0℃以下受冻害；耐高温，在30~35℃条件下生长最快。在我国华中地区，鼠尾粟分蘖期为2~3个月，6月底拔节，9月中旬进入开花结实期。种子易脱落，条件适宜时即可发芽，形成不同生育阶段的植株。种子细小，产量高，每丛可产数千乃至上万粒种子。种子发芽率可达70%以上，埋在土壤中2~3年仍有发芽能力。鼠尾粟多分散生长，少形成群落，常与狼尾草（*Pennisetum alopecuroides*）、画眉草（*Eragrostis pilosa*）、马鞭草（*Verbena officinalis*）伴生。

饲用价值 鼠尾粟抽穗前叶柔软，无异味，牛、羊、马均采食。成熟后，适口性下降，羊采食其花序。鼠尾粟的化学成分如表所示。

鼠尾粟的化学成分（%）

测定项目	样品情况	开花期绝干样	结实期绝干样	抽穗期绝干样
	干物质	100	100	100
占干物质	粗蛋白	6.98	6.64	5.37
	粗脂肪	2.31	1.50	1.26
	粗纤维	33.45	45.66	40.46
	无氮浸出物	49.36	38.50	45.97
	粗灰分	7.90	7.70	6.94
	钙	0.48	0.11	0.48
	磷	0.25	0.06	0.38

鼠尾粟花序（局部）

鼠尾粟株丛

13. 求米草

Oplismenus undulatifolius (Ard.) Roem. et Schult.

形态特征 为求米草属多年生草本。秆纤细，下部平卧地面，节上生根，上部直立，高15～50 cm。叶鞘常短于或上部者长于节间，有瘤基长毛，边缘有小纤毛；叶舌膜质，长约1 mm，上缘有小纤毛；叶片扁平，草质，披针形或狭卵状披针形，长2～15 cm，宽5～18 mm，先端渐尖，基部近圆形或心形，两面均被瘤基毛。圆锥花序长2～10 cm，主轴密被疣基长刺毛，分枝短缩，通常由5～13个小穗簇生组成；小穗椭圆形，长3～5 mm，常疏被硬刺毛；颖草质，近等长，长为小穗的1/2～2/3；第一颖先端具长0.8～1.5 cm的直芒，具3脉，边缘有小纤毛；第二颖具7脉，先端有长4～5 mm的直芒；第一外稃草质，与小穗等长，具7～9脉，先端有1～2 mm长的芒或近无芒，第一内稃常缺；第二外稃草质，长3.5～4 mm，果时变硬，表面平滑光亮，边缘包卷同质内稃；鳞被2，膜质；雄蕊3；花柱基分离。

地理分布 分布于世界热带、亚热带和温带地区。我国南北各地均有分布。常生于阴湿的林下、路旁和低山丘陵地带。

生物学特性 求米草喜温暖湿润气候。气温上升到10～12℃时生长旺盛。具匍匐茎，着地茎节产生不定根，腋芽萌发，形成新的植株，如此不断繁衍，覆盖地面，形成单一的优势种群落。对水肥反应敏感，在水分充足、肥沃的土壤上生长繁茂，营养繁殖快，且茎节长，叶宽而柔嫩，生物量大。在江西，7月下旬开花，8月结实，由于不断分生出新的地上枝，故花果期长，可持续到11月。

饲用价值 求米草草质柔软，适口性好，营养丰富，牛、羊均喜食，为优质牧草。可供放牧、刈割青饲或调制干草。求米草的化学成分如表所示。

求米草植株（茎叶）

求米草花序

求米草的化学成分（%）

测定项目	样品情况	结实期干样
	干物质	92.30
占干物质	粗蛋白	15.65
	粗脂肪	1.15
	粗纤维	30.46
	无氮浸出物	38.87
	粗灰分	13.87
	钙	0.43
	磷	0.23

14. 竹叶草

Oplismenus compositus (L.) P. Beauv.

形态特征 为求米草属多年生草本。秆纤细，基部平卧地面，节着地生根，上升部分高0.2～0.8 m。叶片披针形至卵状披针形，长3～8 cm，宽5～20 mm，具横脉。圆锥花序长5～15 cm，分枝互生而疏离，长2～6 cm；小穗孪生（其中1个小穗有时退化），稀上部者单生，长约3 mm；颖草质，近等长，长为小穗的1/2～2/3；第一颖先端芒长0.7～2 cm；第二颖顶端的芒长1～2 mm；第一小花中性，外稃草质，与小穗等长，先端具芒尖，具7～9脉，内稃膜质；第二外稃革质，长约2.5 mm，边缘内卷，包着同质的内稃；鳞片2，薄膜质，折叠；花柱基部分离。

地理分布 分布于东非、南亚、东南亚至大洋洲、南美洲等热带亚热带地区。我国分布于华南、东南、西南等地。常生于灌丛、疏林和阴湿处。

饲用价值 竹叶草叶量大，草质柔软，适口性好，营养丰富，牛、羊均喜食，为优质牧草。可供放牧、刈割青饲或调制干草。竹叶草的化学成分如表所示。

测定项目	样品情况	盛花期绝干样
竹叶草的化学成分（%）		
	干物质	100
占干物质	粗蛋白	14.36
	粗脂肪	1.10
	粗纤维	29.35
	无氮浸出物	48.08
	粗灰分	7.11
	钙	0.95
	磷	0.21

15. 纤毛蒺藜草
Cenchrus ciliaris L.

形态特征 又名水牛草,为蒺藜草属多年生草本。秆直立丛生,高0.5~1.2 m。叶鞘光滑或被短柔毛;叶舌长0.5~3 mm;叶片线形,浅灰绿色,长10~50 cm,宽4~8 mm。总状花序狐尾状,长3~15 cm,密被刚毛;小穗1~4枚簇生于刺苞内,长3~5 mm;第一颖长为小穗的1/3~1/2;第二颖长为小穗的1/2。

地理分布 纤毛蒺藜草原产于非洲、印度和印度尼西亚,后传播扩散至其他热带地区。我国从澳大利亚引入,海南、广东、广西、云南等地有栽培。

生物学特性 纤毛蒺藜草耐瘠薄,对土壤质地要求不严,在滨海沙地上适宜生长,最适土壤pH 7~8。不耐低温,适宜年平均温度大于16℃的热带、亚热带气候。抗旱,在年降水量600~1000 mm的地区表现良好。不耐湿,在潮湿环境,易受黑穗病、锈病、麦角病的危害。

饲用价值 纤毛蒺藜草鲜嫩植株适口性好,牛、羊、马喜食,为良等牧草。纤毛蒺藜草的化学成分如表所示。

纤毛蒺藜草花序

纤毛蒺藜草的化学成分(%)

测定项目	样品情况	营养期绝干样
	干物质	100
占干物质	粗蛋白	9.80
	粗脂肪	5.40
	粗纤维	38.40
	无氮浸出物	36.60
	粗灰分	9.80
	钙	—
	磷	—

纤毛蒺藜草群体

16. 蒺藜草
Cenchrus echinatus L.

形态特征 为蒺藜草属一年生草本。秆压扁,一侧有浅沟,常带紫色,无毛,下部分枝成丛,节上生根,高15～60 cm。叶稍压扁,背部具脊,松弛;叶舌短小,被长约1 mm的白色纤毛;叶片线形,长10～30 cm,宽4～8 mm,先端长渐尖,基部圆形,中脉不明显,边缘稍粗糙。总状花序直立,长4～8 cm,宽1～1.5 cm;主轴有棱,棱上稍粗糙。刺苞呈扁球形,长5～7 mm,刚毛在刺苞上轮状着生,直立或略内反曲,刺苞背部具较密的细毛和长绵毛,刺苞裂片于中部以下连合;总梗甚短,密生短柔毛;小穗1～4枚簇生于刺苞内,无柄,披针形,长5～6 mm;第一颖薄膜质,卵状披针形至披针形,长约为小穗的1/3,具1脉;第二颖卵状披针形,长为小穗的2/3～3/4,具3～5脉;第一外稃与小穗近等长,具5脉,内稃狭长,等长于外稃;第二小花两性,内外稃均与小穗等长,披针形;雄蕊3,花药长约1.8 mm。颖果椭圆状扁球形,长2～3 mm;种脐点状;胚长为颖果长的1/2～2/3。

地理分布 蒺藜草原产于美洲热带地区,后传播扩散至其他热带地区。我国分布于海南、广东、广西、福建、台湾、云南、贵州等地。常生于旷野、撂荒地和海边沙地上。

饲用价值 蒺藜草抽穗前草质柔软,营养丰富,牛、羊、兔极喜食,也可刈割饲喂鹅、鸭及草食性鱼类。抽穗后,因其花序具刺苞,牛、羊不再采食,故其利用期仅限于抽穗前的5～9月。蒺藜草的化学成分如表所示。

蒺藜草的化学成分(%)

测定项目	样品情况	营养期干样
	干物质	90.54
占干物质	粗蛋白	9.78
	粗脂肪	2.25
	粗纤维	16.20
	无氮浸出物	53.33
	粗灰分	18.44
	钙	1.19
	磷	0.22

蒺藜草花序

蒺藜草群体

17. 水蔗草
Apluda mutica L.

形态特征 为水蔗草属多年生草本。株高0.5~3 m，下部常倾卧地面，节上生根，质坚硬，光滑无毛，节下常被白粉，分枝曲折。叶鞘通常无毛；叶舌膜质，长1~2 mm；叶片线状披针形，长10~30 cm，宽5~20 mm，顶端长渐尖，基部渐狭而成一短柄。伪圆锥花序狭窄，线状，常间断，长3~50 cm；总状花序单生，长7~10 mm，退化仅具1节；穗轴扁平，粗短，无毛，小穗3，1无柄，2具柄，总状花序下托以1舟形小佛焰苞，佛焰苞长5~8 mm，顶端具1小尖头。无柄小穗长4~6 mm，第一颖椭圆状披针形，薄革质，具多脉；第二颖厚膜质，舟形，具5~7脉；第一小花雄性，内外稃均膜质，与颖近等长，内稃具脊；第二小花两性，外稃膜质透明，较颖短，先端全缘而具1小尖头，或常2裂而齿间伸出一长4~12 mm中部膝曲的芒，内稃广卵形，长约为外稃的1/3，具2脊。正常发育的有柄小穗披针形，两颖均革质，雄性，无芒，小穗柄长3~5 mm；退化有柄小穗通常仅剩一扁平的颖，宿存。

地理分布 分布于亚洲热带、亚热带地区和澳大利亚。我国分布于华南、西南各地。常生于林边、河边和旷野。

生物学特性 水蔗草对土壤的适应性广泛，在铁质砖红壤至山地黄壤上均能良好生长，尤喜酸性土壤。常成片生于开阔草地、灌丛、河岸高草丛中。花果期7~10月。

饲用价值 水蔗草秆叶柔软，抽穗前牛、羊喜食，也可饲喂兔、鹅、火鸡等。抽穗期茎、叶、穗重量之比约为13.7∶52.2∶34.1。抽穗后草质粗老，适口性下降。水蔗草的化学成分如表所示。

水蔗草的化学成分（%）

测定项目	样品情况	营养期鲜草	成熟期鲜草
	干物质	24.24	35.30
占干物质	粗蛋白	10.03	8.86
	粗脂肪	4.74	4.00
	粗纤维	26.89	30.13
	无氮浸出物	48.87	48.78
	粗灰分	9.47	8.23
	钙	—	—
	磷	—	—

水蔗草群体

第 16 章　其他禾本科牧草 | 191

水蔗草花序

18. 竹节草

Chrysopogon aciculatus (Retz.) Trin.

形态特征 又名粘人草，为金须茅属多年生草本。具粗壮发达的根状茎和匍匐茎。秆基部常倾斜，抽穗时高20~50 cm，光滑无毛，上部节上分枝。叶鞘疏松抱茎；叶舌极短，膜质；叶片长2~10 cm，宽2~5 mm，平滑无毛，边缘小刺状粗糙，秆上部叶片极短。圆锥花序顶生，通常带紫色，长5~10 cm；分枝纤细，多数轮生，上举。无柄小穗长约4 mm，绿白色至紫褐色，基盘针状，长约5 mm，被锈色短柔毛，先端以一长斜面贴生于穗轴节间上，常与有柄小穗一同脱落；第一颖披针形，长约4 mm，边缘内折成2脊；第二颖舟形，等长于第一颖，具脊；第一外稃膜质，线状长圆形，稍短于颖；第二外稃膜质，具长4~7 mm的直芒；内稃小，顶端钝。有柄小穗背腹压扁，狭椭圆形，长5~6 mm，中性或雄性，雄蕊3；小穗柄无毛，纤细，长2~3 mm。颖果长圆形。

地理分布 分布于亚洲热带、亚热带地区，澳大利亚低海拔地区也有分布。我国分布于海南、广东、广西等地。常生于山坡草地和旷野。

生物学特性 竹节草喜酸性沙壤土，尤以pH 5.1~6.1为佳。生长迅速，侵占性强，耐践踏和重牧，过牧时，其他草消失，竹节草仍宿存，絮结成高15~20 cm的紧密草皮。耐干旱。

饲用价值 竹节草幼嫩时牛、羊、马喜食，抽穗后草质老化，且有大量尖硬的小穗，牲畜极少采食。竹节草根茎发达，耐贫瘠，极耐践踏，可用来建植跑马场等粗放性草坪。竹节草的化学成分如表所示。

竹节草植株

第 16 章 其他禾本科牧草 | 193

竹节草花序

竹节草的化学成分（%）

测定项目	样品情况	营养期鲜草	结实期干样
	干物质	20.30	91.70
占干物质	粗蛋白	11.14	7.45
	粗脂肪	0.31	1.04
	粗纤维	27.88	39.21
	无氮浸出物	53.61	41.07
	粗灰分	7.06	11.23
钙		0.15	0.04
磷		0.17	0.10

19. 假俭草

Eremochloa ophiuroides (Munro) Hack.

形态特征 为蜈蚣草属多年生草本，有强壮的匍匐根茎。秆基部倾斜，直立部分高10～30 cm。叶鞘压扁，密集生于秆基部；叶片条形，长2～8 cm，宽2～4 mm，顶生叶片常退化成小尖头。总状花序直立或稍弯曲，长4～6 cm，宽约2 mm；穗轴节间具短柔毛。无柄小穗长约4 mm，覆瓦状偏生排列于穗轴一侧；第一颖长圆形，近革质，具5～7脉，脊上部有宽翼；第二颖略呈舟形，厚膜质，有3脉；第一小花雄性或中性，内外稃均为膜质透明，长圆形，内稃稍窄，均与第一颖近等长；第二小花两性，外稃顶端钝，内稃稍短于外稃但较窄。有柄小穗退化，仅剩一扁平线形的柄。

地理分布 分布于中南半岛。我国分布于华南、西南、东南、华中等地。常生于林边湿润草地或旷野。

生物学特性 假俭草喜温暖湿润气候，适宜在降水量800 mm以上地区种植。对土壤适应性广泛，耐酸性瘦土，在疏松湿润的沙壤上生长繁盛。喜阳，光照充足时生长快，稍耐阴。抗旱性强，在年降水量350～400 mm的情况下可正常生长，遇连续50天的干旱，叶尖干枯，叶片卷曲，一旦水分充足即可恢复生长。不耐水淹，耐寒能力较差。

假俭草分蘖力强，蔓延性强，覆盖度大，耐践踏，常在路旁成片分布，在草地上可形成单一群落。

饲用价值 假俭草秆叶柔嫩，适口性好，牛、羊喜食，为优良的放牧草种。假俭草生命力强，极耐践踏，为优良暖季型草坪草。假俭草的化学成分如表所示。

假俭草的化学成分（%）

测定项目	样品情况	结实期干样
	干物质	86.70
占干物质	粗蛋白	4.80
	粗脂肪	3.70
	粗纤维	27.50
	无氮浸出物	48.50
	粗灰分	15.50
	钙	—
	磷	—

假俭草花序

假俭草植株

20. 蜈蚣草

Eremochloa ciliaris (L.) Merr.

形态特征 为蜈蚣草属多年生草本。秆丛生，直立，纤细，高20~60 cm，具3或4节，节上无毛或被髯毛。叶鞘多密集生于基部，鞘口附近边缘具纤毛，背部具脊；叶舌膜质，长0.5~1 mm；叶片长3~15 cm，宽1~4 mm。总状花序单生于秆顶，长2~5 cm，常作镰刀状弯曲；穗轴节间略呈棒状，基部常具短毛，长1.8~2.5 mm。无柄小穗长约4 mm，覆瓦状排列于穗轴一侧；第一颖卵形，近革质，长约4 mm，顶端钝，背部被柔毛；第二颖厚膜质，顶端渐尖，具3脉；第一小花雄性，外稃长圆形，透明膜质，顶端钝，内稃线状披针形；第二小花两性或雌性，外稃长圆形，稍短于第一外稃，内稃较窄，透明膜质；雄蕊3，花药长约1.5 mm。有柄小穗退化成一刚毛状的柄。

地理分布 分布于中南半岛及印度。我国分布于海南、广东、广西、福建、台湾、云南、贵州等地。常生于干燥山坡或草地。

饲用价值 蜈蚣草叶量丰富，幼嫩时可作牛、马、羊饲料。抽穗期茎、叶、穗重量之比约为23.6∶65.5∶10.9，叶的重量占一半以上；抽穗后，草质粗老，家畜少采食。本种耐践踏，可供放牧利用。蜈蚣草的化学成分如表所示。

蜈蚣草的化学成分（%）

测定项目	样品情况	抽穗期鲜草
	干物质	27.59
占干物质	粗蛋白	10.54
	粗脂肪	1.93
	粗纤维	34.92
	无氮浸出物	46.49
	粗灰分	6.12
	钙	—
	磷	—

蜈蚣草株丛

蜈蚣草花序（局部）

21. 臭根子草
Bothriochloa bladhii (Retz.) S. T. Blake

形态特征 为孔颖草属多年生草本。具根状茎。株高0.6~2 m，下部径2~5 mm，具多节。叶鞘无毛，但鞘口有长毛；叶舌干膜质，长1~2 mm，先端截平，边缘呈啮蚀状；叶片长10~50 cm，宽2~10 mm，顶端渐尖，基部近圆形。圆锥花序顶生，长7~20 cm，主轴粗壮；分枝近轮生，通常比主轴短，常再分出小枝；总状花序长25 cm，具多节，有短总梗。无柄小穗长圆形或长圆状披针形，长3~4 mm；第一颖背部无毛或在中部以下被疏柔毛，在中部以上无孔或有孔穴；第二颖有3脉，主脉几成脊，脊粗糙；第一外稃狭长圆形，比第一颖略短，无脉，边缘有小纤毛；第二外稃变为芒的基部；芒膝曲扭转，长1~2.5 cm。有柄小穗常为中性，无芒，远短于或近等长于无柄小穗，通常由1或2颖片组成，只具1颖时，则常为内卷的第一颖；第二颖存在，常短于第一颖而近膜质，无明显的脉。

地理分布 分布于非洲、亚洲至大洋洲的热带和亚热带地区。我国分布于海南、广东、广西、福建、台湾、云南、四川、贵州、湖南、安徽、陕西等地。常生于山坡草地、路边及旷地上。

生物学特性 臭根子草喜温暖气候，通常生于海拔800 m以下的丘陵坡地、路边、田埂。最适生长温度为20~30℃，夏季生长速度很快。对土壤适应性广泛，在pH 4~8的各种类型土壤上均能生长，但在中性或微酸性土壤上生长为好。较耐寒，在0℃时，仅叶尖变红色，在-3℃时，约50%的叶片枯黄，气温回升后迅速返青。

臭根子草根系发达。分蘖力强，再生速度快，耐践踏、耐放牧，在过度放牧情况下，呈匍匐生长，形成单一群落。通常与狗牙根、圆果雀稗、雀稗、白茅、青香茅、鼠尾粟等共生。一般2月下旬至3月上旬

臭根子草株丛

返青，5月上旬开花，花期长，11月仍开花，开花后10～20天种子成熟。

饲用价值 臭根子草叶片较柔软，适口性良好，牛、羊、马喜食；返青早，是春夏之交家畜的良好粗饲料。其叶片粉碎后有芳香味，家畜需要有短期的适应过程。开花后老化较快，适口性下降。为提高其饲用价值，可加强利用管理，以促进其分蘖和再生草的生长。在夏、秋季节可增加放牧或刈割频度，并及时割除残草；在冬末、初春，可放火焚烧枯黄草层。臭根子草的化学成分如表所示。

臭根子草花序

臭根子草的化学成分（%）

测定项目	样品情况	结实期干样
	干物质	91.83
占干物质	粗蛋白	2.99
	粗脂肪	1.45
	粗纤维	51.93
	无氮浸出物	38.58
	粗灰分	5.05
	钙	0.11
	磷	0.05

22. 白羊草
Bothriochloa ischaemum (L.) Keng

形态特征 为孔颖草属多年生丛生草本。具短根状茎。秆直立，基部有时倾斜而节上生根，高30～80 cm，径1～2 mm，具3至多节。叶鞘常集于秆基部而相互跨覆，茎生者常短于节间；叶舌膜质，白色，长约1 mm，具纤毛；叶片线形，长3～15 cm，宽2～4 mm，顶生叶片常退化，顶端渐尖，基部圆形。总状花序4至多数呈指状着生于秆顶，长3～7 cm，纤细，灰绿色或带紫色。无柄小穗长圆状披针形，长4～5 mm，基盘具髯毛；第一颖草质，具5～7脉，边缘内卷成2脊，脊粗糙；第二颖舟形，脊上粗糙，边缘近膜质；第一外稃膜质透明，长圆状披针形，长约3 mm；第二外稃线形，顶端延伸成长10～14 mm膝曲扭转的芒。有柄小穗无芒，雄性；第一颖具9脉；第二颖具5脉。

地理分布 广泛分布于世界热带、亚热带和温带地区。我国大部分地区有分布，尤以华北和西北的南部、华中、华东为多，华南各地亦常见。常生于山坡草地。

生物学特性 白羊草喜温暖湿润气候，最适于在≥10℃的年积温为3000～4500℃、年降水量为400～700 mm的地区生长。白羊草种子必须经过高温高湿阶段才能自然发芽。对土壤要求不严，在弱酸性、微碱性的土壤上均可生长。具短根茎，分蘖能力强，须根发达，常形成强大的根网，耐践踏。白羊草春季萌发晚，早期生长慢，雨季来临时则迅速生长。

饲用价值 白羊草秆叶柔嫩，适口性好，牛、羊喜食，为丘陵山地优质放牧草种。白羊草的化学成分如表所示。

白羊草的化学成分（%）

测定项目	样品情况	孕穗期干样	抽穗期干样
干物质		92.16	91.44
占干物质	粗蛋白	9.92	8.51
	粗脂肪	1.73	1.12
	粗纤维	32.08	33.98
	无氮浸出物	46.18	46.73
	粗灰分	10.09	9.66
	钙	—	—
	磷	—	—

白羊草株丛

23. 双花草

Dichanthium annulatum (Forssk.) Stapf

形态特征 为双花草属多年生丛生草本。具木质根状茎及匍匐茎。秆直立或基部倾斜，高0.3～1.5 m，上部常分枝，节上密生髯毛。上部叶鞘常短于节间，鞘口附近具毛；叶舌干膜质，长1～1.5 mm，具纤毛；叶片狭线形，长5～30 cm，宽2.5～5 mm，腹面疏生瘤毛，背面常无毛，先端长渐尖，基部圆形，中脉在叶面上稍凹，背面凸起。总状花序长2～6 cm，较纤细，带紫色，通常呈伞房状或指状排列于茎顶；孪生小穗呈覆瓦状紧密排列于穗轴一侧，同形；穗轴节间与小穗柄等长，边缘具纤毛。无柄小穗可育，长3～5 mm，长圆状椭圆形，基盘密生白色长柔毛；第一颖背部扁平，脉不明显，上部边缘内折成脊，脊上无翼而具纤毛；第二颖质薄，舟形，与第一颖等长；第一外稃膜质透明，较第一颖短而狭；第二外稃极狭，先端延伸成膝曲的芒，芒长15～20 mm，芒柱扭转；雄蕊3枚，花药长1.5 mm。有柄小穗与无柄小穗几等长，无芒，雄性或中性，第一颖具7～11脉，边缘内折成2脊；第二颖较窄而短，具3脉。

地理分布 分布于亚洲东南部、非洲及大洋洲等地。我国分布于南方各地。常生于旷野和草地上。

生物学特性 双花草喜温暖湿润气候，适于生长在年降水量500～1000 mm甚至以上、年平均温度18～28℃的地区。对土壤适应性广泛，在各类土壤上均能生长，耐酸性瘦土，耐盐碱。双花草于雨季来临时返青，6～11月为生长旺季，9～10月抽穗开花，11～12月种子成熟，种子结实率高。

饲用价值 双花草营养期秆叶柔软，适口性好，牛、羊喜食，为优质牧草。抽穗后茎秆增多，逐渐老化，适口性降低。双花草的化学成分如表所示。

双花草的化学成分（%）

测定项目	样品情况	成熟期鲜草
占干物质	干物质	45.41
	粗蛋白	4.92
	粗脂肪	3.57
	粗纤维	33.37
	无氮浸出物	47.31
	粗灰分	10.83
	钙	—
	磷	—

双花草群体

双花草花序

24. 纤毛鸭嘴草
Ischaemum ciliare Retz.

形态特征 又名细毛鸭嘴草，为鸭嘴草属多年生草本。秆直立，基部常倾卧地面，直立部高30～60 cm。叶鞘松散包茎，被疣毛，稀无毛；叶舌膜质，长1～2 mm；叶片线形或线状披针形，长5～25 cm，宽3～10 mm，顶端渐尖，基部圆，两面多少被瘤基柔毛。总状花序长2～8 cm，通常2枚孪生于秆顶，或者3～4枚呈指状排于秆顶，2枚孪生时，常彼此相互紧贴或有时相互分离。无柄小穗倒卵状长圆形，长4～5 mm；第一颖上部纸质，两边内折成2脊，脊缘有宽翼，顶端2齿裂；第二颖舟形，有3～5脉，中脉在上半部对折成脊，脊缘有翼；第一小花雄性，内外稃均为透明膜质，近等长；第二小花两性，外稃卵状长圆形，透明膜质，先端2深裂，裂片边缘具纤毛；内稃披针形，稍短于外稃。有柄小穗稍短于无柄小穗，第一颖两侧扁，背上部具翼。

地理分布 原产于亚洲热带地区，现广布于世界热带、亚热带地区。我国分布于华南、东南、西南等地。常生于山坡草地。

生物学特性 纤毛鸭嘴草喜温暖湿润气候。最适生长温度为32～35℃。对土壤适应性广泛，在干旱的沙质土和湿润的黏质土上均能生长，但以湿润肥沃的壤土为佳。对盐碱土有一定的耐性，耐短时间水渍，不耐干旱，具一定耐阴性。纤毛鸭嘴草主要靠根茎繁殖蔓延，6～7月开始开花，10～12月种子成熟。种子休眠期9～10个月。

饲用价值 纤毛鸭嘴草秆叶柔嫩，适口性好，牛、羊喜食，为良等牧草。再生力强，耐践踏，可供放牧或刈割青饲，也可调制青贮料。纤毛鸭嘴草的化学成分如表所示。

纤毛鸭嘴草群体

纤毛鸭嘴草花序

纤毛鸭嘴草的化学成分（%）	
测定项目　样品情况	营养期鲜草
干物质	23.03
占干物质　粗蛋白	9.30
粗脂肪	4.93
粗纤维	22.82
无氮浸出物	57.07
粗灰分	5.88
钙	—
磷	—

25. 有芒鸭嘴草
Ischaemum aristatum L.

形态特征 又名芒穗鸭嘴草，为鸭嘴草属多年生草本。秆直立，基部外倾而节上生根，高0.5～1.5 m，径约2 mm。叶鞘疏生疣基柔毛或近无毛；叶舌膜质，长2～4 mm；叶片线形或线状披针形，长5～25 cm，宽4～10 mm。总状花序孪生于秆顶，常彼此紧贴而呈圆柱状，长4～10 cm；穗轴节间及小穗柄外缘通常具纤毛，内侧光滑或具短纤毛。无柄小穗倒卵形，具宽翼，有伸出颖外的芒，芒长0.8～1.2 cm；第一颖先端钝，下部革质光亮，上部草质稍粗糙，具5～7脉，边缘内折，上部具脊，脊上有翼，翼缘常粗糙；第二颖舟形，与第一颖等长，先端尖，上部具脊，脊上有狭翼；第一小花雄性，两稃等长或内稃较短，膜质透明，花药长约2.5 mm；第二小花两性，第二外稃膜质，比第一外稃稍短，2裂至中部，齿间有芒或无芒；内稃与外稃同质等长。有柄小穗常较无柄者小，无芒，雄性，或位于花序先端者退化，小穗柄较穗轴节间稍短。

地理分布 分布于东南亚及印度等地。我国分布于华南、东南、西南及华中等地。常生于山坡路旁。

饲用价值 有芒鸭嘴草秆叶柔嫩，牛、羊喜食，为良等牧草，可供放牧或刈割青饲。有芒鸭嘴草的化学成分如表所示。

有芒鸭嘴草的化学成分（%）

测定项目	样品情况	营养期鲜草	成熟期鲜草
	干物质	24.03	33.71
占干物质	粗蛋白	9.92	6.52
	粗脂肪	6.99	7.28
	粗纤维	27.62	34.05
	无氮浸出物	50.82	46.59
	粗灰分	4.65	5.56
	钙	—	—
	磷	—	—

有芒鸭嘴草群体

有芒鸭嘴草花序

26. 拟金茅
Eulaliopsis binata (Retz.) C. E. Hubbard

形态特征 为拟金茅属多年生密丛型草本。株高0.3～0.8 m，具3～5节。叶鞘除下部者外均短于节间，鞘口具细纤毛；叶舌呈一圈短纤毛状；叶片狭线形，长10～30 cm，宽1～4 mm，卷折呈细针状，少扁平，顶生叶片退化，锥形。总状花序密被淡黄褐色绒毛，2～4枚呈指状排列，长2～4.5 cm；小穗长3.8～6 mm；第一颖具7～9脉，中部以下密生乳黄色丝状柔毛；第二颖稍长于第一颖，具5～9脉，先端具长0.3～2 mm的小尖头；第一外稃长圆形，与第一颖等长；第二外稃狭长圆形，等长或稍短于第一外稃，先端有长2～9 mm的芒；第二内稃宽卵形，先端微凹；花药长约2.5 mm；柱头帚刷状，黄褐色或紫黑色。

地理分布 分布于东北亚、南亚、东南亚等地。我国分布于华南、西南、中南等地。常生于干旱山坡草地、疏林灌丛中。

生物学特性 拟金茅适应性强，耐干旱、耐瘠薄，在河堤、荒滩沙地均可种植。适宜生长温度为10～40℃，低于5℃停止生长。拟金茅根系密集，保水保土性能强。

饲用价值 分蘖性强，叶量大，营养期牛采食，生长后期，草质坚韧，适口性较差，家畜少食。拟金茅的化学成分如表所示。

拟金茅花序

测定项目	样品情况	抽穗期绝干样
	干物质	100
占干物质	粗蛋白	7.29
	粗脂肪	1.59
	粗纤维	49.47
	无氮浸出物	31.22
	粗灰分	10.43
钙		0.59
磷		0.43

拟金茅的化学成分（%）

拟金茅植株

27. 五节芒

Miscanthus floridulus (Labill.) Warb. ex K. Schum. et Lauterb.

形态特征 为芒属多年生高大草本。具粗壮有鳞片的根茎。秆粗壮，直立，无毛，高2～5 m，径达1 cm，节下常被白粉。叶鞘无毛或仅边缘与鞘口附近疏生长纤毛；叶舌纸质，长1～2 mm，先端钝圆，具与舌体近等长的纤毛，腹面无毛，背面密被白色平贴柔毛；叶片线形，长30～90 cm，宽1～3 cm，叶面无毛，有时基部有小绒毛，叶背常疏生柔毛。圆锥花序长20～60 cm，主轴显著延伸，几达花序顶端；分枝纤细，长10～25 cm；穗轴节间长3～6 mm，无毛，每节着生小穗2枚，一具短柄，一具长柄，小穗柄无毛；小穗卵状披针形，长3～4 mm，基盘具等长或稍长于小穗的丝状毛；第一颖纸质，先端稍钝或有2微齿，具2脊；第二颖舟形，有脉3条，中脉明显而粗糙，边脉不明显，边缘具短纤毛；第一外稃卵状披针形，较颖稍短，膜质透明，边缘具小纤毛；第二外稃顶端具2微齿，齿间有长约1 cm的直芒，中上部边缘有纤毛；内稃通常小或缺；雄蕊3，花药长约2 mm。

地理分布 分布于日本、菲律宾、印度尼西亚及南太平洋诸岛。我国分布于华南、西南、华中等地。常生于山坡、草地、河岸。

生物学特性 五节芒喜温暖湿润气候。最适生长温度为25～30℃，该温度下，日均生长可达4 cm。耐寒能力强。在年平均温度15.4℃、无霜期300天的地区，可四季保持青绿，甚至在-9.7℃条件下心叶仍然保持绿色。耐酸瘦土壤，可在pH 4的酸性瘦土上生长，但以在肥沃疏松的土壤上生长旺盛，并成为优势种。分蘖能力强，再生力好。单一分蘖繁殖，当年分蘖数可达100个左右，年扩展范围可达1 m²左右。

饲用价值 五节芒生长旺盛，生物产量高，叶量丰富，营养期草质柔嫩，牛、马喜食，属中等牧草。抽穗后秆叶变硬，且叶缘锋利，适口性极差。适宜孕穗期及其前期刈割，此间刈割，尽管产草量相对较低，但茎秆相对柔软，叶量大，适口性好，牲畜消化率也较高。一般年可刈割3～4次。五节芒的化学成分如表所示。

测定项目	样品情况	营养期鲜草
	干物质	41.02
占干物质	粗蛋白	3.56
	粗脂肪	6.63
	粗纤维	31.24
	无氮浸出物	51.69
	粗灰分	6.88
	钙	—
	磷	—

五节芒的化学成分（%）

五节芒株丛（花期）　　五节芒花序

28. 芒

Miscanthus sinensis Anderss.

形态特征 为芒属多年生草本。具粗壮根茎。秆直立，中空，粗壮，高1～2.5 m，径5～8 mm。叶鞘长于节间；叶舌质地稍厚，先端钝圆，长1～2 mm；叶片线形，长20～70 cm，宽5～15 mm，边缘有锐利的小锯齿。圆锥花序直立，呈伞房状，长10～40 cm，主轴仅延伸至花序的中部以下，具10～30个分枝；分枝长10～35 cm，斜升或稍开展，每节具小穗2枚，一短柄，一长柄，小穗柄无毛，穗轴基部偶见3或4个小穗着生于同一节上；穗轴节间长4～10 mm；小穗披针形，长4～6 mm；第一颖纸质，披针形，具3脉，边脉成脊，背部光滑无毛，边缘及上部粗糙；第二颖舟形，先端渐尖，具3脉，边缘具小纤毛；第一外稃长圆状披针形，膜质透明，较颖稍短，顶端钝，1脉或无脉，上部被纤毛；第二外稃狭披针形，明显短于第一外稃，先端2裂，裂片间具1芒，芒长9～10 mm，棕色，膝曲，芒柱稍扭曲，长约2 mm；内稃通常缺；雄蕊3，花药棕黄色，长约2.2 mm；柱头紫黑色。

地理分布 分布于日本、菲律宾、马来西亚与越南等地。我国分布于海南、广东、广西、福建、台湾、云南、四川、贵州、湖南、江西、浙江、江苏等地。常生于海拔1800 m以下的山地、丘陵和荒坡。

生物学特性 芒适应性强，分布广，在海拔800～1500 m的中低山地、丘陵、河滩、林间、农林隙地、荒地上均有广泛的分布，在海拔2000 m左右的山地上常见，在酸性瘦土上可良好生长。

在亚热带湿润的山地，芒常与野古草、五节芒、白茅、金茅（*Eulalia speciosa*）、野青茅（*Deyeuxia pyramidalis*）、黄背草（*Themeda triandra*）等形成不同的优势群落。在农区湿润的土壤上，常与芒萁（*Dicranopteris pedata*）组成群落。在高频度放牧的

芒植株

草地上，芒的伸长生长受到强烈的控制，草层变矮，但基部丛生茎增多，分蘖增多，草质变嫩。

饲用价值 芒春季萌发早，一般3月中旬开始萌发，4月中旬高达10 cm左右，此时便可以放牧利用。营养生长前期芒生长迅速且恢复快，抽穗前可以连续放牧2~3次而不衰。营养生长后期，放牧牛群可利用植株的20%~30%。7月以后抽穗开花，营养成分大量消耗，植株变粗，适口性下降，家畜渐不喜食。在华中地区，芒是春耕时期重要的饲草，农闲时进行放牧，农忙时可割草青饲。芒再生力强，施以合理的刈割处理，芒草地可作为良好的秋季牧场进行放牧利用。如在8月下旬刈割，10月后再生草层可达30~50 cm，此时的再生草鲜嫩，适口性好，营养成分高，家畜喜食，是良好的放牧青草。

以芒为建群种或优势种的草地，一般3月中下旬返青，4月上旬即可进入羊的饱青期，4月下旬可以达到牛的饱青期，6月牧草生长旺盛，利用率最高，7月产草量达到高峰，此后生长停止，茎叶逐步老化，纤维素含量升高，粗蛋白含量降低。此时，可辅以适时的刈割处理，以利用其再生草进行秋季放牧。除放牧或刈割青饲外，在抽穗前，芒还可刈割调制良好的干草和青贮料。此外，芒根茎发达，分蘖能力强，再生力强，是良好的水土保持植物。芒的化学成分如表所示。

芒的化学成分（%）

测定项目	样品情况	开花期干样
	干物质	91.80
	粗蛋白	4.60
	粗脂肪	1.30
占干物质	粗纤维	45.29
	无氮浸出物	43.04
	粗灰分	5.77
	钙	0.66
	磷	0.06

29. 尼泊尔芒
Miscanthus nepalensis (Trin.) Hack.

形态特征 为芒属多年生草本。具短根状茎。株高0.6～1.5 m。叶鞘具脊，鞘口密生柔毛；叶舌长2～4 mm；叶片线形，中脉粗壮。圆锥花序伞房状，主轴延伸至花序中部以下；总状花序10余枚，金黄色，较细而弯；孪生小穗具不等长的柄，小穗基盘具远长于稃体的金黄色丝状柔毛；第一颖短于小穗，顶端具2小齿；第二颖等长于小穗；第一外稃无脉，第二外稃顶端2裂，中脉延伸成细而弯、带紫色的长芒；雄蕊2枚。颖果长圆形，紫色。

地理分布 分布于南亚及东南亚温暖地区。我国分布于云南、四川、西藏等地。常生于山坡草地、丘陵灌丛、林缘或疏林中。

饲用价值 营养期草质柔软，叶量丰富，牛、马、羊喜食，抽穗后适口性降低，为中等牧草。尼泊尔芒的化学成分如表所示。

尼泊尔芒的化学成分（%）

测定项目	样品情况	开花期绝干样
	干物质	100
占干物质	粗蛋白	6.89
	粗脂肪	1.21
	粗纤维	41.43
	无氮浸出物	45.25
	粗灰分	5.22
	钙	0.39
	磷	0.25

尼泊尔芒花序

尼泊尔芒植株

30. 斑茅
Saccharum arundinaceum Retz.

形态特征 为甘蔗属多年生丛生型高大草本。秆粗壮，直立，高2~4 m或更高，径1~2 cm，具节多数，无毛。叶鞘长于节间，基部或上部边缘和鞘口具柔毛；叶舌膜质，长1~2 mm，顶端截平；叶片线状披针形，长100~150 m，宽2~5 cm，顶端长渐尖，基部渐变窄，中脉粗壮。圆锥花序长30~80 cm，宽5~10 cm，主轴无毛，每节具2~4个分枝，分枝二至三回分出；总状花序轴节间与小穗柄细线形，长3~5 mm，被长丝状柔毛，顶端稍膨大；小穗狭披针形，长3.5~4 mm，黄绿色或带紫色，基盘小，具长约1 mm的短柔毛；两颖近等长，第一颖沿脊微粗糙，两侧脉不明显，背部具长于其小穗一倍以上的丝状柔毛；第二颖具3或5脉；第一外稃等长或稍短于颖，具1~3脉；第二外稃披针形，稍短或等长于颖；顶端具小尖头，或在有柄小穗中具长3 mm之短芒，上部边缘具细纤毛；第二内稃长圆形，长约为其外稃的1/2；花药长1.8~2 mm；柱头紫黑色，长约2 mm，自小穗中部两侧伸出。颖果长圆形，长约3 mm。

地理分布 分布于印度、缅甸、泰国、老挝、越南、柬埔寨、马来西亚等地。我国分布于秦岭以南地区。常生于山坡、溪涧或草坡地上。

生物学特性 斑茅为喜温植物，适应性强、分布范围广。在四川凉山海拔1400~2000 m相对冷凉的山地草地上，在云南南部的元江、澜沧江、怒江下游海拔700~1200 m的干热河谷地带均可生长。对土壤要求不严，在pH 5.5~6的酸性红壤和微碱性土壤上均可生长，在溪流边、山间谷地、河漫滩土质疏松、湿润的土地上生长良好。抗旱，耐涝。斑茅常与类芦、甜根子草（*Saccharum spontaneum*）、菅草（*Themeda villosa*）等混生。

饲用价值 斑茅茎叶质粗，抽茎后叶缘具细锯齿，适口性极差，仅水牛采食部分嫩叶。可将其嫩茎叶割下晒干贮藏，以作冬季饲草；或者是秋季将茎叶割下，放火烧掉残茬，待来年利用其新萌发的嫩叶。斑茅的化学成分如表所示。

斑茅株丛（花期）

斑茅花序

斑茅的化学成分（%）

测定项目	样品情况	营养期鲜草	开花期干样
干物质		30.10	92.10
占干物质	粗蛋白	7.76	3.22
	粗脂肪	2.39	1.04
	粗纤维	31.45	49.91
	无氮浸出物	52.20	38.57
	粗灰分	6.20	7.26
钙		0.42	0.11
磷		0.12	0.07

31. 甜根子草
Saccharum spontaneum L.

形态特征 为甘蔗属多年生草本。秆直立，高1~4 m，径5~10 mm，节下通常被白粉。叶鞘长于节间；叶舌长约2 mm，先端钝圆；叶片线形，边缘常外卷，长30~60 cm或以上，顶端渐尖，基部稍狭，叶缘具小锯齿，中脉宽阔，白色。圆锥花序白色，长20~60 cm，花序主轴及总花梗被白色丝状毛；分枝长达12 cm，分枝纤细，簇生或近轮生；穗轴节间长4~8 mm，较细弱，被白色长柔毛。无柄小穗披针形，长4~5 mm，基盘微小，丝状毛长8~15 mm；两颖相似，长圆形或披针形，下部1/3近革质，上部近透明膜质，先端全缘或有2微齿，边缘内折成脊；第一外稃长圆形或披针形，先端尖，边缘有长纤毛；第二外稃长圆形至狭线形；内稃存在时甚小，与鳞被几等长；雄蕊3，花药长1.2 mm。有柄小穗与无柄小穗相似，长约3.5 mm，小穗柄长约3 mm。

地理分布 分布于非洲、大洋洲、亚洲热带及亚热带地区。我国分布于华南、西南、华东、华中等地。常生于河边、旷地、田野和草地上。

生物学特性 甜根子草喜温暖湿润气候。常见于海拔1700 m以下、年降水量1500 mm以上的地区。对土壤适应性广泛，但以疏松的沙壤土为佳。具一定的耐涝性，耐寒性强。

饲用价值 甜根子草株型高大，产量高，但质地粗糙，营养价值低，适口性差。幼嫩时水牛喜食。甜根子草根系发达、根状茎多，生长旺盛，侵占性强，可在瘠薄的裸露地上生长，可作为生态治理的先锋草种。甜根子草的化学成分如表所示。

甜根子草的化学成分（%）

测定项目	样品情况	结实期干样
	干物质	92.98
占干物质	粗蛋白	3.94
	粗脂肪	1.89
	粗纤维	48.94
	无氮浸出物	42.35
	粗灰分	2.88
	钙	0.15
	磷	0.07

甜根子草株丛（花期）

甜根子草花序

32. 蔗茅

Saccharum rufipilum Steud.

形态特征 为甘蔗属多年生丛生草本。株高1.5~3 m，基部坚硬、木质，节多数具髯毛，节下被白粉。叶鞘大多长于节间，上部或边缘被柔毛，鞘口具纤毛；叶舌质厚，长1~2 mm，顶端截平，具纤毛；叶片宽条形，长20~60 cm，宽1~2 cm，扁平或内卷，基部较窄，顶端长渐尖，中脉粗壮。大型圆锥花序，直立，长20~30 cm，宽2~3 cm，主轴密生丝状柔毛；分枝稠密，长2~5 cm，二回分出小枝，总状花序轴节间与小穗柄长为小穗的2/3~3/4；小穗长2.5~3.5 mm，基盘具丝状毛，丝状毛长约为小穗的3倍，白色或浅紫色；第一颖厚纸质，扁平，近边缘具一短脉，生丝状柔毛；第二颖稍长于第一颖，顶端膜质、渐尖，具3脉，上部边缘具纤毛；第一外稃披针形，等长或稍短于颖，顶端尖或芒状；有柄小穗中芒长达6 mm，明显伸出小穗之外；第二外稃长约1 mm，线状披针形，顶端延伸成芒，芒长10~14 mm；第二内稃小，长约0.5 mm；雄蕊3，花药长约1 mm；柱头羽毛状，自小穗顶端之两侧伸出；鳞被2。

地理分布 分布于尼泊尔、印度北部等地。我国分布于华南、华东、华中、西南等地。常生于山坡、路旁、草地、灌丛及林缘。

饲用价值 适口性差，营养期牛、马采食，抽穗后家畜极少采食，下等牧草。蔗茅的化学成分如表所示。

测定项目	样品情况	拔节期绝干样
	干物质	100
占干物质	粗蛋白	4.30
	粗脂肪	1.00
	粗纤维	41.20
	无氮浸出物	45.83
	粗灰分	7.67
	钙	—
	磷	—

蔗茅的化学成分（%）

蔗茅植株

蔗茅花序

33. 红苞茅
Hyparrhenia yunnanensis B. S. Sun

形态特征 又名泰国苞茅，为苞茅属多年生丛生草本，具短根茎。秆直立，平滑无毛，高0.6～3 m，径3～10 mm，基部常有具鳞片的芽。叶鞘无毛；叶舌卵形，膜质，长约2 mm，先端钝圆，无纤毛；叶片线形，长15～60 cm，宽3～8 mm，平展或向外反卷，基部圆形或微心形，先端长渐尖，两面光滑无毛。伪圆锥花序疏松而狭窄，长10～50 cm，多回复出；孪生总状花序具不等长的梗，长者线状圆柱形，长2～3.5 mm，短者长0.8～1 mm，直立或微叉开，但不向下反折，上部总状花序长13～15 mm，具4或5节，下部总状花序长11～13 mm，具3或4节，下托以等长或稍长的佛焰苞。无柄小穗长圆状披针形，长约4.5 mm（含基盘）；基盘稍钝，长约0.8 mm，具白色髯毛；第一颖被褐色而近紧贴的毛，先端截形，微缺；第二颖舟形，先端圆钝；第一外稃膜质，长圆形，略短于颖；第二外稃极狭，先端近全缘并延伸成芒，芒长20～30 mm，常二回膝曲，芒柱扭转；有柄小穗长约4 mm，雄性或中性。

地理分布 分布于非洲热带地区及中南美洲。我国华南、西南等地引种栽培。

生物学特性 红苞茅喜温暖的热带气候，适宜在海拔2000 m以下、年降水量600～1400 mm的地区生长。对土壤的适应性广泛，在沙质土至黏重土上均可良好生长。对氮肥、磷肥反应敏感。不耐霜冻，抗旱，耐渍，与杂草的竞争能力强，能与豆科牧草混播，建植良好的群丛。

饲用价值 红苞茅幼嫩时草质细嫩，适口性好，牛、羊喜食，为优质牧草。抽穗开花后，草质下降，适口性差。红苞茅的化学成分如表所示。

红苞茅的化学成分（%）

测定项目	样品情况	刈割后生长3周鲜草	刈割后生长6周鲜草	刈割后生长9周鲜草	刈割后生长12周鲜草	营养期鲜草	盛花期鲜草	成熟期鲜草
	干物质	20.60	22.50	26.80	28.10	29.70	34.30	24.50
占干物质	粗蛋白	10.23	9.16	8.13	7.48	9.20	3.50	4.40
	粗脂肪	4.01	3.22	4.02	3.73	2.60	1.90	1.80
	粗纤维	25.95	33.45	34.10	34.89	28.90	31.40	32.30
	无氮浸出物	48.78	45.60	46.33	47.28	44.40	49.60	42.00
	粗灰分	11.03	8.57	7.42	6.62	14.90	13.60	19.50
钙		0.39	0.55	0.55	0.48	—	—	—
磷		0.28	0.19	0.23	0.22	—	—	—

红苞茅群体（花期）

34. 黄茅

Heteropogon contortus (L.) P. Beauv. ex Roem. et Schult.

形态特征 为黄茅属多年生丛生草本。株高0.2～1 m，基部常膝曲，上部直立，光滑无毛。叶鞘压扁而具脊，光滑无毛；叶舌短，膜质，顶端具纤毛；叶片线形，扁平或对折，长10～20 cm，宽3～6 mm，顶端渐尖或急尖，基部稍收窄，两面粗糙或表面基部疏生柔毛。总状花序单生于枝顶，长3～7 cm（芒除外），芒常于花序顶扭卷成1束；花序基部小穗对同性，无芒，宿存；花序上部小穗对异性。无柄小穗两性，线形，成熟时圆柱形，长6～8 mm，基盘尖锐，具棕褐色髯毛；第一颖狭长圆形，革质，顶端钝，背部圆形；第二颖较窄，顶端钝，具2脉；第一小花外稃长圆形，远短于颖；第二小花外稃极窄，向上延伸成二回膝曲的芒，芒长6～10 cm，芒柱扭转被毛；内稃常缺；雄蕊3；子房线形，花柱2。有柄小穗长圆状披针形，雄性或中性，无芒，常偏斜扭转覆盖无柄小穗，绿色或带紫色。

地理分布 广泛分布于世界热带和亚热带地区，温带地区也有分布。我国分布于华南、东南、西南等地。常生于海拔400～2300 m的山坡草地，尤以干热草坡为多。

生物学特性 黄茅喜干燥的热带气候，抗旱、耐贫瘠，在酸瘦红壤土上可良好生长，在热带、亚热带低山丘陵、山坡草地、河谷的石砾质阳坡上均可形成单优势群落。须根发达，多集中在5～30 cm土层中。分蘖力较强，每株分蘖数8～10个。在海南昌江黎族自治县、东方市、乐东黎族自治县等干热地区，4月开始返青，7月开花，9～10月结实，11月开始枯黄。

饲用价值 营养期叶量丰富，生长旺盛，草质柔嫩，属良等牧草，牛、马、羊喜食。开花后，茎叶迅速老化变硬，适口性下降，牲畜不再采食。种子成熟后由于基盘硬化尖锐，强壮的芒借干湿运动可钻入牲畜皮内，故易对放牧家畜造成危害。黄茅的化学成分如表所示。

黄茅群体

黄茅花序

测定项目	样品情况	结实期干样
干物质		90.50
占干物质	粗蛋白	3.82
	粗脂肪	1.17
	粗纤维	46.87
	无氮浸出物	38.84
	粗灰分	9.30
	钙	0.14
	磷	0.09

黄茅的化学成分（%）

35. 苞子草
Themeda caudata (Nees) A. Camus

形态特征 又名苞子菅，为菅属多年生簇生草本。秆粗壮，高1～3 m，扁圆形或圆形而有棱，黄绿色或红褐色。叶鞘在秆基套叠，具脊；叶舌圆截形，具睫毛，长约1 mm；叶片线形，长20～80 cm，宽0.5～1 cm，中脉明显，背面疏生柔毛，基部近圆形，顶端渐尖。大型伪圆锥花序，多回复出，由带佛焰苞的总状花序组成，佛焰苞长2.5～5 cm。总花梗长1～2 cm；总状花序由9～11小穗组成，总苞状2对小穗不着生在同一水平面，总苞状小穗线状披针形，长1.2～1.5 cm。无柄小穗圆柱形，长9～11 mm，颖背部常密被金黄色柔毛或成熟时逐渐脱落，第一颖草质；第一外稃披针形，边缘流苏状；第二外稃退化为芒基，芒长2～8 cm，一至二回膝曲。颖果长圆形，坚硬，长约5 mm。有柄小穗形似总苞状小穗，且同为雄性或中性。

地理分布 分布于印度、缅甸、斯里兰卡、越南、菲律宾等地。我国分布于华南、东南、西南等地。常生于山坡草地、林缘处。

饲用价值 株丛高大，营养期叶量丰富，牛采食，抽穗后迅速老化变硬，失去饲用价值。苞子草的化学成分如表所示。

测定项目	样品情况	营养期绝干样
	干物质	100
占干物质	粗蛋白	6.91
	粗脂肪	0.65
	粗纤维	37.10
	无氮浸出物	46.30
	粗灰分	9.04
	钙	0.21
	磷	0.08

苞子草的化学成分（%）

苞子草花序（局部）

苞子草植株

36. 类芦

Neyraudia reynaudiana (Kunth) Keng ex Hitchc.

形态特征 为类芦属多年生草本。具木质粗壮有鳞片的根茎；须根粗壮而坚硬。秆直立，高1～4 m，径3～20 mm，通常具分枝，节间幼时常被白粉。叶鞘紧密抱茎，短于节间，无毛而仅沿叶颈被柔毛；叶舌甚短，仅为1圈长达3 mm的密生纤毛；叶片细长，长25～70 cm，宽5～10 mm，顶端细渐尖，基部稍抱茎，边缘常内卷。圆锥花序大型，直立或下弯，稠密，长30～80 cm，银灰色或常带褐绿色；主轴粗壮，无毛，中上部有棱，稍粗糙；小穗两侧压扁，长6～8 mm，具短柄；颖膜质，无毛，宿存，长约3 mm；第一小花仅存和颖相似的外稃，长约3.5 mm，无毛；其他小花的外稃长约4 mm，近边缘的侧脉上被与稃体近等长的白色长柔毛；内稃比外稃稍短，膜质透明，有2脊，脊上有很小的纤毛；基盘及小穗轴顶部有白色短柔毛；花药黄色，长约2 mm。

地理分布 分布于印度、缅甸、马来西亚和日本。我国分布于长江以南及西南诸地。常生于河边、草坡或石山上。

饲用价值 幼嫩时可作牛、马饲料，老化后牲畜仅采食其叶尖，为劣等牧草。类芦具根茎，为优良的固堤、护坡植物。类芦的化学成分如表所示。

类芦花序

类芦的化学成分（%）

测定项目	样品情况	营养期鲜草
占干物质	干物质	40.31
	粗蛋白	9.31
	粗脂肪	1.71
	粗纤维	30.83
	无氮浸出物	49.52
	粗灰分	8.63
	钙	—
	磷	—

类芦植株（花期）

37. 筒轴茅

Rottboellia cochinchinensis (Lour.) Clayt.

形态特征　为筒轴茅属一年生丛生粗壮草本。须根粗壮，常具支柱根。秆直立，高可达2 m。叶鞘具硬刺毛或渐变无毛；叶舌长约2 mm，上缘具纤毛；叶片线形，长可达50 cm，宽可达2 cm，中脉粗壮。总状花序粗壮直立，上部渐尖，长可达15 cm，径3～4 mm；总状花序轴节间肥厚，长约5 mm，易逐节断落；有柄小穗之小穗柄与总状花序轴节间愈合，小穗着生在总状花序轴节间1/2～2/3部位，绿色，卵状长圆形，含2雄性小花或退化；无柄小穗嵌生于凹穴中；第一颖质厚，卵形，多脉，边缘具极窄的翅；第二颖质较薄，舟形；第一小花雄性；第二小花两性，花药黄色，长约2 mm；雌蕊柱头紫色。颖果长圆状卵形。

地理分布　分布于亚洲、大洋洲及非洲热带地区。我国分布于华南、东南、西南各地。常生于田野、旷地、路旁草丛和疏林中。

饲用价值　质地柔嫩，牛、马喜食，生长旺盛，生物量高，为良等牧草。筒轴茅的化学成分如表所示。

筒轴茅的化学成分（%）

测定项目	样品情况	成熟期绝干样
	干物质	100
占干物质	粗蛋白	9.83
	粗脂肪	1.47
	粗纤维	37.41
	无氮浸出物	36.65
	粗灰分	14.64
钙		0.45
磷		1.04

筒轴茅植株

筒轴茅花序

38. 李氏禾
Leersia hexandra Sw.

形态特征 为假稻属多年生草本。具发达的匍匐茎和纤细的根状茎。秆下部常卧地并于节处生根，直立部高20～60 cm；节部膨大，密被倒生白色柔毛，其余平滑无毛。叶鞘长于或上部者短于节间；叶舌膜质，长1～4 mm，基部两侧下延与叶鞘边缘愈合成鞘边；叶片线状披针形，质地粗糙，内卷，长5～12 cm，宽3～6 mm。圆锥花序稍开展，长5～10 cm，分枝纤细，上举，长达4～5 cm，不具小分枝，或有时在下部的分枝再分出小枝；小穗柄长0.5～1 mm，顶端略凹陷而具环状边缘；小穗淡绿色，偏斜，长3～4 mm，宽约1.5 mm，呈覆瓦状排列；外稃的脊和边缘与内稃的脊上均被硬纤毛，两侧多少具微刺毛；雄蕊6，花丝极短，花药黄色，长2.5～3 mm。

地理分布 分布于世界热带地区。我国分布于海南、广东、广西、台湾、福建等地。常生于溪旁、田野和丘陵地疏林下湿地。

饲用价值 李氏禾秆叶可作牲畜饲料，牛喜食。李氏禾的化学成分如表所示。

李氏禾的化学成分（%）

测定项目	样品情况	营养期鲜草
	干物质	30.00
占干物质	粗蛋白	10.10
	粗脂肪	1.80
	粗纤维	25.60
	无氮浸出物	52.10
	粗灰分	10.40
	钙	—
	磷	—

李氏禾群体

李氏禾花序

39. 虮子草

Leptochloa panicea (Retz.) Ohwi

形态特征 为千金子属一年生草本。秆较细弱，丛生，光滑无毛，直立或基部常膝曲，具3～6节，高0.2～1 m，通常仅在基部分枝。叶鞘疏被疣基柔毛；叶舌膜质，白色，长约2 mm；叶片线形，长5～25 cm，宽2～7 mm，顶端渐尖，基部近圆形。圆锥花序长10～35 cm，常带淡紫色，由多数偏生一侧的穗形总状花序沿主轴散生排列而成；小穗灰绿色或带紫色，长1～2 mm，具短柄或近无柄，小花2～5；颖膜质，具1脉，脊上粗糙，稍不等长；第一颖狭窄，长约1 mm，顶端渐尖；第二颖较宽，长约1.5 mm，顶端钝，具3脉，脉上被细短毛；外稃椭圆状长圆形，长1～1.2 mm，具3脉，脉上及背部常有微柔毛，先端钝；内稃短于外稃，阔卵形，具脊，脊上被纤毛。颖果阔椭圆形，横切面近三角形，长0.5 mm。

地理分布 分布于世界热带及亚热带地区。我国分布于华南、华东、华中、西南各地。常生于田野、路边及园地潮湿处。

饲用价值 虮子草草质柔软，牲畜喜食，为优质牧草，但植株矮小，生物量低。虮子草的化学成分如表所示。

测定项目	样品情况	抽穗期干样
	干物质	91.90
占干物质	粗蛋白	10.50
	粗脂肪	1.48
	粗纤维	37.17
	无氮浸出物	36.95
	粗灰分	13.90
	钙	0.71
	磷	0.34

虮子草的化学成分（%）

虮子草花序（局部）

虮子草植株

40. 千金子

Leptochloa chinensis (L.) Nees

形态特征 为千金子属的一年生草本。秆直立或基部外倾而节上生根，平滑无毛，高0.3~1 m，具3~6节，下部节上常分枝。叶鞘无毛，常短于节间，疏松抱茎；叶舌膜质，长1~2 mm；叶片线形，长8~25 cm，宽3~6 mm，顶端渐尖。圆锥花序长15~30 cm，由多数纤细、偏生序轴一侧的穗形总状花序沿主轴排列而成；总状花序纤细，长达10 cm；小穗常带紫色，两侧压扁，长2~4 mm，小花3~7；小穗柄短，长约0.8 mm；第一颖较短，披针形，长1~1.5 mm；第二颖长圆形，长1.2~1.8 mm；外稃倒卵状长圆形，顶端钝，长1.5~1.8 mm，具3脉，中脉成脊，第一外稃长1.5 mm；内稃长圆形，比外稃略短，膜质透明，具2脊，边缘内折，表面疏被微毛；花药3枚，长约0.4 mm。颖果近球形，长约1 mm。

地理分布 分布于东半球温暖的地区。我国分布于华南、华东、华中、西南各地。常生于田间或潮湿之地。

饲用价值 千金子草质柔软，牲畜喜食，为优质牧草。千金子的化学成分如表所示。

千金子的化学成分（%）

测定项目	样品情况	成熟期鲜草
	干物质	26.70
占干物质	粗蛋白	5.80
	粗脂肪	0.45
	粗纤维	28.28
	无氮浸出物	57.47
	粗灰分	8.00
	钙	0.38
	磷	0.47

千金子植株

千金子花序

41. 柳叶䅟

Isachne globosa (Thunb.) Kuntze

形态特征 为柳叶䅟属多年生草本。秆丛生，直立或基部节上生根而伏卧，高30~60 cm；节上无毛。叶鞘短于节间，边缘一侧常被疣基纤毛；叶舌纤毛状，长1~3 mm；叶片平展，线状披针形，长3~10 cm，宽3~10 mm，顶端尖或渐尖，基部钝圆或近心形，被疣基纤毛。圆锥花序卵形，开展，长3~15 cm，宽2~6 cm；分枝波状弯曲，上举，每分枝着生1~3小穗；分枝、小枝和小穗柄均具黄色小腺点；小穗广椭圆状圆球形，浅绿色，成熟后带紫褐色，长2~2.5 mm，小花2；两颖近等长，与小穗等长或稍短，纸质，具6~8脉；第一小花通常雄性；第二小花雌性，近球形，外稃边缘和背部被微毛；鳞被楔形；雄蕊3，花药长约1 mm，柱头帚状，暗紫色。颖果近球形。

地理分布 分布于印度及东南亚至大洋洲等地。我国各地均有分布。常生于路旁、林下、低湿地、田埂及浅水中。

饲用价值 柳叶䅟秆叶柔嫩，牛、羊、兔极喜食，为优质牧草，耐阴性强，宜作林下及湿地放牧草种。柳叶䅟的化学成分如表所示。

柳叶䅟花序

测定项目	样品情况	开花期绝干样
	干物质	100
占干物质	粗蛋白	3.34
	粗脂肪	2.94
	粗纤维	34.82
	无氮浸出物	55.55
	粗灰分	3.35
	钙	—
	磷	—

柳叶䅟的化学成分（%）

柳叶䅟群体

42. 白花柳叶箬
Isachne albens Trin.

形态特征 为柳叶箬属多年生草本。秆坚硬，直立，基部节上生根而倾斜，高0.5～1.0 m，基部数节分枝。基部叶鞘短于节间；叶舌纤毛状，长约2 mm；叶片质较坚硬，披针形，长7～15 cm，宽8～18 mm，上面具粗糙的短硬毛。圆锥花序椭圆形或倒卵状椭圆形，开展，长15～25 cm，宽6～12 cm，分枝单生，每一分枝可再1～2次分出小枝，每小枝1～2小穗；小穗长1～1.5 mm，椭圆状球形，灰白色；颖草质，约与小穗等长，具5～7脉；两小花同质同形，第一小花两性，第二小花常为雌性。颖果椭圆形。

地理分布 分布于尼泊尔、印度东部至东南亚及巴布亚新几内亚等地。我国分布于华南、华东、西南等地。常生于山坡、谷地、溪边或林缘草地中。

饲用价值 白花柳叶箬草质柔软，叶量大，适口性好，牛、马、羊均喜食。白花柳叶箬的化学成分如表所示。

白花柳叶箬的化学成分（%）

测定项目	样品情况	结实期绝干样
	干物质	100
占干物质	粗蛋白	8.94
	粗脂肪	2.12
	粗纤维	43.63
	无氮浸出物	39.08
	粗灰分	6.23
	钙	0.14
	磷	0.07

白花柳叶箬群体

白花柳叶箬花序

43. 茅根

Perotis indica (L.) O. Kuntze

形态特征 为茅根属一年生草本。秆丛生，基部外倾或平卧状，节上常分枝，斜向上升，再分枝，直立部高10～30 cm。叶鞘无毛，上部者稍短于节间，紧密抱茎或因分枝而破裂；叶舌膜质，长约0.5 mm；叶片披针形，长1.5～4.5 cm，宽2～5 mm，质地稍硬，扁平，先端短渐尖，基部心形而略抱茎，边缘中下部两侧有稀疏或稍密集的短硬刺毛。穗形总状花序顶生，直立，长3～11 cm；穗轴稍粗壮，圆柱形，有棱和浅沟；小穗柄宿存，长0.3～0.5 mm，密生淡黄色微柔毛；小穗长2～2.5 mm（芒除外），稍扁，基盘长0.2～0.3 mm，含1朵小花；颖披针形，纸质，具细小而散生的柔毛，稍不等长，1脉，脊状，粗糙，脉在先端延伸为细而长的芒，芒长1～2 cm；外稃披针形，膜质，具1脉，长约1 mm；内稃膜质而稍狭，稍短于外稃；花药淡黄色，椭圆形，长约0.6 mm；花柱2，柱头帚状。颖果长椭圆形，成熟时淡棕红色，与小穗等长，其先端常略外露。

地理分布 分布于亚洲热带、亚热带地区。我国分布于海南、广东、广西、福建、台湾、云南等地。常生于溪边、岸旁或潮湿草地中。

饲用价值 牛、羊采食茅根全株，其茎、叶、穗重量占全株重量比例分别为27.8%～44.5%、33.3%～51.4%和20.8%～22.2%，草质中等，产量较低。茅根的化学成分如表所示。

茅根的化学成分（%）

测定项目	样品情况	营养期全草	开花期全草
干物质		27.70	32.30
占干物质	粗蛋白	11.50	9.26
	粗脂肪	3.29	2.33
	粗纤维	33.24	34.29
	无氮浸出物	45.73	49.19
	粗灰分	6.24	4.93
钙		0.49	0.42
磷		0.14	0.10

茅根植株

茅根花序

44. 奥图草
Ottochloa nodosa (Kunth) Dandy

形态特征 又名露籽草，为露籽草属多年生蔓生草本。秆纤细，下部常横卧地面并于节上生根，上部倾斜直立，高20～50 cm。叶鞘短于节间，仅边缘一侧被纤毛；叶舌膜质，长0.3 mm；叶片披针形，质地较薄，长4～11 cm，宽5～10 mm，顶端渐尖，基部圆形或近心形，两面近平滑，边缘稍粗糙。圆锥花序开展，长10～18 cm；小穗柄极短；小穗椭圆形或披针形，长2.8～3.2 mm；颖草质，第一颖长约为小穗的1/2或稍长，具3～5脉；第二颖长为小穗的1/2～2/3，具5～7脉；第一小花外稃草质，与小穗近等长，具7脉，先端淡紫色，长约2.2 mm，第一内稃缺；第二小花外稃骨质，与小穗近等长，平滑，顶端两侧压扁成极小的鸡冠状。

地理分布 分布于印度、斯里兰卡、缅甸、马来西亚、菲律宾等地。我国分布于海南、广东、广西、福建、台湾等地。常生于疏林下或林缘。

饲用价值 牛、羊喜食，为优质牧草。奥图草的化学成分如表所示。

奥图草的化学成分（%）

测定项目	样品情况	营养期鲜草
	干物质	30.31
占干物质	粗蛋白	9.33
	粗脂肪	5.04
	粗纤维	25.96
	无氮浸出物	51.68
	粗灰分	7.99
	钙	—
	磷	—

45. 囊颖草
Sacciolepis indica (L.) Chase

形态特征 为囊颖草属一年生草本，通常丛生。秆基常膝曲，高0.2～1.0 m，有时下部节上生根。叶鞘具棱脊，短于节间，常松弛；叶舌膜质，长0.2～0.5 mm，顶端被短纤毛；叶片线形，长5～20 cm，宽2～5 mm。圆锥花序紧缩成圆筒状，长1～16 cm，宽3～5 mm，向两端渐狭或下部渐狭，主轴具棱，分枝短；小穗卵状披针形，向顶端渐尖而弯曲，长2～2.5 mm；第一颖为小穗长的1/3～2/3，通常具3脉，基部包裹小穗；第二颖背部囊状，与小穗等长，具明显的7～11脉；第一外稃等长于第二颖，通常9脉；第一内稃退化或短小；第二外稃平滑而光亮，长约为小穗的1/2，边缘包着较其小而同质的内稃；鳞被2，阔楔形，折叠，具3脉；花柱基分离。颖果椭圆形，长约0.8 mm，宽约0.4 mm。

地理分布 分布于印度、东南亚、大洋洲及日本等地。我国分布于华南、华东、华中、西南等地。常生于田边、疏林下。

饲用价值 囊颖草营养期草质柔嫩，适口性好，牛、羊、兔、鹅均喜食，为优质牧草。可供放牧或刈割利用。囊颖草的化学成分如表所示。

测定项目	样品情况	营养期绝干样
	干物质	100
占干物质	粗蛋白	9.63
	粗脂肪	2.24
	粗纤维	31.30
	无氮浸出物	42.40
	粗灰分	14.43
	钙	0.23
	磷	0.07

囊颖草株丛

囊颖草花序

46. 毛颖草

Alloteropsis semialata (R. Brown) Hitchc.

形态特征 为毛颖草属多年生草本。具短根状茎。秆丛生，直立，高0.3～0.7 m，节密生髯毛。叶鞘质厚，密生白色柔毛；叶舌厚膜质，长约1 mm；叶片长线形，长20～30 cm，宽2～8 mm，内卷，质硬。总状花序3～4枚，长4～12 cm，近指状排列；小穗卵状椭圆形，长5～6 mm；小穗柄长2～3 mm；第一颖卵圆形，长2～3 mm，3脉于先端汇合，顶端具短尖头；第二颖与小穗等长，具5脉；第一外稃与第二颖等长，雄蕊3；第二外稃卵状披针形，长约4 mm，具长2～3 mm的芒；花药橙黄色，长约3 mm；柱头自顶端伸出。

地理分布 分布于印度、东南亚、大洋洲及非洲热带地区。我国分布于华南、东南、西南等地。常生于山地荒坡、疏林灌丛中。

饲用价值 毛颖草营养期草质柔软，牛、马、羊喜食，为中等牧草。毛颖草的化学成分如表所示。

毛颖草的化学成分（%）

测定项目	样品情况	开花期绝干样
干物质		100
占干物质	粗蛋白	15.60
	粗脂肪	2.10
	粗纤维	14.70
	无氮浸出物	58.60
	粗灰分	9.00
	钙	—
	磷	—

毛颖草株丛

毛颖草花序

47. 类雀稗

Paspalidium flavidium (Retz.) A. Camus

形态特征 为类雀稗属多年生草本。秆压扁，少数丛生，高0.3~1.0 m。叶鞘光滑，两侧压扁而具脊；叶舌短小，长约0.5 mm；叶片线状披针形，长5~30 cm，宽5~10 mm，先端急尖，基部略呈心形。穗状花序6~9枚，长1.5~2.5 cm，稀疏排列于长达40 cm的主轴上；穗轴延伸为一小尖头；小穗卵形，长1.5~2.5 mm，左右排列在穗轴的一侧，背部隆起，乳白色或稍带紫色；含2小花，仅第二小花结实；第一颖广卵形，长约为小穗之半，具3脉；第二颖略短于小穗，具7脉。颖果骨质，椭圆形，腹面平，背面隆起。

地理分布 分布于非洲热带地区，印度以至大洋洲等地。我国分布于云南、海南、广东、广西等地。常生于海拔150~1500 m的山坡、路旁、荒地及疏林中。

饲用价值 类雀稗秆叶繁茂，草质脆嫩，各种家畜均喜食，为良等牧草。类雀稗的化学成分如表所示。

类雀稗花序（局部）

	样品情况	抽穗期绝干样
测定项目		
占干物质	干物质	100
	粗蛋白	9.10
	粗脂肪	1.20
	粗纤维	35.40
	无氮浸出物	43.00
	粗灰分	11.30
	钙	—
	磷	—

类雀稗的化学成分（%）

类雀稗株丛

48. 刚莠竹
Microstegium ciliatum (Trin.) A. Camus

形态特征 为莠竹属一年生蔓生草本。秆基部匍匐地面,节着地生根并向上分枝,高30~80 cm,光滑无毛。叶鞘无毛或边缘有纤毛;叶舌紫色,先端钝,长1~2 mm,背部生短毛;叶片线状披针形,长5~10 cm,宽4~10 mm,先端渐尖,基部狭窄。总状花序长5~7 cm,3~5枚呈指状排列于秆顶;穗轴节间长约3 mm,短于小穗,边缘具纤毛。无柄小穗线状披针形,长约4 mm,基盘毛长约1 mm;第一颖背部中央具一纵沟,顶端有2微齿,两脊中上部疏生纤毛,脊间具2~4脉;第二颖具3脉,脊上具纤毛,先端延伸成长2~4 mm的短芒;第二外稃长约0.5 mm,先端2微齿间伸出细芒,芒长15~20 mm,稍扭转;第二内稃微小;雄蕊3,花药长1~1.8 mm。有柄小穗稍小于无柄小穗,小穗柄长约2 mm。

地理分布 分布于印度、尼泊尔、越南等地。我国分布于华南、西南。常生于空旷潮湿地、林下或阴坡上。

饲用价值 刚莠竹秆叶柔嫩,牛、羊、马均喜食,为良等牧草。刚莠竹的化学成分如表所示。

刚莠竹的化学成分(%)

测定项目	样品情况	营养期干样
	干物质	92.10
占干物质	粗蛋白	7.06
	粗脂肪	0.93
	粗纤维	43.64
	无氮浸出物	40.81
	粗灰分	7.56
	钙	0.35
	磷	0.12

刚莠竹花序

刚莠竹群体

49. 蔓生莠竹
Microstegium fasciculatum (L.) Henrard

形态特征 为莠竹属多年生草本。株高0.8~1.5 m，径2~4 mm。叶鞘圆形；叶舌长1~2 mm，内面橙红色或土红色；叶片扁平，线状披针形，长10~25 cm，宽5~25 mm，先端长渐尖，基部收窄而呈柄状，边缘粗糙。总状花序长3~15 cm，紫色或杂有绿色，常开展，数枚呈指状或圆锥状排列于秆顶；小穗孪生，均可育，长2.5~4.5 mm；无柄小穗第一颖纸质，长圆形或椭圆形，先端全缘或具2裂齿，背面扁平或具浅沟，中部以上常具刺齿状或有短纤毛，具2脊，脊间有2~4脉；第二颖质较薄，舟形，主脉对折成脊，仅脊上具短纤毛；第一小花通常完全退化；第二小花两性，外稃极小，呈鳞片状，顶端具2齿，齿间有一膝曲扭转的芒，芒长6~15 mm；雄蕊3，花药长1.5~2.5 mm。有柄小穗与无柄小穗相似或较小。

地理分布 分布于中南半岛及印度尼西亚等地。我国分布于华南、西南各地。常生于林下、阴坡或潮湿之地。

饲用价值 蔓生莠竹秆叶繁茂而柔软，生物量大，牛、马喜食，为良等牧草。蔓生莠竹的化学成分如表所示。

蔓生莠竹的化学成分（%）

测定项目	样品情况	营养期鲜草
	干物质	38.48
占干物质	粗蛋白	12.09
	粗脂肪	3.04
	粗纤维	30.24
	无氮浸出物	45.35
	粗灰分	9.28
	钙	—
	磷	—

蔓生莠竹群体

蔓生莠竹花序

50. 柔枝莠竹

Microstegium vimineum (Trin.) A. Camus

形态特征 为莠竹属一年生草本。秆下部匍匐，节上生根，高达1 m，多分枝。叶鞘短于节间，鞘口具柔毛；叶舌截形，长约0.5 mm；叶片长4～8 cm，宽5～8 mm，顶端渐尖，基部狭窄。总状花序2～6枚，长约5 cm，近指状排列于长5～6 mm的主轴上，总状花序轴节间稍短于其小穗，压扁，边缘疏生纤毛；无柄小穗长4～4.5 mm；第一颖披针形，纸质，背部有凹沟，上部具2脊，脊上有小纤毛或粗糙；第二颖沿中脉粗糙，顶端渐尖；雄蕊3，花药长约1 mm，或更长。颖果长圆形，长约2.5 mm。

地理分布 分布于印度、缅甸至菲律宾和朝鲜、日本等地。我国分布于华南、华东、华中、西南等地。常生于林缘与阴湿草地。

饲用价值 柔枝莠竹叶量虽少，但生长旺盛，秆质脆嫩，牛、马、羊喜食，为良等牧草。柔枝莠竹的化学成分如表所示。

柔枝莠竹的化学成分（%）

测定项目	样品情况	营养期绝干样
	干物质	100
占干物质	粗蛋白	15.31
	粗脂肪	2.04
	粗纤维	33.67
	无氮浸出物	38.78
	粗灰分	10.20
	钙	—
	磷	—

柔枝莠竹植株

柔枝莠竹花序

51. 金丝草

Pogonatherum crinitum (Thunb.) Kunth

形态特征 为金发草属多年生草本。秆丛生，直立，纤细，高10～30 cm，具5～8节，节上被白色髯毛。叶鞘无毛，但鞘口及上部边缘具长纤毛；叶舌甚短，细毛状；叶片扁平，长1～5 cm，宽1～3 mm，顶端渐尖。穗形总状花序单生于秆顶，长1～3 cm；穗轴节间长为无柄小穗的1/3～2/3，稍扁压，被纤毛；无柄小穗长不及2 mm；第一颖稍短于第二颖，先端近截平，具不明显的2脉；第二颖舟形，具1脉，脉在先端延伸成细弱弯曲的芒，芒长15～20 mm；第一小花常缺；第二小花两性，外稃稍短于第一颖，上部1/3处常2裂，裂齿间伸出细弱而弯曲的芒，芒长18～24 mm；内稃宽卵形，短于外稃；雄蕊1；花柱2，柱头长约1 mm。有柄小穗与无柄小穗同质同形，但常较小。

地理分布 分布于中南半岛、印度、巴基斯坦、尼泊尔、阿富汗及日本等地。我国分布于海南、广东、广西、福建、台湾、贵州、江西、湖南、湖北、浙江、安徽等地。常生于河边、山坡和旷野潮湿之处。

饲用价值 金丝草草质细软，牛、羊、马喜食。此外，金丝草全草可入药，味甘，性平，有清热利水、平肝止血之功效。金丝草的化学成分如表所示。

金丝草的化学成分（%）

测定项目	样品情况	营养期鲜草	抽穗期鲜草
干物质		25.30	27.10
占干物质	粗蛋白	6.21	4.68
	粗脂肪	1.59	1.47
	粗纤维	30.36	33.89
	无氮浸出物	56.24	52.16
	粗灰分	5.60	7.80
钙		0.31	0.27
磷		0.17	0.18

金丝草株丛

金丝草花序

52. 棒头草
Polypogon fugax Nees ex Steud.

形态特征 为棒头草属一年生草本。秆丛生，基部膝曲，高0.1～0.8 m。叶舌膜质，长圆形，长3～8 mm，常2裂或顶端具不整齐的裂齿；叶片扁平，长2.5～15 cm，宽3～4 mm。圆锥花序穗状，长圆形或卵形，较疏松，具缺刻或有间断，分枝长可达4 cm；小穗（含基盘）长约2.5 mm，灰绿色或部分带紫色；颖长圆形，芒从裂口处伸出，细直，微粗糙，长1～3 mm；外稃光滑，长约1 mm，先端具微齿，中脉延伸成长约2 mm而易脱落的芒；雄蕊3，花药长约0.7 mm。颖果椭圆形，长约1 mm。

地理分布 分布于印度、不丹、东南亚及日本等地。我国南北各地均有分布。常生于山坡、田野、河滩潮湿处。

饲用价值 草质柔嫩，适口性好，各种家畜均喜食，为良等牧草。棒头草的化学成分如表所示。

棒头草的化学成分（%）

测定项目	样品情况	茎叶绝干样
干物质		100
占干物质	粗蛋白	13.26
	粗脂肪	2.65
	粗纤维	31.81
	无氮浸出物	40.61
	粗灰分	11.67
	钙	0.53
	磷	0.32

棒头草株丛

棒头草花序

棒头草花序（局部）

53. 细柄草

Capillipedium parviflorum (R. Brown) Stapf

形态特征 又名吊丝草，为细柄草属多年生簇生草本。秆直立或基部倾斜，高0.5～1.5 m，具多节，节被短髯毛。叶鞘鞘口有毛；叶舌干膜质，长0.5～1.5 mm，边缘有短纤毛；叶片线形，长10～30 cm，宽2～8 mm，顶端长渐尖，基部近圆形。圆锥花序长8～25 cm，宽3～8 cm，多少带紫色；分枝近轮生，常再分出小枝；总状花序1～3节（稀至6节）顶生。无柄小穗两性，长圆形，长3～4 mm，基部有髯毛；第一颖具4～6脉，边缘内折成脊，脊上部被纤毛；第二颖舟形，与第一颖几等长，常具3脉；第一外稃长约2 mm，先端钝；第二外稃线形，先端延伸成膝曲芒，芒长10～15 mm。具柄小穗常中性或雄性，与无柄小穗等长或较短，无芒，两颖均背腹压扁，第一颖常有7脉，第二颖有3～5脉。

地理分布 分布于亚洲热带、亚热带地区。我国长江以南均有分布。常生于山坡草地、河边、路边或灌丛中。

饲用价值 细柄草茎叶柔软，叶量大，牛、羊、马喜食，为优质牧草。抽穗期茎、叶、穗重量之比约为40∶40∶20。可青饲，或在孕穗期刈割晒制青干草，作为牲畜的冬春饲料。细柄草的化学成分如表所示。

测定项目	样品情况	成熟期鲜草
	干物质	31.63
占干物质	粗蛋白	8.61
	粗脂肪	2.85
	粗纤维	30.52
	无氮浸出物	49.68
	粗灰分	8.34
	钙	—
	磷	—

细柄草株丛

细柄草花序

54. 硬秆子草

Capillipedium assimile (Steud.) A. Camus

形态特征 为细柄草属多年生亚灌木状草本。株高1.8~3.5 m，坚硬，多分枝，分枝常向外开展而将叶鞘撑破。叶片线状披针形，长6~15 cm，宽3~6 mm，顶端刺状，基部渐窄。圆锥花序长5~12 cm，宽约4 cm，分枝簇生，疏散而开展，小枝顶端有2~5节总状花序，总状花序轴节间易断落，长1.5~2.5 mm。无柄小穗长圆形，长2~3.5 mm，背腹压扁，具芒，淡绿色至淡紫色；第一颖顶端窄而截平，背部粗糙，具2脊；第二颖与第一颖等长，顶端钝或尖，具3脉；第一外稃长圆形，顶端钝，长为颖的2/3；芒膝曲扭转，长6~12 mm。具柄小穗线状披针形，常较无柄小穗长。

地理分布 分布于印度东北部、东南亚及日本。我国分布于华南、华东、西南、华中等地。常生于河边、旷野、林缘、灌丛或湿地上。

饲用价值 生长旺盛，秆叶质地较硬，但牛、马、羊喜食，为良等牧草。硬秆子草的化学成分如表所示。

测定项目	样品情况	孕穗期绝干样
干物质		100
占干物质	粗蛋白	8.30
	粗脂肪	1.70
	粗纤维	35.40
	无氮浸出物	46.50
	粗灰分	8.10
	钙	0.35
	磷	0.27

硬秆子草的化学成分（%）

硬秆子草样丛

硬秆子草花序

55. 球穗草

Hackelochloa granularis (L.) Kuntze

形态特征 为球穗草属一年生草本。秆直立，多分枝，高0.2~1.0 m。叶鞘被疣基糙毛；叶舌短，膜质；叶片线状披针形，长5~15 cm，宽约1 cm，两面被疣基毛，先端渐尖，基部近心形。总状花序纤弱，下部常藏于顶生叶鞘中；有柄小穗与无柄小穗分别交互排列于序轴一侧而成2行。无柄小穗半球形，径约1 mm，成熟后黄绿色；第一颖背面具方格状窝穴；第二颖厚膜质，3脉；第一小花仅存膜质外稃；第二小花两性，稃膜质，雄蕊3，花药紫红色，长仅约0.6 mm。有柄小穗卵形，长1.5~2 mm；第一颖纸质，4脉，背部扁平；第二颖舟形，5脉，脊上具翅。

地理分布 分布于世界热带地区。我国分布于华南、东南、西南等地。常生于路旁、沟边及田野中。

饲用价值 球穗草草质柔嫩，适口性好，牛、羊采食。球穗草的化学成分如表所示。

球穗草的化学成分（%）

测定项目	样品情况	成熟期绝干样
	干物质	100
占干物质	粗蛋白	5.06
	粗脂肪	1.89
	粗纤维	35.71
	无氮浸出物	45.32
	粗灰分	12.02
	钙	—
	磷	—

球穗草秆叶及腋生花序

球穗草植株

56. 石芒草
Arundinella nepalensis Trin.

形态特征 为野古草属多年生簇生草本。具短根茎，根茎具鳞片，须根粗壮。秆直立，稍粗壮，平滑无毛，稀有分枝，高1～3 m，径2～7 mm，节密被微毛，节下常被白粉。叶鞘圆筒状，上部者短于节间，边缘被短纤毛；叶舌干膜质，甚短，截形；叶片线形至披针状线形，长15～50 cm，宽5～15 mm。圆锥花序大而疏散，长15～50 cm，主轴有棱，无毛；分枝斜举或开展，互生、簇生或假轮生，稍纤细，长7～20 cm，自基部即着生小穗或小分枝；小穗孪生，长约4 mm；小穗柄不等长，无毛；颖不等长，卵状披针形，脉明显而隆起，无毛，有时脉上稍粗糙；第一颖3～5脉，先端尖，长约3 mm；第二颖具5脉，先端渐尖，与小穗等长或略长；第一小花外稃长约为小穗的3/5，顶端钝，具5脉；内稃稍短，具2脊，脊上稍粗糙，边缘被毛；第二小花外稃长约2 mm，顶端具一宿存的芒，芒与小穗近等长，下部1/4处膝曲，芒柱扭转，呈暗棕色，基盘短而被毛，毛长可达0.8 mm。

地理分布 分布于日本、印度、东南亚及大洋洲等地。我国分布于海南、广东、广西、云南等地。常生于低山草坡、丘陵灌丛中。

饲用价值 石芒草抽穗前牛采食。石芒草的化学成分如表所示。

石芒草的化学成分（%）

测定项目	样品情况	结实期干样
	干物质	91.83
占干物质	粗蛋白	4.24
	粗脂肪	1.07
	粗纤维	44.64
	无氮浸出物	43.94
	粗灰分	6.11
	钙	0.06
	磷	0.06

石芒草株丛

石芒草花序

57. 孟加拉野古草
Arundinella bengalensis (Spreng.) Druce

形态特征 为野古草属多年生草本。根茎粗，被覆瓦状鳞片。株高1.0～2.0 m。叶鞘常具刺毛，边缘具纤毛；叶舌干膜质；叶片长6～30（～60）cm，宽0.5～1.5 cm。圆锥花序穗状至窄圆柱状，硬而直，长6～35（～60）cm，径1～3 cm，分枝（2～）3～6，对生或轮生；小穗常带紫色，长3～3.5 mm；第一颖长2.2～2.5 mm，卵形，3～5脉，第二颖与小穗等长，5脉；第一小花雄性，长2～2.5 mm；第二小花两性，长约2 mm；芒易断落，芒柱棕色，长约0.5 mm，芒针长0.7～1 mm；花药黄棕色，柱头淡紫色。

地理分布 分布于南亚及东南亚等地。我国分布于华南、西南等地。常生于平地、河谷、灌丛、山坡草地及林缘等潮湿处。

饲用价值 孟加拉野古草叶量较少，营养期家畜采食，但抽穗后家畜极少采食。孟加拉野古草的化学成分如表所示。

孟加拉野古草的化学成分（%）

测定项目	样品情况	抽穗期绝干样
	干物质	100
占干物质	粗蛋白	10.26
	粗脂肪	1.50
	粗纤维	34.84
	无氮浸出物	44.20
	粗灰分	9.20
	钙	—
	磷	—

孟加拉野古草植株　　孟加拉野古草花序

58. 刺芒野古草
Arundinella setosa Trin.

形态特征 为野古草属多年生草本。秆坚硬，基部常外倾，高0.4~1.6 m。叶鞘松弛，常短于节间；叶舌长约0.8 mm；叶片基部圆形，先端长渐尖，长10~30（~70）cm，宽4~7 mm。圆锥花序排列疏展，长10~25（~35）cm，分枝细长，互生；小穗长5.5~7 mm；第一颖长4~6 mm，具3~5脉；第二颖长5~7 mm，具5脉；第一小花中性或雄性，外稃长3.8~4.6 mm，具3~5脉，偶见7脉，内稃长3.6~5 mm；第二小花披针形至卵状披针形，长2.2~3 mm，成熟时棕黄色；芒宿存，芒柱长2~4 mm，黄棕色，芒针长4~6 mm；花药紫色，长约1.5 mm。颖果褐色，长卵形，长约1 mm。

地理分布 分布于亚洲热带、亚热带地区。我国分布于华南、华东、西南、华中等地。常生于山坡草地、灌丛、松林下。

饲用价值 草质粗糙，叶量少，营养期适口性中等，抽穗后植株老化，家畜多不采食，为下等牧草。刺芒野古草的化学成分如表所示。

刺芒野古草的化学成分（%）

测定项目	样品情况	营养期绝干样
	干物质	100
占干物质	粗蛋白	6.30
	粗脂肪	1.36
	粗纤维	33.10
	无氮浸出物	53.70
	粗灰分	5.54
	钙	—
	磷	—

刺芒野古草株丛

刺芒野古草小穗

59. 老鼠芳

Spinifex littoreus (N. L. Burman) Merr.

形态特征 又名鬣刺，为鬣刺属多年生草本。须根长而坚韧。秆粗壮，坚实，表面常被蜡质，节上生根，直立部高0.5~1 m。叶鞘松弛，常相互覆叠；叶舌极短，顶端被长2~3 cm的白色纤毛；叶片坚硬而厚，长5~20 cm，宽2~3 mm，通常呈弯弓形，顶端内卷成针状，下部对折，无毛。雄穗轴长4~9 cm，着生数枚雄小穗，顶端延伸于顶生小穗之上而成针状；雄小穗长9~12 mm，柄长约1 mm，含1或2朵小花；颖草质，广披针形，顶端尖，具7~9脉，第一颖长约为小穗的1/2，第二颖长约为小穗的2/3；外稃长8~10 mm，具5脉；内稃与外稃近等长，具2脉。雌小穗单生于穗轴基部，长约12 mm；穗轴长芒状，长8~15 cm；颖草质，具数至十余脉，第一颖稍短于小穗；第一小花外稃具5脉，内稃缺；第二小花外稃厚纸质，具5脉，内稃与外稃近等长。

地理分布 分布于印度、缅甸、斯里兰卡、马来西亚、越南、菲律宾等地。我国分布于海南、广东、广西、福建、台湾等地。常生于海边沙地。

饲用价值 仅羊采食，为劣等牧草。老鼠芳常在海边形成优势群落，可作为海边固沙护堤植物。老鼠芳的化学成分如表所示。

老鼠芳的化学成分（%）

测定项目	样品情况	营养期鲜草
	干物质	16.40
占干物质	粗蛋白	13.36
	粗脂肪	4.43
	粗纤维	32.73
	无氮浸出物	40.88
	粗灰分	8.60
	钙	0.63
	磷	0.25

60. 白茅
Imperata cylindrica (L.) Raeuschel

形态特征 为白茅属多年生草本。具粗壮的长根状茎。秆直立，高0.3～0.8 m，具1～3节。叶鞘聚集于秆基，长于其节间，质地较厚；叶舌膜质，长约2 mm；分蘖叶片长约20 cm，宽约8 mm，扁平，质地较薄；秆生叶片长1～3 cm，窄线形，通常内卷，被白粉，基部上面具柔毛。圆锥花序稠密，长20 cm，宽达3 cm；小穗长4.5～5（～6）mm；两颖草质，边缘膜质，具5～9脉；第一外稃卵状披针形，长为颖片的2/3，顶端尖或齿裂；第二外稃与其内稃近等，长约为颖之半，卵圆形，顶端具齿裂及纤毛；雄蕊2，花药长3～4 mm；花柱细长，基部多少连合，柱头2，紫黑色，羽状，长约4 mm，自小穗顶端伸出。颖果椭圆形，长约1 mm。

地理分布 广布于东半球温带、亚热带至热带地区。我国南北各地均有分布。常生于河岸草地、沙质草甸，多形成单一优势群落。

饲用价值 叶量丰富，但质地较粗糙，牛、马喜食，为中下等牧草。白茅的化学成分如表所示。

测定项目	样品情况	拔节期绝干样
	干物质	100
占干物质	粗蛋白	6.50
	粗脂肪	1.90
	粗纤维	35.30
	无氮浸出物	48.20
	粗灰分	8.10
	钙	0.29
	磷	0.15

白茅的化学成分（%）

白茅群体

白茅花序

第 **3** 篇

热带豆科牧草

第 17 章　热带豆科牧草总论

17.1　概述

豆科（Leguminosae）植物于人类的用途仅次于禾本科，它不仅是主要植物蛋白和食用油的来源，还是医药、工业等的重要原料，也是培肥地力、维持地球土壤生态系统的重要植物。

从数量上看，豆科是种子植物中的大科之一，约650属18 000余种。我国约167属1670余种。分布广泛，生长环境多样，无论平原、高山、荒漠、森林、草原，还是水域，都有豆科植物的分布。但相对于禾本科而言，除栽培外，豆科牧草多分散生长，不是草地的主要部分。

豆科牧草种类虽然较禾本科牧草为少，但豆科牧草富含蛋白质，是牲畜重要的蛋白饲料来源，在栽培牧草中具有重要的地位。随着牧草加工技术的发展，豆科牧草不仅用于晒制干草，还越来越多地应用于生产草粉和调制青贮饲料，不断扩展的应用方式与范围充分提升了豆科牧草的利用价值。此外，豆科植物多具固氮根瘤，对土壤结构的改良和土壤肥力的提高具有重要作用。豆科牧草亦是优良的绿肥作物。

17.2　形态特征

17.2.1　株型

豆科牧草株型变化很大，从生活型来看，有低矮草本，如异叶山蚂蝗（*Desmodium heterophyllum*）、三点金（*D. triflorum*），也有灌木状高大草本，如田菁（*Sesbania cannabina*）、白灰毛豆（*Tephrosia candida*）；有灌木，如假木豆（*Dendrolobium triangulare*）、大叶千斤拔（*Flemingia macrophylla*）；有小乔木，如银合欢（*Leucaena leucocephala*）、大花田菁（*Sesbania grandiflora*），也有高大乔木，如印度檀（*Dalbergia sissoo*）、凤凰木（*Delonix regia*）。从生长习性来看，有直立生长者，如圭亚那柱花草（*Stylosanthes guianensis*）、圆叶舞草（*Codoriocalyx gyroides*）等；有匍匐生长者，如平托落花生（*Arachis pintoi*）、卵叶山蚂蝗（*Desmodium ovalifolium*）等；有缠绕生长者，如紫花大翼豆（*Macroptilium atropurpureum*）、蝴蝶豆（*Centrosema pubescens*），以及攀缘生长者，如蝶豆（*Clitoria ternatea*）、豌豆（*Pisum sativum*）等。

17.2.2　根

豆科植物为直根系，由胚根发育而来的主根及其上的分支根组成。主根一般粗壮，较深，分支根向四周扩展，并多着生根瘤。

17.2.3 茎

豆科牧草的茎大多为草质，少数为木质，无明显的节。茎一般圆形，亦有具棱者，如四棱猪屎豆（*Crotalaria tetragona*）。茎多光滑，少被毛，或有刺。茎多为实心，少中空，如白花草木樨（*Melilotus albus*）。

17.2.4 叶

叶由叶柄、叶片和托叶构成，通常互生，稀对生；羽状复叶或三出复叶，稀为单叶。羽状复叶有一回和二回，奇数和偶数，三出复叶有三出掌状和三出羽状之分，偶数羽状复叶的叶轴顶端有时有卷须或刺头。

17.2.5 花序、花、果实

花序为腋生或顶生，通常为总状花序或圆锥花序，有时为头状或穗状花序等。花辐射对称或两侧对称。花瓣通常5，常分离而不相等，最上者为旗瓣，两侧为翼瓣，下面两片多少连合，称龙骨瓣。雄蕊常10枚，连合为一组，或9枚连合为一组而1枚分离，少全部分离，花药2室，多为纵裂。雌蕊1枚，子房上位，1室，有时被隔膜分成假2室，花柱1，胚珠1至多数。大多为荚果，形状多样，成熟后沿缝线开裂或不裂，或断裂成含单粒种子的荚节；种子通常具革质或有时膜质的种皮。

17.3 生长习性

17.3.1 种子的萌发

豆科植物的种子由种皮包裹着的子叶和胚组成，种皮一般呈胶质状态，有的坚硬，水分不易进入，在自然状态下，种子需要较长时间才能萌发。豆科牧草种子多含有大量蛋白质、淀粉或脂肪，种子萌发需要吸收大量水分。种子吸水膨胀，种皮胀破后，胚根首先生长，而后胚轴、胚芽生长，子叶出土或子叶留土，渐而发出真叶，形成植株。

17.3.2 根的生长

豆科牧草种子萌发时，胚根首先伸长，并向下生长，之后随着胚轴、胚芽的生长，胚根进一步伸长，逐步发育为主根，并在其上产生分支，而形成直根系。当地上部分开始形成真叶时，根系进一步伸长，分支根也增多，并开始形成根瘤。当地面形成叶丛时，根系有一个较长时期的发育过程，根系持续伸长，长度一般达地上部的几倍至数十倍，根瘤亦进一步增多。其后，主根上部增粗，近地面处膨大，形成初期的根颈，此时便形成完整的根系。

17.3.3 茎叶的生长

豆科牧草种子养分主要贮藏在子叶中，种子萌发时，胚轴、胚芽生长，子叶出土或留土，此间为异养生长，当长出真叶后，进入自养生长阶段，植株不断长大，抽伸新的叶片和枝条。

17.3.4 生殖生长

豆科牧草的营养生长和生殖生长间存在着对光合产物的竞争,无完全的生殖生长或完全的营养生长,多为二者同时进行。当环境条件有利于营养生长时,产生的花少,结实也少;当环境条件有利于花器的发育时,营养生长受到抑制,生殖生长占优。在生殖生长中,首先茎顶端分生组织分化发育出花序原基,花序原基逐步发育增大,成为苞片和花原基,逐步发育生长为花。豆科牧草生殖生长受光照、温度、水分等环境因子的影响。

17.4 饲用价值

野生豆科牧草分布广泛,但所占比重不大,不过与其他科牧草相比,豆科牧草粗蛋白含量较高,占干物质的16%～24%,且豆科牧草钙质丰富,一般都在0.9%以上,高者可达2%以上,鲜草还含有丰富的维生素等。就营养价值而言,豆科牧草普遍高于禾本科牧草,是家畜生产重要的粗蛋白来源,特别是在集约化生产中,栽培豆科牧草的生产价值重大。

此外,豆科牧草根部所结根瘤可以通过固氮作用利用空气中游离的氮,增加牧草本身及土壤的氮素含量。

第 18 章　柱花草属牧草

柱花草属（*Stylosanthes* Sw.）为多年生直立草本或亚灌木。羽状复叶具3小叶；托叶与叶柄贴生成鞘状，宿存。花小，多朵组成密集的短穗状花序，腋生或顶生；苞片膜质，宿存；小苞片披针形，膜质，宿存；花萼筒状，5裂，上面4裂片合生，下面1裂片狭窄，分离；花冠黄色或橙黄色，稀白色，旗瓣圆形、宽卵形或倒卵形，先端微凹，基部渐狭，具瓣柄，无耳；翼瓣比旗瓣短，长圆形至倒卵形，分离，上部弯弓，具瓣柄和耳，龙骨瓣和翼瓣相似，有瓣柄和耳；雄蕊10枚，下部闭合成筒状；花药二型，其中5枚较长的近基着，与5枚较短而背着的互生；子房线形，无柄，具2~3胚珠，花柱细长，柱头极小，顶生，帽状。荚果小，长圆形或椭圆形，先端具喙，具荚节1~2个；种子近卵形，种脐常偏位，具种阜。

柱花草属约有45种（亚种），大部分原产于热带美洲，非洲产4~5种，亚洲仅印度产2种（*Stylosanthes fruticosa*和*S. sundaica*）。该属植物是重要的热带豆科牧草和绿肥作物，在世界热带、亚热带地区广泛栽培。我国于1962年首次从马来西亚引入疏毛柱花草（*S. gracilis*）用作幼龄橡胶园的绿肥覆盖，之后从澳大利亚引入圭亚那柱花草（*S. guianensis*）的库克、奥克雷、爱德华、格拉姆等品种进行试种推广，但因受炭疽病危害而相继被淘汰。20世纪80年代初，我国加大柱花草种质的引进力度，先后从哥伦比亚国际热带农业中心、澳大利亚联邦科学与工业研究组织（Commonwealth Scientific and Industrial Research Organization，CSIRO）、澳大利亚国际热带农业研究中心（Australian Centre for International Agricultural Research，ACIAR）及巴西农牧研究院（Brazilian Agricultural Research Corporation，Embrapa）引进了圭亚那柱花草、粗糙柱花草（*S. scabra*）、矮柱花草（*S. humilis*）、头状柱花草（*S. capitata*）、大头柱花草（*S. macrocephala*）、灌木柱花草（*S. seabrana*）、有钩柱花草（*S. hamata*）和马弓形柱花草（*S. hippocampoides*）等大量种质。其中CIAT184圭亚那柱花草（*S. guianensis* cv. CIAT184）无论是产量还是抗病性都显著优于当时推广品种格拉姆柱花草。为此，广东省农业厅与原华南热带作物科学研究院开展合作研究，经系统筛选评价，从CIAT184圭亚那柱花草群体中选育出我国第一个高产抗病的柱花草新品种——热研2号圭亚那柱花草（*S. guianensis* cv. Reyan No. 2）。此后，各单位陆续选育出热研5号圭亚那柱花草（*S. guianensis* cv. Reyan No. 5）、热研7号圭亚那柱花草（*S. guianensis* cv. Reyan No. 7）、热研10号圭亚那柱花草（*S. guianensis* cv. Reyan No. 10）、热研13号圭亚那柱花草（*S. guianensis* cv. Reyan No. 13）、907圭亚那柱花草（*S. guianensis* cv. No. 907）、热研20号圭亚那柱花草（*S. guianensis* cv. Reyan No. 20）、热研21号圭亚那柱花草（*S. guianensis* cv. Reyan No. 21）等13个柱花草新品种，并广泛应用于人工草地建设、天然草地改良、胶（果）园覆盖及水土保持。目前，柱花草属牧草已在我国海南、广东、广西、云南、贵州、福建及四川攀枝花干热河谷地区累计推广种植约650 000 hm^2，成为我国热带、亚热带地区最主要的豆科牧草。

1. 圭亚那柱花草
Stylosanthes guianensis (Aubl.) Sw.

形态特征 为多年生直立或半直立草本，少一年生。多数主茎不明显，分枝多，斜向上生长，高0.5～2 m，径0.2～0.3 cm。三出复叶，托叶鞘状，长0.4～2.5 cm；叶柄和叶轴长0.2～1.2 cm；小叶卵形、椭圆形或披针形，长0.5～4.5 cm，宽0.2～1（～2）cm，无毛或被疏柔毛，边缘偶具小刺状齿；无小托叶，小叶柄长1 mm。穗状花序顶生或腋生，数个穗状花序聚集成圆锥花序，具2～40密集的花；初生苞片长1～2.2 cm，密被伸展长刚毛；次生苞片长2.5～5.5 mm，宽约0.8 mm；小苞片长2～4.5 mm；花托长4～8 mm；萼管椭圆形或长圆形，长3～5 mm，宽1～1.5 mm；旗瓣橙黄色、黄色、白色，具细脉纹，长4～8 mm，宽3～5 mm。荚果具1荚节，卵形，长2～3 mm，宽1.8 mm，无毛或近顶端被短柔毛，喙很小，内弯，长0.1～0.5 mm；种子土黄色、黑色或灰褐色，肾形或扁椭圆形，长约2.2 mm，宽约1.5 mm。

地理分布 圭亚那柱花草原产于南美洲，世界热带地区广泛栽培。我国自20世纪60年代开始引种，先后从东南亚和南美洲引进Cook、Oxly、Enaeavour、Graham和CIAT184等品种（种质）进行试种评价，选育出热研2号、热研5号、907、热研20号和热研21号等多个适合我国热带、南亚热带地区栽培的圭亚那柱花草品种，现海南、广东、广西、云南、四川等地有种植。

生物学特性 圭亚那柱花草喜温暖湿润的热带气候，主要生长在北纬23°和南纬23°之间、海拔1000 m以下的地区。最适生长温度为25～28℃。怕霜冻，不同品种（品系）的耐寒程度有所差异，一般在15℃能继续生长，低于10℃时开始受害，在0℃时叶片脱落，低于－2.5℃时受冻死亡。对土壤适应性广泛，在砖红壤和灰化土上均能生长，从沙质土至重黏土均可良好生长，但在排水良好、质地疏松的土壤上生长最为旺盛。吸取钙、磷能力强，耐酸性瘦土，一些品种（品系）可耐pH 4.0的强酸性土壤。抗旱，不耐涝，可忍受短时间水淹，在低洼积水地生长不良。

圭亚那柱花草为短日照植物，在我国南方种植，开花较早，向北则延迟开花。例如，热研2号圭亚那柱花草在海南三亚（18°10′N）种植，9月下旬始花，10月中旬盛花，花期长达90天，12月下旬种子成熟。由于花期温度适宜（约25℃），利于开花、授粉、结籽，种子产量高。在广东揭西（23.5°N），11月始花，11月中旬盛花，12月至翌年1月中旬种子成熟。由于花期受低温影响，种子发育不良，种子产量低。

圭亚那柱花草植株

圭亚那柱花草叶片及小花

饲用价值 圭亚那柱花草营养丰富，富含蛋白质和各类氨基酸，是优质热带豆科牧草。圭亚那柱花草既可与坚尼草、狗尾草、俯仰马唐、无芒虎尾草等禾草建植混播草地以供放牧，亦可刈割青饲或加工草粉等产品。此外，圭亚那柱花草还是一种优良的绿肥覆盖作物，种植于幼龄橡胶园、果园等种植园中，可以获得一定的青饲料；防止土壤冲刷，减少种植园的水土流失；压制杂草，减少除草用工；涵养土壤水分，缓和干旱对主作物的影响；提高土壤肥力，促进主作物的生长。我国主要栽培圭亚那柱花草品种的化学成分如表所示。

栽培要点 圭亚那柱花草既可建植放牧草地，也可建植刈割草地；建植放牧草地时，多直播；建植刈割草地时，可直播，也可育苗移栽；建植种子生产田时，多育苗移栽。

圭亚那柱花草种子具有一定的硬实率，播前的种子处理是播种成功与否的关键。通常采用80℃热水浸种2~3 min，然后将种子放入0.1%的多菌灵溶液中浸泡10~15 min，这不仅可以提高种子的发芽率，还可以杀死种子携带的炭疽病菌。在新植地区，宜用柱花

主要栽培圭亚那柱花草品种的化学成分（%）

测定项目		品种名	热研2号	热研5号	热研7号	热研10号	热研13号	907	热研20号	热研21号
		样品情况	营养期鲜草	营养期鲜草	营养期鲜草	营养期鲜草	营养期鲜草	营养期鲜草	营养期鲜草	营养期鲜草
	干物质		30.29	25.30	34.63	32.78	29.67	31.50	26.21	25.98
占干物质	粗蛋白		11.75	13.59	9.73	13.14	11.98	11.54	21.01	19.82
	粗脂肪		2.08	2.14	1.82	2.18	2.05	2.19	5.73	5.56
	粗纤维		39.04	31.76	34.09	29.22	30.18	37.37	35.27	30.96
	无氮浸出物		41.07	46.05	48.92	49.46	49.85	43.00	30.87	36.09
	粗灰分		6.06	6.46	5.44	6.00	5.94	5.90	7.12	7.57
	钙		0.76	0.89	0.78	0.71	0.78	0.78	—	—
	磷		0.18	0.25	0.15	0.28	0.17	0.18	—	—

圭亚那柱花草花序

圭亚那柱花草荚果及种子

草根瘤菌拌种。

　　放牧草地直播时，对整地无特殊要求，但要把种子播于经过犁耙的土壤，并施过磷酸钙225 kg/hm²。刈割草地直播时，要求整地精细、地块平整、土壤细碎，并结合整地施有机肥7500 kg/hm²、过磷酸钙225 kg/hm²作基肥；直播播种量为7.5 kg/hm²。育苗移栽时，苗床要求整地精细，施过磷酸钙225 kg/hm²作基肥，播种量为37.5～52.5 kg/hm²，播后淋水保湿。在苗高15～20 cm（一般播后45～50天）时，抢阴雨天定植，刈割草地株行距为70 cm×70 cm或80 cm×80 cm，种子生产田株行距为80 cm×80 cm、90 cm×90 cm或80 cm×100 cm。在高温多雨季节，宜用0.2%～0.3%的多菌灵溶液喷施，以防炭疽病的发生流行。

　　种植当年，株高60～80 cm时，可进行第一次刈割，刈割高度30 cm，刈割后若植株再生良好，可在11月前进行第二次刈割，此后每年可刈割3～4次。圭亚那柱花草花期长，种子成熟不一致，且成熟后自行脱落；另外，分枝多交织在一起，花序高低不一，因此机械收种相对困难。目前常用的收获方法是：待85%以上的种子成熟时，将植株地上部分割下，堆集成行，用木棍将种子打落，然后用扫把将地上的种子扫回，经风选后除去细沙和杂物，再经1～2次人工筛选（或水选），晒干即可装袋贮藏。

2. 头状柱花草
Stylosanthes capitata Vog.

形态特征 为多年生草本或亚灌木。直根系，主根强壮。茎半直立至直立，高0.7～1.0 m，多分枝，茎基部木质化。三出复叶；小叶椭圆形至宽椭圆形，少卵形，长1.5～4 cm，宽5～15 mm；小叶顶端急尖，两面大都密被绒毛；叶柄长2～6 mm，密被绒毛；托叶椭圆形，长16～20 mm，宽6～8 mm，具脉2～3对。头状花序顶生或腋生，长4～7 cm，宽15～20 mm；苞片1，叶状，椭圆形，长9～13 mm，具脉3～5对，有时多毛；花小，蝶形，黄色，旗瓣卵形，长4～6 mm。荚果2节，长5～7 mm，宽2～2.5 mm，具网脉，上节无毛，具喙。种子黄色或黑色，有时具斑点。

地理分布 头状柱花草原产于南美洲，主要分布于委内瑞拉东北部，巴西东南部、西部至东北部，世界其他热带、亚热带地区引种栽培。我国于1991年由华南热带作物科学研究院自哥伦比亚国际热带农业中心引入。

生物学特性 头状柱花草喜温暖湿润的热带气候，适宜在降水量1000～2500 mm的半湿润至湿润的热带地区生长。对土壤适应性广泛，在酸性瘦土上生长良好，可在高铝、高锰含量的土壤上生长。喜光照，不耐阴，不耐渍涝。

头状柱花草一般在雨季结束时开始开花，花期可延续至旱季。在海南，10月初始花，10月末进入盛花期，12月中旬种子成熟。种子产量高，可达1000 kg/hm^2。

头状柱花草能与圭亚那须芒草、俯仰臂形草和网脉臂形草等禾本科牧草建植良好的群丛。

饲用价值 头状柱花草是一种优良的放牧型豆科牧草，适于同圭亚那须芒草、臂形草、坚尼草等禾本科牧草混播，建植永久性人工草地。头状柱花草的化学成分如表所示。

头状柱花草植株

头状柱花草花序

头状柱花草的化学成分（%）

测定项目	样品情况	营养期鲜草	开花期鲜草	成熟期鲜草
干物质		20.15	26.92	35.42
占干物质	粗蛋白	8.03	7.76	7.37
	粗脂肪	2.73	2.44	1.96
	粗纤维	17.03	17.76	19.75
	无氮浸出物	61.21	63.04	63.42
	粗灰分	11.00	9.00	7.50
	钙	0.50	0.42	0.41
	磷	0.32	0.32	0.23

栽培要点 头状柱花草主要用于建植放牧草地，多用种子直播。种子硬实率高，新鲜的种子发芽率低，播种前需用硫酸或热水处理，以提高发芽率。生产上常用的方法是80℃热水浸种2～3 min，处理后的种子晾干后即可播种，可条播或撒播，播种量为2～3 kg/hm^2。在初次种植柱花草的地块播种，宜接种柱花草根瘤菌。头状柱花草苗期生长较慢，需注意控制杂草危害。

3. 矮柱花草
Stylosanthes humilis Kunth

植物学特征 为一年生草本，平卧或斜升。主根粗壮，侧根发达，多根瘤。株高5～50（70）cm，通常沿主茎一侧被白色短纤毛，节部被短鬃毛。三出复叶；小叶披针形，长约2.5 cm，宽3.5～6 mm，顶端渐尖，基部楔形；托叶和叶柄均被疏柔毛。总状花序腋生；花小，蝶形，黄色。荚果稍呈镰形，黑色或灰色，上有凸起网纹，先端具弯喙，内含1颗种子；种子棕黄色，长约2.5 mm，宽约1.5 mm，先端尖。

地理分布 矮柱花草原产于巴西、委内瑞拉、巴拿马和加勒比地区等，全世界约分布于南纬14º至北纬23º、海拔1500 m以下的地区。我国于1965年从澳大利亚首次引入，之后广东省农垦总局、华南热带作物科学研究院等单位从印度尼西亚、马来西亚等国引入多份矮柱花草种质用作绿肥覆盖作物和天然草地的改良，并推广至北纬26º地区。

生物学特性 矮柱花草喜温暖湿润气候，最适生长温度为27～33℃，不耐霜冻；适宜的年降水量为650～1800 mm。对土壤适应范围广，在黏重的砖红壤、水稻土上都可生长。耐酸性瘦土，可在pH 4.5～6.5的土壤上良好生长。抗旱力强，耐长期干旱。耐短时水渍，但遇地下水位过高，长期渍水，则生长不良，叶片发黄脱落。

矮柱花草分枝性强，茎叶稠密，易覆盖地表，一般在生长后期形成致密草层，对杂草有很强的抑制能力。

矮柱花草结实力强，一般种子产量为225～375 kg/hm^2，高者可达750 kg/hm^{2}以上，落粒性强。种子硬实率高，大量的硬实种子能度过不良的外界环境，逐年繁殖更新。在桂南地区，早春开始出土，6～7月覆盖地面，草层高45 cm，10月上旬开花，花期长，12月初种子成熟，生育期约250天。

饲用价值 矮柱花草适口性良好，牛、羊喜食，为优质牧草。营养期较长，营养成分高，且较均衡。在矮柱花草混播草地上放牧家畜，前期家畜多采食禾本科牧草，后期多采食矮柱花草。因此，矮柱花草对家畜育肥有积极的作用。矮柱花草亦可刈割青饲或调制干草，年鲜草产量为22 500～45 000 kg/hm^2。矮柱花草的化学成分如表所示。

矮柱花草植株

矮柱花草荚果及种子

矮柱花草的化学成分（%）

测定项目	样品情况	开花期绝干样	成熟期绝干样	干草粉绝干样
干物质		100	100	100
占干物质	粗蛋白	11.27	10.15	10.14
	粗脂肪	2.25	3.73	3.73
	粗纤维	25.49	36.28	36.28
	无氮浸出物	54.80	46.08	45.78
	粗灰分	6.19	3.76	4.07
	钙	—	—	—
	磷	—	—	—

栽培要点 矮柱花草种子细小，需整地精细，结合整地施磷肥375～450 kg/hm²、钾肥（或火烧土等）750～7500 kg/hm²作基肥。种子种皮坚硬，硬实率高，发芽困难，发芽率一般在35%以下。因此，播前要对种子进行处理，常用的方法是用80℃热水浸种2～3 min。经处理的种子发芽率可提高70%以上，播后7～10天即可出苗。放牧草地多撒播，刈割草地和种子田多条播，条播行距为40～50 cm，播种量为7.5～11 kg/hm²。矮柱花草前期生长缓慢，刈割草地和种子田应及时除草。种植当年可刈割1～2次，刈割高度25～30 cm，以后每年可刈割3～4次。

4. 粗糙柱花草
Stylosanthes scabra Vog.

形态特征 为多年生亚灌木状草本。直立或半直立，高1~1.5 m，多分枝，被长或短刚毛，全株常带黏性。三出复叶；叶柄长5.5~8.5 mm；小叶长椭圆形至倒披针形，侧脉4~7对，明显，顶端钝，具短尖，两面被毛，带黏性；中间小叶较大，长1.5~2.1 cm，宽6~9 mm，小叶柄长1.5~2 mm；两侧小叶较小，长1.3~1.5 cm，宽4~7 mm，近无柄。花序倒卵形至椭圆形，长1~3 cm；花黄色。荚果2节，上面1节具短而略弯的喙。种子小，黄色，肾形，长1.5~2 mm。

地理分布 粗糙柱花草原产于南美洲，广泛分布于巴西、玻利维亚、委内瑞拉、哥伦比亚、厄瓜多尔，现世界热带地区广泛栽培。我国海南、广东、广西、云南栽培，主要栽培的品种为西卡柱花草（*Stylosanthes scabra* cv. Seca）。

生物学特性 粗糙柱花草为典型的热带植物，自然分布于海平面至海拔600 m的地区，不耐霜冻。对土壤的适应性广泛，耐酸性瘦土，在沙质土至沙壤土上自然传播良好，而在土表板结或重黏土上自然消失。根系发达，分布深广，极耐干旱，可在年降水量仅500 mm的热带地区生长。不耐水渍。耐火烧，烧草后尽管地上部大部分死亡，但植株基部和根部能很快抽生新芽，落地种子遇雨后也可大量发芽生长。

粗糙柱花草初期生长缓慢，但不易被杂草覆盖。在海南白沙黎族自治县（19°N），6月底播种，播后4~6天出苗，9月底至11月中旬开花，11月底至翌年1月种子成熟，种子产量约117 kg/hm^2。

饲用价值 粗糙柱花草是热带干旱、半干旱地区最主要的放牧型豆科牧草，牛、羊、鹿喜食。可与网脉臂形草、圭亚那须芒草、坚尼草等禾本科牧草混播建植优质放牧草地。西卡柱花草的化学成分如表所示。

粗糙柱花草植株

粗糙柱花草荚果及种子

测定项目	样品情况	营养期鲜草	开花期鲜草
干物质		24.80	26.20
占干物质	粗蛋白	14.70	10.38
	粗脂肪	2.87	2.42
	粗纤维	39.20	45.91
	无氮浸出物	37.37	35.13
	粗灰分	5.86	6.13
钙		1.15	1.09
磷		0.80	0.10

西卡柱花草的化学成分（%）

栽培要点 粗糙柱花草种子硬实率高，播前需对种子进行处理，以提高种子的发芽率，常用的方法是用80℃热水浸种2～3 min。单播播种量为10～15 kg/hm²，与其他禾本科牧草混播时，则按60%粗糙柱花草加40%禾本科牧草的比例进行播种。作为种子生产时，宜育苗移栽，株行距为80 cm×80 cm或50 cm×100 cm。

5. 有钩柱花草
Stylosanthes hamata (L.) Taub.

形态特征 为一年生或短期多年生草本，半直立，分枝多，株高0.8～1 m。茎细弱，青绿色，一侧被白色短绒毛。三出复叶；中间小叶叶柄较长，小叶披针形，长2～3 cm，宽3～4 mm。穗状花序，花小，黄色。荚果2节，顶端1节具3～5 mm长的环状小钩，每节1颗种子，种荚与种子不易分离。种子肾形，褐色、黄色或绿黄色。

地理分布 有钩柱花草原产于拉丁美洲的加勒比地区和美国佛罗里达州南部地区，世界热带、亚热带地区引种栽培。我国于1981年自澳大利亚引入，海南、广东、广西、云南等地有种植，主要用作人工草地建植和天然草地改良。栽培的主要品种为维拉诺有钩柱花草（*Stylosanthes hamata* cv. Verano）。

生物学特性 有钩柱花草喜温暖气候，自然生长于低海拔地区，不耐霜冻。对土壤要求不严、耐酸、耐瘠。抗旱能力强，在年降水量1000 mm的热带地区可正常生长，并自播繁殖。一定时期的干旱对其花芽分化和种子发育有促进作用。

在海南儋州，5月下旬初花，6月中旬进入盛花，7月末即有种子成熟，花期长，种子收获期可延至翌年1月。种子产量高，一般年产种子450～900 kg/hm²。种皮厚实，种子发芽率低。

饲用价值 有钩柱花草适口性好、品质优，适合在干旱地区与紫花大翼豆、臂形草等牧草混播建植优质人工放牧草地。除放牧利用外，也可加工草粉等。产量相对较低，一般年产鲜草约30 000 kg/hm²。维拉诺有钩柱花草的化学成分如表所示。

栽培要点 有钩柱花草种荚与种子不易分离，且种皮厚实，种子硬实率高，故播前需对种子进行处理，常用的方法是用80℃热水浸种3～4 min。建植放牧草地时宜撒播，播种量为6～10 kg/hm²。建植种子

有钩柱花草植株

有钩柱花草种子及荚果

测定项目	样品情况	开花期鲜草
干物质		22.0
占干物质	粗蛋白	13.64
	粗脂肪	2.73
	粗纤维	36.36
	无氮浸出物	41.82
	粗灰分	5.45
	钙	—
	磷	—

维拉诺有钩柱花草的化学成分（%）

田时宜条播，行距为50～60 cm。也可育苗移栽，播后45～50天，苗高15～20 cm时选阴雨天定植，株行距为60 cm×60 cm。

第19章　落花生属牧草

落花生属（*Arachis* L.）为一年生或多年生草本。直立或匍匐。偶数羽状复叶具小叶2~3对；托叶大而显著，部分与叶柄贴生；无小托叶。花单生或2~7朵簇生于叶腋内，无柄；花萼膜质，萼管纤弱，随花的发育而伸长，裂片5，上部4裂片合生，下部1裂片多少分离；花冠黄色，偶具红色斑纹，旗瓣近圆形，基部极狭，翼瓣椭圆至长圆形，龙骨瓣内弯，具喙，雄蕊10枚，单体，1枚常缺，花药二型，长短互生，长者具长圆形近背着的花药，短的具小球形基着的花药，子房近无柄，胚珠1~7，线形，花柱细长，胚珠受精后子房柄逐渐延长，下弯成一坚强的柄，将尚未膨大的子房插入土下，并于地下发育成熟。荚果长椭圆形，有凸起的网脉，不开裂，通常于种子之间缢缩，有种子1~7颗。种子卵形或长椭圆形。

落花生属约22种，原产于热带美洲，其中落花生（*Arachis hypogaea*）已广泛栽培于世界各地，为重要的油料作物。其他各种均为优质牧草，栽培者主要有平托落花生（*A. pintoi*）、蔓花生（*A. duranensis*）和光叶落花生（*A. glabrata*）。

1. 平托落花生
Arachis pintoi Krap. et Greg.

形态特征 为多年生草本。具匍匐茎，草层高20～30 cm。茎多分枝，被柔毛。羽状复叶；托叶披针形，锐尖，微钩状，下部1/3～1/2与叶柄基部合生；叶柄长50～70 mm，被柔毛，中间具纵沟；小叶2对，上部1对较大，倒卵形，长32～45 mm，宽20～35 mm，下部1对较小，矩圆形或阔椭圆形，长30～40 mm，宽15～30 mm。总状花序腋生，花萼与花托合生成萼管伸出草层，萼管长80～130 mm；花萼基部合生，暗红色；旗瓣浅黄色、黄色，具橙色条纹，圆形，两半对称，长15～17 mm，宽12～15 mm，翼瓣橙黄色，钝圆，长约10 mm，龙骨瓣喙状，长约5 mm；雄蕊8枚合生；子房含胚珠2～3，胚栓长1～27 cm，穿透土壤表层，入土深度10～20 cm，多数形成一荚，每荚1颗种子，偶有2颗，极少3颗，种子褐色。

地理分布 平托落花生原产于热带美洲，分布于玻利维亚、巴西、哥斯达黎加、厄瓜多尔、萨尔瓦多、尼加拉瓜、委内瑞拉、澳大利亚、东南亚等地引种栽培。我国于20世纪80年代末期自澳大利亚引入，现海南、广东、广西、福建、云南等地广泛栽培，主要栽培的品种有热研12号平托落花生（*Arachis pintoi* cv. Reyan No. 12）和阿玛瑞罗平托落花生（*A. pintoi* cv. Amarillo）。

生物学特性 平托落花生喜温暖潮湿气候，最适生长温度为25～28℃。对土壤适应范围广，从沙土到重黏土均能适应，最适土壤pH为5.5～7.0。耐寒性强，冬季遇霜冻，植株地上部死亡，但地下部宿存，翌年生长季可萌发并迅速恢复生长。耐阴性强，可耐受70%～80%的遮阴，在适度遮阳条件下，其叶面积增大，生物量大。匍匐茎发达，侵占性强，抗旱，不耐水渍，一般水淹3～5天植株开始死亡。匍匐茎萌发分枝能力强，耐重牧和强度刈割，离地面5 cm刈割，3～7天内即可恢复生长。花期长，单一种植花期长达10个月以上。

饲用价值 平托落花生适口性好，营养价值高，干物质消化率高，家畜全年喜食，是放牧草地的优良豆科牧草。平托落花生与禾草亲和性好，可与俯仰臂形草、湿生臂形草、刚果臂形草、珊状臂形草、盖氏虎尾草、狗牙根、毛花雀稗等禾草建立稳定持久的混播草地。在云南普洱市曼中田牧场建植约30年的老草地上，平托落花生与俯仰臂形草混生良好。此外，平托落花生具匍匐茎，分枝多，茎节上生根并萌发新的植株，再生能力强，园地种植可形成良好的毡状草层，是热带、亚热带湿润地区理想的园地覆盖作物，同时，其也是一种优良的地被植物。平托落花生的化学成分如表所示。

栽培要点 平托落花生既可采用种子种植，也可通过营养体繁育。种子建植的覆盖层形成速度快，茎

平托落花生群体（花期）

平托落花生花

平托落花生的化学成分（%）			
测定项目	样品情况	热研12号茎叶鲜样	阿玛瑞罗茎叶鲜样
干物质		26.38	28.64
占干物质	粗蛋白	18.60	15.27
	粗脂肪	6.90	1.99
	粗纤维	25.40	25.54
	无氮浸出物	39.80	47.01
	粗灰分	9.30	10.19
	钙	1.70	2.75
	磷	0.18	0.26

段建植相对较慢，且茎段繁殖较种子繁殖易受不良环境的影响。但由于种子产量低，收获成本高，除小规模种植外，还以营养体繁殖为主。营养体繁殖时可采用茎段撒播或茎段扦插。

种子直播时，对土地精细平整后，在雨季来临前夕，采用带荚果种子进行穴播，穴播株行距以30 cm×30 cm或20 cm×30 cm为宜，深度为10～15 cm，每穴2粒；播种量为20～50 kg/hm^2。播后保持土壤湿润。

茎段撒播时，选择阴雨潮湿天气，收获平托落花生茎，将其切成10～20 cm小段，在剪切时要使切段上带节，以便生根出苗。切好的茎段种植于预先开好的沟中，并覆土。当天的切段最好当天种植，避免因干燥等因素造成切段活力下降。种植深度为5～10 cm，行距为15～30 cm。种植后，保持土壤湿润，茎段2～3周生根，3～4个月后，可形成覆盖层。与茎段撒播相比，茎段扦插的成活率高，但用工较多，工费成本高。在材料充足的情况下，选取匍匐茎切段，每切段带3～5节，除去叶片，挖穴扦插，2～3节埋入地下，地面露1～2节，株行距为30 cm×30 cm或20 cm×30 cm，每穴扦插2～3个切段。扦插后，保持土壤湿润，2～4个月后，可形成覆盖层。

不论是种子播种，还是营养体繁殖，在合理的范围内，适度增加播种量均可促进致密覆盖层的形成。此外，当土壤磷含量低于30 mg/kg，钾含量低于125 mg/kg、镁含量低于40 mg/kg时，在种植前应补施相关肥料。在南方酸性土壤上，建议施肥量为钙镁磷肥350～450 kg/hm^2，氯化钾或硫酸钾50～100 kg/hm^2。

在建植期内要保持土壤湿润，但不宜太湿。平托落花生具一定的抗旱性，当形成致密草层后，可减少灌水，甚至不进行灌水。在杂草防除方面，可人工拔除，也可采用异丙甲草胺、氟草胺等除草剂进行化学防除。另外，通过定期的刈割也可达到杂草防除的效果。

待形成致密草层后，便可利用。刈割利用时，一般年可刈割2～6次，刈割高度8～10 cm。如果生长太高（25 cm以上），刈割高度要适当提高，避免造成茎和地表裸露，削弱其对不良环境特别是干旱的抗性。

2. 蔓花生

Arachis duranensis Krap. et Greg.

形态特征 为多年生草本，具匍匐茎，草层高4～15 cm。羽状复叶，小叶2对，倒卵形，长15～30 mm，宽10～20 mm，全缘。胚栓长7～20 cm，斜插入土，深3～8 cm。荚果长椭圆形，每荚具1颗种子，少有2颗。

地理分布 蔓花生原产于南美洲，自然分布于阿根廷、巴拉圭、玻利维亚等地，澳大利亚、东南亚等地也有分布。我国海南、广东、广西、福建、云南等地有栽培。

生物学特性 蔓花生在全日照及半日照下均可生长良好，具有较强的耐阴能力，耐热和抗旱性强，生长适温为18～32℃。对土壤要求不严，但以沙质壤土为佳。

饲用价值 蔓花生适口性好，家畜喜食，是放牧草地的优良豆科牧草。此外，亦可作为绿肥覆盖植物和草坪地被植物。蔓花生的化学成分如表所示。

栽培要点 在种植前，要平整土地，去除杂草等竞争性植物。播种材料以营养体为主，种植方法可采用茎段直接扦插或扦插育苗后移栽，也可进行切段撒播。蔓花生虽然较抗旱，但干燥的土壤使植株生长停滞，叶色变淡，茎叶萎缩，影响栽培利用价值。因此在建植中，要保持土壤湿润，但不宜过涝。在形成草层前，有必要进行杂草防除，在杂草防除方面，可人工拔除，也可采用异丙甲草胺、氟草胺等除草剂进行化学防除。另外，通过定期刈割也可达到杂草防除的效果。待形成致密草层后，便可利用。

蔓花生的化学成分（%）

测定项目	样品情况	茎叶绝干样
干物质		100
占干物质	粗蛋白	14.30
	粗脂肪	2.62
	粗纤维	31.40
	无氮浸出物	42.38
	粗灰分	9.30
	钙	0.69
	磷	0.21

蔓花生枝叶

蔓花生群体

3. 光叶落花生
Arachis glabrata Benth.

形态特征　为多年生草本，具匍匐茎，草层高30~40 cm。羽状复叶，小叶2对，叶片无毛至稀疏柔毛；小叶线状披针形、倒披针形、倒卵圆形，长30~50 mm，宽15~25 mm；托叶线状披针形，钩状，长25~35 mm，贴生于叶柄；小叶柄长约1 mm，叶轴长10~15 mm。花无柄，腋生；花萼与花托合生成管状，长10 cm，被毛，子房位于基部；旗瓣近圆形，橙色，宽15~26 mm。果荚卵圆形，长约10 mm，宽5~6 mm。种子卵圆形。

地理分布　光叶落花生原产于南美洲，自然分布于阿根廷、巴拉圭、玻利维亚等地，澳大利亚、东南亚等地引种栽培。我国于1991年从哥伦比亚国际热带农业中心引入，现海南、广东、广西、福建、云南等地广泛栽培，主要栽培的品种有广西光叶落花生（*Arachis glabrata* cv. Guangxi）。

生物学特性　光叶落花生喜温暖湿润气候，最适于在南北纬30º以内、年降水量1000~2000 mm的地区生长。对土壤要求不严，喜酸性土壤，耐贫瘠，具一定的耐碱性，在中性及弱碱性土壤上也能生长。耐寒性强，冬季遇霜冻，植株地上部死亡，但地下部宿存，翌年生长季可萌发并迅速恢复生长。具一定的抗旱性，可耐连续4个月以上的干旱，若遇极端干旱气候，地上部会死亡，但地下部宿存，遇温暖湿润天气，地下部即可旺盛生长，2~3周后重新形成草层。具地下根茎，扩展能力强，在没有其他植物竞争时，年可扩展2 m，在有禾草竞争时，年可扩展5~30 cm。

饲用价值　光叶落花生适口性好，营养价值高，消化率高，家畜喜食，是建植放牧草地的理想豆科牧草。可与俯仰臂形草、百喜草、类地毯草（*Axonopus fissifolius*）、狗牙根等匍匐性禾草建植持久的放牧草地。同时，也是优良的绿肥覆盖植物和草坪地被植物。广西光叶落花生的化学成分如表所示。

栽培要点　在种植前，要平整土地，去除杂草等竞争性植物。播种材料以营养体为主，可采用茎段直接扦插或扦插育苗后移栽，也可进行切段撒播。在播种时，施用磷肥，可有效促进生根与生长，加速草层的形成。播种量为每公顷3.5 m³切段，根据土质进行不

光叶落花生群体

光叶落花生花

广西光叶落花生的化学成分（%）

测定项目	样品情况	茎叶鲜样
	干物质	29.36
占干物质	粗蛋白	18.80
	粗脂肪	8.10
	粗纤维	32.70
	无氮浸出物	30.21
	粗灰分	10.19
	钙	2.00
	磷	0.19

同程度的覆土，一般在黏土地块，覆土3 cm，沙土地块，覆土6.5 cm，种植后2～3周生根出苗。在建植期内要保持土壤湿润。待形成致密草层后，便可利用。

第 20 章　决明属牧草

决明属（*Cassia* L.）为乔木、灌木、亚灌木或草本。偶数羽状复叶，叶柄和叶轴上常有腺体；小叶对生，无柄或具短柄；托叶多样。花近辐射对称，通常黄色，组成腋生的总状花序或顶生的圆锥花序，或有时1至数朵簇生于叶腋；苞片与小苞片多样；萼筒很短，裂片5，覆瓦状排列；花瓣通常5，近相等或下面2片较大；雄蕊（4～）10，常不相等，其中有些花药退化，花药背着或基着，孔裂或短纵裂；子房纤细，有时弯扭，无柄或有柄，有胚珠多颗，花柱内弯，柱头小。荚果形状多样，圆柱形或扁平；种子有胚乳。

决明属有600余种，分布于世界热带和亚热带地区，少数分布至温带地区。我国产10余种，广布于南北各地。

本属为优质绿肥，一些种可供饲用，但适口性稍差。生产上栽培利用的有决明（*Cassia tora*）、羽叶决明（*C. nictitans*）和圆叶决明（*C. rotundifolia*）。

1. 决明
Cassia tora L.

形态特征 为一年生亚灌木状直立草本,高1~2 m。羽状复叶,长4~8 cm;叶轴上每对小叶间有1棒状的腺体;小叶3对,膜质,倒卵形或倒卵状长椭圆形,长2~6 cm,宽1.5~2.5 cm,顶端圆钝而有小尖头,基部渐狭,偏斜,腹面被稀疏柔毛,背面被柔毛;小叶柄长1.5~2 mm;托叶线状,被柔毛,早落。花通常2朵生于叶腋;总花梗短;萼片卵形或卵状长圆形,膜质,外面被柔毛,长约8 mm;花瓣黄色,下面2片略长,长12~15 mm,宽5~7 mm;可育雄蕊7;子房无柄,被白色柔毛。荚果纤细,近四棱形,两端渐尖,长达15 cm,宽3~4 mm,膜质;种子约25颗,菱形,具光泽。

地理分布 决明原产于美洲热带地区,世界热带、亚热带地区广泛分布。我国长江以南普遍分布。常生于山坡、旷野及河滩沙地上。

饲用价值 决明茎叶肥嫩,但适口性差,仅羊少量采食。此外,本种可供药用,有明目之功效;种子为解热缓泻剂,可制蓝色染料;幼苗、嫩叶及荚果可供蔬食。决明的化学成分如表所示。

决明种子

测定项目	样品情况	营养期嫩茎叶
	干物质	14.30
占干物质	粗蛋白	22.15
	粗脂肪	2.75
	粗纤维	22.48
	无氮浸出物	41.32
	粗灰分	11.30
	钙	3.38
	磷	0.26

决明的化学成分(%)

决明植株

2. 短叶决明

Cassia leschenaultiana DC.

形态特征 为一年生或多年生亚灌木状草本，高0.3~0.8 m；嫩枝密生黄色柔毛。叶片长3~8 cm，叶柄上端有圆盘状腺体1枚；小叶14~25对，线状镰形，长8~13（~15）mm，宽2~3 mm，两侧不对称；托叶线状锥形，长7~9 mm，宿存。花序腋生，有花1或数朵；总花梗顶端的小苞片长约5 mm；萼片5，长约1 cm，带状披针形；花冠橙黄色，花瓣稍长于萼片或与萼片等长；雄蕊10，有时1~3退化；子房密被白色柔毛。荚果扁平，长2.5~5 cm，宽约5 mm，每荚具种子8~16颗。

地理分布 分布于越南、缅甸、印度等地。我国分布于华南、东南、西南等地。常生于山地灌草丛中。

饲用价值 山羊采食，可放牧利用，也可作为覆盖植物或绿肥作物利用。短叶决明的化学成分如表所示。

短叶决明荚果

测定项目	样品情况	结荚期鲜样
占干物质	粗蛋白	13.89
	粗脂肪	2.51
	酸性洗涤纤维	20.99
	中性洗涤纤维	49.10
	钙	—
	磷	—

短叶决明的化学成分（%）

短叶决明植株

3. 含羞草决明
Cassia mimosoides L.

形态特征 为一年生或多年生亚灌木状草本，高0.3~0.6 m，多分枝；枝条纤细。叶片长4~8 cm，在叶柄的上端、最下1对小叶的下方有圆盘状腺体1枚；小叶20~50对，线状镰形，长3~4 mm，宽约1 mm，顶端短急尖，两侧不对称；托叶线状锥形，长4~7 mm，有明显肋条，宿存。花序腋生，1或数朵聚生，总花梗顶端有2枚小苞片，长约3 mm；萼片长6~8 mm；花瓣黄色，不等大，具短柄，略长于萼片；雄蕊10，5长5短，相间而生。荚果镰形，扁平，长2.5~5 cm，宽约4 mm，果柄长1.5~2 cm，每荚具种子10~16颗。

地理分布 含羞草决明原产于美洲热带地区，现广布于世界热带和亚热带地区。我国分布于华南、东南、西南。常生于荒地上。

饲用价值 含羞草决明嫩枝叶适口性中等，羊、牛采食，放牧利用。亦是良好的覆盖植物和绿肥作物。含羞草决明的化学成分如表所示。

含羞草决明花

含羞草决明的化学成分（%）

测定项目	样品情况	结荚期鲜样
占干物质	粗蛋白	13.28
	粗脂肪	2.86
	酸性洗涤纤维	36.20
	中性洗涤纤维	51.51
	钙	—
	磷	—

含羞草决明群体

4. 羽叶决明
Cassia nictitans L.

形态特征 为多年生草本。茎直立，圆形，高1～1.5 m。羽状复叶，小叶条形，长5～6 cm，宽1.5～2.2 cm。花腋生，假蝶形，黄色，花瓣5，覆瓦状排列；雄蕊9，单雌蕊。荚果扁平状；种子棕黑色，不规则扁平长方形，种皮坚硬。

地理分布 羽叶决明原产于巴拉圭，分布于世界热带、亚热带地区。我国于1996年自澳大利亚引入，福建广泛种植，海南、广西等地引种栽培。栽培的主要品种为闽引羽叶决明（*Cassia nictitans* cv. Minyin）。

生物学特性 羽叶决明喜温暖湿润气候。对土壤适应性广泛，耐瘠、耐酸、耐铝毒。具一定的耐寒性，冬季初霜后地上部逐渐死亡、干枯，根及基部主茎仍能宿存。在福建，4月开始生长，7～11月为生长旺季，7～8月初花，9～10月种子成熟。

饲用价值 羽叶决明适口性较好，营养丰富，结荚前牛、羊、猪、鹅等畜禽喜食，可放牧、青饲、青贮或制作干草，但结荚后适口性差。此外，羽叶决明还是一种优良的绿肥植物。闽引羽叶决明的化学成分如表所示。

栽培要点 在种植前，要精细整地，去除杂草等竞争性植物。可采用穴播、条播或撒播。穴播、条播的株距、行距均可为20～30 cm，穴播每穴4～5颗种子，撒播应适当加大播种量，播种深度1～2 cm。播种时，一并施用钙镁磷肥75～150 kg/hm² 作基肥，新垦红壤地还应适当施用氮钾肥。羽叶决明苗期生长较慢，需适时中耕除草1～2次，并视苗情少量追肥，5月上旬播种，6～7月后进入生长旺盛期，并形成覆盖层。播种当年可收割1～2次，宜在现蕾期或初花期收割，留茬高度不低于10 cm。结荚后茎易老化，可刈割后作绿肥。荚果成熟后易裂开，宜在荚果变为黑褐色时采收。

闽引羽叶决明的化学成分（%）

测定项目	样品情况	盛花期绝干样
占干物质	干物质	100
	粗蛋白	14.96
	粗脂肪	4.19
	粗纤维	27.06
	无氮浸出物	44.24
	粗灰分	9.55
	钙	—
	磷	—

羽叶决明种子

羽叶决明植株

5. 圆叶决明

Cassia rotundifolia Pers.

形态特征 为半灌木状短期多年生草本。茎半直立或平卧，长30~110 cm，草层高50~80 cm。羽状复叶，小叶1对；托叶披针形至心形，长4~11 mm，叶柄短于托叶，长3~8 mm；小叶近圆形至宽倒卵形，不对称，长0.5~3 cm。花腋生，黄色，花梗丝状，长1.5~3.5 cm；萼片披针状，长约5 mm；花瓣5，覆瓦状排列，倒卵形，长约6 mm；雄蕊7，可育雄蕊5，花丝极短，花药线状椭圆形，长约2 mm；子房被柔毛。荚果线状，扁平，长1.5~4 cm，宽3~5 mm，成熟后呈棕黑色，开裂；种子黄褐色，不规则扁平四方形。

地理分布 分布于美国（佛罗里达州）、墨西哥、巴西、乌拉圭及非洲等热带、亚热带地区。我国最早于1964年自澳大利亚引入威恩圆叶决明（*C. rotundifolia* cv. Wynn），1996年，福建省农业科学院从澳大利亚等地引入多份圆叶决明种质，进行试种评价，选育出闽引圆叶决明（*C. rotundifolia* cv. Minyin）、闽引2号圆叶决明（*C. rotundifolia* cv. Minyin No. 2）、闽育1号圆叶决明（*C. rotundifolia* cv. Minyu No. 1）等多个适合我国热带、亚热带地区栽培的品种，现福建、湖南、江西、广东、广西等地有种植。

生物学特性 圆叶决明喜温暖湿润气候。对土壤适应性广泛，耐瘠、耐酸、耐铝毒。在福建，4月开始生长，7~11月为生长旺季，9月初花，11月种子成熟。冬季初霜后地上部逐渐死亡、干枯，表现出一年生性状，次年靠落地种子萌发繁殖。

饲用价值 圆叶决明鲜草适口性较差，通常于现蕾期或初花期收割，调制青贮料或生产草粉。此外，圆叶决明适于果园间套种，为优质绿肥作物。主要圆叶决明品种的化学成分如表所示。

栽培要点 在种植前，要精细整地，清除杂草。可采用穴播、条播或撒播。穴播、条播时株距、行距均可为20~30 cm，穴播每穴4~5颗种子，撒播应适当加大播种量，播种深度1~2 cm。播种前可用80℃的温水浸泡种子3 min，使种皮软化、胶状物析出，用清水反复冲洗干净后播种。播种时，同时施用钙镁磷肥75~150 kg/hm^{2}作基肥，新垦红壤地还应适当施

圆叶决明群体

圆叶决明种子

主要圆叶决明品种的化学成分（%）			
测定项目＼样品情况	闽引嫩茎叶绝干样	闽引2号嫩茎叶绝干样	威恩盛花期嫩茎叶绝干样
干物质	100	100	100
占干物质 粗蛋白	17.01	16.90	13.78
粗脂肪	2.30	2.80	2.40
中性洗涤纤维	53.72	61.43	57.03
酸性洗涤纤维	18.59	23.49	24.02
钙	0.989	0.587	0.455
磷	0.074	0.056	0.076

用氮钾肥。圆叶决明苗期生长较慢，需适时中耕除草1～2次，并视苗情少量追肥，5月上旬播种，6～7月后进入生长旺盛期，并形成覆盖层。播种当年可收割1～2次，宜在现蕾期或初花期收割，刈割时留茬高度不低于10 cm。结荚后茎易老化，可刈割作绿肥。荚果成熟后易裂开，宜在荚果变为黑褐色时采收。

第 21 章　猪屎豆属牧草

猪屎豆属（*Crotalaria* L.）为亚灌木或灌木状草本。茎枝圆柱形或四棱形，单叶或三出掌状复叶；托叶有或无。总状花序顶生、腋生、与叶对生或密集枝顶；花萼二唇形或近钟形；花冠黄色或深紫蓝色，旗瓣通常圆形或长圆形，基部具2枚胼胝体或无，翼瓣长圆形或长椭圆形，龙骨瓣中部以上通常弯曲，具喙；雄蕊联合成单体，花药二型，一为长圆形，基着，一为卵球形，背着；子房有柄或无柄，有毛或无毛，胚珠2至多颗，花柱长，基部弯曲，柱头小，斜生。荚果长圆形、圆柱形或卵球形，稀四棱形，膨胀，有果颈或无；种子2至多颗。

猪屎豆属全球约700种，分布于美洲、非洲、大洋洲及亚洲热带、亚热带地区，少数分布于温带地区。我国产42种，分布于海南、广东、广西、福建、台湾、云南、贵州、四川、湖南、江西、湖北、浙江、江苏、安徽、山东、河南、河北、西藏和辽宁等地。

本属为优质绿肥，一些种可供饲用，但适口性不佳。生产上栽培利用的有菽麻（*Crotalaria juncea*）、猪屎豆（*C. pallida*）、三尖叶猪屎豆（*C. micans*）等。

本属植物含有吡咯烷类生物碱，不少种类可供药用，有清热解毒、祛风除湿、消肿止痛等功效，治风湿麻痹、癣疥、跌打损伤等症，近年来试用于抗癌取得了较好的效果。

1. 猪屎豆
Crotalaria pallida Ait.

形态特征 为灌木状多年生草本。茎枝圆柱形，具小沟纹，密被紧贴的短柔毛。托叶刚毛状，通常早落；叶三出，柄长2～4 cm；小叶长圆形或椭圆形，长3～6 cm，宽1.5～3 cm，先端钝圆或微凹，基部阔楔形，腹面无毛，背面略被丝光质短柔毛；小叶柄长1～2 mm。总状花序顶生，长达25 cm，花10～40；苞片线形，长约4 mm，早落；小苞片长约2 mm，花时极细小，长不及1 mm，着生于萼筒中部或基部；花梗长3～5 mm；花萼近钟状，长4～6 mm，5裂，萼齿三角形，约与萼筒等长，密被短柔毛；花冠黄色，伸出萼外，旗瓣圆形或椭圆形，径约10 mm，基部具胼胝体2枚，翼瓣长圆形，长约8 mm，下部边缘具柔毛，龙骨瓣长约12 mm，弯曲，几达90º，具长喙，基部边缘具柔毛；子房无柄。荚果长圆形，长3～4 cm，径5～8 mm，幼时被毛，成熟后脱落，果瓣开裂后扭转；每荚具种子20～30颗。

地理分布 分布于美洲、非洲、亚洲热带和亚热带地区。我国分布于海南、广东、广西、福建、台湾、云南、贵州、四川等地。常生于荒山草地及沙质土壤上。

生物学特性 猪屎豆适应性强，耐热、抗旱、耐贫瘠，在沙土、黏土，甚至在半风化岩石上均能生长。

饲用价值 羊采食，种子可供药用。猪屎豆耐瘠，是改良山地红黄壤的先锋绿肥作物。猪屎豆的化学成分如表所示。

猪屎豆的化学成分（%）

测定项目	样品情况	营养期嫩茎叶
	干物质	25.80
占干物质	粗蛋白	29.22
	粗脂肪	3.69
	粗纤维	12.94
	无氮浸出物	49.80
	粗灰分	4.35
	钙	0.70
	磷	0.13

猪屎豆群体

猪屎豆花序（花、荚果）

2. 三尖叶猪屎豆
Crotalaria micans Link

形态特征 为亚灌木状直立草本。株高约2 m；茎粗壮，圆柱形。托叶线形，极细小；叶三出，柄长2~5 cm，小叶椭圆形或长椭圆形，先端渐尖，具短尖头，基部楔形，长4~7（~10）cm，宽2~3 cm，顶生小叶较侧生小叶大，小叶柄长约2 mm。总状花序顶生，长10~30 cm，有花20~30朵；苞片线形，早落；花梗长5~7 mm；花萼近钟形，长7~10 mm，密被锈色丝质柔毛；花冠黄色，旗瓣圆形，径约14 mm，先端圆或微凹，基部具胼胝体2枚，垫状，翼瓣长圆形，长13 mm，龙骨瓣中部以上弯曲，几达90º，长约10 mm。荚果长圆形，长2.5~4 cm，径1~1.5 cm，幼时密被锈色柔毛，成熟后部分脱落，花柱宿存，果颈长2~4 mm；每荚具种子20~30颗，种子马蹄形，成熟时黑褐色，具光泽。

地理分布 三尖叶猪屎豆原产于美洲，现广泛分布于世界热带、亚热带地区。我国南方各地均有分布。常生于路边草地或山坡草丛中。

生物学特性 三尖叶猪屎豆喜温暖气候。对土壤适应性广泛，在沙土或重黏土上均可生长。耐瘠，抗旱。一般3~5月播种，9~11月开花，12月至翌年1月种子成熟，种子产量高，达450~600 kg/hm^2。

饲用价值 三尖叶猪屎豆茎柔嫩，但适口性不佳，仅羊采食。茎叶产量高（约30 000 kg/hm^2），营养价值高，是一种良好的绿肥作物。按每公顷产鲜茎叶30 000 kg计，相当于硫酸铵690 kg、过磷酸钙108 kg、氯化钾348 kg，是橡胶园、果园、茶园等的优质绿肥作物。三尖叶猪屎豆的化学成分如表所示。

栽培要点 三尖叶猪屎豆对土壤要求不严，适当整地即可，结合整地施有机肥7 500~15 000 kg/hm^2、

三尖叶猪屎豆植株

三尖叶猪屎豆花序及荚果

三尖叶猪屎豆的化学成分（%）

测定项目	样品情况	营养期嫩茎叶	开花期嫩茎叶
干物质		24.30	24.40
占干物质	粗蛋白	25.16	25.93
	粗脂肪	3.81	4.16
	粗纤维	9.77	16.46
	无氮浸出物	56.67	48.30
	粗灰分	4.59	5.15
钙		0.79	0.57
磷		0.25	0.23

过磷酸钙150～225 kg/hm²作基肥。播前进行温水浸种，以提高发芽率。一般3～5月播种，可穴播、条播。穴播株行距为50 cm×50 cm或50 cm×80 cm，每穴播种3～4颗。条播行距为80～100 cm，播种量为30 kg/hm²。三尖叶猪屎豆苗期易受杂草危害，应及时除杂。耐刈割，播后4～5个月，株高达1 m时可进行第一次刈割，播种当年刈割2次，以后年可刈割3～4次。不宜低割，适宜刈割高度为50 cm左右，过低刈割会影响植株再生。

3. 菽麻

Crotalaria juncea L.

形态特征 为一年生直立草本。株高1～2.5 m。托叶细小，线形，长约2 mm，易脱落；单叶，叶片长圆状线形或线状披针形，长6～12 cm，宽0.5～2 cm，两端渐尖，先端具短尖头，两面均被毛，具短柄。总状花序顶生或腋生，有花10～20朵；苞片披针形，长3～4 mm，小苞片线形，密被短柔毛；花梗长5～8 mm；花萼二唇形，长1～1.5 cm，被锈色长柔毛；花冠黄色，旗瓣长圆形，长1.5～2.5 cm，基部具2胼胝体，翼瓣倒卵状长圆形，长1.5～2 cm，龙骨瓣与翼瓣近等长，中部以上变狭形成长喙。荚果长圆形，长2～4 cm，被锈色柔毛，含种子10～15颗；种子肾形，深褐色或绿褐色。

地理分布 菽麻原产于印度和巴基斯坦，亚洲、非洲、大洋洲、美洲热带和亚热带地区广泛栽培。我国海南、广东、广西、福建、台湾、四川、云南等地有栽培。

生物学特性 菽麻适应性广，在海拔1500 m以下的地区均可良好生长。对土壤适应性广，耐酸性瘦土，耐一定的盐碱土，在pH 4.5～9.0的土壤上均可生长。抗旱，不耐水淹。

菽麻有早熟、中熟、晚熟三种生态型，早熟品种生育期为120～140天，中熟品种为150～160天，晚熟品种为170～190天。菽麻出苗快、生长快，播后2～3天即可出苗，7～8月为生长旺盛期，日生长达2～4 cm。中熟品种出苗后40～60天现蕾，现蕾后10天左右开花，花后5～6天形成幼荚。

饲用价值 牛、马、兔等喜食。可青饲，也可晒制干草。一般年刈割2次，首次刈割宜在现蕾期，待再生生长至花期后再行二次刈割，刈割高度为20 cm，鲜草产量约为45 000 kg/hm^2。菽麻除作为粗饲料外，还是一种优质的绿肥作物，其初花期鲜草含氮0.53%、五氧化二磷0.09%、氧化钾0.22%。青秆亦可剥麻，出麻率为3.5%～5.0%。菽麻的化学成分如表所示。

栽培要点 菽麻对土壤要求不严，适当整地即可，一般选择夏闲田或坡地种植，也可在园地间作。菽麻对磷肥极其敏感，缺磷的土壤及瘠瘦土地应适当

菽麻植株（果期）

菽麻荚果

菽麻的化学成分（%）

测定项目	样品情况	营养期茎叶（生长30天）干样	现蕾期茎叶（生长41天）干样	初花期茎叶（生长51天）干样
干物质		92.10	92.70	91.80
占干物质	粗蛋白	18.55	15.39	10.85
	粗脂肪	3.00	2.82	1.63
	粗纤维	28.00	28.25	29.00
	无氮浸出物	37.25	42.74	45.37
	粗灰分	13.2	10.8	13.15
钙		—	—	—
磷		—	—	—

增施磷肥。长江以南4月中旬至8月中旬播种，黄淮地区4月下旬至7月中旬播种。可撒播或条播，条播行距为50 cm（种子田行距为70 cm），播种量为45～60 kg/hm²。菽麻病虫害少，但如遇地老虎或蚜虫猖獗时应及时防治。种子田需注意防治豆荚螟和枯萎病。

4. 翅托叶猪屎豆
Crotalaria alata Buch.-Ham. ex D. Don

形态特征 为直立草本或亚灌木。株高50~100 cm，除荚果外全株被丝状锈色柔毛。托叶下延至另一茎节而成翅状，单叶，近无柄，叶片椭圆形或倒卵状椭圆形，长3~8 cm，宽1~5 cm，先端钝或圆，具细小的短尖头，基部渐尖或略楔形，两面被毛。总状花序顶生或腋生，有花2~3朵；苞片卵状披针形，长约3 mm，小苞片和苞片相似，2枚，着生于萼筒基部；花梗长3~5 mm；花萼二唇形，长6~10 mm；花冠黄色，旗瓣倒卵状圆形，长5~8 mm，背部上方有束状柔毛，翼瓣长圆形，稍短于旗瓣，龙骨瓣卵形，具长喙；子房无毛。荚果长圆形，长3~4 cm，先端具稍弯曲的喙，果颈长约3 mm，每荚具种子30~40颗。

地理分布 分布于亚洲、非洲热带和亚热带地区。我国分布于海南、广东、广西、福建、四川、云南等地。常生于海拔100~2000 m的旷野草地或疏林地。

饲用价值 翅托叶猪屎豆茎叶柔嫩，羊喜食。翅托叶猪屎豆的化学成分如表所示。

测定项目	样品情况	营养期嫩茎叶
	干物质	18.40
占干物质	粗蛋白	15.63
	粗脂肪	0.97
	粗纤维	19.67
	无氮浸出物	49.26
	粗灰分	14.47
	钙	2.22
	磷	0.27

翅托叶猪屎豆植株

翅托叶猪屎豆花及荚果

5. 华野百合
Crotalaria chinensis L.

形态特征 又名中国猪屎豆，为多年生草本。株高15~60 cm；基部多分枝，除荚果外全部密被棕黄色长柔毛。无托叶；单叶，几无柄，叶形变异较大，通常为披针形、线状披针形、线形或长圆状线形，有时为长椭圆形或卵圆形，长2~3.5 cm，宽0.4~1 cm，两端渐尖，腹面近无毛或略被极稀疏柔毛，背面密被褐色粗糙长柔毛，尤以叶脉及叶片边缘稠密。总状花序聚生枝顶，花1~5，间有1~2朵花生叶腋或单花生枝顶；苞片与小苞片相似，披针形，长3~5 mm，小苞片着生于萼筒基部；花梗短，长2~4 mm；花萼二唇形，长8~10 mm，花后增大，深裂，几达基部，上面2萼齿阔披针形，下面3萼齿较窄，线形或线状披针形；花冠淡黄色，包被萼内或与之等长，旗瓣卵形或圆形，长7~9 mm，基部胼胝体明显，垫状，翼瓣长圆形，长7~9 mm，龙骨瓣近直生，中部以上变狭，形成长喙；子房无柄。荚果短圆形，长8~12 mm，包被萼内或有时外露；每荚具种子15~20颗，种子马蹄形，长约2.5 mm。

地理分布 分布于中南半岛及南亚等地。我国分布于长江以南。常生于海拔50~1000 m的旷野草地上。

饲用价值 羊采食。华野百合的化学成分如表所示。

华野百合的化学成分（%）		
测定项目	样品情况	开花期茎叶
占干物质	干物质	25.9
	粗蛋白	13.81
	粗脂肪	2.05
	粗纤维	31.85
	无氮浸出物	43.30
	粗灰分	8.99
	钙	0.78
	磷	0.14

华野百合花植株（局部）

6. 假地蓝

Crotalaria ferruginea Grah. ex Benth.

形态特征 为多年生草本，基部常木质。株高 0.6～1.2 m，茎直立或铺地蔓延，多分枝，被棕黄色伸展的长柔毛。托叶披针形或三角状披针形，长5～8 mm；单叶，叶片椭圆形，长2～6 cm，宽1～3 cm，两面被毛，尤以背面叶脉毛密。总状花序顶生或腋生，花2～6；苞片披针形，长2～4 mm，小苞片与苞片同形，着生于萼筒基部；花梗长3～5 mm；花萼二唇形，长10～12 mm，密被粗糙的长柔毛，深裂，几达基部，萼齿披针形；花冠黄色，旗瓣长椭圆形，长8～10 mm，翼瓣长圆形，长约8 mm，龙骨瓣与翼瓣等长，中部以上变狭形成长喙，包被萼内或与之等长；子房无柄。荚果长圆形，无毛，长2～3 cm；每荚具种子20～30颗。

地理分布 分布于印度、马来西亚、泰国、越南、缅甸等地。我国分布于长江以南。常生于海拔1000 m以下的旷野草地、疏林下、灌丛中和路边。

饲用价值 牛、羊采食其嫩茎叶。假地蓝的化学成分如表所示。

假地蓝的化学成分（%）

测定项目	样品情况	营养期茎叶	开花期茎叶	结荚期茎叶
干物质		17.00	18.10	20.20
占干物质	粗蛋白	15.13	11.28	11.13
	粗脂肪	2.16	2.40	2.95
	粗纤维	20.15	24.12	29.42
	无氮浸出物	52.76	53.66	46.30
	粗灰分	9.80	8.54	10.20
	钙	1.36	1.72	1.50
	磷	0.25	0.29	0.35

假地蓝植株

假地蓝花及荚果

第 22 章　葛属牧草

葛属（*Pueraria* Candolle）为缠绕藤本，茎草质或基部木质。叶为具3小叶的羽状复叶；托叶基部着生或盾状着生，有小托叶；小叶大，卵形或菱形，全裂或具波状3裂片。总状花序或圆锥花序腋生而具延长的总花梗或数个总状花序簇生于枝顶；花通常数朵簇生于花序轴的每一节上，花萼钟状，上部2枚裂齿部分或完全合生；花冠伸出萼外，天蓝色或紫色，旗瓣基部有附属体及内向的耳，翼瓣狭，长圆形或倒卵状镰刀形，通常与龙骨瓣中部贴生，龙骨瓣与翼瓣等大，稍直或顶端弯曲，或呈喙状。荚果线形，稍扁或圆柱形，2瓣裂；果瓣薄革质；种子间有或无隔膜，或充满软组织，种子扁，近圆形或长圆形。

本属约35种，分布于印度至日本，南至马来西亚。我国产8种及2变种，主要分布于西南、中南至东南，长江以北较少见；海南有3种2变种。

本属植物多为优质绿肥，一些种可供饲用、食用或药用。生产上广泛栽培的有三裂叶野葛（*Pueraria phaseoloides*）和粉葛（*Pueraria montana* var. *thomsonii*）。三裂叶野葛主要用作绿肥和饲料，粉葛则可供食用和药用。

1. 野葛

Pueraria montana (Lour.) Merr. var. *lobata* (Willd.) Maesen et Al. ex San. et Pred.

形态特征 为多年生粗壮藤本。茎长可达8 m，全株被黄色长硬毛，茎基部木质；块根肥厚。羽状复叶具3小叶；小叶三裂，偶尔全缘，顶生小叶宽卵形或斜卵形，长7~15（~19）cm，宽5~12（~18）cm，先端长渐尖，侧生小叶稍小，斜卵形，腹面被淡黄色、平伏的疏柔毛；背面毛较密；小叶柄被黄褐色绒毛。总状花序腋生，长15~30 cm，花2~3朵聚生于花序轴的节上，中部以上花密集；花萼钟形，长8~10 mm，被黄褐色柔毛，裂片披针形，渐尖，比萼管略长；花冠长10~12 mm，紫色，旗瓣倒卵形，翼瓣镰状，龙骨瓣镰状长圆形；子房线形，被毛。荚果长椭圆形，长5~9 cm，宽8~11 mm，扁平，被褐色长硬毛。

地理分布 分布于东南亚至澳大利亚，以及朝鲜、日本、俄罗斯。我国除新疆、青海、西藏外，南北各地均有分布。常生于山坡林地。

生物学特性 野葛喜温暖潮湿气候。对土壤的适应性广泛，在微酸性的红壤、黄壤、沙砾土、中性泥沙土上均可生长，但在土层深厚、疏松、富含有机质的沙壤土上生长最为旺盛。不耐霜冻，地上部分经霜冻即死亡，但地下部分可安全越冬。根系深，耐干旱，不耐水淹。

野葛喜阳，有支架或灌木作为支持时，有利于其开花结实。一般花期5~10月，果期7~10月。

饲用价值 野葛营养丰富，适口性好，牛、羊喜食，为优质牧草。可放牧利用，也可刈割青饲或调制青贮饲料。野葛建植初期不耐践踏，要谨慎放牧，以轮牧为宜。野葛块根富含淀粉和多种营养成分，可制成多种保健食品。块根及花入药，有解热透疹、生津止渴、解毒、止泻之功效。种子可榨油。茎皮纤维质量好，可作制绳、编织及造纸原料。野葛的化学成分如表所示。

栽培要点 野葛可用种子繁殖，也可通过藤蔓扦插或分株繁殖。种子繁殖以育苗移栽为宜。选择土壤肥沃疏松、整地细碎的地块作为苗床。种子硬实率

野葛植株（局部）

野葛种子

测定项目	样品情况	营养期嫩茎叶
野葛的化学成分（%）		
干物质		20.70
占干物质	粗蛋白	21.26
	粗脂肪	2.90
	粗纤维	34.78
	无氮浸出物	30.92
	粗灰分	10.14
钙		1.40
磷		0.34

高，发芽率低，播种前需对种子进行摩擦或酸处理，处理后的种子发芽率可提高50%～70%。播种量50～80粒/m^2，覆土深度1～1.5 cm。一般播后4个月（幼苗具有4～6片真叶）即可移栽，作为刈草地，株行距为80 cm×100 cm或80 cm×150 cm。大田直播，行距为150 cm，播种量为1.5～2.0 kg/hm^2。藤蔓扦插时，需用高锰酸钾或激素处理插条，以提高成活率。未经处理的插条生根率在40%左右，经激素处理的为50%左右，而经高锰酸钾处理的可达80%左右。分株繁殖时，以初春为宜，此间根及根颈养分充足，定植成活率可达90%以上。栽植的野葛，当年不宜刈割或放牧，次年刈割也不宜超过2次，以后年可刈割2～3次。

2. 葛

Pueraria montana (Lour.) Merr. var. *montana* van der Maesen

形态特征 又名越南葛藤，为多年生缠绕藤本。茎疏被黄色长硬毛，基部木质；块根肥厚。羽状复叶具3小叶，顶生小叶宽卵形，长9～18 cm，宽6～12 cm，先端渐尖，基部近圆形，通常全缘，侧生小叶略小而偏斜，两面均被长柔毛，背面毛较密。总状花序腋生，花多而密；苞片卵形，比小苞片短，有毛；萼钟状，萼齿5，披针形，最下1个萼齿较长，密被黄褐色硬毛；花冠紫色，长12～15 mm；旗瓣圆形，具短耳，翼瓣极狭，基部通常有一向下的耳，龙骨瓣宽为翼瓣的2倍；子房线状，被毛。荚果条形，扁平，长4～9 cm，宽6～8 mm，密被黄褐色开展的长硬毛。

地理分布 分布于日本、越南、老挝、泰国和菲律宾等地。我国分布于海南、广东、广西、福建、云南、四川、贵州、湖北、浙江、江西等地。常生于旷野灌丛中或山地疏林下。

生物学特性 葛喜高温多雨气候，喜阳，竞争能力极强，能攀缘于其他植物之上而获得充足的生长空间。对土壤的适应性广泛，能在pH 5.5以下的酸性土壤上良好生长。不耐干旱。

饲用价值 葛嫩茎叶富含蛋白质，营养丰富，可供放牧利用，也可刈割青饲或晒制干草。葛的化学成分如表所示。

栽培要点 葛可用种子或插条繁殖。用种子繁殖时，播前需用80℃热水浸种3～5 min，以提高种子的发芽率。一般采用穴播，株行距为50 cm×100 cm，每穴播种3～4粒，覆土深度2 cm。插条繁殖时，宜选上层植株中一年生的壮苗，截取其顶端第5节以下的藤蔓作为插条，每段具2～3节，稍带叶，两端的藤蔓剪至离节3 cm处，以免过长而干枯，雨天种植，可挖沟或开长穴种植，两节埋入土中，一节露出与地面齐平，覆土15～20 cm，压实，株行距为100 cm×100 cm。施有机肥1500～3000 kg/hm²、过磷酸钙150～300 kg/hm²。

葛的化学成分（%）

测定项目	样品情况	营养期嫩茎叶
占干物质	干物质	19.43
	粗蛋白	19.64
	粗脂肪	0.92
	粗纤维	30.18
	无氮浸出物	38.18
	粗灰分	11.08
	钙	1.97
	磷	0.20

葛种子

葛植株（局部）

3. 三裂叶野葛
Pueraria phaseoloides (Roxb.) Benth.

形态特征 又名爪哇葛藤，为多年生草质藤本。茎纤细，长可达10 m以上，分枝多，被褐黄色长硬毛。羽状复叶具3小叶；托叶卵状披针形，长3～5 mm；小托叶线形，长2～3 mm；小叶宽卵形、菱形或卵状菱形，顶生小叶长6～10 cm，宽4.5～9 cm，侧生小叶较小，偏斜，全缘或3裂，腹面被紧贴的长硬毛，背面密被白色长硬毛。总状花序单生，长8～15 cm或更长，中部以上有花；苞片和小苞片线状披针形，长3～4 mm，被长硬毛；花具短梗，聚生于稍疏离的节上；萼钟状，长约6 mm，被紧贴的长硬毛；花冠浅蓝色或淡紫色，旗瓣近圆形，长8～12 mm，基部有直立片状的附属体及2枚内弯的耳，翼瓣倒卵状长椭圆形，较龙骨瓣稍长，基部一侧有宽而圆的耳，具纤细而长的瓣柄，龙骨瓣镰刀状，顶端具短喙，基部截形，具瓣柄；子房线形，略被毛。荚果近圆柱状，长5～8 cm，径约4 mm，初时稍被紧贴的长硬毛，后近无毛，果瓣开裂后扭曲；种子长椭圆形，两端近截平，长约4 mm。

地理分布 分布于印度、中南半岛。我国分布于海南、广东、广西、云南、福建、浙江等地。常生于山地和丘陵灌丛中。栽培的主要品种为热研17号爪哇葛藤（*Pueraria phaseoloides* cv. Reyan No. 17）。

生物学特性 三裂叶野葛喜高温多雨的热带气候，在年降水量为1200～1500 mm的热带气候条件下生长良好。耐热，不耐寒，最低生长温度为12.5℃。在广东湛江地区，冬季即呈半落叶状态；在海南，冬季若遇寒害，也有少量的叶片干枯。耐酸性瘦土，可在砾质的瘠瘦砖红壤上生长，但在肥沃的黏土和冲积土上生长最为茂盛，适宜土壤pH为4～8。喜阳，稍耐荫蔽，若荫蔽度大于60%，则长势减弱，并逐渐衰亡。耐湿，可在地下水位仅15～20 cm的低地生长，并可耐短期水渍。

三裂叶野葛藤蔓扩展能力强，种植5～6个月可覆盖地面，7～8个月草层高度可达40～60 cm。在海南，11月初现蕾，11月下旬开花，翌年1～2月种子成熟。结实率受温度影响较大，海南东方市等地可良好结实，其他温度相对较低的地区，结实率低。

三裂叶野葛植株

三裂叶野葛的化学成分（%）

测定项目	样品情况	营养期茎叶
占干物质	干物质	20.54
	粗蛋白	19.26
	粗脂肪	1.29
	粗纤维	35.75
	无氮浸出物	36.04
	粗灰分	7.66
	钙	1.38
	磷	0.17

饲用价值 三裂叶野葛营养丰富，适口性好，牛、羊均喜食，为优良牧草。可放牧利用，也可刈割青饲或调制干草和青贮饲料。初期不耐践踏，宜轻牧。待完全覆盖地面后，可轮牧。刈割条件下，年产鲜草30 000～50 000 kg/hm²。此外，三裂叶野葛耐阴性好、覆盖层厚密，是种植园的优良绿肥覆盖作物和良好的水土保持植物。三裂叶野葛的化学成分如表所示。

栽培要点 三裂叶野葛可用种子繁殖，也可插条繁殖。种子繁殖时宜在雨季来临时播种，华南地区3～4月播种，要求精细整地，并施有机肥7 500～15 000 kg/hm²、过磷酸钙75～150 kg/hm²作基肥。种子种皮坚硬，播前需对种子进行摩擦或浸种处理。摩擦处理时，将种子与等量细沙混合后轻舂10～20 min，可擦破种皮，提高种子吸水能力。浸种时，可先用40℃温水浸泡4～5 h，之后将膨胀的种子取出，未膨胀的种子继续重复处理，温水浸种处理3次后剩余的未膨胀种子可再用80℃的热水处理。穴播或条播，穴播株行距50 cm×100 cm或100 cm×100 cm，每穴播种5～7粒，覆土深度2～3 cm；条播行距100～150 cm。三裂叶野葛初期生长慢，应及时防除杂草危害。插条繁殖时，以阴雨天种植为宜。将粗壮带紫色的当年生茎蔓切成带4个芽节（长约40 cm）的小段作为种茎，插植于深15～20 cm的沟内，使一节露出（与地面平齐），覆土压实即可。

三裂叶野葛极易受豆荚螟危害，故留种田需在螟蛾产卵高峰期进行喷药防治。此外，搭架可扩大生长空间，有利于结实和收种。

4. 喜马拉雅葛藤
Pueraria wallichii Candolle

形态特征 又名须弥葛，为多年生灌木状缠绕藤本。枝纤细，充分生长的植株上部呈缠绕状。叶大，偏斜；托叶披针形，早落；小托叶小，刚毛状；顶生小叶倒卵形，长10～13 cm，先端尾状渐尖，基部三角形。总状花序长达15 cm，常簇生或排成圆锥花序式；总花梗长，纤细；花梗纤细，簇生于花序每节上；花萼长约4 mm；花冠淡红色，旗瓣倒卵形，长1.2 cm，基部渐狭成短瓣柄；对旗瓣的1枚雄蕊仅基部离生，其余部分和雄蕊管连合。荚果直，长7.5～12.5 cm，宽6～12 mm，果瓣近骨质；种子阔肾形或近圆形，扁平，褐色或浅褐色。

地理分布 分布于泰国、缅甸、印度东北部、不丹、尼泊尔。我国分布于云南南部、四川西南部及西藏的察隅县、错那县和墨脱县等地。常生于海拔1700 m的山坡灌丛中。

生物学特性 喜马拉雅葛藤适宜在热带、南亚热带和中亚热带，海拔800～1500 m的温暖湿润地区生长。抗旱、耐贫瘠。耐刈割，再生力好。

饲用价值 喜马拉雅葛藤营养丰富，适口性好，牛、羊均喜食，为优良牧草。可放牧利用，也可刈割青饲或调制干草和青贮饲料。耐牧性、再生力好，生育期内可多次放牧或刈割利用。在昆明种植2年以上，年刈割3～4次的干草产量达2.88～3.96 t/hm²。喜马拉雅葛藤的化学成分如表所示。

栽培要点 喜马拉雅葛藤多用种子繁殖。条播、穴播或育苗移栽，条播行距为50 cm，覆土深度为1.5～2 cm，播种量为100 kg/hm²；穴播株距为40～50 cm，每穴播8～10粒；播后15天左右出苗，苗期生长缓慢，应及时中耕除杂；当株高达1.2 m以上时可刈割利用，留茬30～45 cm。

喜马拉雅葛藤的化学成分（%）

测定项目	样品情况	鲜叶生长60天
占干物质	干物质	26.97
	粗蛋白	19.72
	粗脂肪	3.20
	粗纤维	32.25
	无氮浸出物	37.86
	粗灰分	6.97
	钙	—
	磷	—

喜马拉雅葛藤植株

喜马拉雅葛藤花序

第23章 菜豆属牧草

菜豆属（*Phaseolus* L.）为缠绕或直立草本，常被钩状毛。羽状复叶具3小叶；托叶基着，宿存，基部不延长；有小托叶。总状花序腋生，花梗着生处肿胀；苞片及小苞片宿存或早落；花小，黄色、白色、红色或紫色，生于花序的中上部；花萼5裂，二唇形，上唇微凹或2裂，下唇3裂；旗瓣圆形，反折，瓣柄的上部常有一横向的槽，附属体有或无，翼瓣阔，倒卵形，稀长圆形，顶端兜状；龙骨瓣狭长，顶端喙状，并形成一个1～5圈的螺旋；二体雄蕊，对旗瓣的1枚离生，其余的部分合生；花药一式或5枚背着药与5枚基着药互生；子房长圆形或线形，具2至多颗胚珠，花柱下部纤细，顶部增粗，通常与龙骨瓣同作360º以上旋卷，柱头偏斜。荚果线形或长圆形，有时镰状，压扁或圆柱形，有时具喙，2瓣裂；种子2至多颗，长圆形或肾形，种脐短小，居中。

菜豆属约50种，分布于全世界的温暖地区，尤以热带美洲为多。我国产3种，南北均有分布，为栽培种，是重要的蔬食作物，其茎秆与豆荚为优质饲料。

1. 棉豆

Phaseolus lunatus L.

形态特征　为一年生缠绕草本。羽状复叶具3小叶，小叶卵形，长5~12 cm，宽3~9 cm，先端渐尖或急尖，基部圆形或阔楔形，侧生小叶常偏斜。总状花序腋生，长8~20 cm；花梗长5~8 mm；花萼钟状，长2~3 mm，外被短柔毛；花冠白色、淡黄色或淡红色，旗瓣圆形或扁长圆形，长7~10 mm，宽5~8.5 mm，先端微缺，翼瓣倒卵形，龙骨瓣先端旋卷1~2圈；子房被短柔毛，柱头偏斜。荚果镰状长圆形，长5~10 cm，宽1.5~2.5 cm，扁平，顶端有喙，内有种子2~4颗；种子近菱形或肾形，长12~13 mm，宽8.5~9.5 mm，白色、紫色或其他颜色，种脐白色，凸起。

地理分布　棉豆原产于热带美洲，世界热带、亚热带和温带地区广泛种植。我国海南、广东、广西、福建、台湾、云南、湖南、江西、山东、河北等地均有栽培。

生物学特性　棉豆为短日照植物，长期生长在热带地区的某些品种（如加勒比海类型）为典型的短日照植物，对光周期敏感。但大多数品种由于南北种植历史较久，对光周期反应不敏感。棉豆对土壤适应性广泛，但最适于在排水良好、通气、肥沃的中性壤土或黏土上生长，最适pH为6.0~6.5。种子发芽适宜温度为21~27℃，温度低于20℃时，发芽不良。生长适宜温度为16~27℃，温度低于13℃则生长缓慢。夜间温度若高于20℃，会使种子加速成熟，使果荚内豆粒数减少，豆粒变小。一般大粒种的生长要求温度较小粒种的高。干旱高温（32~35℃）下，易落花落荚。

饲用价值　棉豆全株可作牲畜饲料，可青饲，也可生产干草或调制青贮饲料。籽粒可作畜禽精饲料，也可食用。棉豆的化学成分如表所示。

栽培要点　棉豆生育期较长，为获得高产，要精细整地并施足基肥，一般施用有机肥15 000 kg/hm²、氮肥80~280 kg/hm²、磷肥28~250 kg/hm²、钾肥28~

棉豆植株（局部）

棉豆荚果

棉豆的化学成分（%）			
测定项目	样品情况	荚果	籽粒
干物质		95.40	95.60
占干物质	粗蛋白	18.80	27.20
	粗脂肪	0.60	0.90
	粗纤维	17.50	5.20
	无氮浸出物	59.10	61.20
	粗灰分	4.00	5.50
钙		—	0.12
磷		—	0.36

280 kg/hm²作为基肥。土壤pH低于6.0时，需施石灰改良，一般施用22 kg/hm²；pH大于6.5时，可增施锰肥5～10 kg/hm²。播前要晒种1～2天，以利种子出苗整齐。播种密度因栽培品种的类型和种植方式而异。单作矮生直立型棉豆，行距一般为60～70 cm，株距为10～20 cm。蔓生品种由于搭架，一般采用双条播，行距为75 cm，株距为15～30 cm。播种量因种子大小及发芽率的高低而异，一般大粒种为130～170 kg/hm²，小粒种为56～78 kg/hm²。播种深度为3～5 cm。播种期因地区而异，温带地区主要在春季播种，热带、亚热带地区宜在雨季开始时播种。棉豆苗期生长慢，应及时中耕除草，从出苗至封垄，一般中耕除草3～4次。

2. 菜豆
Phaseolus vulgaris L.

形态特征　为一年生缠绕或近直立草本。羽状复叶具3小叶；托叶披针形，长约4 mm，基着；小叶宽卵形或卵状菱形，侧生的偏斜，长4～16 cm，宽2.5～11 cm，先端长渐尖，有细尖，基部圆形或宽楔形，全缘，被短柔毛。总状花序腋生，数朵生于总花梗的顶端；花梗长5～8 mm；花萼杯状，长3～4 mm，上方2枚裂片连合成一微凹的裂片；花冠白色、黄色、紫色或红色；旗瓣近方形，宽9～12 mm，翼瓣倒卵形，龙骨瓣长约1 cm，先端旋卷，子房被短柔毛，花柱压扁。荚果带形，稍弯曲，长10～15 cm，宽1～1.5 cm，略肿胀，顶具喙；种子4～6颗，长椭圆形或肾形，长0.9～2 cm，宽0.3～1.2 cm，白色、褐色、蓝色或绛红色，有花斑，种脐通常白色。

地理分布　菜豆原产于美洲，世界热带、亚热带、温带地区均广泛分布。我国各地广泛栽培。

生物学特性　菜豆为短日照作物，但不同品种对光周期反应不同。短日照品种在长日照条件下营养生长旺盛，结荚少，有的不能成熟。一些晚熟品种，即使提早播种，也要到秋季日照短时，才能开花结荚，但由于后期温度低，种子不能成熟。

菜豆喜温暖气候，完成生育期需无霜期105～120天。矮生品种耐低温的能力比蔓生品种稍强，菜豆发芽后若长期处于11℃的温度下，则幼根生长慢，子叶长期不出土。幼苗对温度反应敏感，低于13℃时，根少而短，不长根瘤。菜豆短期2～3℃低温便会失绿，0℃时受冻，低于15℃或高于27℃时，不能正常开花，遇30℃以上高温，花粉易丧失生活力而落花。

菜豆对土壤要求较其他豆类高，在沙壤土、粉质壤土和黏土上可生长，最适宜生长在腐殖质含量高、土层深厚、排水良好的壤土上。适宜土壤pH为6.0～7.0，不耐酸性土壤，pH低于5.2时，植株矮化，叶片失绿。耐盐碱能力也较弱。

菜豆是需水较多的作物，最适土壤湿度为田间最大持水量的60%～70%。水分过低，生长发育不良；水分过高，土壤积水，易使植株叶片黄化脱落，严重时全株死亡。花粉形成期对水分极敏感，此时干旱会造成花粉畸形、败育或死亡，产量降低；但开花期若

菜豆群体

菜豆荚果、叶片及花序

降雨过多，空气湿度大，土壤积水缺氧，花粉亦不能萌发，而造成大量落花落荚；结荚成熟期需晴朗天气，雨水过多，种子常在植株上发芽，易感染病害，其产量和品质受影响。

饲用价值 菜豆全株可作牲畜饲料，可青饲，也可调制干草或青贮饲料。籽粒主要供食用，也可作为畜禽的精饲料。菜豆的化学成分如表所示。

栽培要点 菜豆对土壤肥水条件要求高，要选择土层深厚、排水良好的沙壤土种植。精细整地，结合翻耕施有机肥15 000～22 500 kg/hm²、过磷酸钙450 kg/hm²、氯化钾150 kg/hm²作为基肥。播前要晒种1～2天，以利种子出苗整齐。常垄作，以便雨季排水防涝。播种密度因栽培品种的类型和种植方式而异。单作矮生品种穴播株距为15～20 cm，行距为30～50 cm；蔓生品种穴播行距为70～90 cm，株距为25～30 cm。每穴播种3～5粒，播种深度为4～5 cm。播种期因地区、品种、用途及栽培方式而异，一般3～8月均可播种。热带、亚热带地区，应选择生长期避开霜季、花荚期避开炎热季的合适时期播种，海南为12月至翌年1月。

菜豆的化学成分（%）

测定项目	样品情况	叶	嫩荚	籽粒
干物质		20.00	9.00	88.30
占干物质	粗蛋白	24.50	23.89	22.87
	粗脂肪	5.00	9.44	2.21
	粗纤维	17.00	10.55	4.13
	无氮浸出物	37.50	50.01	66.66
	粗灰分	16.00	6.11	4.13
	钙	—	0.45	0.21
	磷	—	0.53	0.43

第 24 章 豇豆属牧草

豇豆属（*Vigna* Savi）为缠绕或直立草本，稀为亚灌木。羽状复叶具3小叶。总状花序腋生或顶生，花序轴上花梗着生处常增厚并有腺体；花萼5裂，二唇形，下唇3裂，中裂片最长，上唇中2裂片完全或部分合生；花冠小或中等大，白色、黄色、蓝色或紫色；旗瓣圆形，基部具附属体，翼瓣远较旗瓣短，龙骨瓣与翼瓣近等长，无喙或有一内弯、稍旋卷的喙（但不超过360º）；二体雄蕊，对旗瓣的1枚雄蕊离生，其余合生，花药一式；子房无柄，胚珠3至多颗，花柱线形，上部增厚，内侧具髯毛或粗毛，下部喙状，柱头侧生。荚果线形或线状长圆形、圆柱形或扁平，直或稍弯曲，二瓣裂，通常多少具隔膜；种子通常肾形或近四方形；种脐小或延长，有假种皮或无。

豇豆属约150种，主要分布于热带地区。我国产16种3亚种3变种，主要分布于华南、西南、华东。本属多为粮食作物或蔬菜，如豇豆（*Vigna unguiculata*）、绿豆（*V. radiata*）和赤豆（*V. angularis*）等，不仅是重要的蔬食作物，也是优良的饲料作物。

1. 赤豆

Vigna angularis (Willd.) Ohwi et Ohashi

形态特征 为一年生直立或缠绕草本。株高0.3~1 m，植株被疏长毛。羽状复叶具3小叶；小叶卵形至菱状卵形，长5~10 cm，宽5~8 cm，先端宽三角形或近圆形，侧生小叶偏斜，全缘或浅三裂，两面均稍被疏长毛。花黄色，5或6朵生于短的总花梗顶端；花梗极短；小苞片披针形，长6~8 mm；花萼钟状，长3~4 mm；花冠长约9 mm，旗瓣扁圆形或近肾形，常稍歪斜，顶端凹，翼瓣比龙骨瓣宽，具短瓣柄及耳，龙骨瓣顶端弯曲近半圈，其中1片的中下部有一角状凸起，基部有瓣柄；子房线形，花柱弯曲，近先端有毛。荚果圆柱状，长5~8 cm，宽5~6 mm，平展或下弯，无毛；种子通常暗红色或其他颜色，长圆形，长5~6 mm，宽4~5 mm，两头截平，种脐不凹陷。

地理分布 美洲、非洲等地引种栽培。我国南北各地均有栽培。

生物学特性 赤豆为短日照作物，对光周期反应较敏感，其中尤以中晚熟类型为甚。缩短光照时间可促使赤豆提早开花，但植株变矮，茎节缩短，节数减少，生物量降低。延长光照时间则使赤豆植株生长繁茂，开花推迟。

赤豆喜温，全生育期需要10℃以上有效积温2000~2500℃。最适生长温度为20~24℃。种子在8~10℃时即可发芽，最适发芽温度为14~18℃。花芽分化和开花期最适温度为24℃，低于16℃时，花芽分化受阻，开花结荚减少。赤豆对霜害的抵抗力弱，发芽期间不耐霜害，种子成熟期间若遇霜冻，则荚秕、粒小，种子产量和质量下降。

赤豆对土壤适应性广泛，但以在疏松壤土上生长为好，最适pH为6左右。赤豆每形成1 g干物质需水600~650 g，其中苗期需水较少，开花前后需水最多。

赤豆生育期因品种而异，短的为60~90天；长的为80~120天。

饲用价值 赤豆茎叶是牛、羊、兔的优质饲料，收获后的秸秆亦可用来饲喂牛、羊。籽粒是各类畜禽的优质精饲料。赤豆的化学成分如表所示。

栽培要点 精选无损伤、粒大饱满、大小均匀、色泽一致、无病斑的豆粒作种，并在播前晒种1~2天。单作播种量一般为30~45 kg/hm²。可点播、穴播或条播，播种深度为3~5 cm。播种期因地区、品种、用途

赤豆植株

及栽培方式而异，一般北方于4月下旬至5月中上旬春播，北方于6月中旬夏播，江南地区于7月上旬夏播。

赤豆对氮素的需求较高，其次是钾和磷，每生产100 kg籽粒，赤豆需吸收氮素6.6 kg、磷1.6 kg、钾2.5 kg。在开花前5~6天追施速效氮肥、磷肥，可增加花荚数，并防止落花落荚。

危害赤豆的病害主要有褐斑病、萎缩病、炭疽病等，虫害主要有蚜虫、螟虫、绿豆象等。在生产中应根据危害情况及时防治。

赤豆的化学成分（%）

测定项目	样品情况	籽实绝干样
	干物质	100
占干物质	粗蛋白	49.88
	粗脂肪	—
	粗纤维	—
	无氮浸出物	—
	粗灰分	—
	钙	0.09
	磷	0.41

赤豆荚果

2. 绿豆
Vigna radiata (L.) Wilczek

形态特征 为一年生直立草本。株高20～60 cm。茎被褐色长硬毛。羽状复叶具3小叶；侧生小叶多少偏斜，先端渐尖，基部阔楔形或浑圆，基部3脉明显；叶柄长5～21 cm；叶轴长1.5～4 cm；小叶柄长3～6 mm。总状花序腋生，有花4至数朵，最多可达20余朵；总花梗长2.5～9.5 cm；花梗长2～3 mm；萼管无毛，长3～4 mm，裂片狭三角形，长1.5～4 mm，具缘毛，上方的1对合生成一先端2裂的裂片；旗瓣近方形，长1.2 cm，宽1.6 cm；翼瓣卵形，黄色；龙骨瓣镰刀状，右侧有显著的囊。荚果线状圆柱形，平展，长4～9 cm，宽5～6 mm，被淡褐色、散生的长硬毛；种子8～14颗，淡绿色或黄褐色，短圆柱形，长2.5～4 mm，宽2.5～3 mm，种脐白色。

地理分布 绿豆原产于中国和印度，世界温带、亚热带和热带高海拔地区广泛种植，其中以中国、印度，以及泰国和菲律宾等东南亚国家栽培最为广泛。我国南北各地均有栽培。

生物学特性 绿豆喜温，种子发芽最低温度为8℃左右，但发芽慢，最适发芽温度为24～26℃，播后4～5天出苗。幼苗和成株均不耐寒，遇0℃低温会受害。

绿豆对土壤要求不严，但以土层深厚、富含有机质的壤土和沙壤土为宜。耐酸碱能力较强，适宜在pH 5.5左右的土壤上种植。

绿豆的生育期因品种和自然条件而异，一般早熟种为80～100天，中熟种为110～120天，晚熟种为130～140天。

饲用价值 绿豆以饲用为主时可供放牧、刈割青饲，调制青贮料或晒制干草，也可粉碎或打浆喂猪、禽及鱼。绿豆青贮料及绿豆干草是理想的冬春贮备饲料，绿豆种子是畜禽的优质精饲料。此外，绿豆种子也是重要的食用豆。绿豆的化学成分如表所示。

绿豆植株（局部）

绿豆花序

绿豆的化学成分（%）			
测定项目	样品情况	结荚期茎叶	籽粒
干物质		20.00	85.60
占干物质	粗蛋白	20.00	27.00
	粗脂肪	4.00	1.29
	粗纤维	19.50	5.84
	无氮浸出物	47.50	62.25
	粗灰分	9.00	3.62
钙		0.28	—
磷		0.04	—

栽培要点 绿豆种子中常有10%左右的硬实，有的品种硬实率达20%～30%，故播前应进行浸种处理，以促进发芽。绿豆适播期长，可春播，也可夏播，播种量为15～20 kg/hm²，播种深度为1.5～2.5 cm，播后镇压1～2次。

危害绿豆的病害主要有叶斑病、根腐病、锈病和白粉病等，虫害主要有蚜虫、豆野螟、红蜘蛛、茶黄螨、绿豆象等。在生产中应根据危害情况及时防治。

3. 赤小豆

Vigna umbellata (Thunb.) Ohwi et Ohashi

形态特征 为一年生草本。茎纤细，长达1 m或以上，幼时被黄色长柔毛。羽状复叶具3小叶；小叶纸质，卵形或披针形，长10～13 cm，宽（2～）5～7.5 cm，全缘或微3裂。总状花序短，腋生，有花2～3朵；苞片披针形；花梗短，着生处有腺体；花黄色，长约1.8 cm，宽约1.2 cm；龙骨瓣右侧具长角状附属体。荚果线状圆柱形，下垂，长6～10 cm，宽约5 mm；种子6～10颗，长椭圆形，通常暗红色，有时为褐色、黑色或草黄色，直径3～3.5 mm，种脐凹陷。

地理分布 赤小豆原产于热带亚洲，日本、菲律宾、越南、印度有分布。我国分布于南方各地。

生物学特性 赤小豆是短日照喜温作物，对光周期反应敏感，多数品种仅在短日照条件下才能开花结实。喜温，最适生长温度为18～30℃，低于10～12℃时，易受寒害，不耐霜冻。对土壤要求不严，在沙质壤土至黏重壤土上均可良好生长，但在肥沃的壤土上生长最好。适宜土壤pH为6.8～7.5。耐干旱，能在年降水量700～1730 mm的地区种植，在年降水量1000～1500 mm的地区生长最好，但不耐水渍。

饲用价值 赤小豆全株可作家畜青饲料，籽粒可作畜禽精饲料。此外，赤小豆还可以供食用，幼苗、嫩荚和叶子均可蔬食。赤小豆的化学成分如表所示。

赤小豆的化学成分（%）

测定项目	样品情况	营养期茎叶	开花期茎叶	籽粒
占干物质	干物质	16.00	24.00	86.70
	粗蛋白	18.00	14.50	24.11
	粗脂肪	1.10	1.00	1.04
	粗纤维	31.50	32.10	5.54
	无氮浸出物	39.90	41.60	64.47
	粗灰分	9.50	10.80	4.84
	钙	1.40	1.20	0.20
	磷	0.35	0.20	0.39

赤小豆植株

赤小豆花序

4. 豇豆
Vigna unguiculata (L.) Walp.

形态特征 为一年生缠绕、草质藤本或近直立草本。羽状复叶具3小叶；小叶卵状菱形，长5~15 cm，宽4~6 cm，先端急尖。总状花序腋生，具长梗；花2~6朵聚生于花序顶端，花梗间常有肉质腺体；花萼浅绿色，钟状，长6~10 mm，裂齿披针形；花冠黄白色而略带青紫，长约2 cm，各瓣均具柄，旗瓣扁圆形，宽约2 cm，顶端微凹，基部稍有耳，翼瓣略呈三角形，龙骨瓣稍弯；子房线形，被毛。荚果下垂，直立或斜展，线形，长7.5~70（90）cm，宽6~10 mm，稍肉质而膨胀或坚实，有种子多颗；种子长椭圆形、圆柱形，长6~12 mm，黄白色、暗红色或其他颜色。

地理分布 豇豆原产于非洲热带地区或亚洲，世界热带、亚热带地区广泛分布。我国各地广泛栽培。

生物学特性 豇豆是短日照喜温作物，普通型豇豆对光周期反应敏感，仅在短日照条件下才能开花结实，菜用型长豇豆对光周期反应不敏感，在短日照或长日照条件下都可正常生长发育。豇豆喜温耐热，种子发芽最低温度为8~12℃，最适温度为25~30℃。植株生长发育最适温度为20~25℃，在35℃高温下也能生长结实；在10℃低温时生长受到抑制，5℃以下植株受害。

豇豆对土壤适应性广，在红壤、黏壤、沙壤、沙土上均能生长，但在pH 6.2~7的近中性、排水良好、土层深厚肥沃的壤土或沙壤土上生长为佳。

豇豆的生育期因品种和自然条件不同而异，一般早熟种为60~90天，中熟种约为120天，晚熟种约为150天。

饲用价值 豇豆茎叶消化率高，是牛、羊、猪的优质粗饲料，可青饲、晒制干草或调制青贮料。此外，豇豆嫩荚可供蔬食。豇豆的化学成分如表所示。

豇豆的化学成分（%）

测定项目	样品情况	茎叶绝干样（无荚）	茎叶绝干样（带荚）	茎绝干样	叶绝干样
占干物质	干物质	100	100	100	100
	粗蛋白	10.40	18.40	6.90	18.40
	粗脂肪	2.50	6.10	1.00	7.90
	粗纤维	34.50	22.80	43.10	16.00
	无氮浸出物	45.70	42.80	42.60	46.10
	粗灰分	6.90	9.90	6.40	11.60
	钙	—	—	—	—
	磷	—	—	—	—

豇豆群体

豇豆荚果

第 25 章 山蚂蝗属牧草

山蚂蝗属（*Desmodium* Desv.）为草本、亚灌木或灌木。叶为羽状三出复叶或退化为单小叶；具托叶和小托叶，托叶通常干膜质，有条纹，小托叶钻形或丝状；小叶全缘或浅波状。花通常较小，组成腋生或顶生的总状花序或圆锥花序，少单生或成对生于叶腋者；苞片宿存或早落；小苞片有或缺；花萼钟状，4～5裂，上部裂片全缘或先端2裂至微裂；花冠白色、绿白色、黄白色、粉红色、紫色、紫堇色，旗瓣椭圆形、宽椭圆形、倒卵形、宽倒卵形至近圆形，翼瓣多少与龙骨瓣贴连，均有瓣柄；二体雄蕊，少有单体；子房通常无柄，有胚珠数颗。荚果扁平，不开裂，背腹两缝线稍缢缩或腹缝线劲直；荚节数枚。

山蚂蝗属约350种，多分布于世界热带和亚热带地区。我国有27种5变种，大多分布于西南至东南，仅1种产陕西和甘肃西南部；广东及海南产15种1变种。本属大多可供饲用，但适口性不佳。生产栽培者主要有卵叶山蚂蝗（*Desmodium ovalifolium*）、绿叶山蚂蝗（*D. intortum*）、银叶山蚂蝗（*D. uncinatum*）和糙伏山蚂蝗（*D. strigillosum*）。

1. 卵叶山蚂蝗
Desmodium ovalifolium Wall.

形态特征 为多年生平卧草本，分枝细而多，稍具棱。三出复叶或下部单叶互生；小叶近革质，叶柄长1.5~2.5 cm，顶端小叶阔椭圆形、倒卵形或椭圆形，长2.5~4.5 cm，宽2.2~2.8 cm；侧生小叶阔椭圆形、倒卵形或椭圆形，长1.6~2.5 cm，宽1.0~1.5 cm。总状花序顶生，长3~4.5 cm；苞片阔卵形，长5~8 cm，宽3~4 cm；花成对着生，梗长2 cm；萼被毛，长1.5 cm，4~5齿裂，裂齿鳞片状三角形；花冠蝶形，紫色，长6~8 cm，旗瓣阔卵形，顶端微凹入，具短爪，翼瓣倒卵状长圆形，龙骨瓣弯曲；雄蕊2组，对着旗瓣1枚离生，其他8枚合生；子房无柄，被毛，胚珠4~5颗，花柱弯曲。荚果长1.5~1.9 cm，密被锈色柔毛，荚节4~5节；种子扁肾形，微凹，淡黄色，长约2 cm，宽约1.5 cm。

地理分布 卵叶山蚂蝗原产于湿润、半湿润的东南亚地区，世界热带、亚热带地区引种栽培。我国于1981年从澳大利亚引进，现分布于海南、广东、广西、云南和福建等地，栽培品种有热研16号卵叶山蚂蝗（*Desmodium ovalifolium* cv. Reyan No. 16）。

生物学特性 卵叶山蚂蝗喜潮湿的热带、亚热带气候。对土壤适应性广，耐酸性瘦土，在高铝和低磷土壤上生长良好。具较强的耐阴性、耐涝性和抗水淹能力。卵叶山蚂蝗根系发达，具匍匐茎，侵占能力强，对草地和种植园杂草抑制能力强。

饲用价值 卵叶山蚂蝗叶量大，是热带地区优良的豆科牧草，可放牧利用，亦可刈割青饲或调制干草。此外，其也是一种优良的绿肥覆盖作物和水土保持植物。热研16号卵叶山蚂蝗的化学成分如表所示。

栽培要点 卵叶山蚂蝗种子硬实率高，播种前需用80℃热水浸种3~5 min，以提高发芽率。撒播或条播，播种深度不宜超过1 cm，播后轻耙。建植栽培草地时，播种量为0.5~1.5 kg/hm²；用作覆盖作物时，播种量为2.5~5 kg/hm²。卵叶山蚂蝗人工草地适于轮牧，轮牧间隔期以6~8周为宜。刈割利用时，刈割高度为30 cm，年可刈割3~4次。

卵叶山蚂蝗群体

卵叶山蚂蝗花序

热研16号卵叶山蚂蝗的化学成分（%）	
测定项目 / 样品情况	营养期嫩茎叶
干物质	22.41
占干物质 粗蛋白	13.43
粗脂肪	2.48
粗纤维	36.62
无氮浸出物	41.45
粗灰分	6.02
钙	0.83
磷	0.11

2. 糙伏山蚂蟥

Desmodium strigillosum Schindl.

形态特征　为亚灌木状直立草本，株高0.3～1 m。三出羽状复叶，叶柄长12～20 mm，密被白色贴伏短柔毛，叶纸质，顶生小叶狭椭圆形或椭圆形，长2.5～5 cm，宽1.2～3 cm，腹面无毛，背面密被灰白色长丝状毛。总状花序常顶生，长4～7 cm，花序轴密被白色贴伏短柔毛；苞片纸质，狭卵形，长4～5 mm，宽1.5～2 mm，脱落；花梗细弱，长约4 mm，无毛，果时下垂；花萼长约2 mm，中裂；花冠紫色，旗瓣长约7 mm，近圆形，具短瓣柄，翼瓣狭长圆形，长约5 mm，龙骨瓣明显具瓣柄，长约6 mm；雄蕊二体，宿存。荚果线形，下垂，长1.2～1.8 cm，宽2.5～3 mm，外面密被灰黄色长柔毛，荚节4～7节，近方形，扁平，具网纹，长2～2.5 mm，宽约1.5 mm。

地理分布　分布于柬埔寨、老挝、印度、马来西亚、缅甸、斯里兰卡、泰国、越南等地。我国于1991年自哥伦比亚国际热带农业中心引入试种。

饲用价值　糙伏山蚂蟥对土壤适应性广、产量高（年干物质产量约5000 kg/hm²）、营养价值高（粗蛋白含量占干物质的16%～18%），是一种优良的热带豆科牧草，可放牧利用，亦可刈割青饲或调制干草。糙伏山蚂蟥的化学成分如表所示。

栽培要点　糙伏山蚂蟥种子发芽率较低，在播种前可用80℃热水浸种2～3 min，以提高发芽率。撒播或条播，播种深度不宜超过1 cm，播后轻耙，播种量为1.5～2.0 kg/hm²。刈割利用时，刈割高度为30～50 cm，年可刈割3～4次。

糙伏山蚂蟥的化学成分（%）

测定项目	样品情况	营养期嫩茎叶
占干物质	干物质	26.40
	粗蛋白	17.62
	粗脂肪	4.85
	粗纤维	33.14
	无氮浸出物	38.93
	粗灰分	5.46
	钙	0.79
	磷	0.14

糙伏山蚂蟥群体

第 25 章 山蚂蝗属牧草 | 325

糙伏山蚂蝗茎叶

糙伏山蚂蝗花序

3. 假地豆

Desmodium heterocarpon (L.) DC.

形态特征 为小灌木或亚灌木。茎直立或平卧，株高0.3~1.5 m，基部多分枝。羽状三出复叶，小叶3；托叶宿存，狭三角形，长5~15 mm，叶柄长1~2 cm；小叶纸质，顶生小叶椭圆形、长椭圆形或宽倒卵形，长2.5~6 cm，宽1.3~3 cm，侧生小叶通常较小。总状花序顶生或腋生，长2.5~7 cm，总花梗密被淡黄色开展的钩状毛；花极密，每2朵生于花序的节上；苞片卵状披针形；花梗长3~4 mm；花萼长1.5~2 mm，钟形，4裂，疏被柔毛，裂片三角开，较萼筒稍短，上部裂片先端微2裂；花冠紫红色、紫色或白色，长约5 mm，旗瓣倒卵状长圆形，先端圆至微缺，基部具短瓣柄，翼瓣倒卵形，具耳和瓣柄，龙骨瓣极弯曲，先端钝；雄蕊二体，长约5 mm；雌蕊长约6 mm。荚果密集，狭长圆形，长12~20 mm，宽2.5~3 mm，腹缝线浅波状，腹背两缝线被钩状毛，荚节4~7，近方形。

地理分布 分布于印度、斯里兰卡、东南亚、日本及南太平洋岛国。我国南方各地均有分布。常生于山坡、草地、灌丛中。

饲用价值 适口性中等，牛、山羊采食，可放牧利用。假地豆的化学成分如表所示。

假地豆的化学成分（%）

测定项目	样品情况	结荚期鲜样
占干物质	粗蛋白	12.90
	粗脂肪	1.67
	酸性洗涤纤维	47.96
	中性洗涤纤维	56.59

假地豆叶片

假地豆花序

4. 绿叶山蚂蟥

Desmodium intortum Urd.

形态特征　为多年生草本。茎粗壮，直立或蔓生，密生绒毛，长达1.5 m，草层高0.5～1 m；三出复叶；小叶椭圆形，长2～7 cm，宽1.5～5.5 cm，叶面有红棕色或紫红色斑点；叶片长7.5～12.5 cm，宽5～7.5 cm。总状花序，淡紫色或粉红色。果弯曲，荚节8～12；种子肾形，长约2 mm，宽约1.5 mm。

地理分布　绿叶山蚂蟥原产于中美洲和南美洲北部，世界热带、亚热带地区引种栽培。我国于1974年从澳大利亚引入，现海南、广西、广东、福建、贵州等地有种植。

生物学特性　绿叶山蚂蟥喜温热湿润的气候，最适宜在年降水量1000 mm左右的中亚热带以南的沿海地区生长。对土壤适应性广泛，在沙土到黏壤土上都可生长，但在板结、坚实、通气不良的重黏土上生长发育不良，在腐殖质土和沙壤土上生长发育最好。适应的土壤pH为4.5～7.5，最适土壤pH为5.5～6.5。不耐霜冻，一般轻霜使嫩枝叶受冻害，重霜可使地上部干枯，最低生长温度为7℃；不耐高温，夏季高温往往停止生长，以春、秋两季生长最为旺盛。耐荫蔽，在高禾草的遮阴下能正常生长发育。耐水渍，不耐干旱，在旱季易萎蔫。对磷肥敏感，施磷肥可显著增加产量。

绿叶山蚂蟥对杂草的竞争能力很强，与狗尾草、青绿黍、俯仰马唐、毛花雀稗、坚尼草、宽叶雀稗混播，生长良好。

饲用价值　绿叶山蚂蟥枝叶柔嫩多汁，无异味，但由于其茎枝密生绒毛，适口性稍差。幼嫩时，马、牛、羊、猪、鹅等均喜食。成株的茎叶牛、羊采食。结实后，纤维素增加，适口性下降。年产鲜草约60 000 kg/hm²。绿叶山蚂蟥的化学成分如表所示。

绿叶山蚂蟥群体

绿叶山蚂蟥花序

绿叶山蚂蟥的化学成分（%）

测定项目	样品情况	营养期茎叶绝干样
	干物质	100
占干物质	粗蛋白	15.80
	粗脂肪	1.90
	粗纤维	34.60
	无氮浸出物	38.30
	粗灰分	9.40
	钙	—
	磷	—

栽培要点 绿叶山蚂蟥用种子繁殖，播前精细整地，并施有机肥15 000 kg/hm²、过磷酸钙375～750 kg/hm²作基肥。条播或撒播，条播行距为30～40 cm，播种深度不超过1 cm，播种量为7.5～11.25 kg/hm²。也可采用插条繁殖，用老茎扦插成活率高，定植后，需保持土壤湿润。绿叶山蚂蟥苗期生长慢，易受杂草危害，应及时除杂。再生力较好，年可刈割2～3次，刈割高度为20～30 cm。

5. 银叶山蚂蝗
Desmodium uncinatum DC.

形态特征 为多年生草本。茎粗壮，直立或蔓生，密被钩状短毛，长达1.5 m，草层高0.5~1 m。三出复叶，托叶短，棕色；叶柄长2~5 cm；小叶卵圆形，长3~7 cm，宽1.5~3.5 cm，叶面绿色，靠近中央有银白色条斑，顶生小叶叶柄长5~15 mm。总状花序，花冠粉红色，开花后淡蓝色。荚果镰形，棕色，成熟时易横裂为4~8节，长4~5 mm，宽3 mm，密被钩状细毛，易黏附；种子黄绿色，近三角状卵圆形，长3~4 mm，宽约2 mm。

地理分布 银叶山蚂蝗原产于巴西、委内瑞拉和阿根廷北部，现广泛分布于世界热带、亚热带地区。我国于20世纪70年代自澳大利亚引入，现海南、广东、广西、福建等地有种植。

生物学特性 银叶山蚂蝗喜温和气候，春秋两季生长良好。不耐霜冻，最低生长温度约15℃。夏季高温时叶片会凋萎。对土壤适应性广泛，在沙土至黏壤土上都可生长，耐酸性土，在pH 5.5~6.5的土壤上生长良好。对肥料反应敏感，如缺乏磷、钾、硫、钼等肥料时生长不良。不抗旱，旱季生长不良，产量低。耐淹渍。

银叶山蚂蝗荚节黏附力强，可借助人畜活动传播繁殖。较耐阴。对杂草的竞争能力强，可与狗尾草属、黍属、狼尾草属、虎尾草属等禾本科牧草良好混生。在南宁，11月开花结荚，12月下旬种子成熟。

饲用价值 银叶山蚂蝗茎叶密被钩状短毛，适口性不佳，家畜需逐渐习惯采食。可以放牧、青刈和调制干草。耐家畜践踏，再生力较强，与禾本科牧草混播，可组成良好的草场。春季返青快，秋季再生良好，对春秋季豆科牧草的供应具有重要的价值。在南宁一年刈割2~3次，鲜草产量为22 500~30 000 kg/hm²。此外，银叶山蚂蝗叶量丰富，茎叶能形成厚密的覆盖

银叶山蚂蝗植株

银叶山蚂蟥花序

层，落叶易腐烂，是优良的绿肥覆盖植物。银叶山蚂蟥的化学成分如表所示。

栽培要点 播前精细整地，并施有机肥 15 000 kg/hm²、过磷酸钙375～750 kg/hm²作基肥。条播或撒播，条播行距为30～40 cm，播种深度不超过1 cm，播种量为4～7.5 kg/hm²。宜在早春播种，早春播种的银叶山蚂蟥生长期长、产量高。银叶山蚂蟥草地不耐重牧和低刈，轮牧间隔以6～8周为宜，刈割高度以20～30 cm为宜，如过度放牧或低刈，银叶山蚂蟥则会逐渐从草地中消亡。

银叶山蚂蟥的化学成分（%）

测定项目	样品情况	鲜草
	干物质	35.00
占干物质	粗蛋白	12.70
	粗脂肪	2.00
	粗纤维	43.30
	无氮浸出物	38.40
	粗灰分	3.60
	钙	—
	磷	—

6. 大叶山蚂蝗
Desmodium gangeticum (L.) DC.

形态特征 又名大叶山绿豆。直立或近直立亚灌木，高可达1.2 m，分枝多。叶具单小叶；托叶狭三角形或狭卵形，长约1 cm，宽1～3 mm；叶柄长1～2 cm，密被直毛和小钩状毛；小叶纸质，长椭圆状卵形，有时为卵形或披针形，变异甚大，长3～13 cm，宽2～7 cm；小叶柄长约3 mm。总状花序顶生和腋生，顶生者偶为圆锥花序，长10～30 cm，总花梗纤细，被短柔毛，花2～6朵生于每一节上，节疏离；苞片针状，脱落；花梗长2～5 mm，被毛；花萼宽钟状，长约2 mm，被糙伏毛，裂片披针形，较萼筒稍长，上部裂片先端微2裂；花冠绿白色、淡紫色，长3～4 mm，旗瓣倒卵形，基部渐狭，具不明显的瓣柄，翼瓣长圆形，基部具耳和短瓣柄，龙骨瓣狭倒卵形，无耳；雄蕊二体，长3～4 mm；雌蕊长4～5 mm，子房线形，被毛，花柱上部弯曲。荚果密集，略弯曲，长1.2～2 cm，宽约2.5 mm，腹缝线稍直，背缝线波状，荚节6～8节，近圆形或宽长圆形，长2～3 mm，被钩状短柔毛。

地理分布 分布于斯里兰卡、印度、缅甸、泰国、越南、马来西亚、非洲热带地区和大洋洲等地。我国分布于海南、广东、广西、福建、台湾、云南等地。常生于海拔300～900 m的荒地草丛或次生林中。

饲用价值 牛、羊采食其嫩枝叶。大叶山蚂蝗的化学成分如表所示。

大叶山蚂蝗的化学成分（%）

测定项目	样品情况	营养期嫩茎叶
	干物质	26.30
占干物质	粗蛋白	15.46
	粗脂肪	3.08
	粗纤维	26.53
	无氮浸出物	48.43
	粗灰分	6.50
	钙	1.05
	磷	0.33

大叶山蚂蝗植株

大叶山蚂蝗花序

7. 绒毛山蚂蝗
Desmodium velutinum (Willd.) DC.

形态特征　为小灌木或亚灌木。高达1～1.5 m；嫩枝密被黄褐色绒毛。叶通常为单小叶，少有3小叶；叶柄长1.5～1.8 cm，密被黄色绒毛；小叶薄纸质至厚纸质，卵状披针形、三角状卵形或宽卵形，长4～11 cm，宽2.5～8 cm，两面被黄色绒毛，背面毛密而长；小叶柄极短。总状花序腋生和顶生，顶生者有时具少数分枝而成圆锥花序状，长4～10 cm；总花梗被黄色绒毛；花小，每2～5朵密集生于节上；苞片钻形，长2～3.5 mm，密被毛；花梗长约1.5 mm，结果时稍增长至2 mm；花萼宽钟形，长2～3 mm，外面密被小钩状毛和贴伏毛，4裂，裂片三角形，上部裂片先端微2裂；花冠紫色或粉红色，长约3 mm，旗瓣倒卵状近圆形，翼瓣长椭圆形，具耳，龙骨瓣狭窄，无耳；雄蕊二体，长约5 mm；雌蕊长5～6 mm，子房密被糙伏毛，胚珠5～7，花柱明显弯曲。荚果狭长圆形，长10～20 mm，宽2～3 mm，荚节5～7，近圆形，密被黄色直毛和混有钩状毛。

地理分布　分布于印度、越南、马来西亚、菲律宾及非洲热带地区。我国分布于海南、广东、广西、福建、台湾、云南、贵州等地。常生于山地、丘陵向阳的草坡、溪边或灌丛中。

生物学特性　绒毛山蚂蝗喜阳，多生于向阳地，但在部分荫蔽条件下也能良好生长。生于阳光充足地方的植株，果荚发育的同时，叶片几乎全部脱落，条件适宜时重新抽叶生长；生于荫蔽之地者，果荚发育的同时，叶片仅部分脱落。对土壤的适应性广泛，但以沙壤土至壤土上最为常见。花期9～11月，成熟期11月至翌年2月。

饲用价值　绒毛山蚂蝗嫩枝叶富含蛋白质，适口性好，是热带干旱、半干旱地区重要的补饲豆科牧草。绒毛山蚂蝗的化学成分如表所示。

绒毛山蚂蝗植株

绒毛山蚂蝗花序

测定项目	样品情况	营养期嫩茎叶
	绒毛山蚂蝗的化学成分（%）	
	干物质	21.45
占干物质	粗蛋白	16.63
	粗脂肪	6.18
	粗纤维	24.64
	无氮浸出物	37.19
	粗灰分	15.36
	钙	2.45
	磷	0.39

栽培要点 绒毛山蚂蝗常用种子繁殖，播种前需对种子进行处理，未处理的种子发芽率仅为10%～15%，种子经硫酸、热水或划破种皮处理后，发芽率可增至50%～60%。经处理的种子可按行距1 m条播，也可按株行距60 cm×60 cm穴播，每穴播种2～5粒。播种期以雨季开始时为宜，建植初期施磷肥225～300 kg/hm²。

8. 长波叶山蚂蝗
Desmodium sequax Wall.

形态特征 又名波叶山蚂蝗。直立灌木，株高1~2 m，多分枝。羽状三出复叶，叶柄长2~3.5 cm；小叶卵状椭圆形或圆菱形，顶生小叶长4~10 cm，宽4~6 cm，侧生小叶略小，先端急尖，基部楔形至钝，边缘自中部以上呈波状，侧脉通常每边4~7条，网脉隆起；小叶柄长约2 mm，被锈色柔毛和小钩状毛。总状花序顶生和腋生，顶生者通常分枝成圆锥花序，长达12 cm；总花梗密被开展或向上硬毛和小绒毛；花通常2朵着生于节上，苞片早落，狭卵形，长3~4 mm，宽约1 mm，被毛；花梗长3~5 mm，密被开展柔毛；花萼长约3 mm，萼裂片三角形，与萼筒等长；花冠紫色，长约8 mm，旗瓣椭圆形至宽椭圆形，先端微凹，翼瓣狭椭圆形，具瓣柄和耳，龙骨瓣具长瓣柄，微具耳；雄蕊单体，长7.5~8.5 mm；雌蕊长7~10 mm，子房线形，疏被短柔毛。荚果腹背缝线缢缩呈念珠状，长3~4.5 cm，宽3 mm，荚节6~10，近方形，密被开展褐色小钩状毛。

地理分布 分布于印度、尼泊尔、缅甸、印度尼西亚、巴布亚新几内亚等地。我国分布于华南、西南、东南及湖南、湖北、江西等部分地区。常生于山地草坡或林缘。

生物学特性 长波叶山蚂蝗喜温和阴湿的气候。对土壤适应性广泛，在沙土至黏土上均能生长，在酸性土上也可良好生长。生活力较强，竞争力较强，在草丛、灌丛、林下均能良好生长。荚节黏附力强，可借助人畜活动传播繁殖。

饲用价值 长波叶山蚂蝗叶量大，青绿期长，牛、羊采食。长波叶山蚂蝗的化学成分如表所示。

长波叶山蚂蝗的化学成分（%）

测定项目	样品情况	营养期嫩茎叶	开花期嫩茎叶
干物质		21.50	25.20
占干物质	粗蛋白	10.27	13.14
	粗脂肪	2.88	2.54
	粗纤维	20.27	22.89
	无氮浸出物	58.48	54.33
	粗灰分	8.10	7.10
	钙	1.67	1.56
	磷	0.24	0.30

长波叶山蚂蝗植株

第 25 章　山蚂蝗属牧草 | 337

长波叶山蚂蝗花序

9. 赤山蚂蝗

Desmodium rubrum (Lour.) DC.

形态特征 又名赤山绿豆，为多年生草本。茎多分枝，平卧或直立，株高30~50 cm。叶通常具单小叶，稀为三出复叶；叶柄长4~10 mm，密被贴伏柔毛；小叶椭圆形，偶为长椭圆形至近圆形，长10~22 mm，宽7~12 mm，两端钝或先端稍凹入，或基部狭心形，全缘，侧脉每边4~6条，不达叶缘，网脉两面均明显；小叶柄长约1 mm。总状花序顶生，长5~25 cm；总花梗被黄色钩状毛；花极稀疏，常2朵生于每一节上；苞片膜质，早落，卵状披针形，长4~6 mm，具白色缘毛；花梗长2~3 mm，被短钩状毛，结果时花梗增长至7 mm；花萼通常红色，长约2.5 mm，裂片狭三角形，疏生短缘毛；花冠蓝色或粉红色，长5~6 mm，旗瓣倒心状卵形，与龙骨瓣等长，翼瓣斜卵形，较短，具耳，均具瓣柄；雄蕊长约5 mm；雌蕊长约5.5 mm，无毛，花柱弯曲。荚果狭长圆形，扁平，长约2 cm，微弯曲，腹缝线直，背缝线缢缩，荚节2~7，近方形，无毛，有明显的网脉。

地理分布 分布于越南、老挝、柬埔寨等地。我国分布于华南。常生于荒地或滨海沙地。

饲用价值 羊喜食。赤山蚂蝗的化学成分如表所示。

测定项目	样品情况	开花期嫩茎叶
	干物质	34.90
占干物质	粗蛋白	21.58
	粗脂肪	8.40
	粗纤维	31.59
	无氮浸出物	33.66
	粗灰分	4.77
	钙	0.82
	磷	0.33

赤山蚂蝗的化学成分（%）

赤山蚂蝗植株

赤山蚂蝗花序（荚果）

10. 金钱草

Desmodium styracifolium (Osbeck.) Merr.

形态特征 为亚灌木状直立草本，株高0.3~1 m。叶通常为单小叶，偶具3小叶；叶柄长1~2 cm；托叶披针形，长7~8 mm，宽1.5~2 mm；小叶厚纸质至近革质，圆形或近圆形至宽倒卵形，长和宽为2~4.5 cm。总状花序短，顶生或腋生，长1~3 cm，总花梗密被绢毛；花密生，每2朵生于节上；花梗长2~3 mm，果时下弯；苞片密集，覆瓦状排列，宽卵形，长3~4 mm，被毛；花萼长约3.5 mm，密被小钩状毛和混生丝状毛，萼筒长约1.5 mm，顶端4裂，裂片近等长，上部裂片又2裂；花冠紫红色，长约4 mm，旗瓣倒卵形或近圆形，具瓣柄，翼瓣倒卵形，具短瓣柄，龙骨瓣较翼瓣长，极弯曲，具长瓣柄；雄蕊二体，长4~6 mm；雌蕊长约6 mm，子房线形，被毛。荚果长10~20 mm，宽约2.5 mm，被短柔毛和小钩状毛，腹缝线直，背缝线波状，荚节3~6，近方形，扁平，具网纹。

地理分布 分布于印度、斯里兰卡、缅甸、泰国、越南、马来西亚等地。我国分布于华南、西南。常生于山坡、草地或灌丛中。

饲用价值 牛、羊采食其嫩茎叶。此外，金钱草全株可入药，味甘淡，性平，有清热祛湿、利尿通淋之功效。金钱草的化学成分如表所示。

金钱草的化学成分（%）

测定项目	样品情况	营养期嫩茎叶
	干物质	26.80
占干物质	粗蛋白	16.16
	粗脂肪	5.80
	粗纤维	33.74
	无氮浸出物	38.92
	粗灰分	5.38
	钙	1.63
	磷	0.26

金钱草植株

金钱草花序

11. 三点金
Desmodium triflorum (L.) DC.

形态特征　为多年生平卧草本。茎纤细，多分枝，株高10～50 cm。羽状三出复叶；托叶披针形，膜质，长3～4 mm，宽1～1.5 mm；叶柄长约5 mm，被柔毛；小叶纸质，顶生小叶倒心形、倒三角形或倒卵形，长和宽为2.5～10 mm；小托叶狭卵形，长0.5～0.8 mm，被柔毛；小叶柄长0.5～2 mm，被柔毛。花单生或2～3朵簇生于叶腋；苞片狭卵形，长约4 mm，宽约1.3 mm，外面散生贴伏柔毛；花梗长3～8 mm，结果时延长达13 mm；花萼长约3 mm，密被白色长柔毛，5深裂，裂片狭披针形，较萼筒长；花冠紫红色，旗瓣倒心形，基部渐狭，具长瓣柄，翼瓣椭圆形，具短瓣柄，龙骨瓣略呈镰刀形，较翼瓣长，弯曲，具长瓣柄；雄蕊二体；雌蕊长约4 mm，子房线形，花柱内弯。荚果扁平，狭长圆形，略呈镰刀状，长5～12 mm，宽2.5 mm，腹缝线直，背缝线波状，荚节3～5，近方形，长2～2.5 mm，被钩状短毛，具网脉。

地理分布　分布于印度、斯里兰卡、尼泊尔、缅甸、泰国、越南、马来西亚、太平洋岛国、大洋洲和美洲热带地区。我国华南、东南、西南广泛分布。常生于旷野草地、路旁或河边沙地上。

生物学特性　三点金喜温暖湿润的热带气候。对土壤适应性广，在各类土壤上均可生长。可在重牧草地及禾草草坪上良好生长。

饲用价值　牛、羊喜食，常供放牧利用，耐重牧。此外，三点金草还可以作为地被植物。三点金的化学成分如表所示。

三点金的化学成分（%）

测定项目	样品情况	营养期茎叶	开花期干样	结荚期干样
	干物质	29.10	91.00	92.20
占干物质	粗蛋白	12.92	15.43	14.50
	粗脂肪	2.13	2.69	2.56
	粗纤维	22.78	37.74	35.44
	无氮浸出物	53.87	37.54	35.77
	粗灰分	8.30	6.60	11.73
	钙	1.29	0.85	0.44
	磷	0.27	0.13	0.12

三点金群体

12. 异叶山蚂蝗

Desmodium heterophyllum (Willd.) DC.

形态特征 又名异叶山绿豆，为多年生草本。茎纤细，多分枝，平卧或上升，高10~70 cm。羽状三出复叶，茎下部有时为单小叶；托叶卵形，长3~6 mm；叶柄长5~15 mm，上面具沟槽，疏生长柔毛；小叶纸质，顶生小叶宽椭圆形或宽椭圆状倒卵形，长（0.5）1~3 cm，宽0.8~1.5 cm，侧生小叶长椭圆形、椭圆形或倒卵状长椭圆形，长1~2 cm，或更小；小托叶狭三角形，长约1 mm；小叶柄长2~5 mm，疏生长柔毛。花单生或成对生于叶腋内，不组成花序，或2~3朵散生于总梗上；苞片卵形；花梗长10~25 mm；花萼宽钟形，长约3 mm，5深裂，裂片披针形，较萼筒长；花冠紫红色至白色，长约5 mm，旗瓣宽倒卵形，翼瓣倒卵形或长椭圆形，具短耳，龙骨瓣稍弯曲，具短瓣柄；雄蕊二体，长约4 mm；雌蕊长约5 mm，子房被贴伏柔毛。荚果长12~18 mm，宽约3 mm，窄长圆形，直或略弯曲，荚节3~5，扁平，宽长圆形或正方形，长3.5~4 mm，有网脉。

地理分布 分布于印度、越南、印度尼西亚、马来西亚、菲律宾、泰国、柬埔寨和老挝等地。我国分布于海南、广东、广西、福建、台湾、云南等地。常生于海拔250~500 m的河边、田边、路旁和草地上。

生物学特性 异叶山蚂蝗适宜在年降水量1500 mm以上的湿热地区生长。对土壤的适应性广泛，在沙土到黏土上均可生长。耐阴性强，耐盐碱，耐火烧。不耐寒，对霜冻反应敏感。极易通过节上生根的枝条及种子传播。

饲用价值 牛、羊采食其嫩茎叶。异叶山蚂蝗的化学成分如表所示。

异叶山蚂蝗荚果

测定项目	样品情况	营养期茎叶
异叶山蚂蝗的化学成分（%）		
	干物质	22.40
占干物质	粗蛋白	13.43
	粗脂肪	2.48
	粗纤维	36.52
	无氮浸出物	41.46
	粗灰分	6.11
	钙	0.83
	磷	0.11

异叶山蚂蝗群体

第 26 章　假木豆属牧草

　　假木豆属[*Dendrolobium* (Wight et Arn.) Benth.]为灌木或小乔木。叶为三出羽状复叶或稀仅有1小叶；具托叶和小托叶，托叶近革质，有条纹；小叶全缘或边缘浅波状，侧生小叶基部通常偏斜。花序腋生，近伞形、伞形至短总状花序；苞片具条纹；花萼钟状或筒状，5裂；花冠白色或淡黄色，旗瓣倒卵形、椭圆形或近圆形，具瓣柄，翼瓣狭长圆形，先端钝或圆，基部具耳或无，龙骨瓣具长瓣柄，基部具耳或无；雄蕊单体；子房无柄，具（1～）2～8胚珠，花柱细长。荚果不开裂，荚节1～8，多少呈念珠状；种子宽长圆状椭圆形或近方形。

　　假木豆属共14种，分布于亚洲热带、亚热带地区。我国产4种，分布于海南、广东、广西、福建、台湾、云南、贵州等地。本属大多可供饲用。

1. 单节假木豆

Dendrolobium lanceolatum (Dunn) Schindl.

形态特征 又名单节荚假木豆，为灌木，株高1~3 m。三出羽状复叶；托叶披针形，长5~12 mm；叶柄长0.5~2 cm，具沟槽；小叶长圆形或长圆状披针形，长2~5 cm，宽0.9~1.9 cm，侧生小叶较小，腹面无毛，背面被贴伏短柔毛；小叶柄长2~3 mm，被柔毛。花序腋生，近伞形，长10~15 mm，约有花10朵，结果时花序轴延长呈短的总状果序，花序轴被黄褐色柔毛；苞片披针形；花梗长约2 mm，被柔毛；花萼长4 mm，外面被贴伏柔毛，上部1裂片较宽，卵形，长1.5~2 mm，下部1裂片较长，狭披针形，长3~4.2 mm；花白色或淡黄色，旗瓣椭圆形，长6~9 mm，宽5~6 mm，具瓣柄，翼瓣狭长圆形，长5~6 mm，宽1.5~2 mm，龙骨瓣近镰刀状，长7~9 mm，宽约2.5 mm；雄蕊长7~8 mm；雌蕊长7~8 mm，花柱长约7 mm，子房被疏柔毛。荚果有1荚节，宽椭圆形或近圆形，长8~10 mm，宽6~7 mm，扁平而中部突起，有明显的网脉；种子1颗，宽椭圆形，长约3 mm，宽约2 mm。

地理分布 分布于泰国、越南等地。我国分布于海南、广东、广西、云南等地。常生于路边、田边、林缘、向阳山坡的灌丛或疏林中。

饲用价值 牛、羊采食其嫩枝叶。单节假木豆的化学成分如表所示。

测定项目	样品情况	营养期嫩茎叶	结荚期干样
	干物质	23.60	90.80
占干物质	粗蛋白	14.50	13.31
	粗脂肪	1.13	3.34
	粗纤维	23.70	39.46
	无氮浸出物	53.35	37.29
	粗灰分	7.32	6.60
	钙	0.89	0.58
	磷	0.17	0.15

单节假木豆植株

单节假木豆花序

2. 假木豆

Dendrolobium triangulare (Retz.) Schindl.

形态特征　为灌木，株高1～2 m。三出羽状复叶；托叶披针形，长8～20 mm，外面密被灰白色丝状毛；叶柄长1～2.5 cm，具沟槽，被开展或贴伏丝状毛；顶生小叶倒卵状长椭圆形，长7～15 cm，宽3～6 cm，侧生小叶略小，基部略偏斜，腹面无毛，背面被长丝状毛，脉上毛尤密；小叶柄长0.5～1.5 cm，被开展或贴伏丝状毛。伞形花序腋生，有花20～30朵；苞片披针形，花梗不等长，密被贴伏丝状毛；花萼长5～9 mm，被贴伏丝状毛，萼筒长1.8～3 mm，下部1裂片与萼筒近等长，其余稍短于萼筒；花冠白色或淡黄色，长约9 mm，旗瓣宽椭圆形，具短瓣柄，翼瓣和龙骨瓣长圆形，基部具瓣柄；雄蕊长8～12 mm；雌蕊长7～14 mm，花柱长7～12 mm，子房被毛。荚果长2～2.5 cm，稍弯曲，有荚节3～6个，被贴伏丝状毛；种子椭圆形，长2.5～3.5 mm，宽2～2.5 mm。

地理分布　分布于印度、斯里兰卡、马来西亚等地。我国分布于华南、西南和华东。常生于荒地、路边、田边、河边、林缘及灌丛中。

饲用价值　假木豆枝叶繁茂，嫩枝叶粗蛋白含量高，牛、羊采食。假木豆的化学成分如表所示。

假木豆的化学成分（%）

测定项目	样品情况	野生营养期茎叶	栽培营养期茎叶	栽培开花期茎叶	栽培结荚期茎叶
	干物质	26.70	24.50	36.80	37.50
占干物质	粗蛋白	14.18	22.07	24.44	26.79
	粗脂肪	2.00	2.24	3.08	3.87
	粗纤维	26.27	17.78	28.71	39.87
	无氮浸出物	51.45	50.70	36.88	21.01
	粗灰分	6.10	7.21	6.89	8.46
	钙	0.78	0.62	0.73	1.09
	磷	0.31	0.24	0.25	0.34

假木豆花序

假木豆植株

第 27 章 排钱草属牧草

排钱草属（*Phyllodium* Desv.）为灌木或亚灌木。叶为羽状三出复叶，具托叶和小托叶。花4～15朵组成伞形花序，由对生、圆形、宿存的叶状苞片包藏，在枝先端排列成总状圆锥花序状，形如一长串钱牌；花萼钟状，被柔毛，5裂，上部2裂片合生为1，或先端微2裂，下部3裂，较上部萼裂片长，萼筒多少较萼裂片长；花冠白色至淡黄色或稀为紫色，旗瓣倒卵形或宽倒卵形，基部渐狭或具瓣柄，翼瓣狭椭圆形，较龙骨瓣小，有耳，具瓣柄，龙骨瓣弧曲，有耳，具长瓣柄；雄蕊单体；雌蕊较雄蕊长，具花盘，花柱较子房长，通常近基部有柔毛。荚果腹缝线稍缢缩成浅波状，背缝线呈浅牙齿状，无柄，不开裂，荚节（1～）2～7；种子在种脐周围具明显带边假种皮。

排钱草属有6种，分布于热带亚洲及大洋洲。我国产4种，分布于海南、广东、广西、福建、台湾、云南等地。本属大多可供饲用或药用。

1. 排钱草
Phyllodium pulchellum (L.) Desv.

形态特征 又名排钱树，灌木，株高0.5~2 m。小叶革质，顶生小叶卵形、椭圆形或倒卵形，长6~10 cm，宽2.5~4.5 cm，侧生小叶长约为顶生小叶的1/2，腹面近无毛，背面疏被短柔毛，侧脉每边6~10条，在叶缘处相连接；小叶柄长1 mm，密被黄色柔毛。伞形花序藏于叶状苞片内，有花5~6朵，叶状苞片排列成总状圆锥花序状，长8~30 cm或更长；叶状苞片圆形，直径1~1.5 cm，两面略被短柔毛及缘毛，具羽状脉；花梗长2~3 mm，被短柔毛；花萼长约2 mm，被短柔毛；花冠白色或淡黄色，旗瓣长5~6 mm，基部渐狭，具短宽的瓣柄，翼瓣长约5 mm，宽约1 mm，基部具耳，具瓣柄，龙骨瓣长约6 mm，宽约2 mm，基部无耳，但具瓣柄；雌蕊长6~7 mm，花柱长4.5~5.5 mm。荚果长6 mm，宽2.5 mm，腹、背两缝线均稍缢缩，通常具荚节2个；种子宽椭圆形或近圆形，长2.2~2.8 mm，宽2 mm。

地理分布 分布于印度、斯里兰卡、缅甸、泰国、越南、老挝、柬埔寨、马来西亚、澳大利亚等地。我国分布于海南、广东、广西、云南、福建等地。常生于丘陵荒地、路旁或山坡疏林中。

饲用价值 牛、羊采食其嫩茎叶。排钱草的化学成分如表所示。

排钱草的化学成分（%）

测定项目	样品情况	营养期嫩茎叶	结荚期干样
干物质		23.70	91.60
占干物质	粗蛋白	13.49	15.05
	粗脂肪	4.39	3.50
	粗纤维	20.02	37.31
	无氮浸出物	54.90	38.65
	粗灰分	7.20	5.49
钙		0.96	0.36
磷		0.21	0.17

排钱草植株（花期）

排钱草荚果

2. 毛排钱草
Phyllodium elegans (Lour.) Desv.

形态特征 为直立亚灌木或灌木，株高0.5～1.5 m。茎、枝和叶柄均密被黄色绒毛。小叶革质，顶生小叶卵形、椭圆形至倒卵形，长7～10 cm，宽3～5 cm，侧生小叶斜卵形，长约为顶生小叶的1/2，两面均密被绒毛，背面尤密，侧脉每边9～10条，直达叶缘，边缘呈浅波状；小叶柄长1～2 mm，密被黄色绒毛。花通常4～9朵组成伞形花序生于叶状苞片内，叶状苞片排列成总状圆锥花序状，苞片与总轴均密被黄色绒毛；苞片宽椭圆形，长14～35 mm，宽9～25 mm，先端凹入，基部偏斜；花梗长2～4 mm，密被开展软毛；花萼钟状，长3～4 mm，被灰白色短柔毛；花冠白色或淡绿色，旗瓣长6～7 mm，宽3～4 mm，基部渐狭，具不明显的瓣柄，翼瓣长5～6 mm，宽约1 mm，基部具耳和瓣柄，龙骨瓣较翼瓣大，长7～8 mm，宽2 mm，基部多少有耳，瓣柄长约2 mm；雌蕊长8～10 mm，被毛，基部具小花盘，花柱纤细，弯曲，长5～6 mm。荚果长1～1.2 cm，宽3～4 mm，密被银灰色绒毛，通常具荚节3～4个；种子椭圆形，长约2.5 mm，宽1.8～2 mm。

地理分布 分布于泰国、柬埔寨、老挝、越南、印度尼西亚等地。我国分布于海南、广东、广西、福建、云南等地。常生于平原、丘陵荒地或山坡草地、疏林或灌丛中。

饲用价值 羊采食其嫩茎叶。毛排钱草的化学成分如表所示。

毛排钱草的化学成分（%）

测定项目	样品情况	营养期嫩茎叶
占干物质	干物质	38.40
	粗蛋白	14.03
	粗脂肪	2.74
	粗纤维	35.72
	无氮浸出物	41.72
	粗灰分	5.79
	钙	0.80
	磷	0.18

毛排钱草植株

第 28 章　田菁属牧草

　　田菁属（Sesbania Scop.）为一年生或多年生草本，或灌木，稀乔木。偶数羽状复叶；叶柄和叶轴上面常有凹槽；托叶小，早落；小叶多数全缘，具小柄；小托叶小或缺。总状花序腋生；花梗纤细；花萼阔钟状，萼齿5，近等大，稀近二唇形；花冠黄色或具斑点，稀白色、红色或紫色，伸出萼外，无毛，旗瓣宽，瓣柄上有2枚胼胝体，翼瓣镰状长圆形，龙骨瓣弯曲，下缘合生，与翼瓣均具耳，瓣柄均较旗瓣的长；二体雄蕊，花药同形，背着，2室纵裂，雄蕊管较花丝分离部分长；子房线形，具柄，花柱细长弯曲，柱头小，头状顶生，胚珠多颗。荚果常为细长圆柱形，先端具喙，基部具果颈，熟时开裂，种子间具横隔，有多数种子；种子圆柱形，种脐圆形。

　　田菁属约50种，分布于世界热带、亚热带地区。我国有5种1变种，其中2种为引进栽培。本属各种均为优质绿肥，除北美洲少数种有毒外，大多数种的嫩茎叶均可作家畜饲料。生产上栽培利用者有田菁（Sesbania cannabina）和大花田菁（S. grandiflora）。

1. 田菁
Sesbania cannabina (Retz.) Poir.

形态特征　为一年生亚灌木状草本，株高3~3.5 m，基部有多数不定根。羽状复叶，叶轴长15~25 cm；小叶20~30（~40）对，对生或近对生，线状长圆形，长8~20（~40）mm，宽2.5~4（~7）mm，两面被紫色小腺点，背面尤密；小叶柄长约1 mm，疏被毛；小托叶钻形，宿存。总状花序长3~10 cm，具2~6朵花；总花梗及花梗纤细，下垂，疏被绢毛；苞片线状披针形，小苞片2枚，均早落；花萼斜钟状，长3~4 mm，无毛，萼齿短三角形，各齿间常有1~3腺状附属物；花冠黄色，旗瓣横椭圆形至近圆形，长9~10 mm，外面散生大小不等的紫黑点和线，胼胝体小，梨形，瓣柄长约2 mm，翼瓣倒卵状长圆形，与旗瓣近等长，宽约3.5 mm，龙骨瓣较翼瓣短，三角状阔卵形，长宽近相等，瓣柄长约4.5 mm；雄蕊二体，对旗瓣的1枚分离，花药卵形至长圆形；雌蕊无毛，柱头头状，顶生。荚果细长，长圆柱形，长12~22 cm，宽2.5~3.5 mm，微弯，喙尖，长5~7（~10）mm，开裂，种子间具横隔，有种子20~35颗；种子绿褐色，具光泽，短圆柱状，长约4 mm，径2~3 mm，种脐圆形，稍偏于一端。

地理分布　分布于东半球热带、亚热带地区。我国分布于南方各地。常生于水田、水沟等潮湿低地。

生物学特性　田菁喜湿润气候。对土壤要求不严，较耐瘠瘦，尤耐盐碱，能在含盐0.3%~0.5%、pH 9.5的盐碱土上正常生长，在海边栽培，生长良

田菁植株

好。种子发芽期和幼苗期不耐水渍，但长大后耐渍涝。在华南地区，春夏播种，播后2～3个月，株高可达1～2 m，6～8月开花，8～10月种子成熟。

饲用价值 田菁茎叶肥嫩，牛、羊采食，为热带地区优良的豆科牧草。此外，田菁还是一种优良的绿肥作物。田菁一年可刈割1～3次，鲜茎叶产量为15 000～30 000 kg/hm²。田菁的化学成分如表所示。

栽培要点 田菁用种子繁殖，播种前，用60℃温水浸种20～30 min，以提高发芽率。播种株行距为30 cm×40 cm，播后浅覆土，播种量为15～40 kg/hm²。田菁播种适期较长，春播可在3月上旬播种，夏播可在5月播种。在稻田套种时，一般在早稻收割前10天播种。

田菁的化学成分（%）

测定项目	样品情况	营养期嫩茎叶
	干物质	25.80
占干物质	粗蛋白	17.52
	粗脂肪	4.26
	粗纤维	35.40
	无氮浸出物	36.90
	粗灰分	5.92
	钙	0.55
	磷	0.21

2. 大花田菁
Sesbania grandiflora (L.) Pers.

形态特征 又名木田菁，为小乔木，高4～10 m。枝斜展，圆柱形，叶痕及托叶痕明显。羽状复叶，长20～40 cm；小叶10～30对，长圆形至长椭圆形，长2～5 cm，宽8～16 mm，叶轴中部小叶较两端者大；小叶柄长1～2 mm；小托叶针状。总状花序长4～7 cm，下垂，具2～4朵花；花大，长7～10 cm，在花蕾时显著呈镰状弯曲；花梗长1～2 cm，密被柔毛；花萼绿色，有时具斑点，钟状，长1.8～2.9 cm，口部直径1.5～2 cm；花冠白色、粉红色至玫瑰红色，旗瓣长圆状倒卵形至阔卵形，长5～7.5 cm，宽3.5～5 cm，翼瓣镰状长卵形，不对称，长约5 cm，宽约2 cm，龙骨瓣弯曲，长约5 cm，下缘连合成舟状；雄蕊二体，对旗瓣的1枚分离，长约9 mm，花药线形，长4～5 mm，背着；雌蕊线形，长约8 cm，扁平，镰状弯曲，无毛，具子房柄，柱头稍膨大。荚果线形，稍弯曲，下垂，长20～60 cm，宽7～8 mm，厚约8 mm，先端渐狭成喙，长3～4 cm，开裂；种子红褐色，稍具光泽，椭圆形至近肾形，长约6 mm，宽3～4 cm，种脐圆形，微凹。

地理分布 分布于印度、毛里求斯、中南半岛、澳大利亚等地。我国海南、广东、广西、云南等地有栽培。

饲用价值 大花田菁茎叶肥嫩，但适口性不佳，牛、羊稍采食。大花田菁的化学成分如表所示。

大花田菁的化学成分（%）

测定项目	样品情况	营养期嫩茎叶
	干物质	21.00
占干物质	粗蛋白	27.51
	粗脂肪	3.66
	粗纤维	23.46
	无氮浸出物	37.67
	粗灰分	7.70
	钙	1.80
	磷	0.24

大花田菁花序

大花田菁植株

第29章　千斤拔属牧草

千斤拔属（*Flemingia* Roxb. ex W. T. Ait.）为灌木或亚灌木，稀为草本。茎直立或蔓生。叶为指状3小叶或单叶，背面常有腺点；托叶宿存或早落；小托叶缺。花序为总状或复总状花序，或为小聚伞花序包藏于贝状苞片内，再排成总状或复总状花序，稀为圆锥花序或头状花序；苞片2列；小苞片缺；花萼5裂，裂片狭长，下面1枚最长，萼管短；花冠伸出萼外或内藏；二体雄蕊，对旗瓣的1枚离生，其余合生；子房近无柄，有胚珠2颗，花柱丝状，柱头小，头状。荚果椭圆形，膨胀，果瓣内无隔膜，有种子1～2颗；种子近圆形，无种阜。

本属约40种，分布于热带亚洲、非洲和大洋洲。我国产16种1变种，分布于华南、西南、中南和东南各地。

本属为优良饲肥兼用型豆科牧草。此外，本属牧草含有多种黄酮类化合物，可供药用，有祛风除湿、舒筋活络、强筋壮骨、消炎止痛等功效。目前，生产上栽培利用者主要为大叶千斤拔（*Flemingia macrophylla*）。

1. 大叶千斤拔
Flemingia macrophylla (Willd.) Prain

形态特征　为多年生直立亚灌木，株高1～2 m。三出复叶，叶柄长3～5 cm；小叶阔披针形，长8～15 cm，宽3.5～6 cm，小叶柄长2～3 mm。总状花序，数个聚生，长3～6 cm；苞片披针形，长3～6 mm，脱落，与萼同被浅褐色、紧贴的丝毛；花多数，紧密排列于总花序轴上，但每一苞片腋内仅有1朵花；花梗极短；萼长6～7 mm；花冠紫红色，旗瓣近圆形，具短爪，翼瓣长椭圆形，较短，具纤细的爪；龙骨瓣长椭圆形，与旗瓣等长，具细长的爪；子房椭圆形，被丝毛，径7～8 mm，略被短柔毛，顶端具小尖喙。果荚开裂后曲卷；每荚具种子1～2颗；种子球形，径2.5～3 mm，黑色，具光泽。

地理分布　分布于印度、缅甸、老挝、越南、柬埔寨、马来西亚、印度尼西亚等地。我国分布于海南、广东、广西、福建、云南、四川、贵州、江西等地。常生于旷野草地上、灌丛、山谷路旁和疏林中。

生物学特性　大叶千斤拔喜高温多湿的热带气候。对土壤适应范围广，耐酸性瘦土，对磷肥反应敏感，根系深，抗旱能力强，耐荫蔽，可在疏林下良好生长。大叶千斤拔种植当年即可开花结荚，在海南，花期为9～10月，结荚期为10～11月，12月至次年1月种子成熟。

饲用价值　大叶千斤拔叶量大，牛、羊采食，但适口性不佳。在人工草地上种植的大叶千斤拔，在高温多雨季节，牲畜往往先采食其他适口性好的牧草，大叶千斤拔则不被采食而得以茂盛生长，到了冬春干旱季节，其他牧草枯黄或因开花结实而适口性降低时，大叶千斤拔则有大量青绿的嫩梢和叶供牛、羊采食。加之大叶千斤拔营养丰富，故将其与其他优质牧草混播建植人工草地，这对于弥补冬春干旱季节草地产量及品质下降有重要的作用。此外，其根可供药用，具有祛风活血、强腰壮骨、治疗风湿骨痛之功效。大叶千斤拔的化学成分如表所示。

栽培要点　大叶千斤拔种子硬实率高，播种前需用80℃的热水浸种3～5 min，以提高发芽率。用作饲草生产时，常点播，株行距为60 cm×90 cm，每穴3～4粒。种子田宜疏植，株行距为90 cm×150 cm。大叶千斤拔花期及结荚期虫害较多，应根据危害情况及时防治。

大叶千斤拔植株

大叶千斤拔的化学成分（%）

测定项目	样品情况	营养期嫩茎叶	开花期嫩茎叶
干物质		26.40	29.60
占干物质	粗蛋白	17.67	14.09
	粗脂肪	3.03	5.70
	粗纤维	28.53	28.87
	无氮浸出物	39.18	47.54
	粗灰分	11.59	3.80
钙		1.64	0.69
磷		0.18	0.14

大叶千斤拔花序

大叶千斤拔荚果

2. 蔓性千斤拔
Flemingia prostrata Roxb. f. ex Roxb.

形态特征 为直立或披散亚灌木。幼枝三棱柱状，密被灰褐色短柔毛。叶具指状3小叶；叶柄长2～2.5 cm；小叶长椭圆形或卵状披针形，偏斜，长4～7（～9）cm，宽1.7～3 cm，先端钝，有时有小凸尖，基部圆形，腹面被疏短柔毛，背面密被灰褐色柔毛；基出脉3，侧脉及网脉在上面多少凹陷，下面凸起，侧生小叶略小。总状花序腋生，长2～2.5 cm，各部密被灰褐色至灰白色柔毛，苞片狭卵状披针形；花密生，具短梗；萼裂片披针形；花冠紫红色，约与花萼等长，旗瓣长圆形，基部具极短瓣柄，两侧具不明显的耳，翼瓣镰状，基部具瓣柄及一侧具微耳，龙骨瓣椭圆状，略弯，基部具瓣柄，一侧具1尖耳；雄蕊二体；子房被毛。荚果椭圆状，长7～8 mm，宽约5 mm，被短柔毛；种子2颗，近圆球形，黑色。

地理分布 分布于东南亚。我国分布于海南、广东、广西、福建、云南、贵州、四川、湖南、江西、湖北等地。常生于旷野或山坡路旁草地。

饲用价值 牛、羊采食其嫩茎叶。蔓性千斤拔的化学成分如表所示。

蔓性千斤拔的化学成分（%）

测定项目	样品情况	生长期嫩茎叶
	干物质	27.30
占干物质	粗蛋白	11.89
	粗脂肪	1.65
	粗纤维	28.30
	无氮浸出物	54.07
	粗灰分	4.09
	钙	0.68
	磷	0.08

蔓性千斤拔植株

第 29 章　千斤拔属牧草 | 359

蔓性千斤拔花序

蔓性千斤拔荚果

3. 球穗千斤拔

Flemingia strobilifera (L.) W. T. Ait.

形态特征 为直立或近蔓伸状灌木,株高0.3~3.0 m。小枝具棱,密被灰色至灰褐色柔毛。单叶互生,近革质,卵形、卵状椭圆形、宽椭圆状卵形或长圆形,长6~15 cm,宽3~7 cm;叶柄长0.3~1.5 cm,密被毛;托叶线状披针形,长0.8~1.8 cm。小聚伞花序包藏于贝状苞片内,再排成总状或复总状花序,花序长5~11 cm;贝状苞片纸质至近膜质,长1.2~3 cm,宽2~4.4 cm;花小;花梗长1.5~3 mm;花萼微被短柔毛,萼齿卵形,略长于萼管;花冠伸出萼外。荚果椭圆形,膨胀,长6~10 mm,宽4~5 mm,略被短柔毛;种子2颗,近球形,常黑褐色。

地理分布 分布于印度、缅甸、斯里兰卡、印度尼西亚、菲律宾、马来西亚等地。我国分布于海南、广东、广西、云南、贵州、福建、台湾等地。常生于山坡草丛或灌丛中。

饲用价值 牛、羊采食嫩枝叶,适口性中等,可放牧或刈割利用。此外,全株可入药,有止咳祛痰、消热除湿、补虚壮骨之功效。球穗千斤拔的化学成分如表所示。

球穗千斤拔花序

球穗千斤拔的化学成分(%)

测定项目	样品情况	营养期叶片
占干物质	粗蛋白	15.90
	粗脂肪	3.36
	酸性洗涤纤维	42.76
	中性洗涤纤维	47.54

球穗千斤拔植株(花期)

第 30 章　其他豆科牧草

1. 首冠藤
Bauhinia corymbosa Roxb. ex DC.

形态特征　为羊蹄甲属木质藤本。枝纤细。叶近圆形，长和宽2～4 cm，通常宽度略超长度，自先端深裂达叶长的3/4，裂片先端圆，基部近截平或浅心形；叶柄纤细，长1～2 cm。总状花序呈伞房花序状，顶生，长约5 cm；苞片和小苞片锥尖，长约3 mm；萼片长约6 mm，外面被毛，开花时反折；花瓣白色，长8～11 mm，宽6～8 mm；可育雄蕊3枚，花丝淡红色，长约1 cm；子房具柄，柱头阔，截形。荚果带状长圆形，扁平，长10～20 cm，宽1.5～2.5 cm，具果颈，果瓣厚革质，含种子10余颗；种子长圆形，长约8 mm，褐色。

地理分布　首冠藤原产于我国南方，世界热带、亚热带地区栽培。

饲用价值　羊稍采食。首冠藤的化学成分如表所示。

首冠藤植株

首冠藤花序

测定项目	样品情况	营养期嫩茎叶
首冠藤的化学成分（%）		
干物质		30.50
占干物质	粗蛋白	16.58
	粗脂肪	1.14
	粗纤维	17.40
	无氮浸出物	59.33
	粗灰分	5.55
钙		1.00
磷		0.52

2. 羊蹄甲
Bauhinia purpurea L.

形态特征　为羊蹄甲属乔木，高4～8 m。叶近圆形，长10～15 cm，宽9～14 cm，基部浅心形，自先端分裂达叶长的1/3～1/2，裂片先端圆钝或近急尖；基出脉9～11条；叶柄长3～4 cm。总状花序长6～12 cm，有时2～4个生于枝顶而成复总状花序；花梗长7～12 mm；萼佛焰状，一侧开裂达基部成外反的2裂片，裂片长2～2.5 cm，先端微裂，其中1片具2齿，另1片具3齿；花瓣粉红色，倒披针形，长4～5 cm；可育雄蕊3枚，花丝与花瓣等长；子房具长柄，被黄褐色绢毛，柱头稍大，斜盾形。荚果带状，扁平，长12～25 cm，宽2～3 cm，开裂；种子近圆形，扁平，深褐色，径12～15 mm。

地理分布　原产于我国南方，海南、广东、广西、云南等地有分布。中南半岛、印度、斯里兰卡等地也有分布。

饲用价值　羊食其叶片及嫩梢。羊蹄甲的化学成分如表所示。

羊蹄甲的化学成分（%）

测定项目	样品情况	营养期嫩茎叶
	干物质	30.00
占干物质	粗蛋白	16.38
	粗脂肪	4.15
	粗纤维	27.21
	无氮浸出物	44.51
	粗灰分	7.75
	钙	1.24
	磷	0.75

羊蹄甲花序

3. 洋紫荆
Bauhinia variegata L.

形态特征 为羊蹄甲属落叶乔木，高5~8 m。叶广卵形至近圆形，宽度常超过长度，长5~9 cm，宽7~11 cm，基部心形，有时近截形，先端2裂达叶长的1/3；叶柄长2.5~3.5 cm。总状花序；总花梗短而粗；苞片和小苞片卵形，极早落；花大，近无梗；花蕾纺锤形；萼佛焰苞状，被短柔毛，一侧开裂为一广卵形、长2~3 cm的裂片；花托长12 mm；花瓣倒卵形或倒披针形，长4~5 cm，具瓣柄，紫红色或淡红色，杂以黄绿色及暗紫色的斑纹；可育雄蕊5枚，花丝纤细，长约4 cm；子房具柄，被柔毛，柱头小。荚果带状，扁平，长15~25 cm，宽1.5~2 cm，具长柄及喙；种子10~15，近圆形，扁平，径约1 cm。

地理分布 原产于我国南方，海南、广东、广西、福建、云南等地有分布。越南、印度也有分布。

饲用价值 洋紫荆是一种重要的茎叶型灌木饲用植物。此外，其根、皮、叶、花均可入药，味苦涩，性平，有健胃滋养、消炎解毒之功效。洋紫荆的化学成分如表所示。

洋紫荆的化学成分（%）

测定项目	样品情况	嫩茎叶
	干物质	28.70
占干物质	粗蛋白	17.74
	粗脂肪	3.59
	粗纤维	23.72
	无氮浸出物	46.74
	粗灰分	8.21
	钙	1.13
	磷	0.67

洋紫荆花序

4. 银合欢
Leucaena leucocephala (Lam.) de Wit

形态特征 为银合欢属乔木，高2～10 m。偶数羽状复叶，羽片4～8对，羽片长6～9 cm，叶轴长12～19 cm，基部膨大，膨大部分粗1.5～2.5 mm；在第一对羽片及最顶端一对羽片着生处各具腺体1枚，腺体椭圆形，中间凹陷呈杯状，基部1枚较大，长2～3 mm，宽约2.3 mm，顶端1枚较小，长1.5～2 mm，宽约1.5 mm；每羽片小叶5～15对，小叶线状长椭圆形，长约1.6 cm，宽约0.5 cm。头状花序，通常1～2个腋生，径2～3 cm；花瓣5，极狭，白色，分离，长约为雄蕊的1/3；雄蕊10枚，长而突出，通常被疏柔毛；子房极短，柱头凹下呈杯状。荚果扁平带状，顶端突尖，长约24.5 cm，宽约2.5 cm，纵裂，每荚具种子约22颗；种子扁平，褐色，具光泽。

地理分布 原产于尤卡坦半岛（Yucatan），现世界热带、亚热带地区广泛分布。我国于1961由华南热带作物科学研究院自中美洲引进，现海南、广东、广西、福建、云南、贵州、四川、浙江、湖南、湖北、江西等地栽培，栽培品种主要为热研1号银合欢（*Leucaena leucocephala* cv. Reyan No. 1）。

生物学特性 银合欢原产于热带地区，喜温暖湿润气候，最适生长温度为25～30℃，低于10℃停止生长，0℃以下时叶片受害脱落，-4.5～-3℃时植株上部及部分枝条枯死，-6～-5℃时地上部分干枯死亡，但翌年春季仍有部分植株抽芽生长。对土壤适应性广泛，但对土壤的酸碱度反应敏感，最适土壤pH为6～7，当土壤pH低于5.5时，生长不良，易早花、早实、早衰。耐盐能力中等，土壤含盐量为0.22%～0.36%时，植株仍能正常生长。根系深，抗旱能力强，在年降水量750～2600 mm的地区均可种植，但在高温多雨的地区生长最好。不耐水渍。

在海南，经处理的银合欢种子播种后2～3天发

银合欢植株

银合欢花序

芽，5～7天出苗。春播的银合欢，当年10～12月开花，次年1～3月种子成熟。生长多年的植株，年开花2次，第一次3～4月开花，种子5～6月成熟；第二次8～9月开花，种子11～12月成熟。成熟后荚果开裂，散落种子，可自行繁衍。种子产量高，达750～1500 kg/hm²。

饲用价值 银合欢叶量大，叶片柔嫩，营养丰富，牛、羊喜食，是著名的高蛋白木本饲料，在热带地区有"蛋白仓库"之称。银合欢可刈割青饲或加工叶粉，也可种植于人工草地，供放牧利用。银合欢嫩茎叶和种子含有含羞草素，其中叶含量为4%～6%（占干物质），种子含量为8.7%（占干物质），畜禽食之过多，会发生中毒，若适量食用，家畜不仅无中毒现象，而且增重效果良好。一般饲喂牛、羊，嫩茎叶可占日粮的30%，喂猪，叶粉可占日粮的10%～15%，喂鸡，叶粉可占日粮的2%～5%。为了提高银合欢在畜禽中的饲用量，也可以通过发酵进行脱毒处理，经发酵后银合欢中含羞草素的含量一般可降低50%左右。银合欢的化学成分如表所示。

栽培要点 银合欢种皮坚硬并具蜡质，吸水性差，播后短期内发芽率仅为10%～20%，有些种子甚至一年以后才能发芽，出苗极不整齐。因此，播种前必须对种子进行处理。常用的种子处理方法为热水处理，即用80℃热水浸种3～5 min，后用清水洗净晾干。种植方式视生产目的而定，作青饲料或叶粉生产时，宜密植，一般按60～80 cm行距条播，播种量为15～30 kg/hm²，出苗后间苗，每隔20 cm留一壮苗。

银合欢的化学成分（%）

测定项目	样品情况	叶片	嫩枝	种子
	干物质	35.69	30.90	82.78
占干物质	粗蛋白	26.69	10.81	32.69
	粗脂肪	5.10	1.44	3.33
	粗纤维	11.40	46.77	15.70
	无氮浸出物	50.56	34.96	44.03
	粗灰分	6.25	6.02	4.25
钙		0.80	0.41	0.32
磷		0.21	0.18	0.37

也可穴播，穴深5 cm，盖土2～3 cm，每穴播种4～5粒。播种前施过磷酸钙150～225 kg/hm²、石灰300～450 kg/hm²作基肥。银合欢长到1～1.5 m时，即可进行第一次刈割，每年可刈割3～4次，刈割高度为30 cm。每年施过磷酸钙225 kg/hm²。若供放牧利用，则采用带状条播，每带2行，行距为0.8～1.0 m，带间距为8～10 m，带间混播其他牧草，也可每个牧区划出5%～10%的牧地单播银合欢，株行距为30 cm×25 cm，用于牛、羊冬春季节采食。银合欢不耐重牧，若连续放牧，则会衰竭死亡。

5. 金合欢
Acacia farnesiana (L.) Willd.

形态特征 为金合欢属小乔木，高2～4 m。多分枝，小枝常呈"之"字形弯曲，有小皮孔。托叶针刺状，长1～2 cm。二回羽状复叶，长2～7 cm，叶轴槽状，有腺体；羽片4～8对，长1.5～3.5 cm；小叶10～20对，线状长圆形，长2～6 mm，宽1～1.5 mm。头状花序1或2～3个簇生于叶腋，径1～1.5 cm；总花梗长1～3 cm；苞片位于总花梗的顶端或近顶部；花黄色，花萼长1.5 mm，5齿裂；花瓣连合成管状，长约2.5 mm，5齿裂；雄蕊长约为花冠的2倍；子房圆柱状，被微柔毛。荚果近圆柱状，膨胀，长3～7 cm，宽8～15 mm，褐色，含种子多颗；种子褐色，卵形，长约6 mm。

地理分布 金合欢原产于热带美洲，现广布于世界热带、亚热带地区。我国分布于海南、广东、广西、福建、云南、四川等地。常生于阳光充足、土壤肥沃之地。

饲用价值 羊、鹿喜食其叶与荚果。金合欢的化学成分如表所示。

测定项目	样品情况	嫩茎叶
占干物质	干物质	37.12
	粗蛋白	18.05
	粗脂肪	4.66
	酸性洗涤纤维	21.87
	中性洗涤纤维	31.27
	粗灰分	4.22
	钙	—
	磷	—

金合欢植株

金合欢花序

金合欢种子

6. 大叶相思
Acacia auriculiformis A. Cunn. ex Benth.

形态特征 为金合欢属常绿大乔木。叶状柄镰状长圆形，长10～20 cm，宽1.5～4 cm，两端渐狭。穗状花序长3.5～8 cm，1至数个簇生于叶腋或枝顶；花橙黄色；花萼长0.5～1 mm，顶端浅齿裂；花瓣长圆形，长1.5～2 mm；花丝长2.5～4 mm。荚果成熟时旋卷，长5～8 cm，宽8～12 mm，果瓣木质，每一果内含种子约12颗；种子黑色，围以折叠的珠柄。

地理分布 大叶相思原产于巴布亚新几内亚、澳大利亚北部及新西兰，现世界热带、亚热带地区广泛种植。我国最早于1961年从东南亚引进，现海南、广东、广西、福建、云南等地广泛栽培。

生物学特性 大叶相思喜温暖的热带气候。不耐寒，幼苗在6℃以下的阴冷天气下会大量死亡。海南各地可正常开花结实，广东北部山区可正常生长，但不能结实。对土壤适应性广泛，在各类土壤上均能良好生长，耐酸性瘦土，在pH 5.5以下的酸性红壤上可正常生长。抗旱，在年降水量低于1000 mm的热带干旱地区生长良好。

大叶相思每年开花结果2次，第一次为7～8月，开花较少，种子于12月至翌年1月成熟；第二次为10～12月，开花较多，种子于翌年3～5月成熟。

饲用价值 大叶相思四季常绿，山羊、鹿喜食，是热带地区冬春季节重要的木本饲料。大叶相思的化学成分如表所示。

大叶相思植株

大叶相思花序

大叶相思的化学成分（%）		
测定项目	样品情况	鲜叶
	干物质	41.60
占干物质	粗蛋白	16.60
	粗脂肪	3.20
	粗纤维	27.90
	无氮浸出物	46.50
	粗灰分	5.80
	钙	2.00
	磷	0.09

7. 香合欢

Albizia odoratissima (L. f.) Benth.

形态特征 为合欢属常绿大乔木，高5~15 m。二回羽状复叶，总叶柄近基部和叶轴的顶部1~2对羽片间各有腺体1枚；羽片3~6对；小叶6~14对，无柄，矩圆形，长20~30 mm，宽6~14 mm，两面稍被贴生稀疏短柔毛。花数朵聚为头状花序，头状花序再呈圆锥状排列；花无梗，淡黄色；花萼杯状，长不及1 mm，与花冠同被锈色短柔毛。荚果长圆形，长10~18 cm，宽2~4 cm，扁平，含种子6~12颗。

地理分布 分布于印度和东南亚等地。我国分布于海南、广东、广西、福建、云南、贵州等地。常生于低海拔疏林中、路边、河边。

饲用价值 羊稍食，鹿极喜食。香合欢的化学成分如表所示。

测定项目	样品情况	嫩茎叶
	干物质	37.30
占干物质	粗蛋白	16.21
	粗脂肪	2.26
	粗纤维	23.34
	无氮浸出物	53.73
	粗灰分	4.46
	钙	0.43
	磷	0.30

香合欢的化学成分（%）

香合欢植株（局部）

8. 海南槐
Sophora tomentosa L.

形态特征 又名绒毛槐，为槐属小乔木，高2～4 m。羽状复叶长12～18 cm；小叶5～7（～9）对，宽椭圆形或近圆形，稀卵形，长2.5～5 cm，宽2～3.5 cm。总状花序顶生，长10～20 cm，被灰白色短绒毛；花梗与花等长，长15～17 mm；苞片线形；花萼钟状，长5～6 mm，被灰白色短绒毛，幼时具5萼齿；花冠淡黄色或近白色，旗瓣阔卵形，长17 mm，宽10 mm，边缘反卷，柄长约3 mm，翼瓣长椭圆形，与旗瓣等长，具钝圆形单耳，柄纤细，长约5 mm，龙骨瓣与翼瓣相似，稍短，背部明显呈龙骨状互相盖叠；二体雄蕊；子房密被灰白色短柔毛，花柱长不及2 mm。荚果串珠状，长7～10 cm，径约10 mm，表面被短绒毛，成熟时近无毛，种子多颗；种子球形，褐色，具光泽。

地理分布 广泛分布于世界热带岛屿及海岸地带。我国分布于海南、广东沿海地区。常生于海滨沙丘及附近小灌木林中。

饲用价值 羊稍采食其叶片。海南槐的化学成分如表所示。

海南槐的化学成分（%）

测定项目	样品情况	花果期鲜叶
占干物质	干物质	40.30
	粗蛋白	12.55
	粗脂肪	2.75
	粗纤维	20.99
	无氮浸出物	54.04
	粗灰分	9.67
	钙	3.54
	磷	0.11

9. 水黄皮
Pongamia pinnata (L.) Merr.

形态特征 又名水流豆,为水黄皮属乔木,高8~15 m。羽状复叶长20~25 cm;小叶2~3对,卵形、阔椭圆形至长椭圆形,长5~10 cm,宽4~8 cm,先端短渐尖或圆形,基部宽楔形、圆形或近截形;小叶柄长6~8 mm。总状花序腋生,长15~20 cm,通常2朵花簇生于花序总轴的节上;花梗长5~8 mm,在花萼下有卵形的小苞片2枚;花萼长约3 mm,萼齿不明显,外面略被锈色短柔毛,边缘尤密;花冠白色或粉红色,长12~14 mm,各瓣均具柄,旗瓣背面被丝毛,边缘内卷,龙骨瓣略弯曲。荚果长4~5 cm,宽1.5~2.5 cm,表面具不甚明显的小疣凸,顶端有微弯曲的短喙,不开裂,沿缝线处无隆起的边或翅,有种子1颗;种子肾形。

地理分布 分布于印度、斯里兰卡、马来西亚、澳大利亚等地。我国分布于海南、广东、广西等地。常生于溪边和海边。

饲用价值 羊稍食其叶。水黄皮的化学成分如表所示。

水黄皮的化学成分(%)

测定项目	样品情况	鲜叶
	干物质	30.57
占干物质	粗蛋白	22.88
	粗脂肪	3.11
	粗纤维	27.60
	无氮浸出物	41.69
	粗灰分	4.72
钙		0.65
磷		0.21

水黄皮荚果

水黄皮植株

10. 印度檀
Dalbergia sissoo Roxb.

形态特征 又名印度黄檀，为黄檀属乔木，高可达30 m。叶长12~15 cm；小叶3~5片，近圆形或有时为倒心形，长3.5~6 cm，宽3.5~5 cm，顶端圆而具短尾尖，尖头长5~10 mm；托叶披针形，早落。圆锥花序腋生，分枝直而平展，与总轴同被短柔毛；苞片及小苞片披针形，早落；花长8~10 mm，具极短的花梗；萼短筒状，长6~7 mm，外面被短柔毛，上部2裂齿稍合生，近圆形，其余披针形，下部1枚最长；花冠黄色、白色，旗瓣倒卵形，顶端微凹入，基部渐狭，具长爪，翼瓣及龙骨瓣狭窄，线状倒披针形，基部渐狭，具长而纤细的爪；二体雄蕊；子房具长柄，长椭圆形，被白色柔毛，子房柄长达4.5 mm，花柱极短。荚果膜质，线状披针形，具柄，无毛，干时浅褐色，长4~10 cm，宽6~12 mm，每荚具种子1~4颗；种子肾形，略扁，长7~9 mm。

地理分布 印度檀原产于印度、巴基斯坦和尼泊尔等地，世界热带地区均有栽培。我国海南、广东、广西、福建等地有栽培。

饲用价值 印度檀叶及嫩枝为优质粗饲料，牛、羊喜食，其嫩枝、叶也可制成青贮饲料供淡季利用。印度檀的化学成分如表所示。

印度檀的化学成分（%）

测定项目	样品情况	鲜叶
	干物质	25.10
占干物质	粗蛋白	24.10
	粗脂肪	2.00
	粗纤维	12.50
	无氮浸出物	54.80
	粗灰分	6.60
	钙	0.84
	磷	0.42

11. 凤凰木
Delonix regia (Bojer) Raf.

形态特征 为凤凰木属落叶大乔木，高可达20 m。二回偶数羽状复叶，长20～60 cm，具托叶；下部的托叶明显羽状分裂，上部的呈刚毛状；叶柄长7～12 cm，基部膨大呈垫状；羽片对生，15～20对，长达5～10 cm；小叶25对，对生，长圆形，长4～8 mm，宽3～4 mm。伞房状总状花序；花大，直径7～10 cm，鲜红至橙红色，花梗长4～10 cm；萼片5；花瓣5，长5～7 cm，宽3.7～4 cm，开花后向花萼反卷，瓣柄细长，长约2 cm；雄蕊10，红色；子房长约1.3 cm，黄色，被柔毛，无柄或具短柄，花柱长3～4 cm。荚果带形，扁平，长30～60 cm，宽3.5～5 cm，每荚具种子20～40；种子横长圆形，平滑，坚硬，长约15 mm，宽约7 mm。

地理分布 凤凰木原产于马达加斯加，世界热带地区广泛栽培。我国海南、广东、广西、云南、福建、四川等地有栽培。

饲用价值 凤凰木荚果及嫩茎叶可作牲畜粗饲料。凤凰木的化学成分如表所示。

测定项目	样品情况	嫩茎叶
	干物质	22.70
占干物质	粗蛋白	16.91
	粗脂肪	0.96
	粗纤维	16.41
	无氮浸出物	59.83
	粗灰分	5.89
	钙	1.18
	磷	0.33

凤凰木花序

凤凰木植株

12. 美丽鸡血藤

Callerya speciosa (Champ. ex Benth.) Schot

形态特征 又名牛大力藤、美丽崖豆藤，为鸡血藤属攀缘藤本。羽状复叶长15～25 cm；叶柄长3～4 cm；托叶披针形，长3～5 mm，宿存；小叶通常6对，长4～8 cm，宽2～3 cm，先端钝圆，短尖，基部钝圆；小叶柄长1～2 mm；小托叶针刺状，长2～3 mm，宿存。圆锥花序腋生，常聚集枝梢成带叶的大型花序，长达30 cm，密被黄褐色绒毛，花1～2朵并生或单生密集于花序轴上部呈长尾状；苞片披针状卵形，长4～5 mm，脱落；小苞片卵形，长约4 mm；花大，长2.5～3.5 cm；花梗长8～12 mm；花萼钟状，长约1.2 cm，宽约1.2 cm；萼齿钝圆头，短于萼筒；花冠白色、米黄色至淡红色，花瓣近等长，旗瓣无毛，圆形，径约2 cm，基部略呈心形，具2枚胼胝体，翼瓣长圆形，基部具钩状耳，龙骨瓣镰形；二体雄蕊；子房线形，具柄，花柱向上旋卷。荚果线状，长10～15 cm，宽1～2 cm，扁平，果瓣木质，开裂，种子4～6；种子卵形。

地理分布 分布于越南。我国分布于海南、广东、广西、福建、云南、贵州等地。常生于灌丛、疏林和旷野。

饲用价值 羊采食其叶及嫩梢。此外，美丽鸡血藤根可供药用，味苦，性平，具祛风除湿、强筋活络之功效。美丽鸡血藤的化学成分如表所示。

美丽鸡血藤的化学成分（%）		
测定项目		样品情况
^^		嫩茎叶
	干物质	30.50
	粗蛋白	16.24
占干物质	粗脂肪	3.41
	粗纤维	25.40
	无氮浸出物	49.03
	粗灰分	5.92
钙		0.75
磷		0.50

美丽鸡血藤植株

美丽鸡血藤花序

13. 圆叶舞草

Codoriocalyx gyroides (Roxb. ex Link) Hassk.

形态特征 为舞草属直立灌木，高1~3 m。三出复叶；托叶狭三角形，长12~15 mm，基部宽2~2.5 mm；叶柄长2~2.5 cm，疏被柔毛；顶生小叶倒卵形或椭圆形，长3.5~5 cm，宽2.5~3 cm，侧生小叶较小，长1.5~2 cm，宽8~10 mm；小叶柄长约2 mm。总状花序顶生或腋生，长6~9 cm，花密生于中部以上；苞片宽卵形，长6~9.5 mm，宽4~5.5 mm；花梗长4~9 mm；花萼宽钟形，长2~2.5 mm，萼筒长1.2~1.7 mm，上部裂片2裂，长约1 mm，下部裂片长0.8 mm；花冠紫色，旗瓣长9~11 mm，宽与长近等，翼瓣长7~9 mm，宽4~6 mm，基部具耳，瓣柄极短，龙骨瓣长9~12 mm，瓣柄长约5 mm；雄蕊长9~11 mm；雌蕊长12~14 mm，子房线形，被毛。荚果呈镰刀状弯曲，长2.5~5 cm，宽4~6 mm，腹缝线直，背缝线稍缢缩为波状，成熟时沿背缝线开裂，密被黄色短钩状毛和长柔毛，荚节5~9；种子长约4 mm，宽约2.5 mm。

地理分布 分布于印度、尼泊尔、缅甸、斯里兰卡、泰国、越南、柬埔寨、老挝、马来西亚和巴布亚新几内亚等地。我国分布于海南、广东、广西、云南等地。常生于平原、河边草地及山坡疏林中。

生物学特性 圆叶舞草喜湿热的热带气候。喜光，不耐阴。不耐低温，气温降至15℃左右，种子发芽及幼苗生长缓慢。对土壤适应性广泛，在pH 5.0~7.8的土壤上均能正常生长，耐瘠瘦及高铝含量土壤。野生者10~11月开花结荚，12月至次年1月种子成熟。

饲用价值 圆叶舞草嫩茎叶牛、羊、兔喜食，畜禽食用后增重、繁殖效果良好。干草粉饲喂猪、鸡、鸭等，适口性良好，可替代部分精料。圆叶舞草的化学成分如表所示。

栽培要点 圆叶舞草种子较小，整地要细碎，结合整地施用有机肥或过磷酸钙600~900 kg/hm²作基肥。种子硬实率高，播种前用80℃热水浸种2~3 min，以提高发芽率。刈割利用，按株行距

圆叶舞草植株（局部）

圆叶舞草花序

圆叶舞草的化学成分（%）

测定项目	样品情况	野生营养期嫩茎叶	栽培营养期嫩茎叶	栽培刈割后再生90天嫩茎叶
干物质		25.60	25.30	21.30
占干物质	粗蛋白	15.97	17.74	18.71
	粗脂肪	2.18	1.98	3.43
	粗纤维	27.39	30.50	31.65
	无氮浸出物	46.66	44.54	40.10
	粗灰分	7.80	5.24	6.11
	钙	0.71	0.82	1.20
	磷	0.35	0.17	0.23

50 cm×50 cm点播，播种量为3 kg/hm²；种子生产田，株行距为60 cm×80 cm。圆叶舞草幼苗细弱，生长较慢，易被杂草侵害，应注意杂草防除。再生力较强，建成的草地一般每6～10周可刈割一次，刈割高度为50 cm。

14. 白灰毛豆

Tephrosia candida DC.

形态特征　为灰毛豆属灌木状草本，高1~3.5 m。羽状复叶长15~25 cm；叶柄长1~3 cm；托叶三角状钻形，呈刚毛状直立，长4~7 mm，宿存；小叶8~12对，长圆形，长3~6 cm，宽0.6~1.4 cm，小叶柄长3~4 mm；总状花序长15~20 cm，疏散多花；苞片钻形，长约3 mm，脱落；花长约2 cm；花梗长约1 cm；花萼阔钟状，长宽约5 mm，萼齿近等长，三角形，长约1 mm；花冠白色、淡黄色或淡红色，旗瓣外面密被白色绢毛；子房密被绒毛，花柱扁平，柱头点状，胚珠多颗。荚果直，线形，密被褐色长短混杂细绒毛，长8~10 cm，宽7.5~8.5 mm，顶端截尖，喙直，长约1 cm，含种子10~15颗；种子椭圆形，榄绿色，具花斑，平滑，长约5 mm，宽约3.5 mm，厚约2 mm，种脐稍偏，种阜环形。

地理分布　白灰毛豆原产于印度东部和马来半岛等地。我国海南、广东、广西、福建、云南等地引种栽培，现逸生于草地、旷野、山坡，栽培的品种主要为桂引白灰毛豆（*Tephrosia candida* cv. Guiyin）

生物学特性　白灰毛豆喜温暖湿润气候。对土壤的适应性广泛，在沙土、黏土和微酸性土壤上均可生长，但在土层深厚、疏松肥沃的土壤上生长最为旺盛。在广西，一般10月初进入现蕾期，11月中下旬进入盛花期，12月末至翌年2月为种子成熟期。

饲用价值　白灰毛豆叶量大，牛、羊采食。用于密植刈割青饲时，年可刈割2~3次。此外，白灰毛豆根系发达，固土力强，是优良的水土保持和边坡绿化植物。桂引白灰毛豆的化学成分如表所示。

栽培要点　白灰毛豆种子具一定的硬实率，播种前用50~60℃温水浸种30 min，以提高发芽率。用作饲草或绿肥生产时，常点播，株行距为50 cm×60 cm，每穴4~5粒。种子田宜疏植，株行距为100 cm×100 cm，播种量为15~18 kg/hm^2。

白灰毛豆植株

第 30 章 其他豆科牧草 | 381

桂引白灰毛豆的化学成分（%）

测定项目	样品情况	初花期嫩茎叶
	干物质	28.06
占干物质	粗蛋白	17.77
	粗脂肪	3.70
	粗纤维	27.61
	无氮浸出物	44.86
	粗灰分	6.06
	钙	0.93
	磷	0.18

白灰毛豆花序

15. 多花木蓝
Indigofera amblyantha Craib

形态特征 为木蓝属直立灌木，高0.8～2 m。羽状复叶长达18 cm；叶柄长2～5 cm；托叶微小，三角状披针形，长约1.5 mm；小叶3～4（～5）对，对生，稀互生，通常为卵状长圆形、长圆状椭圆形、椭圆形或近圆形，长1～3.7（～6.5）cm，宽1～2（～3）cm，先端圆钝，具小尖头，基部楔形或阔楔形；小叶柄长约1.5 mm。总状花序腋生，长达11（～15）cm；苞片线形，长约2 mm，早落；花梗长约1.5 mm；花萼长约3.5 mm，萼筒长约1.5 mm；花冠淡红色，旗瓣倒阔卵形，长6～6.5 mm，先端螺壳状，瓣柄短，翼瓣长约7 mm，龙骨瓣较翼瓣短，距长约1 mm；花药球形，顶端具小突尖；子房线形，有胚珠17～18颗。荚果棕褐色，线状圆柱形，长3.5～6（～7）cm，种子间有横隔；种子褐色，长圆形，长约2.5 mm。

地理分布 我国华南、西南、华东、华中、西北等地均有分布。常生于山坡草地、沟边、路旁灌丛中及林缘。

生物学特性 多花木蓝喜温暖湿润气候，在夏季高温、多雨的地区生长旺盛。对土壤的适应性广泛，在pH 4.5～7.0的红壤、黄壤上均可良好生长。较耐寒，冬季低温期，在无持久霜冻情况下，可保持青绿，如遇严霜，则叶片脱落，但枝条仍可安全越冬。抗旱，不耐水渍。在我国亚热带地区春季播种，当年7月下旬开花，花期长达4～5个月，种子11月成熟。

饲用价值 多花木蓝嫩枝、叶片质地柔软，具甜味，适口性好，牛、羊、兔喜食，是热带、亚热带丘陵地区重要的啃食豆科牧草。多花木蓝的化学成分如表所示。

多花木蓝的化学成分（%）

测定项目	样品情况	始花期叶片绝干样
	干物质	100
占干物质	粗蛋白	25.62
	粗脂肪	3.78
	粗纤维	25.61
	无氮浸出物	38.10
	粗灰分	6.89
	钙	1.15
	磷	0.30

多花木蓝植株

多花木蓝花序

16. 马棘
Indigofera pseudotinctoria Matsum.

形态特征 为木蓝属小灌木，高1~3 m，多分枝。羽状复叶长3.5~6 cm；叶柄长1~1.5 cm；小叶（2~）3~5对，对生，椭圆形、倒卵形或倒卵状椭圆形，长1~2.5 cm，宽0.5~1.1（~1.5）cm，先端圆或微凹，具小尖头，基部阔楔形或近圆形；小叶柄长约1 mm。总状花序，花开后比复叶长，长3~11 cm，花密集；总花梗短于叶柄；花梗长约1 mm；花萼钟状，萼筒长1~2 mm，萼齿不等长，与萼筒近等长或略长；花冠淡红色或紫红色，旗瓣倒阔卵形，长4.5~6.5 mm，先端螺壳状，基部有瓣柄，翼瓣基部有耳状附属物，龙骨瓣近等长，距长约1 mm，基部具耳；花药圆球形。荚果线状圆柱形，长2.5~4（~5.5）cm，径约3 mm，顶端渐尖，幼时密生短丁字毛，种子间有横隔；种子椭圆形。

地理分布 分布于日本。我国分布于华南、西南、华东、华中等地。常生于山坡林缘及灌丛中。

饲用价值 马棘生长期枝条上部较柔软，茎叶粗蛋白含量高，牛、羊、兔采食。

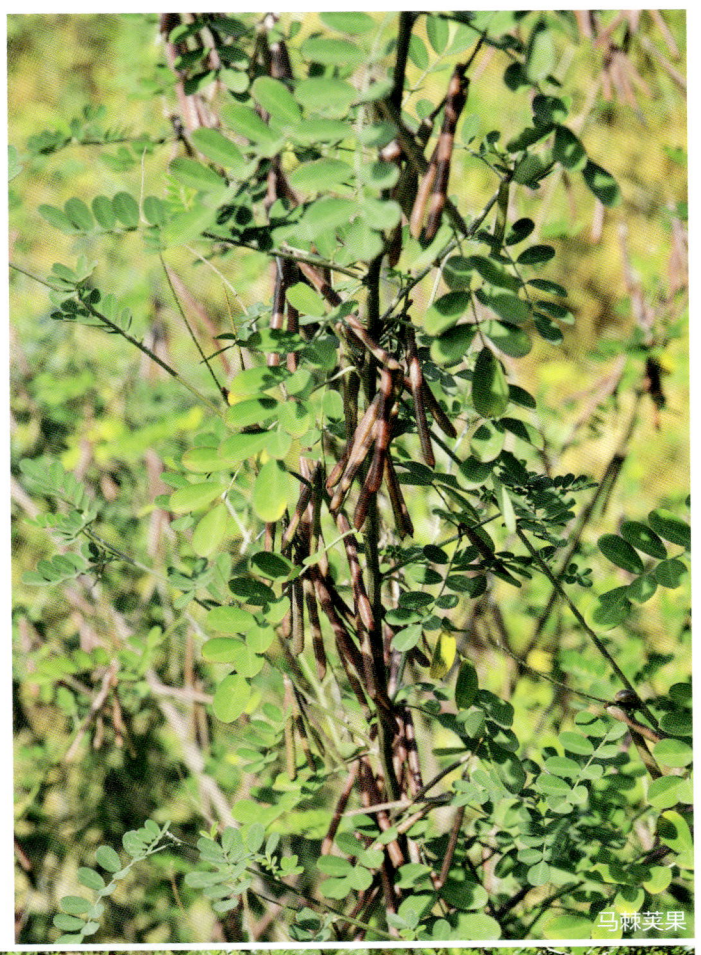

马棘荚果

马棘植株

17. 胡枝子

Lespedeza bicolor Turcz.

形态特征 为胡枝子属直立灌木，高1~3 m，多分枝，小枝黄色或暗褐色，具条棱。羽状复叶具3小叶；叶柄长2~9 cm；小叶卵形、倒卵形或卵状长圆形，长1.5~6 cm，宽1~3.5 cm。总状花序腋生，常构成大型、疏松的圆锥花序；总花梗长4~10 cm；花萼长约5 mm，5浅裂，裂片通常短于萼筒，上方2裂片合生成2齿；花冠红紫色，极稀白色，长约10 mm，旗瓣倒卵形，翼瓣较短，近长圆形，基部具耳和瓣柄，龙骨瓣与旗瓣近等长，基部具较长的瓣柄；子房被毛。荚果斜倒卵形，稍扁，长约10 mm，宽约5 mm，表面具网纹，密被短柔毛。

地理分布 分布于朝鲜半岛、日本等地。我国分布于东北、华北、西北、华中、西南、华东、华南各地。常生于低海拔山坡、灌丛、林缘和路旁。

生物学特性 胡枝子抗旱、耐瘠、耐寒、耐阴，在亚热带山地、丘陵地带及暖温带林缘常成为优势种。根系发达，二年生植株主根入土深度为170~200 cm，根幅为130~200 cm。

饲用价值 胡枝子枝叶繁茂，适口性好，家畜喜食。此外，胡枝子抗旱性强，是防风、固沙及水土保持的优良植物。胡枝子的化学成分如表所示。

胡枝子花序

测定项目	样品情况	分枝期全株干样
干物质		93.50
占干物质	粗蛋白	13.40
	粗脂肪	4.70
	粗纤维	25.10
	无氮浸出物	49.80
	粗灰分	7.00
	钙	1.18
	磷	0.20

胡枝子的化学成分（%）

胡枝子植株

18. 美丽胡枝子
Lespedeza formosa (Vog.) Koehne

形态特征 为胡枝子属直立灌木,高1~2 m。多分枝,伸展。羽状复叶具3小叶;托叶披针形至线状披针形,长4~9 mm,褐色;叶柄长1~5 cm;小叶椭圆形、长圆状椭圆形或卵形,稀倒卵形,两端稍尖或稍钝,长2.5~6 cm,宽1~3 cm。总状花序腋生;总花梗长可达10 cm;花萼钟状,长5~7 mm,5深裂,裂片长为萼筒的2~4倍;花冠红紫色,长10~15 mm,旗瓣近圆形,基部具明显的耳和瓣柄,翼瓣倒卵状长圆形,短于旗瓣和龙骨瓣,长7~8 mm,基部有耳和细长瓣柄,龙骨瓣比旗瓣稍长,基部有耳和细长瓣柄。荚果倒卵形或倒卵状长圆形,长8 mm,宽4 mm,表面具网纹且被疏柔毛。

地理分布 分布于朝鲜半岛、日本、印度等地。我国分布于华北、西北、华中、西南、华东、华南各地。常生于山坡、灌丛、林缘和路旁。

生物学特性 适应性广,抗旱、耐瘠、耐酸性土、耐热、耐阴,多散生,但在森林砍伐地可成为优势种,形成灌木群落。在亚热带地区,3月底至4月初萌芽,6月底始花,7~8月盛花,9~10月结荚并成熟,11月中下旬落叶,生育期为180~220天。

饲用价值 美丽胡枝子叶量大,牛、羊采食其嫩枝叶。

美丽胡枝子花序

19. 草木樨
Melilotus officinalis L.

形态特征 为草木樨属二年生草本，高40～250 cm。茎直立，粗壮，多分枝，具纵棱。羽状三出复叶；托叶镰状线形，长3～7 mm；小叶倒卵形、阔卵形、倒披针形至线形，长15～30 mm，宽5～15 mm。总状花序长6～20 cm，腋生，具花30～70朵；花长3.5～7 mm；萼钟形，长约2 mm，脉纹5条；花冠黄色，旗瓣倒卵形，与翼瓣近等长，龙骨瓣稍短或三者均近等长；雄蕊筒在花后常宿存包于果外；子房卵状披针形，胚珠4～8颗。荚果卵形，长3～5 mm，宽约2 mm，棕黑色；种子1～2，卵形，长2.5 mm，黄褐色，平滑。

地理分布 分布于欧洲地中海东岸、中东、中亚、东亚等地。我国分布于东北、华北、西北、华中、西南、华东、华南各地。常生于山坡、河边、草地及林缘。

生物学特性 草木樨喜湿，多分布于河谷湿润地带。对土壤要求不严，耐瘠、耐盐，在含盐量为0.2%～0.3%的土壤上也可生长。根系发达，较抗旱、耐寒。

饲用价值 草木樨枝叶繁茂，但适口性差，家畜习惯后喜食。草木樨的化学成分如表所示。

测定项目	样品情况	营养期全株
干物质		92.68
占干物质	粗蛋白	19.24
	粗脂肪	2.79
	粗纤维	33.85
	无氮浸出物	36.58
	粗灰分	7.54
	钙	—
	磷	—

草木樨的化学成分（%）

草木樨花序

草木樨群体

20. 苋子梢

Campylotropis macrocarpa (Bunge) Rehd.

形态特征 为苋子梢属灌木，高1~3 m。小枝被柔毛，嫩枝毛密。羽状复叶具3小叶；托叶狭三角形、披针形或披针状钻形，长2~6 mm；叶柄长1~3.5 cm；小叶椭圆形或宽椭圆形，长2~7 cm，宽1.5~4 cm，下面通常贴生柔毛。总状花序腋生；花萼钟形，长3~5 mm；花冠紫红色或近粉红色，长10~13 mm，旗瓣椭圆形、倒卵形或近长圆形，翼瓣微短于旗瓣或等长，龙骨瓣呈直角或微钝角内弯。荚果长圆形、近长圆形或椭圆形，长9~16 mm，宽3.5~6 mm。

地理分布 分布于朝鲜半岛。我国分布于华北、西北、华中、西南、华东、华南各地。常生于山坡、沟谷、灌丛及林缘。

饲用价值 牛、羊喜食其嫩茎叶。苋子梢的化学成分如表所示。

苋子梢的化学成分（%）

测定项目	样品情况	开花期叶片绝干样
	干物质	100
占干物质	粗蛋白	16.10
	粗脂肪	5.30
	粗纤维	24.90
	无氮浸出物	44.70
	粗灰分	9.00
	钙	2.22
	磷	0.49

苋子梢茎叶

21. 细长柄山蚂蟥

Hylodesmum leptopus (A. Gray ex Benth.) H. Ohashi et R. R. Mill

形态特征　又名细长柄山绿豆，为长柄山蚂蟥属直立亚灌木，高30～70 cm。羽状三出复叶，簇生或散生；托叶披针形，长8～13 mm，基部宽2.5 mm；叶柄长5～10 cm，具沟槽；小叶卵形至卵状披针形，长10～15 cm，宽3.5～6 cm，侧生小叶通常较小，基部极偏斜，基出脉3条，侧脉每边2～4条；小叶柄长3～4 mm，被糙伏毛。总状花序或为具少数分枝的圆锥花序，顶生或有时从茎基部抽出，花序轴略被钩状毛和疏长柔毛；花极稀疏；苞片椭圆形，长3～5 mm，宽1.5～2 mm；开花时花梗长3～4 mm，结果时长11～13 mm，密被钩状毛；花萼长2～3 mm，萼裂片较萼筒短；花冠粉红色，长约5 mm，旗瓣宽椭圆形，先端微凹，具短瓣柄，翼瓣、龙骨瓣均具瓣柄；雄蕊单体；子房具长柄。荚果扁平，稍弯曲，长3～4.5 cm，有荚节2～3节，荚节斜三角形，长12～14 mm，宽4～6 mm，被小钩状毛。

地理分布　分布于泰国、越南、菲律宾等地。我国分布于海南、广东、广西、福建、云南、四川、湖南、江西等地。常生于山林下或溪边灌草丛中。

饲用价值　羊采食其嫩茎叶。细长柄山蚂蟥的化学成分如表所示。

测定项目	样品情况	营养期嫩茎叶
	干物质	27.50
占干物质	粗蛋白	16.21
	粗脂肪	2.86
	粗纤维	27.65
	无氮浸出物	42.94
	粗灰分	10.34
钙		2.87
磷		0.17

细长柄山蚂蟥植株

细长柄山蚂蝗荚果

22. 葫芦茶
Tadehagi triquetrum (L.) H. Ohashi

形态特征 为葫芦茶属灌木或亚灌木，高1～2 m。叶仅具单小叶；托叶披针形，长1.3～2 cm，有条纹；叶柄长1～3 cm，两侧有宽翅，翅宽4～8 mm；小叶狭披针形至卵状披针形，长5.8～13 cm，宽1.1～3.5 cm，先端急尖，基部圆形或浅心形，侧脉每边8～14条，不达叶缘。总状花序长15～30 cm，被贴伏丝状毛和小钩状毛；花2～3朵簇生于每节上；苞片钻形或狭三角形，长5～10 mm；花梗开花时长2～6 mm，结果时延长至5～8 mm，被小钩状毛和丝状毛；花萼宽钟形，长约3 mm，萼筒长1.5 mm；花冠淡紫色或蓝紫色，长5～6 mm，伸出萼外，旗瓣近圆形，先端凹入，翼瓣倒卵形，基部具耳，龙骨瓣镰刀形，弯曲，瓣柄与瓣片近等长；雄蕊二体；子房被毛，胚珠5～8，花柱无毛。荚果长2～5 cm，宽5 mm，密被黄色或白色糙伏毛，荚节5～8，近方形；种子宽椭圆形或椭圆形，长2～3 mm，宽1.5～2.5 mm。

地理分布 分布于印度、斯里兰卡、缅甸、泰国、越南、老挝、柬埔寨、马来西亚等地。我国分布于海南、广东、广西、福建、云南、贵州、江西等地。常生于荒地、山地林缘或次生林地。

饲用价值 牛、羊采食其嫩枝叶。此外，葫芦茶全草可入药治兽病，味苦、性凉，具清热利湿、消滞杀虫之功效。葫芦茶的化学成分如表所示。

测定项目	样品情况	营养期嫩茎叶
干物质		29.20
占干物质	粗蛋白	11.37
	粗脂肪	1.88
	粗纤维	31.09
	无氮浸出物	51.76
	粗灰分	3.90
	钙	0.58
	磷	0.16

葫芦茶植株

第 30 章 其他豆科牧草 | 391

葫芦茶花序

23. 木豆
Cajanus cajan (L.) Huth

形态特征 为木豆属直立灌木，高1～3 m。羽状复叶，小叶3；托叶小，卵状披针形，长2～3 mm；叶柄长1.5～5 cm；小叶纸质，披针形至椭圆形，长5～10 cm，宽1.5～3 cm，先端渐尖或急尖，常有细凸尖，腹面被极短的灰白色短柔毛。背面较密，呈灰白色，有不明显的黄色腺点；小叶柄长1～2 mm。总状花序长3～7 cm；总花梗长2～4 cm；花数朵生于花序顶部或近顶部；苞片卵状椭圆形；花萼钟状，长达7 mm，裂片三角形或披针形；花冠黄色，长约为花萼的3倍，旗瓣近圆形，背面有紫褐色纵线纹，基部有附属体及内弯的耳，翼瓣微倒卵形，有短耳，龙骨瓣先端钝，微内弯；雄蕊二体，对旗瓣的1枚离生，其余9枚合生；子房被毛，有胚珠数颗，花柱长，线状，柱头头状。荚果线状长圆形，长4～7 cm，宽6～11 mm，于种子间具明显凹入的斜横槽，先端渐尖，具长的尖头，含种子3～6颗；种子近圆形，稍扁，种皮暗红色，有时有褐色斑点。

地理分布 木豆原产于东非安哥拉至尼罗河一带，广泛分布于埃及、印度、马来西亚、澳大利亚和南美洲等地。我国海南、广东、广西、福建、台湾、云南、四川、贵州、湖南、江西等地有栽培。

生物学特性 木豆喜高温湿润的热带气候，适宜生长在海拔2000 m以下、年降水量1000～2000 mm的热带、亚热带地区。适合的生长温度为10～36℃，最适生长温度为18～29℃。对土壤的适应性广，耐瘠，在山坡、丘陵地、沟边等地均可良好生长，但最适宜在肥力中等、土壤pH 5～7的沙质壤土上生长。不耐霜冻，遇轻霜叶片枯黄掉落。抗旱，不耐涝。

饲用价值 木豆嫩茎叶适口性好，畜禽消化率高（60%～80%），牛、羊喜食，是优良的热带豆科牧草。木豆生长速度快，一般年可采收鲜茎叶4～5次，鲜草产量为37 500～60 000 kg/hm²。种子为优良的蛋白质饲料，是热带地区重要的食用豆，种子产量为750～1500 kg/hm²。木豆的化学成分如表所示。

栽培要点 木豆可单种，也可在园地间作。种子无休眠期，一般地温达到10℃以上即可播种，穴播，饲草地株行距为20 cm×60 cm，种子田株行距为40 cm×60 cm，播种量约37.5 kg/hm²。当植株高达1 m左右时，即可刈割，刈割高度为15～20 cm。

木豆的化学成分（%）

测定项目	样品情况	带荚鲜枝叶	种子
	干物质	30.00	92.10
占干物质	粗蛋白	23.84	24.65
	粗脂肪	5.53	1.40
	粗纤维	36.01	9.34
	无氮浸出物	25.77	61.14
	粗灰分	8.85	3.47
	钙	—	—
	磷	—	—

木豆植株

木豆花序

24. 蔓草虫豆
Cajanus scarabaeoides (L.) Thouars

形态特征 为木豆属蔓生或缠绕状草质藤本。茎长可达2 m，具细纵棱。羽状复叶，小叶3；叶柄长1～3 cm；小叶背面有腺状斑点，顶生小叶椭圆形至倒卵状椭圆形，长1.5～4 cm，宽0.8～1.5（3）cm，侧生小叶稍小，斜椭圆形至斜倒卵形；基出脉3；小叶柄极短。总状花序腋生，通常长不及2 cm，有花1～5朵；总花梗长2～5 mm；花萼钟状，4齿裂或有时上面2枚不完全合生而呈5裂状，裂片线状披针形；花冠黄色，长约1 cm，旗瓣倒卵形，有暗紫色条纹，基部有呈齿状的短耳和瓣柄，翼瓣狭椭圆状，微弯，基部具瓣柄和耳，龙骨瓣上部弯，具瓣柄；雄蕊二体，花药一式，圆形；子房密被丝质长柔毛，有胚珠数颗。荚果长圆形，长1.5～2.5 cm，宽约6 mm，密被红褐色或灰黄色长毛，含种子3～7颗；种子椭圆状，长约4 mm，种皮黑褐色，有凸起的种阜。

地理分布 分布于越南、泰国、缅甸、印度、斯里兰卡、巴基斯坦、马来西亚、印度尼西亚、澳大利亚及非洲等地。我国分布于海南、广东、广西、福建、台湾、云南、四川、贵州等地。常生于海拔150～1500 m的旷野、路旁或山坡草丛中。

饲用价值 蔓草虫豆叶量大，粗蛋白和粗脂肪含量高，各类家畜均喜食，是一种优良的放牧型热带豆科牧草。

蔓草虫豆植株

25. 大豆
Glycine max (L.) Merr.

形态特征 又名黄豆，为大豆属一年生直立草本，高0.3～1 m。茎粗壮，上部多具棱。羽状复叶，叶柄长2～20 cm；托叶阔卵形，渐尖，长3～7 mm；小叶3，宽卵形、近圆形或椭圆状披针形，顶生1枚较大，长5～12 cm，宽2.5～8 cm，先端渐尖或近圆形，具小尖凸，基部宽楔形或圆形，侧生小叶较小，斜卵形；小叶柄长1.5～4 mm，被黄褐色长硬毛。总状花序长10～35 mm，通常具5～8朵无柄而紧挤的花，植株下部的花有时单生或成对生于叶腋内；苞片披针形，长2～3 mm；小苞片披针形，长2～3 mm，被伏贴的刚毛；花萼长4～6 mm，密被长硬毛或糙伏毛，常深裂成二唇形，裂片5，披针形，上部2裂片常合生至中部以上，下部3裂片分离；花紫色、淡紫色或白色，长4.5～8 mm，旗瓣倒卵状近圆形，翼瓣长椭圆形，龙骨瓣斜倒卵形；二体雄蕊；子房基部有不发达的腺体，被毛。荚果长圆形，下垂，长4～7.5 cm，宽8～15 mm，密被褐黄色长毛；种子2～5，椭圆形、近球形、卵圆形至长圆形，长约1 cm，宽5～8 mm，种皮光滑，淡绿色、黄色、褐色和黑色等多样，种脐明显，椭圆形。

地理分布 大豆起源于我国，约在公元前200年由华北引至朝鲜，后由朝鲜引到日本，再向南引至印度尼西亚、印度、越南等国。1712年德国植物学家第一次将中国大豆引入欧洲，1740年巴黎开始种植，1790年英国皇家植物园开始第一次试种。美洲国家栽培的历史更短，1804年美国开始引种试种，1882年开始在生产上作饲草种植。巴西1908年引种试种，1919年推广种植。我国是世界上栽培大豆最早的国家，全国各地均有分布。

生物学特性 大豆为喜温作物，所需积温因地区及品种类型而有所不同，南方春大豆为2100～2200℃，夏大豆为2600～3500℃，秋大豆为2200～2300℃。在无霜期超过100天以上的地区均可种植。种子发芽的最低温度为6～8℃，最适温度为18～22℃，春季幼苗耐寒能力较强，可忍受 −3～−1℃低温，成株后耐寒能力差，开花结荚期最适生长温度为25～28℃，低于16℃或高于33℃均不利于开花结荚。

大豆为短日照作物，对光照长短非常敏感，而且品种的适应性较窄，南种北移，日照延长，则生育期延长，枝叶繁茂，开花迟，甚至种子不能成熟；北种南移时，日照缩短，植株矮小，早花早实，种子产量低。

大豆对土壤的适应性广泛，在土层深厚、排水良好、肥沃、中性至微酸性的沙土或壤土上生长最好。土壤pH低于5或高于8时，抑制其根瘤菌活动。大豆是需水较多的作物，种子发芽要吸水达干种子重量的1.3～1.4倍；大豆不同生育期需水量不同，苗期较少，占总需水量的12%～15%，开花结荚期较多，占总需水量的60%～70%，成熟期占15%～25%。

饲用价值 大豆种子粗蛋白、粗脂肪含量高，氨基酸、矿物质丰富，是优质的精饲料。加工后所得副产品如豆饼、豆渣等仍含有较多的蛋白质，也是优良的精饲料。收籽后的秸秆、豆壳亦可作牛、马、羊、兔的优质粗饲料。大豆的化学成分如表所示。

栽培要点 大豆子叶出土困难，要深耕松土，整地精细。在热带和南亚热带地区，大豆可种植三季，即春播、夏播和秋播。春播3～4月播种，6～7月收获；夏播5～6月播种，8～9月收获；秋播7月前后播种，10月前后收获。以收获种子为主者，播种量为50～75 kg/hm²，播种深度为3～5 cm。大豆苗期应及时除

大豆的化学成分（%）

测定项目	样品情况	盛花期植株	成熟期植株	叶	叶粉	籽实	豆饼	豆渣
	干物质	16.00	25.00	20.00	81.20	87.00	84.80	11.40
占干物质	粗蛋白	16.60	16.10	20.50	22.50	44.70	47.20	29.80
	粗脂肪	2.80	6.20	6.50	6.20	17.10	7.00	8.80
	粗纤维	31.00	29.60	14.00	18.80	7.00	6.00	21.90
	无氮浸出物	37.80	36.20	51.00	42.40	26.10	34.00	34.20
	粗灰分	11.80	11.90	8.00	10.10	5.10	5.80	5.30
	钙	1.57	1.22	—	—	—	—	—
	磷	0.25	0.24	—	—	—	—	—

草、松土，以促进幼苗生长；后期结合除草进行培土，以防植株倒伏，避免根部积水，并适当追施磷、钾肥，以促进开花结荚。

豆类作物易受病虫危害，在生产中应根据危害情况及时防治。危害大豆的病害主要有霜霉病、灰斑病、菌核病、轮纹病、紫斑病、细菌性疫病等；虫害主要有蚜虫、豆荚螟、大豆食心虫、豆天蛾等。

大豆植株

26. 蝴蝶豆

Centrosema pubescens Benth.

形态特征 又名距瓣豆，为距瓣豆属多年生草质藤本。羽状复叶，3小叶；托叶卵形至卵状披针形，长2～3 mm，宿存；叶柄长2.5～6 cm；顶生小叶椭圆形、长圆形或近卵形，长4～7 cm，宽2.5～5 cm，先端急尖或短渐尖，基部钝或圆；侧生小叶略小，稍偏斜；小托叶小，刚毛状；小叶柄长1～2 mm。总状花序腋生；总花梗长2.5～7 cm；小苞片宽卵形至宽椭圆形，与萼贴生；花2～4朵，常密集于花序顶部；花萼5齿裂，上部2枚多少合生，下部1枚最长，线形；花冠淡紫红色，长2～3 cm，旗瓣宽圆形，近基部具1短距，翼瓣镰状倒卵形，一侧具下弯的耳，龙骨瓣宽而内弯，近半圆形，各瓣具短瓣柄；雄蕊二体。荚果线形，长7～13 cm，宽约5 mm，扁平，先端具直而细长的喙，喙长10～15 mm，果瓣近背腹两缝线均凸起呈脊状，含种子7～15颗；种子长椭圆形，棕绿色，无种阜，种脐小。

地理分布 蝴蝶豆原产于热带美洲。我国自东南亚引入，作为牧草及绿肥覆盖作物栽培，现多逸为野生，分布于海南、广东、广西、云南等地。

生物学特性 蝴蝶豆喜温暖潮湿的热带气候。在年降水量1000 mm以上的热带地区生长最好。不耐瘠瘦，喜肥沃壤土。耐寒能力差，在广州结实不良。较耐荫蔽。

蝴蝶豆初期生长缓慢，种植后3～4个月分枝开始增多，之后生长较快。在海南，生长旺季为6～9月，花期为10～11月，成熟期为翌年1～2月。宿根性强，可持续生长10年以上。在搭架栽培条件下，开花结实多，种子产量可达750～1500 kg/hm²。

饲用价值 蝴蝶豆茎叶柔软，叶量大，营养价值高，产量高（鲜茎叶30 000～45 000 kg/hm²），是优良的热带豆科牧草。可青饲、晒制干草或加工草粉。

蝴蝶豆植株

蝴蝶豆花

蝴蝶豆也可同珊状臂形草、俯仰马唐、坚尼草、狗尾草等禾本科牧草建植混播放牧草地。此外，蝴蝶豆较耐荫蔽，是优良的覆盖作物。蝴蝶豆的化学成分如表所示。

栽培要点 蝴蝶豆用种子繁殖。结合整地施有机肥5000～7500 kg/hm²、磷肥75～150 kg/hm²作基肥。播种前用75℃温水处理种子3～5 min，以提高种子发芽率。穴播，株行距为50 cm×80 cm或50 cm×100 cm，每穴播种3～4粒，播种量为7.5～10.0 kg/hm²，播种期以3～5月为宜。一般年刈割3～4次。

蝴蝶豆的化学成分（%）

测定项目	样品情况	营养期茎叶
占干物质	干物质	24.30
	粗蛋白	22.22
	粗脂肪	2.47
	粗纤维	30.86
	无氮浸出物	37.03
	粗灰分	7.42
	钙	1.57
	磷	0.48

27. 黧豆

Mucuna pruriens var. *utilis* (Wall. ex Wight) Baker ex Burck

形态特征 为黧豆属一年生草质缠绕藤本，蔓具攀爬条件时，可达10~20 m或更长。三出复叶；小叶长8~15 cm，宽4~10 cm，顶生小叶阔卵形或长椭圆状卵形，基部菱形，侧生小叶极偏斜，顶端极尖；小叶柄长约4 mm，密被长硬毛；小托叶丝状，长4~5 mm。总状花序下垂，长约20 cm；苞片小，线状披针形；花萼阔钟状，密被白色短柔毛，上部裂片极阔，下部中间1枚线状披针形，长约8 mm；花瓣深紫色或白色，龙骨瓣长约4 cm，翼瓣略短，旗瓣长约为龙骨瓣的1/2，宽约14 mm。荚果长8~10 cm，宽18~20 mm，嫩果膨胀，绿色，指状，被淡褐色绒毛，成熟时干缩而扁，黑色，荚具1~2条隆起的纵棱，每荚含种子4~8颗；种子近肾形，扁，灰白色，长1.2~1.9 cm，宽1.0~1.4 cm。

地理分布 黧豆原产于中南半岛，亚洲热带、亚热带地区有栽培。我国海南、广东、广西、福建、云南等地有栽培。

生物学特性 黧豆喜温暖气候。种子萌发温度要求10℃以上，以20~30℃生长最快，不耐霜冻。对土壤的适应性广泛，耐瘠瘦土壤，但在土层深厚、排水良好的土壤上生长最为旺盛，适宜的土壤pH为5.0~6.8。黧豆根系发达，在干旱情况下仍可良好生长。

在华南地区，4月上旬播种，播后7~10天出苗，7~8月开花结荚，9月下旬至11月种子成熟，全生育期约210天。

饲用价值 黧豆可以用来放牧，也可调制青贮饲料，豆荚和种子可作精饲料。此外，嫩荚可供蔬食。黧豆的化学成分如表所示。

栽培要点 黧豆利用种子繁殖，栽培方式因利用目的不同而不同，以收获饲用豆荚为目的者，多选择肥沃而且排水良好的土壤种植，每公顷种3000~4500株，以收获青饲料为目的者，宜适当密植，可按株行距（30~40）cm×（60~80）cm种植，每穴播种3~4粒。播种期以3~4月为宜。作为青饲料生产时，利用期为6~10月。在海南，年刈割1次，可收获鲜茎叶22 500~37 500 kg/hm²。

黧豆荚果

黧豆的化学成分（%）

测定项目	样品情况	营养期嫩茎叶	种子
干物质		19.38	89.60
占干物质	粗蛋白	29.96	30.47
	粗脂肪	4.11	1.45
	粗纤维	21.00	0.56
	无氮浸出物	36.91	64.02
	粗灰分	8.02	3.50
钙		0.28	0.10
磷		1.06	0.93

第 30 章 其他豆科牧草 | 399

鬃豆植株

28. 四棱豆
Psophocarpus tetragonolobus (L.) DC.

形态特征 为四棱豆属一年生或多年生攀缘草本。茎长2~10 m。三出羽状复叶；叶柄长，上有深槽，基部具叶枕；小叶卵状三角形，长4~15 cm，宽3.5~12 cm；托叶卵形至披针形，着生点以下延长成形状相似的距，长0.8~1.2 cm。总状花序腋生，长1~10 cm，花2~10朵；花萼绿色，钟状，长约1.5 cm；旗瓣圆形，径约3.5 cm，翼瓣倒卵形，长约3 cm，瓣柄中部具丁字着生的耳，龙骨瓣稍内弯，基部具圆形的耳；对旗瓣的1枚雄蕊基部离生，中部以上和其他雄蕊合生成管，花药同形；胚珠多颗，花柱长，弯曲。荚果四棱状，长10~40 cm，宽2~3.5 cm，黄绿色或绿色，翅宽约0.6 cm，边缘具锯齿；种子8~17颗，白色、黄色、棕色、黑色或杂以其他颜色，近球形，径0.6~1 cm，光亮，边缘具假种皮。

地理分布 分布于非洲、南美洲、东南亚及大洋洲。我国分布于海南、广东、广西、云南、台湾等地。

生物学特性 四棱豆原产于潮湿热带地区，生长期对温度要求较高，从播种至开花需≥10℃的积温约1100℃，开花结荚最适温度为20~25℃。气温降至10℃以下时，生长停止。对土壤要求不严，从黏土到沙土均可生长，但以通气良好的沙壤土为佳。对水分要求高，最适年降水量为1500~2500 mm。不耐干旱、不耐荫蔽。

饲用价值 四棱豆茎叶鲜嫩，适口性好，各种畜禽均喜食。种子富含蛋白质和多种维生素，是家畜优良的精饲料。此外，嫩荚还可用作蔬食。四棱豆的化学成分如表所示。

四棱豆的化学成分（%）

测定项目	样品情况	种子
	干物质	91.00
占干物质	粗蛋白	37.00
	粗脂肪	—
	粗纤维	—
	无氮浸出物	—
	粗灰分	—
	钙	—
	磷	—

四棱豆植株

第 30 章　其他豆科牧草 | 401

四棱豆花序、荚果、叶片

29. 扁豆

Lablab purpureus (L.) Sweet

形态特征 为扁豆属一年生草质缠绕藤本。三出复叶；顶生小叶宽三角状卵形，长5～9 cm，宽6～10 cm，两面被疏毛，侧生小叶较大，斜卵形；托叶小，披针形。总状花序腋生，长15～25 cm，直立，花序轴粗壮；花2至数朵丛生于花序轴节上；小苞片2，脱落；萼阔钟状，萼齿5，上部2齿几完全合生，其余3齿近相等；花冠白色或紫红色，长约2 cm，旗瓣基部两侧具2个附属体，并下延为2耳；子房具绢毛，基部具腺体，花柱近顶部具白色髯毛。荚果倒卵状长椭圆形，微弯，扁平，长5～7 cm；种子3～5，白色或紫黑色。

地理分布 扁豆原产于印度、东南亚等地，世界热带、亚热带地区广泛栽培，尤以印度、印度尼西亚栽培最多。我国南北各地均有栽培，但多零星种植。

生物学特性 扁豆喜温怕寒，遇霜冻即死亡，适宜生长温度为20～25℃，开花结荚最适温度为25～28℃。耐高温，但在35～40℃高温下，花粉发芽力下降，易落花落荚。对土壤的适应性广泛，但以排水良好、肥沃的沙壤土为好，适宜的土壤pH为5.0～7.5。扁豆对水分要求不严，在年平均降水量400～900 mm的地区均可栽培。

饲用价值 扁豆主要作为食用豆栽培，但也是重要的调制青贮饲料或干草的豆科牧草。豆荚和豆粒可作精饲料。此外，扁豆种子含胰蛋白酶抑制物、淀粉酶抑制物、血细胞凝聚素A、血细胞凝聚素B、豆甾醇、磷脂、蔗糖、棉子糖、水苏糖、葡萄糖、半乳糖、果糖、淀粉、氰苷、酪氨酸酶等，味甘，性平，可入药，为健脾化湿、消暑止泻之主药。扁豆的化学成分如表所示。

栽培要点 扁豆利用种子繁殖，可穴播或条播。短蔓早熟型穴播行距为66 cm，株距为33～47 cm；篱架整枝栽培时，穴播行距为100～133 cm，株距为33～47 cm；人字架整枝栽培时，穴播每畦栽2行，行距为133 cm，株距为33 cm，畦间距为1 m。播种深度为5～7 cm。播种量为56～67 kg/hm^2。

扁豆苗期需水较少，蔓伸长后需水较多，结荚期需水更多。一般在蔓伸长期灌水1～2次，花荚期在无雨情况下，每10天左右灌水1次，以防止落花落荚和徒长。结荚前以施有机肥为宜，结荚后可追施少量化肥。

扁豆植株

第 30 章　其他豆科牧草　403

扁豆花序（果期）

扁豆的化学成分（%）

测定项目	样品情况	地上部鲜样	鲜叶	鲜豆荚	种子
	干物质	18.40	10.90	12.50	91.10
占干物质	粗蛋白	13.60	22.02	24.80	23.39
	粗脂肪	4.90	3.67	2.40	1.21
	粗纤维	31.50	17.43	15.20	6.59
	无氮浸出物	37.50	48.62	50.40	65.41
	粗灰分	12.50	8.26	7.20	3.40
	钙	1.61	1.10	0.60	0.63
	磷	0.31	0.52	0.40	0.40

30. 链荚豆

Alysicarpus vaginalis (L.) DC.

形态特征　为链荚豆属多年生草本，簇生或基部多分枝。茎平卧或上部直立，高30~90 cm。叶仅具单小叶；托叶线状披针形，干膜质，与叶柄等距或稍长；叶柄长5~14 mm；小叶形状及大小变化很大，茎上部小叶通常为卵状长圆形、长圆状披针形至线状披针形，长3~6.5 cm，宽1~2 cm，下部小叶为心形、近圆形或卵形，长1~3 cm，宽约1 cm，全缘。总状花序腋生或顶生，长1.5~7 cm，花6~12，成对排列于节上，节间长2~5 mm；苞片膜质，卵状披针形，长5~6 mm；花萼膜质，长5~6 mm，5裂，裂片较萼筒长；花冠紫蓝色，略伸出萼外，旗瓣宽，倒卵形；子房被短柔毛，胚珠4~7。荚果扁圆柱形，长1.5~2.5 cm，宽2~2.5 mm，被短柔毛，有不明显皱纹，荚节4~7；种子近球形，黄褐色。

地理分布　广泛分布于东半球热带地区。我国分布于海南、广东、广西、福建、云南等地。常生于空旷草坡、旱田边、路旁和海边沙地。

生物学特性　链荚豆喜高温少雨气候，适宜生长温度为25~35℃。气温低于12℃植株生长受抑制，低于7℃幼苗被冻死，遇持续低温阴雨天气，植株生长发育不良。对土壤适应性广泛，喜排水良好的沙质土壤。耐盐性强，海边沙地常见。抗旱，干热季节植株生长繁茂。

饲用价值　链荚豆枝秆柔软，叶量大，适口性佳，利用率高，是优良的热带豆科牧草。鲜草牛、马、羊均喜食。干草气味清香，家畜亦喜食。链荚豆的化学成分如表所示。

链荚豆荚果

测定项目	样品情况	营养期茎叶
占干物质	干物质	29.70
	粗蛋白	15.41
	粗脂肪	3.09
	粗纤维	30.46
	无氮浸出物	41.17
	粗灰分	9.87
	钙	1.05
	磷	0.37

链荚豆的化学成分（%）

链荚豆植株

31. 两型豆
Amphicarpaea edgeworthii Benth.

形态特征 又名三籽两型豆，为两型豆属一年生半缠绕性草本。茎纤细，全株被淡黄色长柔毛。小叶3，顶生小叶卵菱形，侧生小叶偏卵形，长2.0～7.5 cm，宽1.5～3.5 cm，顶生小叶稍大，两面被白色长柔毛。总状花序腋生，花二型，下部花为闭锁花式，无花瓣，可育；上部花通常3～5朵排成短总状花序，腋生；苞片卵形，具纵脉，小苞片2，披针形；萼筒状，萼齿5，不整齐，具淡黄色长柔毛；花冠黄白色至淡紫色，长1.0～1.5 cm；二体雄蕊；子房具毛。荚果膜质，矩形，扁平，稍弯，长2～3 cm，被毛；种子3～7，近蚌形，脐小而扁，黄白色，具褐色斑点。

地理分布 两型豆原产于热带亚洲。我国分布于华南、东南、西南、华中、华北、西北等地。常生于海拔300～3 000 m的山坡、路旁及旷野草地上。

生物学特性 两型豆为短日照作物。播种初期，需要适量的土壤水分，生长后期宜干燥而多光，才可良好结实。在海南西南部地区，两型豆于11月至翌年2月结实，且结实良好。在海南北部地区，因生长后期多阴雨，结实较差。对土壤的适应性广泛，在沙土到黏壤土上均可生长，但以近海沙壤土为宜。

两型豆种子发芽率高，播后3天即可出苗整齐。在海南西南部地区，8～9月播种，10～11月为盛花期，11～12月为结荚期，12月至翌年1月种子成熟，种子产量为400～750 kg/hm^2。

饲用价值 两型豆茎叶柔软，营养丰富，适口性好，可青饲，也可晒制干草。种子粗蛋白含量高，是畜禽的优质精饲料。生长周期短，可以作为短期作物与甘蔗、木薯、甘薯等套种；也可利用其初期生长快的特性，与初期生长慢的豆科牧草，如蝴蝶豆、三裂叶野葛、圭亚那柱花草等混播，提升草地的初期产量。两型豆的化学成分如表所示。

两型豆植株

两型豆荚果（上为地上荚果，下为地下荚果）

两型豆的化学成分（%）		
测定项目	样品情况	鲜茎叶
干物质		22.90
占干物质	粗蛋白	15.10
	粗脂肪	2.21
	粗纤维	11.80
	无氮浸出物	66.40
	粗灰分	4.49
钙		0.05
磷		0.23

栽培要点 种子繁殖，条播或撒播，条播行距为30～40 cm，播种深度为2～3 cm，播种量为15～30 kg/hm²。若以收获鲜草为目的，则宜春夏播种，播后2～3个月即可刈割，鲜草产量为15 000～20 000 kg/hm²。若以收获种子为目的，则宜秋末播种，翌年2月，豆荚成熟，收种后秸秆供饲用。

32. 鹿藿

Rhynchosia volubilis Lour.

形态特征 为鹿藿属缠绕草质藤本。羽状三出叶,有时近指状;叶柄长3~5 cm;托叶披针形,长3~5 mm,被短柔毛;顶生小叶菱形或倒卵状菱形,长3~8 cm,宽3~5.5 cm,先端钝,或急尖,常有小凸尖,基部圆形或阔楔形,两面均被灰色或淡黄色柔毛;基出脉3;小叶柄长2~4 mm,侧生小叶较小。总状花序长1.5~4 cm,1~3个腋生;花长约1 cm;花梗长约2 mm;花萼钟状,长约5 mm,裂片披针形,外面被短柔毛及腺点;花冠黄色,旗瓣近圆形,有宽而内弯的耳,翼瓣倒卵状长圆形,基部一侧具长耳,龙骨瓣具喙;二体雄蕊;子房被毛及密集的小腺点,胚珠2。荚果长圆形,红紫色,长1~1.5 cm,宽约8 mm,扁平,在种子间略收缩,先端有小喙,通常含种子2颗;种子椭圆形或近肾形,黑色,具光泽。

地理分布 分布于朝鲜、日本、越南等地。我国分布于华南、华东、中南、西南等地。常生于海拔200~1000 m的山坡草丛中。

饲用价值 鹿藿茎柔嫩、叶量大,牛、羊采食。此外,种子可食用,也可入药,具有镇咳祛痰、祛风和血、解毒杀虫之功效。鹿藿的化学成分如表所示。

鹿藿的化学成分(%)

测定项目	样品情况	营养期干样
	干物质	90.10
占干物质	粗蛋白	10.29
	粗脂肪	1.55
	粗纤维	44.00
	无氮浸出物	38.12
	粗灰分	6.04
	钙	1.40
	磷	0.12

鹿藿植株(局部)

33. 毛蔓豆
Calopogonium mucunoides Desv.

形态特征 为毛蔓豆属缠绕或平卧草本，全株被黄褐色长硬毛。羽状复叶，小叶3；托叶三角状披针形，长4～5 mm；叶柄长4～12 cm；中央小叶卵状菱形，长4～10 cm，宽2～5 cm，先端急尖或钝，基部宽楔形至圆形，侧生小叶卵形，偏斜；小托叶锥状。花序长短不一，顶端有花5～6朵；苞片和小苞片线状披针形，长5 mm；花簇生于花序轴的节上；裂片长于管，线状披针形，先端长渐尖；花冠淡紫色，翼瓣倒卵状长椭圆形，龙骨瓣劲直，耳较短；花药圆形；子房密被长硬毛，有胚珠5～6颗。荚果线状长椭圆形，长2～4 cm，宽约4 mm，劲直或稍弯，被褐色长刚毛；种子5～6，长约2.5 mm，宽约2 mm。

地理分布 毛蔓豆原产于美洲热带地区，世界热带湿润地区广泛分布。我国分布于海南、广东、广西、福建、云南等地。

生物学特性 毛蔓豆喜温暖湿润的热带气候，不耐寒，在4～5℃时生长受阻，低于2℃时茎蔓枯死。喜湿，在年降水量1250 mm以上的湿热地区生长旺盛。耐酸，但不耐贫瘠，适生土壤pH为4.3～8.0，最适土壤pH为4.5～5.0。抗旱性较差，干旱严重时枯萎，但雨后可再生。毛蔓豆播后2个月生长加快，4～5个月后可形成40～60 cm的覆盖层。在湛江，10～11月开花，翌年1～2月种子成熟，种子落地后自行繁殖。

饲用价值 毛蔓豆茎叶多毛，适口性差，常与坚尼草、盖氏虎尾草、巴拉草等禾草混播用于放牧。此外，毛蔓豆早期生长快，易形成覆盖层，抑制杂草能力强，是优良的绿肥覆盖作物。毛蔓豆的化学成分如表所示。

栽培要点 播种前，精细整地，去除杂草等竞争性植物，结合整地，施有机肥15 000 kg/hm²、磷肥300～375 kg/hm²作基肥。毛蔓豆种子硬实率高，播种前需对种子进行摩擦处理或按1 kg种子50 ml浓硫酸处理5 min。穴播或撒播，穴播时株行距为50 cm×50 cm，每穴播种5～6粒，覆土深度为2～3 cm，播种量为0.25 kg/hm²，撒播时播种量为7.5 kg/hm²。播后约7天出苗，苗期及时中耕除草，待草层完全覆盖地面，茎蔓向上生长后即可放牧或刈割压青。

毛蔓豆茎叶

毛蔓豆叶片、荚果

测定项目	样品情况	鲜茎叶
	毛蔓豆的化学成分（%）	
	干物质	24.27
占干物质	粗蛋白	17.81
	粗脂肪	3.62
	粗纤维	30.66
	无氮浸出物	40.27
	粗灰分	7.64
	钙	1.14
	磷	0.14

34. 密子豆

Pycnospora lutescens (Poir.) Schindl.

形态特征 为密子豆属亚灌木状草本，高15～60 cm。茎直立或平卧。托叶狭三角形，长4 mm，基部宽1 mm；叶柄长约1 cm；小叶倒卵形或倒卵状长圆形，顶生小叶长1.2～3.5 cm，宽1～2.5 cm，先端圆形或微凹，基部楔形或微心形，侧生小叶常较小或有时缺，网脉明显；小托叶针状，长1 mm；小叶柄长约1 mm，被灰色短柔毛。总状花序长3～6 cm，花很小，每2朵排列于疏离的节上，节间长约1 cm，总花梗被灰色柔毛；苞片早落；花梗长2～4 mm，被灰色短柔毛；花萼长约2 mm，深裂，裂片窄三角形，被柔毛；花冠淡紫蓝色，长约4 mm。荚果长圆形，长6～10 mm，宽5～6 mm，膨胀，有横脉纹，成熟时黑色，沿腹缝线开裂，背缝线明显凸起；种子8～10，肾状椭圆形，长约2 mm。

地理分布 分布于印度、缅甸、越南、菲律宾、印度尼西亚、巴布亚新几内亚、澳大利亚等地。我国分布于海南、广东、广西、云南、贵州西南部、江西南部等地。常生于海拔50～1300 m的草坡及平原。

饲用价值 密子豆茎叶纤细柔软，牛、羊喜食。密子豆的化学成分如表所示。

密子豆的化学成分（%）

测定项目	样品情况	结荚期嫩茎叶
	干物质	30.40
占干物质	粗蛋白	9.74
	粗脂肪	2.45
	粗纤维	40.33
	无氮浸出物	41.89
	粗灰分	5.59
	钙	0.71
	磷	0.19

密子豆植株

第 30 章　其他豆科牧草 | 411

密子豆荚果

35. 乳豆

Galactia tenuiflora (Klein ex Willd.) Wight et Arn.

形态特征 为乳豆属草质缠绕藤本。茎纤细。三出复叶，叶柄长2～5.5 cm；小叶卵形、椭圆状或倒卵形，长2.5～5.5 cm，宽1.5～3.5 cm，两端均圆，顶端通常微凹入而具极小的小尖头；小叶柄短，长约2 mm；小托叶钻状，长约1 mm。总状花序腋生，花序轴长2～10 cm，单生或孪生；小苞片卵状披针形；花具短梗；花萼长约7 mm，萼管长约3 mm，裂片狭披针形，先端尖；花冠淡蓝色，旗瓣倒卵形，长约10.5 mm，宽约7 mm，先端圆，基部渐狭，具小耳，翼瓣长圆形，长约9 mm，宽约2 mm，基部具尖耳，龙骨瓣稍长于翼瓣，背部微弯，基部具小耳；对旗瓣的1枚雄蕊完全离生，花药长圆形；子房无柄，扁平，有胚珠约10颗，花柱突出，顶部弯。荚果线形，长2～4 cm，宽6～7 mm；种子肾形，稍扁，长2～3.5 mm，宽3～5 mm，棕褐色。

地理分布 分布于印度、斯里兰卡、马来西亚、泰国、越南、菲律宾等地。我国分布于海南、广东、广西、台湾、福建、云南、江西、湖南等地。常生于林中或丘陵灌丛中。

饲用价值 牛、羊喜食。乳豆的化学成分如表所示。

乳豆荚果

乳豆的化学成分（%）

测定项目	样品情况	营养期嫩茎叶	结荚期嫩茎叶
	干物质	23.10	28.40
占干物质	粗蛋白	18.90	13.72
	粗脂肪	1.66	2.20
	粗纤维	22.38	36.38
	无氮浸出物	43.15	41.01
	粗灰分	13.91	6.69
钙		1.27	2.58
磷		0.17	0.20

乳豆植株

36. 紫花大翼豆
Macroptilium atropurpureum (Mociño et Sessé ex Candolle) Urban.

形态特征　为大翼豆属多年生蔓生草本。茎着地逐节生根。羽状复叶，小叶3；托叶卵形，长4～5 mm，脉显露；小叶卵形至菱形，长1.5～7 cm，宽1.3～5 cm，有时具裂片，侧生小叶偏斜，外侧具裂片，先端钝或急尖，基部圆形；叶柄长0.5～5 cm。花序轴长1～8 cm，总花梗长10～25 cm；花萼钟状，长约5 mm，被白色长柔毛，具5齿；花冠深紫色，旗瓣长1.5～2 cm，具长瓣柄。荚果线形，长5～9 cm，宽不超过3 mm，顶端具喙尖；种子7～13，长圆状椭圆形，长约4 mm，具棕色及黑色花纹，具凹痕。

地理分布　紫花大翼豆原产于热带美洲，世界热带、亚热带地区广泛种植，为澳大利亚、墨西哥和巴西等国重要的放牧型牧草。我国分布于海南、广西、广东、福建、云南等地，其中栽培的品种主要为色拉特罗大翼豆（*Macroptilium atropurpureum* cv. Siratro）。

生物学特性　紫花大翼豆为喜光喜温的短日照植物。最适生长温度为25～30℃，温度低于21℃时生长缓慢。耐寒，受霜后仅地上部枯黄，在－9℃情况下，存活率仍可达80%。对土壤的适应性广泛，但在土层深厚、排水良好的土壤上生长最为旺盛，适宜的土壤pH为4.5～8，耐中度盐碱性土壤，耐高铝、高锰含量土壤。抗旱性强，在年降水量650 mm的热带地区也可生长。不耐水渍。在广州，3月播种，7天后出苗，20～30天分枝，60～80天开花结荚，90～100天后荚果成熟。

饲用价值　紫花大翼豆叶量大、营养价值高，牛、羊、鹿喜食。耐牧，可与俯仰马唐、非洲狗尾草、无芒虎尾草等禾本科牧草混播建植放牧草地，也可刈割青饲、晒制干草或加工草粉。紫花大翼豆的化学成分如表所示。

紫花大翼豆植株

紫花大翼豆花序

紫花大翼豆的化学成分（%）

测定项目	样品情况	营养期茎叶
干物质		27.86
占干物质	粗蛋白	22.18
	粗脂肪	2.42
	粗纤维	25.38
	无氮浸出物	38.21
	粗灰分	11.81
钙		1.22
磷		0.24

栽培要点 播种前，精细整地，去除杂草等竞争性植物。结合整地，施有机肥15 000 kg/hm²、磷肥200～300 kg/hm²作基肥，缺钾的土壤需增施钾肥。条播或撒播，条播时行距为40～50 cm，播种量为3.75～7.50 kg/hm²，撒播时播种量为7.50～15 kg/hm²。播种期以4～7月为宜。建成后种子可落地自繁，故易保持长久。与禾草混播时，可以同时分行播种，一般播种量为3.0 kg/hm²；也可直接撒播于已建植的禾草草地上，雨季极易出苗。

37. 罗顿豆

Lotononis bainesii Baker

形态特征 又名老通草，为罗顿豆属多年生草本。茎匍匐，细柔，长30～180 cm，节上分枝并生根。掌状三出复叶，顶生小叶较大；托叶心状卵形至戟形，先端锐尖，具凹缺，长4～10 mm；小叶线状椭圆形至披针形，长1.5～4 cm，宽0.6～1 cm，先端钝圆，具细尖，基部楔形；叶柄长0.6～7.5 cm。总状花序伞形，甚或密集成头状，长1～3 cm，含8～23朵小花；总花梗长达25 cm，与叶对生；花长约1 cm；萼钟形，长3～4 mm；花冠黄色，翼瓣窄短，龙骨瓣较长。荚果线形，长7～12 mm，宽2～3 mm；种子长椭圆形至斜心形，甚小，乳黄色至紫红色，千粒重0.26 g。

地理分布 罗顿豆原产于非洲中南部，分布于世界热带、亚热带地区。我国由云南省草地动物科学研究院从澳大利亚引入栽培品种Miles试种推广，现海南、广东、广西、云南、贵州等地有栽培。

生物学特性 罗顿豆喜温暖湿润气候。适宜在年降水量750～1500 mm的热带、亚热带地区种植。最适生长温度为20～25℃。对土壤要求不严，但以沙质土壤为宜。

饲用价值 罗顿豆叶量大，营养价值高，粗蛋白含量高，各种家畜喜食。耐牧，可与俯仰马唐、雀稗、宽叶雀稗、毛花雀稗等禾本科牧草混播建植放牧草地，也可刈割青饲、晒制干草或加工草粉。罗顿豆的化学成分如表所示。

罗顿豆的化学成分（%）

测定项目	样品情况	开花期绝干样
	干物质	100
占干物质	粗蛋白	19.30
	粗脂肪	4.00
	粗纤维	27.00
	无氮浸出物	41.60
	粗灰分	8.10
	钙	—
	磷	—

罗顿豆植株

罗顿豆花序

栽培要点 罗顿豆种子细小，播种前，精细整地，去除杂草等竞争性植物。结合整地，施有机肥 15 000 kg/hm²、磷肥200～300 kg/hm²作基肥。条播或撒播，条播时行距为40～50 cm，播种量一般为0.5 kg/hm²，播种深度为0.5 cm。

38. 蝶豆
Clitoria ternatea L.

形态特征 又名蓝花豆，为蝶豆属攀缘状草质藤本。茎、枝细弱。叶长2.5～5 cm；托叶小，线形，长2～5 mm；叶柄长1.5～3 cm；总叶轴上面具细沟纹；小叶5～7，但通常为5，宽椭圆形或近卵形，长2～5 cm，宽1.5～2.5 cm。花单生于叶腋，近无柄；苞片2，披针形；小苞片大，膜质，近圆形，绿色，直径5～8 mm，具明显的网脉；花萼膜质，长1.5～2 cm，5裂，裂片披针形，长不及萼管的1/2；花冠蓝色、粉红色或白色，长达5.5 cm，旗瓣宽倒卵形，径约3 cm，中央有一白色或橙黄色浅晕，基部渐狭，具短瓣柄，翼瓣与龙骨瓣远较旗瓣为小，均具柄，翼瓣倒卵状长圆形，龙骨瓣椭圆形；二体雄蕊；子房被短柔毛。荚果长5～11 cm，宽约1 cm，扁平，具长喙；种子6～10，长圆形，长约6 mm，宽约4 mm，黑色，具明显种阜。

地理分布 蝶豆原产于亚洲、非洲、太平洋岛国及美洲热带低海拔的湿润地区，现广泛分布于世界热带、亚热带地区。我国分布于海南、广东、广西、福建、云南、浙江等地。

生物学特性 蝶豆适宜在湿润或半湿润的热带低海拔地区生长，适生的海拔为1800 m以下，适宜的年平均温度为19～28℃，适宜的年降水量为1500 mm左右。蝶豆对土壤的适应性广泛，可在瘦瘠的沙地和黏重的土壤上生长，但在肥沃的土壤上生长最好。适宜的土壤pH为5.5～8.9。蝶豆与丛生型禾本科牧草混播可良好生长，而与根茎型禾草混播则生长不良。

饲用价值 蝶豆适口性好，营养价值高，是一种优良的热带豆科牧草。可刈割利用，也可放牧利用。蝶豆的化学成分如表所示。

栽培要点 蝶豆用种子繁殖，撒播或条播均可，播种深度为1.5～4 cm。单一种植时，播种量为3～5 kg/hm²，建植混播草地时，其播种量为5～8 kg/hm²。蝶豆的生长点位于枝条末端，故刈割频率不宜太高，也不宜重牧。

蝶豆植株

蝶豆花

蝶豆的化学成分（%）

测定项目	样品情况	开花期嫩茎叶
	干物质	14.30
占干物质	粗蛋白	30.57
	粗脂肪	3.07
	粗纤维	21.29
	无氮浸出物	39.87
	粗灰分	5.20
	钙	0.54
	磷	0.58

39. 硬皮豆

Macrotyloma uniflorum (Lam.) Verdc.

形态特征 为硬皮豆属一年生或多年生半直立型缠绕草本。草层高0.3～0.6 m。茎被白色短柔毛。小叶3，质薄，卵状菱形、倒卵形或椭圆形，一侧偏斜，长1～8 cm，宽0.5～7.8 cm，顶端圆或稍急尖，基部圆，无毛或被短柔毛，或稀可两面被绒毛；托叶披针形，长4～8 mm。花腋生，通常2～3朵成簇；花梗及花序轴长不超过1.5 cm；苞片线形，长约2 mm；小花梗长1～7 mm；花萼管长约2 mm，裂片三角状披针形；旗瓣倒卵状长圆形，黄色或淡黄绿色，中央有一紫色小斑，长0.6～1.2 cm，宽4～7 mm；翼瓣及龙骨瓣淡黄绿色。荚果线状长圆形，长3～5.5 cm，宽4～8 mm；种子红棕色，长圆形或圆肾形，长3～4.2 mm，宽2.8～3.5 mm，千粒重15～30 g。

地理分布 硬皮豆原产于印度，分布于非洲热带地区、西印度群岛、澳大利亚及东南亚各地。我国海南、广东、广西、福建、云南等地有栽培。

生物学特性 硬皮豆喜湿热气候。适宜生长温度为25～35℃，温度低至20℃以下时，生长速度显著降低。对土壤要求不严，在沙壤、砖红壤及重黏土上均能生长，适宜土壤pH为6.0～7.5。耐贫瘠，抗旱，在海南西南部年降水量仅650～1200 mm的地区开花结实良好。在海南西部地区，8～9月播种，10～11月进入盛花期，11～12月结荚，12月至次年1月种子成熟。若3～5月播种，则生长至10～11月，未开花即枯死。

饲用价值 硬皮豆叶量丰富，茎叶柔嫩，营养价值较高，是家畜的优质粗饲料。适宜与一年生禾谷类作物、甘蔗等间作，也适合在果园、胶园或经济林下种植。硬皮豆的化学成分如表所示。

栽培要点 硬皮豆有种子休眠特性，主要是种子硬实所致，因此采用种子硬实处理技术，用70℃温水浸种2～3 min，可明显提高发芽率，缩短发芽时间，且出苗整齐。常采用撒播或条播，条播行距为30～40 cm，播种深度为1～2 cm。播种量为11.25～22.5 kg/hm²。海南9～10月播种，次年1～2月成熟，生育期110～120天。因其初期生长快，秋冬季杂草又少，故一般不用除草。播后2～3个月即可刈割利用。

硬皮豆花

硬皮豆群体

硬皮豆的化学成分（%）

测定项目	样品情况	营养期绝干样
	干物质	100
占干物质	粗蛋白	16.93
	粗脂肪	3.75
	粗纤维	9.58
	无氮浸出物	66.78
	粗灰分	2.96
	钙	—
	磷	—

40. 豆薯

Pachyrhizus erosus (L.) Urban

形态特征 为豆薯属粗壮、缠绕、草质藤本。块根纺锤形或扁球形。羽状复叶，小叶3；托叶线状披针形，长5～11 mm；小托叶锥状，长约4 mm；小叶菱形或卵形，长4～18 cm，宽4～20 cm，中部以上不规则浅裂，裂片小，急尖，侧生小叶两侧极不等。总状花序长15～30 cm，每节有花3～5朵；小苞片刚毛状，早落；萼长9～11 mm，被紧贴的长硬毛；花冠浅紫色或淡红色，旗瓣近圆形，长15～20 mm，中央近基部处有一黄绿色斑块及2枚胼胝状附属物，瓣柄以上有2枚半圆形直立的耳，翼瓣镰刀形，基部具线形、向下的长耳，龙骨瓣近镰刀形，长1.5～2 cm；二体雄蕊；子房被浅黄色长硬毛，花柱弯曲。荚果带形，长7.5～13 cm，宽12～15 mm，扁平；种子8～10，近方形，长宽均为5～10 mm，扁平。

地理分布 豆薯原产于热带美洲，世界热带地区广泛栽培。我国海南、广东、广西、福建、台湾、云南、贵州、四川、湖南、湖北等地有栽培。

生物学特性 豆薯喜温暖气候，种子发芽，茎叶生长，块茎、花形成及果实、种子成熟，均需较高的温度。耐瘠，在中等肥力、排水良好的壤土和沙壤土上生长较好，土壤肥力高，易徒长，不利于肉质根形成。对钾肥敏感，且需求量大，钾肥供应不足，产量锐减。根系发达，抗旱。种子发芽后，4～6个月块根形成，7～8个月种子成熟。

饲用价值 豆薯茎叶、块根可作牲畜饲料，块根也可食用。豆薯的化学成分如表所示。

豆薯的化学成分（%）

测定项目	样品情况	嫩茎叶
	干物质	21.12
占干物质	粗蛋白	24.19
	粗脂肪	2.05
	粗纤维	19.80
	无氮浸出物	48.21
	粗灰分	5.75
	钙	0.89
	磷	0.27

豆薯植株

41. 蝙蝠草

Christia vespertilionis (L. f.) Bakhuizen f. ex Meeu-wen

形态特征 为蝙蝠草属直立草本，常由基部开始分枝。叶通常为单小叶，偶有3小叶，顶生小叶菱形或长菱形，长8～15 mm，宽5～9 cm，顶端极阔而截平，近中央稍凹入，基部略呈心形，侧生小叶倒心形，两侧不对称，长8～15 mm，宽15～20 mm，顶端截平，侧脉每边3～4条，极平展。总状花序长5～15 cm，有时为总状花序式的圆锥花序；花梗单生，长2～4 mm，被短柔毛；萼半透明，被柔毛，花后增大，长达8～12 cm，有极明显的网脉，裂齿三角形，与管近等长，上部2裂齿稍合生；花冠不伸出萼外。荚节4～5。

地理分布 广泛分布于世界热带地区。我国分布于海南、广东、广西等地。常生于旷野草地或稀疏灌丛中。

饲用价值 牛、羊采食。蝙蝠草的化学成分如表所示。

蝙蝠草的化学成分（%）

测定项目	样品情况	开花期嫩茎叶
占干物质	干物质	35.20
	粗蛋白	17.24
	粗脂肪	5.12
	粗纤维	26.56
	无氮浸出物	37.65
	粗灰分	13.43
	钙	3.85
	磷	0.28

蝙蝠草植株

蝙蝠草花序

42. 铺地蝙蝠草

Christia obcordata (Poir.) Bakhuizen f. ex Meeu-wen

形态特征 为蝙蝠草属草本。茎枝纤细，平卧，长15～45 cm。叶通常为3小叶，偶有单小叶，顶生小叶倒三角形、圆形或肾形，长5～10 mm，宽10～18 mm，顶端截平而微凹，基部阔楔形，侧脉每边3～4条，侧生小叶较小，倒卵形、心形或近圆形。总状花序长4～15 cm；花梗约与萼等长，被柔毛；萼半透明，被毛，初时长约2 mm，结果时长达6～8 mm，有明显的网脉，裂齿三角形，急尖，与萼管等长，上部2枚裂齿合生；花冠蓝紫色或玫瑰红色，略长于花萼。荚节4～5，圆形，径约2.5 mm。

地理分布 分布于印度、缅甸、菲律宾至澳大利亚北部。我国分布于华南、西南、华东等地。常生于空旷向阳的草地上，亦见于路边。

饲用价值 羊采食。铺地蝙蝠草的化学成分如表所示。

铺地蝙蝠草的化学成分（%）

测定项目	样品情况	营养期地上部
干物质		29.40
占干物质	粗蛋白	15.48
	粗脂肪	4.38
	粗纤维	20.22
	无氮浸出物	38.40
	粗灰分	21.52
钙		4.76
磷		0.16

铺地蝙蝠草植株

铺地蝙蝠草花序

43. 丁癸草
Zornia gibbosa Spanog.

形态特征 为丁癸草属多年生草本。高20～60 cm。托叶披针形，长1 mm，基部具长耳。小叶2，卵状长圆形、倒卵形至披针形，长0.8～1.5 cm，偶达2.5 cm，先端急尖而具短尖头，基部偏斜，背面有褐色或黑色腺点。总状花序腋生，长2～6 cm，花2～6（～10）朵疏生于花序轴上；苞片2，卵形，长6～7（～10）mm，盾状着生，具缘毛，具明显的纵脉纹5～6条；花萼长3 mm，花冠黄色，旗瓣具纵脉，翼瓣和龙骨瓣均较小，具瓣柄。荚果通常长于苞片，荚节2～6，近圆形，长宽均2～4 mm，表面具明显网脉及针刺。

地理分布 分布于缅甸、尼泊尔、印度、斯里兰卡等地。我国分布于华南、西南、华东等地。常生于稍干旱的旷野草地上。

饲用价值 丁癸草茎叶柔嫩，牛、羊喜食，但其植株矮小，只适宜放牧利用。此外，丁癸草全株可入药，味甘，性凉，具清热解毒之功效。丁癸草的化学成分如表所示。

丁癸草荚果

丁癸草的化学成分（%）		
测定项目	样品情况	结荚期全草
干物质		24.20
占干物质	粗蛋白	17.15
	粗脂肪	3.25
	粗纤维	29.85
	无氮浸出物	42.95
	粗灰分	6.80
	钙	1.21
	磷	0.24

丁癸草植株

44. 猪仔笠

Eriosema chinense Vog.

形态特征 又名鸡头薯,为鸡头薯属多年生直立草本。具纺锤形或球形块根。茎纤细,高15~50 cm,通常不分枝。叶仅具单小叶,近无柄,长椭圆状披针形至线形,长2.5~6 cm,腹面具散生、稀疏的长柔毛,背面密被灰白色星状绒毛,脉上具锈色长柔毛;托叶线形,长2~6 mm,宿存。总状花序极短,腋生,通常有花1~2朵;苞片线形;花萼钟状,长约3 mm,5裂,裂片披针形,被棕色近丝质柔毛;花冠淡黄色,长约为花萼的3倍,旗瓣倒卵形,背面略被丝质毛,基部具2长圆形下垂的耳,翼瓣倒卵状长圆形,一侧具短耳,龙骨瓣比翼瓣短;二体雄蕊;子房密被白色长硬毛,花柱内弯。荚果菱状椭圆形,长8~10 mm,宽约6 mm,成熟时黑色,被褐色长硬毛;种子2,肾形,黑色,种脐长线形,与种子近等长。

地理分布 分布于印度、缅甸、泰国、越南、印度尼西亚、澳大利亚等地。我国分布于海南、广东、广西、云南、贵州、湖南、江西等地。常生于海拔300~1300 m的草坡上。

饲用价值 羊喜食,但植株矮小,产量低。猪仔笠的化学成分如表所示。

猪仔笠的化学成分(%)

测定项目	样品情况	营养期地上部
占干物质	干物质	26.10
	粗蛋白	11.99
	粗脂肪	2.13
	粗纤维	26.98
	无氮浸出物	52.10
	粗灰分	6.80
	钙	1.07
	磷	0.18

猪仔笠植株

猪仔笠块根

45. 黄羽扇豆
Lupinus luteus L.

形态特征 为羽扇豆属一年生草本，高0.4～1 m。茎直立或上升，被白色柔毛。掌状复叶，小叶6～11片；叶柄远长于小叶；托叶钻形，基部与叶柄连生，长1～2 cm；小叶形状各异，倒披针形至狭倒卵形，长4～8 cm，宽约1 cm，先端钝至锐尖，基部渐狭成楔形。总状花序顶生，花序轴长于复叶；花长1.3～1.7 cm，轮生；萼二唇形，下唇较长，具3齿尖，上唇较短，具2齿尖；花冠黄色，花瓣近等长，龙骨瓣尖端多少呈紫色，荚果长圆状线形，长3.5～6 cm，宽1～1.4 cm，密被锈色绢状长柔毛；种子3～4，扁圆形，径约7 mm，淡红色，具棕色和白色混杂斑点，平滑。

地理分布 黄羽扇豆原产于地中海地区，分布于世界各地。我国分布于华南、东南、西南等地。

生物学特性 黄羽扇豆喜温凉气候。种子发芽最适温度为15～20℃，有时温度低至5℃亦可发芽。幼苗耐寒性较强，轻霜无冻害。黄羽扇豆根系强大，抗旱性强，可生长于干旱疏松的沙土上，有"沙地植物"之称。耐酸性瘦土，在其他植物难以生长的酸性土壤上黄羽扇豆仍能生长。

饲用价值 黄羽扇豆可用于放牧、青饲，尤适于调制青贮料或干草。用黄羽扇豆饲喂家畜，开始时适口性不佳，但习惯后，家畜则喜食。黄羽扇豆的化学成分如表所示。

栽培要点 黄羽扇豆用种子繁殖，常采用条播，行距为40～45 cm，播种量为150～200 kg/hm^2。以收获籽粒为目的者，适当稀植；以收获草料为目的者，适当密植。播后覆土不宜太深，一般沙土覆土深度为3～4 cm，黏土覆土深度为2～3 cm。

黄羽扇豆的化学成分（%）

测定项目	样品情况	地上部鲜样	籽粒
占干物质	干物质	11.70	89.50
	粗蛋白	26.60	45.00
	粗脂肪	2.60	5.00
	粗纤维	19.10	16.20
	无氮浸出物	37.80	29.00
	粗灰分	13.90	4.80
	钙	1.28	0.37
	磷	0.25	0.20

46. 紫雀花

Parochetus communis Buch.-Ham ex D. Don

形态特征 又名金雀花，为紫雀花属匍匐草本，高0.1~0.2 m。根茎丝状，节上生根。掌状三出复叶；托叶阔披针状卵形，长4~5 mm；叶柄细柔，长达8~15 cm；小叶倒心形，长0.8~2 cm，宽1~2 cm，基部狭楔形，下面被贴伏柔毛，侧脉4~5对，达叶缘处分叉并环结；小叶柄甚短。伞状花序生于叶腋，花1~3；总花梗与叶柄等长；苞片2~4；花长约2 cm；花梗长5~10 mm；萼钟形，长6~9 mm，密被褐色细毛，萼齿三角形，与萼筒等长或稍短；花冠淡蓝色至蓝紫色，偶为白色和淡红色，旗瓣阔倒卵形，先端凹陷，基部狭至瓣柄，翼瓣长圆状镰形，先端钝，基部有耳，稍短于旗瓣，龙骨瓣比翼瓣稍短，三角状阔镰形，先端成直角弯曲；子房线状披针形，胚珠多数。荚果线形，长20~25 mm，宽3~4 mm；种子8~12，肾形，棕色，有时具斑纹，长约2 mm，厚约1 mm，种脐小，圆形，侧生。

地理分布 分布于印度、尼泊尔、不丹、斯里兰卡、缅甸、泰国、马来西亚和非洲东部等地。我国分布于云南、四川、西藏。常生于林缘草地、山坡、路旁荒地。

饲用价值 紫雀花茎叶柔嫩，适口性好，牛、羊喜食。紫雀花的化学成分如表所示。

紫雀花的化学成分（%）

测定项目	样品情况	开花期地上部绝干样
	干物质	100
占干物质	粗蛋白	19.32
	粗脂肪	1.07
	粗纤维	28.14
	无氮浸出物	29.82
	粗灰分	21.65
	钙	2.11
	磷	0.47

紫雀花荚果

紫雀花植株

47. 合萌

Aeschynomene indica L.

形态特征 又名田皂角,为合萌属一年生亚灌木状草本。茎直立,高0.3~1.0 m。分枝多,圆柱形,具小凸点。羽状复叶,具小叶20~30对,或更多;托叶卵形至披针形,长约1 cm,基部下延成耳状;叶柄长约3 mm;小叶近无柄,线状长圆形,长5~10(~15)mm,宽2~2.5(~3.5)mm,上面密布腺点,下面稍带白粉。总状花序腋生,长1.5~2 cm;总花梗长8~12 mm;小苞片宿存;花萼长约4 mm;花冠淡黄色,易脱落,旗瓣大,近圆形,基部具极短的瓣柄;雄蕊二体;子房扁平,线形。荚果线状长圆形,长3~4 cm,宽约3 mm,荚节4~8(~10);种子黑棕色,肾形,长3~3.5 mm,宽2.5~3 mm,千粒重约2.67 g。

地理分布 分布于非洲、大洋洲、亚洲热带地区及朝鲜半岛和日本。我国分布于华南、华东、华中、西南等地。常生于湿地、沼泽、溪边和林缘。

生物学特性 合萌适宜生长在海拔2000 m以下的热带、亚热带地区。可在贫瘠或中度肥力的土壤上生长。耐湿,耐短期积水。耐低温,在中度霜冻地区可顺利越冬。

饲用价值 合萌生长期长,适口性好,可刈割、放牧和制作干草,牛、羊均喜食。合萌也可作为优良的绿肥作物。合萌的化学成分如表所示。

合萌的化学成分(%)

测定项目	样品情况	营养期地上部绝干样
占干物质	干物质	100
	粗蛋白	15.80
	粗脂肪	8.60
	粗纤维	23.10
	无氮浸出物	36.20
	粗灰分	16.30
	钙	—
	磷	—

合萌植株

合萌花

48. 美洲合萌

Aeschynomene americana L.

形态特征 又名敏感合萌，为合萌属草本或小灌木。茎直立，高1.5~2.0 m。分枝多，圆柱形。羽状复叶，具小叶30~40对；托叶披针形，长1.0~1.2 cm，宽1~3 mm；小叶狭椭圆形，长8~10 mm，宽2~4 mm。总状花序腋生，花2~4；苞片膜质，心形；小苞片线状卵圆形；花萼2深裂。荚果长方形，长2.5~3.0 cm，宽2.5~3.0 mm；种子5~8，肾形，深褐色。

地理分布 美洲合萌原产于热带美洲，世界热带、亚热带地区引种栽培。我国海南、广东、广西、福建、台湾、云南等地引种栽培，常逸为野生。

生物学特性 美洲合萌适应性强，对土壤要求不严，以轻沙壤土为宜。抗旱、耐低温，在年降水量800 mm、海拔1000 m左右的桂北地区生长良好。耐湿、耐涝。在广西，生育期约为180天。

饲用价值 美洲合萌嫩茎叶量大，适口性好，牛、羊、兔喜食。同时，其也是优良的绿肥作物。美洲合萌的化学成分如表所示。

美洲合萌的化学成分（%）

测定项目	样品情况	营养期地上部绝干样
	干物质	100
占干物质	粗蛋白	20.30
	粗脂肪	2.30
	粗纤维	31.70
	无氮浸出物	39.10
	粗灰分	6.60
	钙	1.78
	磷	0.20

美洲合萌花

美洲合萌植株

49. 紫云英

Astragalus sinicus L.

形态特征 为黄耆属二年生草本。主根肥大，侧根发达。多分枝，茎直立或匍匐，高0.1~0.3 m，被白色疏柔毛。奇数羽状复叶，小叶7~13片，长5~15 cm；小叶倒卵形或椭圆形，长10~15 mm，宽4~10 mm，先端钝圆或微凹，基部宽楔形，上面近无毛，下面散生白色柔毛，具短柄。总状花序生5~10花，呈伞形；苞片三角状卵形；花萼钟状，长约4 mm，萼齿披针形，长约为萼筒的1/2；花冠紫红色或橙黄色，旗瓣倒卵形，长10~11 mm，先端微凹，基部渐狭成瓣柄，翼瓣长约8 mm，瓣片长圆形，基部具短耳，龙骨瓣与旗瓣近等长，瓣片半圆形；子房具短柄。荚果线状长圆形，稍弯曲，长12~20 mm，宽约4 mm，具短喙，黑色，具隆起的网纹；种子肾形，栗褐色，长约3 mm，千粒重3.4~3.7 g。

地理分布 紫云英原产于我国长江流域，广东、广西、贵州、四川、云南、湖南、江西、江苏等地均有栽培。常生于海拔400~3000 m的山坡、溪边及潮湿处。

生物学特性 紫云英喜温暖、湿润的亚热带气候。种子适宜萌发温度为15~25℃，适宜生长温度为20~28℃。适宜土壤pH为5.5~7.5。不耐盐，抗旱性不强。

饲用价值 紫云英是优质的饲肥兼用型作物。茎叶鲜嫩多汁，适口性好，是猪、牛的优质粗饲料。固氮能力强，在结瘤良好的情况下，固氮量可达植株总氮量的80%。此外，紫云英亦是优质蜜源作物。紫云英的化学成分如表所示。

紫云英的化学成分（%）

测定项目	样品情况	现蕾期地上部
干物质		9.20
占干物质	粗蛋白	22.27
	粗脂肪	4.79
	粗纤维	19.53
	无氮浸出物	42.54
	粗灰分	10.87
	钙	—
	磷	—

紫云英植株

紫云英花

50. 南苜蓿
Medicago polymorpha L.

形态特征 又名黄花苜蓿，为苜蓿属一年生或越年生草本。高0.2～0.9 m。茎近四棱形，基部分枝。羽状三出复叶；托叶大，卵状长圆形，长4～7 mm，先端渐尖，基部耳状；叶柄长1～5 cm，上面具浅沟；小叶倒卵形或三角状倒卵形，长7～20 mm，宽5～15 mm。总状花序头状伞形，腋生，具花2～10朵；总花梗长3～15 mm；苞片甚小，尾尖；花长3～4 mm；萼钟形，长约2 mm，萼齿披针形，与萼筒近等长；花冠黄色，旗瓣倒卵形，先端凹缺，基部阔楔形，翼瓣长圆形，基部具耳和稍阔的瓣柄，齿突甚发达，龙骨瓣比翼瓣稍短，基部具小耳，呈钩状；子房长圆形。荚果盘形，暗绿褐色，螺面平坦无毛，有多条辐射状脉纹，每圈具棘刺或瘤突15枚，每圈种子1～2；种子长肾形，长约2.5 mm，宽约1.25 mm，棕褐色，平滑。

地理分布 分布于欧洲南部、西南部，引种至美洲、大洋洲。我国分布于长江流域以南及陕西、甘肃等地。

生物学特性 南苜蓿喜温暖湿润气候，种子适宜萌发温度为20℃左右。对土壤要求不严，但以排水良好的沙质壤土为宜，适宜pH 5.0～8.6。较耐寒，遇低温（低于－5℃）冻害后，叶片枯死，气温回升后植株可再萌芽生长。

饲用价值 南苜蓿草质柔嫩，适口性好，牛、羊、马等家畜喜食，为优等饲草。此外，其亦是优质绿肥作物，嫩茎叶可供蔬食。南苜蓿的化学成分如表所示。

南苜蓿群体

南苜蓿花序

南苜蓿的化学成分（%）

测定项目	样品情况	营养期干样
占干物质	干物质	91.80
	粗蛋白	22.60
	粗脂肪	2.80
	粗纤维	20.30
	无氮浸出物	42.30
	粗灰分	12.00
	钙	0.60
	磷	0.39

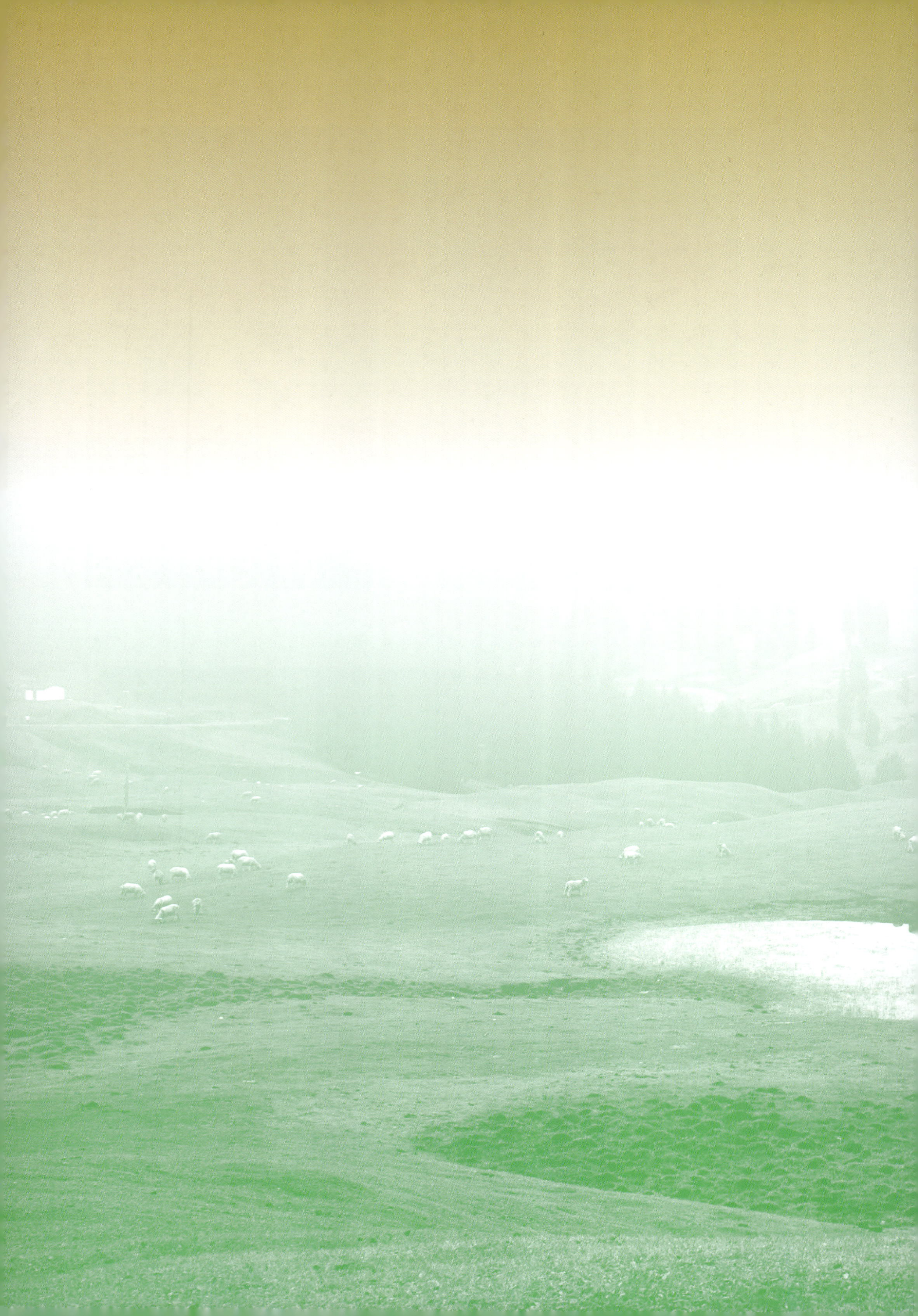

第4篇

其他科热带牧草

第31章　海金沙科牧草

海金沙科（Lygodiaceae），陆生攀缘植物。根状茎横走，有毛而无鳞片。叶远生或近生，单轴型，叶轴为无限生长，细长，缠绕攀缘，长达数米，沿叶轴相隔一定距离有向左右方互生的短枝（距），顶上具1个不发育的休眠小芽，从其两侧生出1对开向左右的羽片。羽片分裂图式为一至二回二叉掌状或一至二回羽状复叶，近二型；不育羽片通常生于叶轴下部，可育羽片位于上部；末回小羽片或裂片为披针形、长圆形或三角状卵形，基部常为心形、戟形或圆耳形；不育小羽片全缘或有细锯齿。叶脉通常分离，少为疏网状，不具内藏小脉，分离小脉直达加厚的叶边。各小羽柄两侧通常有狭翅，上面隆起。能育羽片通常比不育羽片狭，边缘生有流苏状的孢子囊穗，由2行并生的孢子囊组成，孢子囊生于小脉顶端，并被由叶边外长出来的1个反折小瓣包裹。孢子囊大，似梨形，横生短柄上。孢子四方形。原叶体绿色，扁平。

该科仅1属，即海金沙属（*Lygodium* Sw.），分布于世界热带和亚热带地区。

1. 海金沙
Lygodium japonicum (Thunb.) Sw.

形态特征 为海金沙属攀缘蕨类，茎长1~4 m。羽片多数，对生于叶轴上的短距两侧，平展。不育羽片尖三角形，长宽几相等，10~12 cm或较狭，柄长1.5~1.8 cm，二回羽状；一回羽片2~4对，互生，柄长4~8 mm，基部1对卵圆形，长4~8 cm，宽3~6 cm，一回羽状；二回小羽片2~3对，卵状三角形，具短柄或无柄，互生，掌状三裂；末回裂片短阔，中央1条长2~3 cm，宽6~8 mm，顶端的二回羽片长2.5~3.5 cm，宽8~10 mm，波状浅裂；向上的一回小羽片近掌状分裂或不分裂，较短，叶缘有不规则的浅圆锯齿。能育羽片卵状三角形，长宽几相等，12~20 cm，或长稍大于宽，二回羽状；一回小羽片4~5对，互生，相距2~3 cm，长圆披针形，长5~10 cm，基部宽4~6 cm、一回羽状；二回小羽片3~4对，卵状三角形，羽状深裂。孢子囊穗长2~4 mm，排列稀疏，暗褐色。

地理分布 分布于亚洲热带、亚热带及澳大利亚热带地区。我国热带、亚热带、暖温带地区广泛分布。常生于山丘阳坡、林缘及灌丛中。

饲用价值 羊和鹿喜食。海金沙的化学成分如表所示。

海金沙的化学成分（%）

测定项目	样品情况	嫩茎叶
	干物质	23.90
	粗蛋白	14.44
占干物质	粗脂肪	1.51
	粗纤维	33.41
	无氮浸出物	45.95
	粗灰分	4.69
	钙	0.28
	磷	0.23

海金沙植株（局部）

2. 小叶海金沙
Lygodium microphyllum (Cav.) R. Brown

形态特征 为海金沙属蔓生或攀缘蕨类，茎长5~7 m。叶轴纤细，二回羽状；羽片多数，羽片对生于叶轴的距上，距长2~4 mm，顶端密生红棕色毛。不育羽片生于叶轴下部，长圆形，长7~8 cm，宽4~7 cm，柄长1~1.2 cm，奇数羽状，或顶生小羽片有时两叉，小羽片4对，互生，有2~4 mm长的小柄，柄端有关节，卵状三角形、阔披针形或长圆形，先端钝，基部较阔，心形，近平截或圆形，边缘有矮钝齿，或锯齿不甚明显。能育羽片长圆形，长8~10 cm，宽4~6 cm，通常奇数羽状，小羽片柄长2~4 mm，柄端有关节，9~11片，互生，三角形或卵状三角形，钝头，长1.5~3 cm，宽1.5~2 cm。孢子囊穗排列于叶缘，到达先端，5~8对，线形，一般长3~5 mm，黄褐色，光滑。

地理分布 分布于亚洲、非洲及澳大利亚热带地区。我国分布于华南、西南、东南等地。常生于灌丛中。

饲用价值 羊、鹿喜食。小叶海金沙的化学成分如表所示。

小叶海金沙的化学成分（%）

测定项目	样品情况	嫩茎叶
	干物质	29.32
占干物质	粗蛋白	11.64
	粗脂肪	1.25
	粗纤维	33.85
	无氮浸出物	49.27
	粗灰分	3.99
	钙	0.24
	磷	0.17

小叶海金沙植株

第 32 章　水蕨科牧草

　　水蕨科（Ceratopteridaceae），一年生多汁水生（或沼生）植物。根状茎短而直立，下端有一簇粗根，上部着生莲座状的叶子，中柱体为网状，顶端疏被鳞片；鳞片为阔卵形，基部近心形，质薄，全缘，透明。叶簇生；叶柄绿色，多少膨胀，肉质，光滑，下面圆形并有许多纵脊，内含许多气孔道，沿周边有许多小的维管束；叶二型，不育叶片为长圆状三角形至卵状三角形，单叶或羽状复叶，末回裂片为阔披针形或带状，全缘，尖头，主脉两侧的小脉为网状；能育与不育叶同形，往往较高，分裂较深而细，末回裂片边缘向下反卷达主脉，线形至角果形，幼嫩时绿色，老时淡棕色；叶轴绿色，有纵脊，干后压扁；在羽片基部上侧的叶腋间常有1个卵圆形棕色的小芽胞，成熟后脱落。孢子囊群沿主脉两侧生，形大，几无柄，幼时完全为反卷的叶边所覆盖，环带宽而直立，由排列不整齐的30～70个加厚的细胞组成；每个孢子囊产生16或32个孢子；孢子大，方形至圆形面型，各面有明显的肋条状的纹饰。

　　该科仅有1属，即水蕨属（*Ceratopteris* Brongn.），广泛分布于世界热带和亚热带地区。

1. 水蕨
Ceratopteris thalictroides (L.) Brongn.

形态特征 为水蕨属沼生蕨类。由于水湿条件不同，形态差异较大，高可达70 cm。叶簇生，二型。不育叶的柄长3～40 cm，径10～30 cm，圆柱形，肉质，叶片直立或漂浮，狭矩圆形，长6～30 cm，宽3～15 cm，二至四回深羽裂。能育叶的柄与不育叶的相同，叶片长圆形或卵状三角形，长15～40 cm，宽10～22 cm，二至三回羽状深裂，裂片狭线形，角果状，宽约2 mm，边缘薄而透明，反卷达于主脉，主脉两侧的小脉联结成网，无内藏小脉。孢子囊沿能育叶裂片主脉两侧的网眼着生，稀疏，棕色，幼时为连续不断的反卷叶缘所覆盖，成熟后多少张开，露出孢子囊。

地理分布 广布于世界热带和亚热带地区。我国分布于长江以南。

饲用价值 水蕨全株柔嫩多汁，煮熟猪喜食。此外，水蕨嫩叶可供蔬食，茎叶可供药用，具消痰积之功效。水蕨的化学成分如表所示。

水蕨的化学成分（%）

测定项目	样品情况	营养期嫩叶
干物质		17.00
占干物质	粗蛋白	13.54
	粗脂肪	2.04
	粗纤维	22.42
	无氮浸出物	47.16
	粗灰分	14.84
	钙	0.78
	磷	0.16

水蕨植株

第 33 章　乌毛蕨科牧草

乌毛蕨科（Blechnaceae），土生，或为附生，有时为亚乔木状。根状茎横走或直立，偶有横卧或斜升，有时形成树干状的直立主轴，有网状中柱，被具细密筛孔的全缘、红棕色鳞片。叶一型或二型，有柄，叶柄有多条维管束；叶片一至二回羽裂，罕为单叶，无毛或常被小鳞片；叶脉分离或网状，如分离则小脉单一或分叉，平行，如网状则小脉常沿主脉两侧各形成1~3行多角形网眼，无内藏小脉，网眼外的小脉分离，直达叶缘。孢子囊群为长的汇生囊群或为椭圆形，着生于与主脉平行的小脉上或网眼外侧的小脉上，均靠近主脉；囊群盖同形，开向主脉，很少无盖；孢子囊大，环带纵行而于基部中断。孢子椭圆形，两侧对称，单裂缝，具周壁，常形成褶皱，上面分布有颗粒，外壁表面光滑或纹饰模糊。

该科约14属250余种，广泛分布于世界热带、亚热带地区。我国有8属14种，分布于西南、华南、华中及华东等地，其中乌毛蕨属（*Blechnum* L.）的乌毛蕨（*Blechnum orientale*）为优良青饲料。

1. 乌毛蕨

Blechnum orientale L.

形态特征 为乌毛蕨属蕨类。高0.5～2 m。根状茎直立，粗短，木质，黑褐色，先端及叶柄下部密被鳞片；鳞片狭披针形，长约1 cm。叶簇生于根状茎顶端；柄长3～80 cm，径3～10 mm，坚硬，基部往往为黑褐色，向上为棕禾秆色或棕绿色，无毛；叶片卵状披针形，长达1 m左右，宽20～60 cm，一回羽状；羽片多数，二型，互生，无柄，下部羽片不育，极度缩小为圆耳形，长仅数毫米，彼此远离，向上羽片突伸长，疏离，可育，至中上部羽片最长，线形或线状披针形，长10～30 cm，宽5～18 mm，先端长渐尖或尾状渐尖，基部圆楔形，下侧往往与叶轴合生，上部羽片向上逐渐缩短，基部与叶轴合生并沿叶轴下延，顶生羽片与其下的侧生羽片同形，但长于其下的侧生羽片；叶脉腹面明显，主脉两面均隆起，上面有纵沟，小脉分离，单一或二叉，斜展或近平展。孢子囊群线形，连续，紧靠主脉两侧，与主脉平行，仅线形或线状披针形的羽片可育；囊群盖线形，开向主脉，宿存。

地理分布 分布于印度、斯里兰卡、东南亚。我国分布于华南、东南、西南各地。常生于海拔300～800 m较阴湿的水沟旁、坑穴边缘和山坡灌丛中或疏林下。

饲用价值 乌毛蕨叶片柔软多汁，根茎营养丰富，幼嫩时，猪喜食，牛、羊采食，是一种良好的青绿饲草。产量高，一般每丛可产鲜叶1.5～2.5 kg，最高可达3.5 kg左右。孢子成熟后，叶柄纤维化，饲用价值下降。乌毛蕨的化学成分如表所示。

乌毛蕨的化学成分（%）

测定项目	样品情况	干叶
占干物质	干物质	92.52
	粗蛋白	13.24
	粗脂肪	4.51
	粗纤维	19.35
	无氮浸出物	54.14
	粗灰分	8.76
	钙	0.16
	磷	0.22

乌毛蕨植株

第 34 章　苹科牧草

苹科（Marsileaceae）植物为小型蕨类，通常生于浅水淤泥或湿地沼泽中。根状茎细长横走，有管状中柱，被短毛。不育叶为线形单叶，或由2～4片倒三角形的小叶组成，着生于叶柄顶端，漂浮或伸出水面；叶脉分叉，但顶端联结成狭长网眼。能育叶变为球形或椭圆状球形孢子果，有柄或无柄，通常接近根状茎，着生于不育叶的叶柄基部或近叶柄基部的根状茎上，1个孢子果内含2至多数孢子囊。孢子囊二型，大孢子囊只含1个大孢子，小孢子囊含多数小孢子。

该科共有3属约75种，大部分产于大洋洲、非洲南部及南美洲。我国仅有1属，即苹属（*Marsilea* L.）。

1. 苹
Marsilea quadrifolia L.

形态特征 为苹属水生草本。根状茎细长，横走，柔软。叶柄长5～20 cm；羽片4片，倒三角形，长宽均1～2.5 cm，外缘半圆形，基部楔形，全缘，幼时被毛，草质。孢子果双生或单生于短柄上，柄着生于叶柄基部，长椭圆形，幼时被毛，褐色，木质，坚硬。

地理分布 分布于世界热带、亚热带和温带。我国长江以南广泛分布，华北、东北等地亦有分布。常生于水田或沟塘中。

饲用价值 苹茎叶柔软，适口性好，是猪、禽的优质青饲料。此外，苹也可药用，具清热利湿、利水止血之功效。苹的化学成分如表所示。

苹的化学成分（%）

测定项目	样品情况	营养期全株
	干物质	8.70
占干物质	粗蛋白	11.16
	粗脂肪	1.76
	粗纤维	14.56
	无氮浸出物	61.71
	粗灰分	10.81
	钙	0.72
	磷	0.62

苹植株

第 35 章 天南星科牧草

天南星科（Araceae），草本，具块茎或伸长的根茎；稀为攀缘灌木或附生藤本，富含苦味液汁或乳汁。叶单一或少数，通常基生，如茎生则为互生，二列或螺旋状排列；叶片全缘时多为箭形、戟形，或掌状、鸟足状、羽状或放射状分裂；大都具网状脉，稀具平行脉。花小，排列为肉穗花序；花序外面有佛焰苞包围。花两性或单性。花单性时雌雄同株（同花序）或异株。雌雄同序者雌花居于花序的下部，雄花居于花序的上部。两性花有花被或无。花被如存在则为2轮，花被片2或3，整齐或不整齐覆瓦状排列，稀合生成坛状。雄蕊通常与花被片同数且与之对生、分离；在无花被的花中，雄蕊2~4（~8）或多数，分离或合生为雄蕊柱。假雄蕊（不育雄蕊）常存在；在雌花序中假雄蕊围绕雌蕊，有时单一、位于雌蕊下部；在雌雄同序的情况下，有时位于雌花群之上，或常合生成假雄蕊柱。子房上位或稀陷入肉穗花序轴内，1至多室，胚珠1至多颗；花柱不明显；柱头各式。果为浆果，极稀为聚合果；种子1至多颗，内种皮光滑，有窝孔，具疣或肋状条纹，种脐扁平或隆起，短或长。

该科约115属2000余种。分布于世界热带和亚热带地区。我国有35属205种，多分布于华南、西南。

天南星科植物经济价值高，用途广，其中一半以上的种类为药用植物，如菖蒲（*Acorus calamus*）、天南星（*Arisaema heterophyllum*）、半夏（*Pinellia ternata*）、虎掌（*Pinellia pedatisecta*）、千年健（*Homalomena occulta*）等；有些种类供食用，如芋属（*Colocasia*）、磨芋属（*Amorphophallus*）植物的块茎常供蔬食，亦可代粮；有些种类为观赏植物，如龟背竹属（*Monstera*）、马蹄莲属（*Zantedeschia*）植物等；而大薸（*Pistia stratiotes*）等，产量高、营养价值高、适口性好，为优良的饲用植物。

1. 大藻

Pistia stratiotes L.

形态特征　为大藻属水生漂浮草本。根长而悬垂，须根羽状，密集。叶簇生成莲座状，倒三角形、倒卵形、扇形或倒卵状长楔形，长1.3～10 cm，宽1.5～6 cm，先端截头状或浑圆，基部厚；叶脉扇状伸展，背面明显隆起成褶皱状。佛焰苞白色，长0.5～1.2 cm，外被绒毛。

地理分布　广布于世界热带及亚热带。我国分布于海南、广东、广西、福建、台湾、云南各地。常生于池塘、沟渠和稻田中。

饲用价值　大藻全株柔嫩，为猪的优质青饲料。此外，大藻全株可入药，具消肿解毒之功效。大藻的化学成分如表所示。

测定项目	样品情况	鲜草
干物质		5.90
占干物质	粗蛋白	11.86
	粗脂肪	3.39
	粗纤维	22.03
	无氮浸出物	40.69
	粗灰分	22.03
钙		—
磷		—

大藻的化学成分（%）

大藻植株

2. 芋
Colocasia esculenta (L.) Schott

形态特征 为芋属湿生草本。块茎通常卵形，常生多数小球茎，均富含淀粉。叶2~3片或更多，卵状，长20~50 cm，先端短尖或短渐尖，侧脉4对；叶柄长20~90 cm。花序柄常单生，短于叶柄。佛焰苞长短不一，长约20 cm，管部绿色，长卵形，长约4 cm，檐部披针形或椭圆形，长约17 cm。肉穗花序长约10 cm，短于佛焰苞；雌花序长圆锥状，长3~3.5 cm；中性花序长3~3.3 cm；雄花序圆柱形，长4~4.5 cm；附属器钻形，长约1 cm，径不及1 mm。

地理分布 芋原产于我国、印度及马来半岛等热带地区，东南亚及非洲一些地区有栽培。我国南北各地均有栽培。

饲用价值 牛、羊喜食其叶，全株为常用猪饲料。此外，其块茎可食用，也可入药，具消炎止血之功效。芋的化学成分如表所示。

芋的化学成分（%）

测定项目	样品情况	鲜叶	地上部鲜样	鲜块茎
	干物质	8.20	16.70	23.70
占干物质	粗蛋白	25.00	22.30	3.40
	粗脂肪	10.70	7.40	0.70
	粗纤维	12.10	11.40	3.30
	无氮浸出物	39.80	44.90	89.40
	粗灰分	12.40	14.00	3.20
	钙	1.74	0.05	0.38
	磷	0.58	0.04	0.44

芋植株

第36章　雨久花科牧草

　　雨久花科（Pontederiaceae），多年生或一年生水生或沼生草本，直立或漂浮。具根状茎或匍匐茎，通常有分枝，海绵质和通气组织发达。叶通常2列，大多数具有叶鞘和明显的叶柄；叶片宽线形至披针形、卵形或宽心形，具平行脉，浮水、沉水或露出水面。有些种类叶柄充满通气组织，膨大呈葫芦状。花序为顶生总状、穗状或聚伞圆锥花序，生于佛焰苞状叶鞘的腋部；花两性，辐射对称或两侧对称；花被片6，排成2轮，花瓣状，蓝色、淡紫色、白色，分离或下部连合成筒，花后脱落或宿存；雄蕊多为6枚，2轮，稀为3枚或1枚，1枚雄蕊则位于内轮的近轴面，且伴有2枚退化雄蕊；花丝细长，分离，贴生于花被筒上；花药内向，底着或盾状，2室，纵裂或稀为顶孔开裂；花粉粒具2（3）核，1或2（3）沟；雌蕊由3心皮组成；子房上位，3室，中轴胎座，或1室具3个侧膜胎座；花柱1，细长；柱头头状或3裂；胚珠少数或多数，倒生，具厚珠心，或稀具1颗下垂胚珠。蒴果，室背开裂，或为小坚果。种子卵球形，具纵肋，胚乳含丰富淀粉粒，胚为线形直胚。

　　该科9属约39种，广布于热带和亚热带地区。我国有2属4种，常生长在沼泽、浅湖、河流、溪沟水域中。该科植物多为优质青饲料。

1. 水葫芦

Eichhornia crassipes (Mart.) Solms

形态特征 又名凤眼莲、凤眼蓝、水浮莲，为凤眼蓝属多年生浮生草本，高20～70 cm。须根发达，悬垂于水中。茎极短，具长葡匐枝，葡匐枝淡绿色或带紫色。叶基生，莲座状排列，宽卵形或菱形，长4.5～14.5 cm，宽5～14 cm，先端钝圆，基部浅心形、截形、圆形或宽楔形；叶柄中部膨大成囊状或纺锤形，内具气室，维管束散布其间；叶柄基部有鞘状苞片，长8～11 cm，黄绿色。花茎从叶柄基部的鞘状苞片腋内伸出，长34～46 cm，多棱；穗状花序长17～20 cm，通常具9～12朵花；花被裂片6，花瓣状，卵形、长圆形或倒卵形，紫蓝色，花被片基部合生成筒；雄蕊6，贴生于花被筒上，3长3短；花药箭形，基着，蓝灰色，2室，纵裂；子房上位，长梨形，3室，中轴胎座，胚珠多颗；花柱1，长约2 cm，伸出花被筒的部分具腺毛；柱头上密生腺毛。蒴果卵形。

地理分布 水葫芦原产于巴西，现美洲、非洲、亚洲各地均有分布。我国分布于大部分地区。常生于水塘、沟渠及稻田中。

饲用价值 水葫芦茎叶柔软多汁，营养丰富，容易消化，是畜禽喜食的优质饲料。水葫芦的化学成分如表所示。

水葫芦的化学成分（%）

测定项目	样品情况	鲜草	干草
	干物质	5.90	33.50
占干物质	粗蛋白	13.10	11.40
	粗脂肪	1.30	1.40
	粗纤维	18.20	24.50
	无氮浸出物	52.10	42.60
	粗灰分	15.30	20.10
	钙	2.16	2.02
	磷	0.41	0.23

水葫芦植株

2. 雨久花
Monochoria korsakowii Regel et Maack

形态特征 又名蓝花菜、水菠菜，为雨久花属多年生沼生或水生草本，根状茎粗壮，具柔软须根。茎直立，高30～80 cm，基部有时带紫红色。叶基生和茎生；基生叶宽卵状心形，长4～10 cm，宽3～8 cm，顶端急尖或渐尖，基部心形，具多数弧状脉；叶柄长达30 cm，有时膨大成囊状；茎生叶叶柄渐短，基部增大成鞘，抱茎。总状花序顶生，有时再聚成圆锥花序；花10余朵，具5～10 mm长的花梗；花被片椭圆形，长10～14 mm，顶端圆钝，蓝色；雄蕊6，其中1枚较大，花药长圆形，浅蓝色，其余各枚较小，花药黄色。蒴果长卵圆形，长10～12 mm。种子长圆形，长约1.5 mm，有纵棱。

地理分布 分布于朝鲜半岛和日本等地。我国分布于华南、华东、华中、华北及东北等地。常生于池塘、湖沼、靠岸的浅水处和稻田中。

饲用价值 雨久花的茎叶脆嫩多汁，猪、鹅、鸭、鸡最喜食，牛、羊亦采食。粗蛋白和无氮浸出物含量比较高，粗纤维含量较低，是一种优等的青绿饲料。雨久花的化学成分如表所示。

雨久花的化学成分（%）

测定项目	样品情况	花期绝干样
	干物质	100
占干物质	粗蛋白	28.52
	粗脂肪	2.51
	粗纤维	16.71
	无氮浸出物	35.60
	粗灰分	16.66
	钙	0.47
	磷	0.57

3. 鸭舌草

Monochoria vaginalis (N. L. Burman) C. Presl ex Kunth

形态特征 又名鸭嘴菜，为雨久花属多年生沼生或水生草本。根状茎极短。茎直立或斜上，高10～40 cm。叶基生和茎生；叶心状宽卵形、长卵形至披针形，长2～7 cm，宽0.8～5 cm，顶端短突尖或渐尖，基部圆形或浅心形，全缘，具弧状脉；叶柄长10～20 cm，基部扩大成开裂的鞘，鞘长2～4 cm，顶端有舌状体，长7～10 mm。总状花序从叶柄中部抽出，该叶柄扩大成鞘状；花序梗短，长1～1.5 cm，基部具1披针形苞片；花序在花期直立，果期下弯；花通常3～5朵，蓝色；花被片卵状披针形或长圆形，长10～15 mm；花梗长不及1 cm；雄蕊6，其中1枚较大，花药长圆形。蒴果卵形至长圆形，长约1 cm；种子多颗，椭圆形，长约1 mm，灰褐色，具8～12纵条纹。

地理分布 分布于印度、尼泊尔、马来西亚和菲律宾等地。我国分布于大部分地区。常生于沟旁、池塘浅水处或丢荒的水田中。

饲用价值 鸭舌草的茎叶脆嫩多汁，各种畜禽均喜食，是一种优良的青绿饲草。此外，其嫩茎叶可供蔬食。鸭舌草的化学成分如表所示。

鸭舌草的化学成分（%）

测定项目	样品情况	营养期全株	结实期全株
	干物质	5.00	5.70
占干物质	粗蛋白	16.68	16.45
	粗脂肪	1.60	3.27
	粗纤维	18.09	21.74
	无氮浸出物	46.23	43.84
	粗灰分	17.40	14.70
	钙	1.03	0.97
	磷	0.28	0.30

鸭舌草植株

第37章 鸭跖草科牧草

鸭跖草科（Commelinaceae），多年生或稀为一年生草本，常具有黏液细胞或黏液道。茎直立或匍匐。叶互生，具叶鞘。花序为蝎尾状聚伞花序，单生或集成圆锥花序，有的伸长而典型，有的缩短成头状，有的无花序梗而花簇生，甚至有的退化为单花。花两性，极少单性；萼片3，通常分离，常为舟状或龙骨状，有的顶端盔状。花瓣3，通常分离，或中部连合成筒而两端分离，蓝色或白色；雄蕊6枚，全育，或仅2~3枚能育；花药并行或稍叉开，纵缝开裂，罕见顶孔开裂；退化雄蕊顶端各式；子房上位，3室，或退化为2室，每室有1至数颗直生胚珠。果为蒴果，有时不裂而常呈浆果状。种子大而少数，富含胚乳，种脐条状或点状。

该科约40属600余种，主产于世界热带，少数种生于亚热带，仅个别种分布到温带。我国产13属50余种，主要分布于海南、广西、广东、福建、云南等地。

1. 鸭跖草
Commelina communis L.

形态特征　为鸭跖草属一年生披散草本。茎肉质，匍匐生根，多分枝，长30~60 cm。叶互生，卵状披针形，长4~8 cm，宽1~2 cm。总苞片佛焰苞状，具1.5~4 cm的柄，与叶对生，折叠状，展开后为心形，顶端短急尖，基部心形，长1.2~2.5 cm，边缘常有硬毛。聚伞花序，下面1枝仅有1花，具长8 mm的梗，不孕；上面1枝有3~4花；萼片膜质，长约5 mm，内面2枚常靠近或合生；花瓣深蓝色，内面2枚具爪，长近1 cm。蒴果椭圆形，长5~7 mm，2室，2片裂；种子4，长2~3 mm，棕黄色，一端平截、腹面平，有不规则窝孔。

地理分布　分布于朝鲜半岛、日本、东南亚等地。我国各地均有分布。常生于湿润地带。

饲用价值　鸭跖草全株肥嫩多汁，可作猪、牛饲料。鸭跖草的化学成分如表所示。

鸭跖草的化学成分（%）

测定项目	样品情况	营养期干草
	干物质	92.02
占干物质	粗蛋白	13.22
	粗脂肪	2.85
	粗纤维	18.87
	无氮浸出物	50.70
	粗灰分	14.36
	钙	—
	磷	—

鸭跖草植株

2. 饭包草
Commelina benghalensis L.

形态特征 又名竹叶菜，为鸭跖草属多年生披散草本。茎大多匍匐，节上生根，上部及分枝上部上升，长可达70 cm，被疏柔毛。叶片卵形，长3～7 cm，宽1.5～3.5 cm，顶端钝或急尖。总苞片漏斗状，与叶对生，常数个集于枝顶，下部边缘合生，长8～12 mm，顶端短急尖或钝，柄极短；花序下面1枝具细长梗，有1～3不孕花，伸出佛焰苞，上面1枝有数花，结实，不伸出佛焰苞；萼片膜质，披针形，长2 mm；花瓣蓝色，圆形，长3～5 mm；内面2枚具长爪。蒴果椭圆状，长4～6 mm，3室，腹面2室具2颗种子，开裂，后面1室仅有1颗种子，或无种子，不裂；种子长近2 mm，具不规则网纹，黑色。

地理分布 广泛分布于亚洲和非洲的热带、亚热带地区。我国分布于华南、西南、东南、华中等地。常生于海拔2000 m以下的湿地。

饲用价值 饭包草肥嫩多汁，可煮熟喂猪。饭包草的化学成分如表所示。

饭包草的化学成分（%）

测定项目	样品情况	营养期地上部
占干物质	干物质	6.20
	粗蛋白	17.97
	粗脂肪	2.49
	粗纤维	22.77
	无氮浸出物	46.65
	粗灰分	10.12
	钙	1.32
	磷	0.31

饭包草植株

3. 大苞鸭跖草

Commelina paludosa Bl.

形态特征 又名大鸭跖草，为鸭跖草属多年生粗壮草本。茎常直立，高可达1m，不分枝或有时上部分枝。叶无柄；叶披针形至卵状披针形，长7～20 cm，宽2～7 cm，顶端渐尖；叶鞘长1.8～3 cm。总苞片漏斗状，长约2 cm，宽1.5～2 cm，常数个在茎顶端集成头状，下缘合生，上缘急尖或短急尖；蝎尾状聚伞花序有花数朵，几不伸出，花序梗长约1.2 cm；花梗短，长约7 mm，折曲；萼片膜质，长3～6 mm，披针形；花瓣蓝色，匙形或倒卵状圆形，长5～8 mm，宽4 mm，内面2枚具爪。蒴果卵球状三棱形，3室，3爿裂，每室有1颗种子，长4 mm；种子椭圆状，黑褐色，腹面稍压扁，长约3.5 mm，具细网纹。

地理分布 分布于尼泊尔、印度至印度尼西亚等地。我国分布于华南、东南、西南等地。常生于林下及山谷溪边。

饲用价值 嫩茎叶煮熟可喂猪。大苞鸭跖草的化学成分如表所示。

大苞鸭跖草的化学成分（%）

测定项目		营养期嫩茎叶	开花期嫩茎叶
干物质		11.70	24.10
占干物质	粗蛋白	9.85	9.28
	粗脂肪	3.54	2.74
	粗纤维	19.59	19.79
	无氮浸出物	52.82	57.69
	粗灰分	14.20	10.50
钙		1.24	1.18
磷		0.33	0.38

大苞鸭跖草植株

4. 水竹叶

Murdannia triquetra
(Wall. ex C. B. Clarke) Brückner

形态特征 又名肉草，为水竹叶属多年生草本，具长而横走的根状茎。根状茎节间长约6 cm，节上具细长须状根。茎肉质，下部匍匐，节上生根，上部上升，通常多分枝，长达40 cm，节间长8 cm。叶无柄，竹叶形，平展或稍折叠，长2～6 cm，宽5～8 mm，顶端渐尖而头钝。花序通常仅有单朵花，顶生和腋生，花序梗长1～4 cm，顶生者梗长，腋生者梗短，花序梗中部具一条状的苞片，有时苞片腋中生1花；萼片绿色，狭长圆形，浅舟状，长4～6 mm，果期宿存；花瓣粉红色、紫红色或蓝紫色，倒卵圆形，稍长于萼片。蒴果卵圆状三棱形，长5～7 mm，径3～4 mm，两端钝或短急尖，每室有种子3，有时仅1～2；种子短柱状，红灰色。

地理分布 分布于印度至东南亚等地。我国分布于华南、东南、西南及黄河下游等地。常生于湿地田边。

饲用价值 水竹叶柔软多汁，略带甜味，牛、羊、猪、鹅均喜食，是一种优质的青饲料。水竹叶产量高，野生者常形成单一优势群落，一般鲜草产量约75 000 kg/hm^2，栽培条件下可达225 000～450 000 kg/hm^2。此外，其幼嫩茎叶可供蔬食。全草可入药，具清热解毒、利尿消肿之功效，亦可治蛇、虫咬伤等。水竹叶的化学成分如表所示。

水竹叶的化学成分（%）

测定项目	样品情况	鲜茎叶
	干物质	4.66
占干物质	粗蛋白	13.73
	粗脂肪	2.58
	粗纤维	19.53
	无氮浸出物	40.34
	粗灰分	23.82
	钙	—
	磷	—

水竹叶植株

第38章　胡椒科牧草

胡椒科（Piperaceae），草本、灌木或攀缘藤本，稀为乔木，常有香气。叶互生，少有对生或轮生，单叶，两侧常不对称，具掌状脉或羽状脉。花小，两性、单性雌雄异株或间有杂性，密集成穗状花序或由穗状花序再排成伞形花序，极稀呈总状花序排列，花序与叶对生或腋生，少有顶生；苞片小，通常盾状或杯状，少有勺状；花被无；雄蕊1~10枚，花丝通常离生，花药2室，分离或汇合，纵裂；雌蕊由2~5心皮组成，连合，子房上位，1室，有直生胚珠1颗，柱头1~5，无花柱，或花柱极短。浆果小，具薄、肉质或干燥的果皮；种子具少量的内胚乳和丰富的外胚乳。

该科8或9属3100余种，分布于世界热带和亚热带地区。我国有4属70余种。

1. 石蝉草
Peperomia blanda (Jacq.) Kunth

形态特征 为草胡椒属肉质草本，高10~45 cm。茎直立或基部匍匐，分枝，下部节上常生不定根。叶对生或3~4片轮生，具腺点，椭圆形、倒卵形或倒卵状菱形，下部的有时近圆形，长2~4 cm，宽1~2 cm，顶端圆或钝，基部渐狭或楔形，两面被短柔毛；叶脉5条，基出；叶柄长6~18 mm。穗状花序腋生和顶生，单生或2~3个丛生，长5~8 cm，径1.3~2 mm；总花梗被疏柔毛，长5~15 mm；花疏生；苞片圆形，盾状，具腺点，径约0.8 mm；雄蕊与苞片同着生于子房基部，花药长椭圆形，有短花丝；子房倒卵形，顶端钝，柱头顶生，被短柔毛。浆果球形，顶端稍尖，径0.5~0.7 mm。

地理分布 分布于印度至马来西亚等地。我国分布于东南至西南各地。常生于林谷、溪旁或湿润岩石上。

饲用价值 牛、羊采食，为良等饲用植物，可同其他青饲料一起煮熟后喂猪。

2. 草胡椒

Peperomia pellucida (L.) Kunth

形态特征 为草胡椒属一年生肉质草本，高20~40 cm。茎直立或基部偶平卧，下部节上常生不定根。叶互生，半透明，阔卵形或卵状三角形，长宽近等，1~3.5 cm，顶端短尖或钝，基部心形；叶脉5~7条，基出；叶柄长1~2 cm。穗状花序顶生、与叶对生，细弱，长2~6 cm；花疏生；苞片近圆形，径约0.5 mm，中央有细短柄，盾状；花药近圆形，有短花丝；子房椭圆形，柱头顶生，被短柔毛。浆果球形，顶端尖，径约0.5 mm。

地理分布 草胡椒原产于热带美洲，广布于世界热带、亚热带地区。我国分布于海南、广东、广西、福建、云南等地。常生于林下湿地。

饲用价值 牛、羊喜食，为良等牧草，可同其他青饲料一起煮熟后喂猪。

草胡椒植株

3. 假蒟
Piper sarmentosum Roxb.

形态特征 为胡椒属多年生匍匐草本。小枝近直立。叶近膜质，具细腺点，下部叶阔卵形或近圆形，长7～14 cm，宽6～13 cm，顶端短尖，基部心形或稀有截平，两侧近相等；叶脉7条，背面显著凸起；上部叶片小，卵形或卵状披针形，基部浅心形、圆、截平或稀有渐狭；叶柄长2～5 cm，匍匐茎的叶柄长可达7～10 cm；叶鞘长约为叶柄的1/2。花单性，雌雄异株，聚集成与叶对生的穗状花序。雄花序长1.5～2 cm，径2～3 mm；雄蕊2枚，花药近球形，2裂，花丝长为花药的2倍。雌花序长6～8 mm；柱头4，稀有3或5，被微柔毛。浆果近球形，具4角棱，径2.5～3 mm，基部嵌生于花序轴中并与其合生。

地理分布 分布于印度、越南、马来西亚、菲律宾、印度尼西亚、巴布亚新几内亚等地。我国分布于海南、广东、广西、福建、云南、贵州等地。常生于林下或村旁湿地上。

饲用价值 嫩茎叶煮熟可喂猪，也可蔬食和药用。假蒟的化学成分如表所示。

假蒟花序

测定项目	样品情况	营养期叶片
	干物质	16.80
占干物质	粗蛋白	20.43
	粗脂肪	2.96
	粗纤维	15.54
	无氮浸出物	46.19
	粗灰分	14.88
	钙	2.34
	磷	0.29

假蒟的化学成分（%）

假蒟植株

4. 蒌叶
Piper betle L.

形态特征 为胡椒属攀缘藤本。枝梢木质，直径2.5～5 mm，节上生根。叶背面及嫩叶脉上有密细腺点，阔卵形至卵状长圆形，上部的有时为椭圆形，长7～15 cm，宽5～11 cm，顶端渐尖，基部心形、浅心形；叶脉7条，最上1对通常对生，少有互生，离基0.7～2 cm从中脉发出，余者均基出，网状脉明显；叶柄长2～5 cm；叶鞘长约为叶柄的1/3。花单性，雌雄异株，聚集成与叶对生的穗状花序。雄花序开花时与叶片近等长；总花梗与叶柄近等长，花序轴被短柔毛；苞片圆形或近圆形，稀倒卵形，近无柄，盾状，径1～1.3 mm；雄蕊2，花药肾形，2裂，花丝粗，与花药等长或较长。雌花序长3～5 cm，于果期延长，直径约10 mm；花序轴密被毛；苞片与雄花序的相同；子房下部嵌生于肉质花序轴中并与其合生，顶端被绒毛；柱头通常4～5，披针形，长约0.6 mm。浆果顶端稍凸，有绒毛，下部与花序轴合生成一柱状、肉质、带红色的果穗。

地理分布 分布于印度、斯里兰卡、越南、马来西亚、印度尼西亚、菲律宾及马达加斯加等地。我国东起台湾，经东南至西南均有分布。

饲用价值 羊采食，属中等饲用植物。

蒌叶花序

蒌叶植株

第39章　落葵科牧草

落葵科（Basellaceae），缠绕草质藤本，全株无毛。单叶，互生，全缘，稍肉质，通常有叶柄；托叶无。花小，两性，稀单性，辐射对称，通常成穗状花序、总状花序或圆锥花序，稀单生；苞片3，早落；小苞片2，宿存；花被片5，离生或下部合生，通常白色或淡红色，宿存，覆瓦状排列；雄蕊5，与花被片对生，花丝着生于花被上；雌蕊由3心皮合生，子房上位，1室，胚珠1颗，弯生，花柱单一或分叉为3。胞果，干燥或肉质，通常被宿存的小苞片和花被包围，不开裂；种子球形，种皮膜质，胚乳丰富，围以螺旋状、半圆形或马蹄状胚。

该科约4属25种，主要分布于亚洲、非洲及拉丁美洲的热带地区。我国栽培2属3种。

1. 落葵
Basella alba L.

形态特征 又名木耳菜，为落葵属一年生缠绕草本。茎肉质，长达3～4 m。单叶互生，卵形或近圆形，长3～12 cm，宽3～11 cm，顶端渐尖，基部微心形或圆形，下延成柄，全缘；叶柄长1～3 cm，上有凹槽。穗状花序腋生，长3～15（～20）cm；小苞片2，长圆形，宿存；花被片淡红色或淡紫色，卵状长圆形，全缘，顶端钝圆，内折，下部白色，连合成筒；雄蕊着生于花被筒口，花丝短，基部扁宽，白色，花药淡黄色；柱头椭圆形。果实球形，径5～6 mm，红色至深红色或黑色，多汁液，外包宿存小苞片及花被。

地理分布 落葵原产于亚洲热带地区。我国南北各地多有种植，南方多逸为野生。

饲用价值 落葵茎叶肥嫩、多汁，适口性好，全株煮熟可喂猪，是猪的优质青饲料。此外，其叶含有多种维生素和钙、铁，可供蔬食，也可观赏。全草可供药用，具散热之功效。落葵的化学成分如表所示。

落葵的化学成分（%）

测定项目	样品情况	营养期地上部
	干物质	6.37
占干物质	粗蛋白	19.75
	粗脂肪	5.51
	粗纤维	17.88
	无氮浸出物	36.33
	粗灰分	20.53
	钙	1.64
	磷	0.48

落葵茎叶

落葵花序（果期）

第 40 章　三白草科牧草

三白草科（Saururaceae），多年生草本；茎直立或匍匐状，具明显的节。单叶，互生；托叶贴生于叶柄上。花两性，聚集成稠密的穗状花序或总状花序，苞片显著，无花被；雄蕊3、6或8枚，稀更少，离生或贴生于子房基部或完全上位，花药2室，纵裂；雌蕊由3～4心皮组成，离生或合生，如为离生心皮，则每心皮有胚珠2～4颗，如为合生心皮，则子房1室而具侧膜胎座，在每一胎座上有胚珠6～8颗或多数，花柱离生。果为分果爿或蒴果顶端开裂；种子有少量的内胚乳和丰富的外胚乳及小的胚。

该科有4属约7种，分布于亚洲东部和北美洲。我国有3属4种，主产于长江以南。

1. 蕺菜
Houttuynia cordata Thunb.

形态特征 为蕺菜属多年生草本。高30~60 cm；茎下部伏地，节上轮生小根，上部直立，无毛或节上被毛。叶薄纸质，具腺点，背面尤甚，卵形或阔卵形，长4~10 cm，宽2.5~6 cm，顶端短渐尖，基部心形，背面常呈紫红色；叶脉5~7条；叶柄长1~3.5 cm；托叶膜质，长1~2.5 cm，顶端钝，下部与叶柄合生而成长8~20 mm的鞘，基部扩大，略抱茎。花序长约2 cm，宽5~6 mm；总花梗长1.5~3 cm，无毛；总苞片长圆形或倒卵形，长10~15 mm，宽5~7 mm，顶端钝圆；雄蕊长于子房，花丝长约为花药的3倍。蒴果长2~3 mm，顶端有宿存的花柱。

地理分布 广布于亚洲东部和东南部。我国分布于华中、东南至西南。常生于沟边、溪边或林下湿地上。

饲用价值 蕺菜全株可作猪的青饲料，常煮熟后饲喂。此外，蕺菜的嫩芽及地下茎可供蔬食或药用，常被称作"鱼腥草"。蕺菜的化学成分如表所示。

蕺菜的化学成分（%）

测定项目	样品情况	开花期全草
	干物质	10.00
占干物质	粗蛋白	10.21
	粗脂肪	2.78
	粗纤维	20.86
	无氮浸出物	53.46
	粗灰分	12.69
	钙	0.95
	磷	0.32

蕺菜茎叶

蕺菜花序

2. 三白草

Saururus chinensis (Lour.) Baill.

形态特征 为三白草属湿生草本，高约1 m。茎粗壮，有纵长粗棱和沟槽，下部伏地，常带白色，上部直立，绿色。叶纸质，密生腺点，阔卵形至卵状披针形，长10～20 cm，宽5～10 cm，上部的叶较小，茎顶端的2～3片于花期常为白色，呈花瓣状；叶脉5～7；叶柄长1～3 cm，无毛，基部与托叶合生成鞘状，略抱茎。花序白色，长12～20 cm；总花梗长3～4.5 cm；苞片近匙形，上部圆，下部线形，被柔毛，且贴生于花梗上；雄蕊6，花药长圆形，纵裂，花丝比花药略长。果近球形，径约3 mm，表面多疣状凸起。

地理分布 分布于东南亚、日本等地。我国分布于长江以南、河北、山东、河南等地。常生于低湿沟边、塘边或溪旁。

饲用价值 茎叶可作猪的青饲料。此外，其嫩叶也可代茶饮用。

三白草植株

三白草花序

第41章 紫茉莉科牧草

紫茉莉科（Nyctaginaceae），草本、灌木或乔木。单叶对生，稀互生，全缘，具柄，无托叶。花两性，稀单性或杂性；单生、簇生或成聚伞花序、伞形花序；常具苞片或小苞片；花被单层，常为花冠状，圆筒形或漏斗状，有时钟形，下部合生成管，顶端5～10裂，在芽内镊合状或折扇状排列，宿存；雄蕊1至多数，通常3～5，花丝离生或基部连合，芽时内卷，花药2室，纵裂；子房上位，1室，胚珠1，花柱单一，柱头球形，不分裂或分裂。瘦果状掺花果包在宿存花被内，有棱或槽，有时具翅，常具腺；种子有胚乳，胚直生或弯生。

该科约30属300余种，分布于世界热带和亚热带地区，主产于热带美洲。我国有7属11种1变种，栽培利用者多以观赏为主。

1. 黄细心
Boerhavia diffusa L.

形态特征 又名沙参，为黄细心属多年生蔓性草本，长达2 m。叶片卵形，长1～5 cm，宽1～4 cm，顶端钝或急尖，基部圆形或楔形；叶柄长4～20 mm。头状聚伞圆锥花序顶生；花序梗纤细；花梗短或近无梗；苞片小，披针形；花被淡红色或亮紫色，长2.5～3 mm，花被筒上部钟形，长1.5～2 mm，薄而微透明，顶端皱褶，浅5裂，下部倒卵形，长1～1.2 mm，被疏柔毛及黏腺；雄蕊1～3，稀4或5，不外露或微外露，花丝细长；子房倒卵形，花柱细长，柱头浅帽状。果实棒状，长3～3.5 mm，具5棱，有黏腺和疏柔毛。

地理分布 分布于印度、澳大利亚、东南亚等地。我国分布于华南、东南和西南各地。常生于中低海拔的旷野、灌丛、园地和荒地中。

饲用价值 黄细心全株肥嫩多汁，为猪的优质青饲料。黄细心的化学成分如表所示。

黄细心的化学成分（%）

测定项目	样品情况	营养期嫩茎叶	开花期嫩茎叶
	干物质	12.80	13.90
占干物质	粗蛋白	22.83	19.30
	粗脂肪	2.97	1.43
	粗纤维	14.31	21.76
	无氮浸出物	41.76	41.03
	粗灰分	18.13	16.48
	钙	2.27	1.80
	磷	0.47	0.41

黄细心植株

黄细心花序

第42章 马齿苋科牧草

马齿苋科（Portulacaceae），一年生或多年生草本，稀半灌木。单叶，互生或对生，常肉质。花两性，腋生或顶生，单生或簇生，或成聚伞花序、总状花序、圆锥花序；萼片2，稀5，分离或基部连合；花瓣通常4~5，覆瓦状排列，分离或基部稍连合；雄蕊与花瓣同数或更多，对生，分离或成束或与花瓣贴生，花丝线形，花药2室，内向纵裂；雌蕊3~5心皮合生，子房1室，胚珠弯生，1至多颗，花柱线形，柱头2~5裂。蒴果近膜质，盖裂或2~3瓣裂，稀为坚果；种子肾形或球形，多数，稀2颗，种阜有或无，胚环绕粉质胚乳，胚乳大多丰富。

该科约19属580余种，广布于全世界，主产于南美洲。我国有2属7种。

1. 马齿苋
Portulaca oleracea L.

形态特征 为马齿苋属一年生草本。茎平卧或斜倚，伏地铺散，多分枝，长10～15 cm，淡绿色或带暗红色。叶互生，有时近对生，叶片扁平，肥厚，倒卵形，似马齿状，长1～3 cm，宽0.6～1.5 cm，顶端圆钝或平截，有时微凹，基部楔形，全缘；叶柄粗短。花无梗，径4～5 mm，常3～5朵簇生枝端；苞片2～6，叶状；萼片2，对生，长约4 mm；花瓣5，稀4，黄色，倒卵形，长3～5 mm，顶端微凹，基部合生；雄蕊通常8，或更多，长约12 mm，花药黄色；子房无毛，花柱比雄蕊稍长，柱头4～6裂，线形。蒴果卵球形，长约5 mm，盖裂；种子细小，多数，偏斜球形，黑褐色，具光泽。

地理分布 广布于世界热带、亚热带和温带地区。我国南北各地均产。常生于菜园、农田、路旁。

饲用价值 马齿苋茎叶肥厚，全株柔嫩多汁，适口性好，氨基酸及微量元素含量均较丰富，是猪的优质青饲料。此外，嫩茎叶可供蔬食。全草可供药用，具清热利湿、解毒消肿、消炎、止渴、利尿之功效。马齿苋的化学成分如表所示。

马齿苋的化学成分（%）

测定项目	样品情况	初花期全株
	干物质	4.94
占干物质	粗蛋白	22.47
	粗脂肪	4.78
	粗纤维	10.43
	无氮浸出物	38.01
	粗灰分	24.31
	钙	0.68
	磷	0.66

马齿苋植株

2. 土人参

Talinum paniculatum (Jacq.) Gaertn.

形态特征 为土人参属一年生或多年生草本，高0.3～1 m。茎直立，肉质，基部近木质，多少分枝。叶互生或近对生，具短柄或近无柄，叶片稍肉质，倒卵形或倒卵状长椭圆形，长5～10 cm，宽2.5～5 cm，顶端急尖，有时微凹，具短尖头，基部狭楔形，全缘。圆锥花序顶生或腋生，常二叉状分枝，具长花序梗；花小，径约6 mm；总苞片绿色或近红色，圆形，顶端圆钝，长3～4 mm；苞片2，膜质，披针形，顶端急尖，长约1 mm；花梗长5～10 mm；萼片卵形，紫红色，早落；花瓣粉红色或淡紫红色，长椭圆形、倒卵形或椭圆形，长6～12 mm，顶端圆钝，稀微凹；雄蕊（10～）15～20，较花瓣短；花柱线形，长约2 mm，基部具关节；柱头3裂；子房卵球形，长约2 mm。蒴果近球形，径约4 mm，3瓣裂，含多颗种子；种子扁圆形，径约1 mm，黑褐色或黑色，具光泽。

地理分布 土人参原产于热带美洲。我国华中和华南均有分布。常生于田边、路旁和阴湿地。

饲用价值 茎叶猪喜食，牛、羊少食，为优质青饲料。此外，其嫩茎叶可供蔬食。

土人参植株

土人参花

第43章 酢浆草科牧草

　　酢浆草科（Oxalidaceae），一年生或多年生草本，少灌木或乔木。指状或羽状复叶，基生或茎生；小叶在芽时或夜间背折而下垂；无托叶或托叶细小。花两性，辐射对称，单花或组成近伞形花序或伞房花序，少有总状花序或聚伞花序；萼片5，离生或基部合生，覆瓦状排列，少数为镊合状排列；花瓣5，有时基部合生，旋转排列；雄蕊10，2轮，5长5短，外轮与花瓣对生，花丝基部通常连合，有时5枚无花药，花药2室，纵裂；雌蕊由5枚合生心皮组成，子房上位，5室，每室有1至数颗胚珠，花柱5，离生，宿存，柱头通常头状。果为开裂的蒴果或为肉质浆果；种子通常具肉质、干燥时产生弹力的外种皮，或极少具假种皮，胚乳肉质。

　　该科约7属1000余种，分布于世界热带、亚热带和温带地区。我国有3属约13种，南北均产。

1. 酢浆草
Oxalis corniculata L.

形态特征 为酢浆草属草本，高10～35 cm，全株被柔毛。茎细弱，多分枝，直立或匍匐，匍匐茎节上生根。叶基生或茎上互生；托叶小，长圆形或卵形，基部与叶柄合生；叶柄长1～13 cm，基部具关节；小叶3，倒心形，长4～16 mm，宽4～22 mm，先端凹入，基部宽楔形。花单生或数朵集为伞形花序状，腋生，总花梗淡红色，与叶近等长；花梗长4～15 mm，果后延伸；小苞片2，披针形，长2.5～4 mm；萼片5，披针形或长圆状披针形，长3～5 mm，宿存；花瓣5，黄色，长圆状倒卵形，长6～8 mm，宽4～5 mm；雄蕊10，花丝白色半透明，基部合生，长、短互间，长者花药较大且早熟；子房长圆形，5室，被短伏毛，花柱5，柱头头状。蒴果长圆柱形，长1～2.5 cm，5棱；种子长卵形，长1～1.5 mm，褐色或红棕色，具横向肋状网纹。

地理分布 分布于世界热带、亚热带和温带地区。我国各地广布。常生于山坡草池、河谷沿岸、路边、田边、荒地或林下阴湿处。

饲用价值 牛、羊采食，兔喜食，煮熟后猪喜食。此外，其全草可入药，具清热利尿、消肿散淤之功效。酢浆草的化学成分如表所示。

酢浆草的化学成分（%）

测定项目	样品情况	开花期全草
	干物质	19.20
占干物质	粗蛋白	14.01
	粗脂肪	2.12
	粗纤维	18.35
	无氮浸出物	55.04
	粗灰分	10.48
	钙	1.18
	磷	0.49

酢浆草植株

第 43 章 酢浆草科牧草 | 477

酢浆草花、果

2. 红花酢浆草
Oxalis corymbosa Candolle

形态特征 为酢浆草属多年生直立草本，高达35 cm。地下部具球状鳞茎。叶基生；叶柄长5～30 cm或更长，被毛；小叶3，扁圆状倒心形，长1～4 cm，宽1.5～6 cm，顶端凹入，基部宽楔形；托叶长圆形，顶部狭尖，与叶柄基部合生。总花梗基生，二歧聚伞花序，通常排列成伞形花序式，总花梗长10～40 cm或更长；花梗、苞片、萼片均被毛；花梗长5～25 mm，每花梗有披针形干膜质苞片2枚；萼片5，披针形，长4～7 mm，先端有暗红色长圆形的小腺体2枚；花瓣5，倒心形，长1.5～2 cm，为萼长的2～4倍，淡紫色至紫红色，基部颜色较深；雄蕊10，长的5枚超出花柱，另5枚长至子房中部，花丝被长柔毛；子房5室，花柱5，被锈色长柔毛，柱头浅2裂。蒴果短条形，长1.7～2 cm。

地理分布 红花酢浆草原产于南美洲热带地区。我国分布于华南、华东、西南、华中大部分地区。常生于低海拔的山地、路旁、荒地或水田中。

饲用价值 牛、羊采食，煮熟后猪喜食。此外，其全草可入药，具治跌打损伤、止血之功效。红花酢浆草的化学成分如表所示。

红花酢浆草的化学成分（%）

测定项目	样品情况	开花期全株
	干物质	15.20
占干物质	粗蛋白	19.96
	粗脂肪	1.79
	粗纤维	15.61
	无氮浸出物	52.91
	粗灰分	9.73
	钙	1.43
	磷	0.33

红花酢浆草植株

第 43 章 酢浆草科牧草 | 479

红花酢浆草花

第44章　茜草科牧草

茜草科（Rubiaceae），乔木、灌木、草本，少藤本。叶对生或轮生。花序各式，均由聚伞花序复合而成，少单花或少花的聚伞花序；花两性、单性或杂性；萼通常4~5裂；花冠合瓣，管状、漏斗状、高脚碟状或辐状，通常4~5裂，裂片镊合状、覆瓦状或旋转状排列，常整齐，偶有二唇形；雄蕊与花冠裂片同数而互生，偶有2枚，花药2室；雌蕊通常由2心皮、少3或更多个心皮组成，合生，子房下位，罕上位或半下位，花柱顶生，柱头通常头状或分裂。浆果、蒴果或核果；种子裸露或嵌于果肉或肉质胎座中，种皮膜质或革质，表面平滑、蜂巢状或有小瘤状凸起，有时有翅或有附属物。

该科约600属近万种，广泛分布于世界热带和亚热带地区。我国有8属约676种，主要分布于华南、西南、华东等地，少数分布于西北和东北。

茜草科植物经济价值高，用途广，有些供食用，如小粒咖啡（*Coffea arabica*）、大粒咖啡（*C. liberica*）等；有些供药用，如金鸡纳树（*Cinchona calisaya*）和钩藤属（*Uncaria*）植物；有些用于染料，如茜草属（*Rubia*）的一些种。此外，一些灌草类可供饲用，如玉叶金花（*Mussaenda pubescens*）、阔叶丰花草（*Spermacoce alata*）等。

1. 玉叶金花
Mussaenda pubescens W. T. Ait.

形态特征　为玉叶金花属攀缘灌木。叶对生或轮生，卵状长圆形或卵状披针形，长5~8 cm，宽2~2.5 cm，下面密被短柔毛。聚伞花序顶生，花密；苞片线形；萼管陀螺形，萼裂片线形；花叶阔椭圆形，长2.5~5 cm，宽2~3.5 cm，具纵脉5~7条，柄长1~2.8 cm；花冠黄色，花冠裂片长圆状披针形。浆果近球形，长8~10 mm，径6~7.5 mm，干时黑色。

地理分布　分布于我国华南、东南、华中等地。常生于灌丛、溪谷和山坡。

饲用价值　牛、羊采食其嫩茎叶。此外，其茎叶可入药，具清热解暑、凉血解毒之功效。玉叶金花的化学成分如表所示。

玉叶金花的化学成分（%）

测定项目	样品情况	嫩茎叶
	干物质	25.90
占干物质	粗蛋白	23.52
	粗脂肪	2.74
	粗纤维	10.48
	无氮浸出物	55.36
	粗灰分	7.90
	钙	0.95
	磷	1.19

玉叶金花茎叶

2. 阔叶丰花草
Spermacoce alata Aubl.

形态特征 为丰花草属草本。茎粗壮、披散，四棱柱状。叶椭圆形或卵状长圆形，长2～7.5 cm，宽1～4 cm；叶柄长4～10 mm，扁平。花数朵丛生于托叶鞘内，无梗；萼管圆筒形，长约1 mm，被粗毛，萼檐4裂，裂片长2 mm；花冠漏斗形，浅紫色，少白色，长3～6 mm，顶部4裂，基部具1毛环。蒴果椭圆形，长约3 mm，径约2 mm；种子近椭圆形，两端钝，长约2 mm，径约1 mm，干后浅褐色或黑褐色。

地理分布 原产于南美洲。我国分布于华南一带。常生于旷野草地、荒地、园地和村旁。

饲用价值 羊、猪、鹅喜食其嫩茎叶。阔叶丰花草的化学成分如表所示。

测定项目	样品情况	嫩茎叶干样
干物质		90.53
占干物质	粗蛋白	13.24
	粗脂肪	3.12
	粗纤维	14.75
	无氮浸出物	56.76
	粗灰分	12.13
钙		—
磷		—

阔叶丰花草的化学成分（%）

阔叶丰花草植株

第45章　荨麻科牧草

荨麻科（Urticaceae），多草本、亚灌木或灌木，稀乔木或攀缘藤本，茎皮常富含较长的纤维；表皮钟乳体点状、杆状或条形。单叶互生或对生，常两侧不对称，通常有托叶。花极小，多单性，稀两性，花被单层，稀2层；花序雌雄同株或异株，同株时常为单性，稀具两性花而成杂性，花序由若干小的团伞花序集成聚伞状、圆锥状、总状、伞房状、穗状或头状。雄花花被片4~5，有时3或2，稀1，覆瓦状排列或镊合状排列；雄蕊与花被片同数，花药2室；雌花花被片5~9，稀2或缺，离生或多少合生，花后常增大，宿存；雌蕊由1心皮构成，子房1室，与花被离生或贴生，具雌蕊柄或无柄；花柱单一或无花柱，柱头头状、钻形、丝形、舌状或盾形；胚珠1，直立。果实为瘦果，有时为肉质核果状，常包被于宿存的花被内。种子具直生的胚；胚乳常为油质或缺；子叶肉质，卵形、椭圆形或圆形。

该科47属约1300种，分布于世界热带、亚热带和温带地区。我国产25属400余种（亚种、变种），分布于各地，尤以长江流域以南的亚热带和热带地区为多。该科许多种类，如苎麻（*Boehmeria nivea*）、苘麻（*Abutilon theophrasti*）、红火麻（*Girardinia diversifolia* subsp. *triloba*）的茎皮富含纤维，为重要的纤维植物；有些种类，如荨麻属（*Urtica*）、蝎子草属（*Girardinia*）、艾麻属（*Laportea*）、苎麻属（*Boehmeria*）的植物嫩枝叶为优良的饲料；一些种类可供蔬食、药用和观赏等。

1. 大叶苎麻
Boehmeria japonica (L. f.) Miq.

形态特征 又名野线麻，为苎麻属亚灌木，高0.6~1.5 m。叶对生；叶片近圆形、圆卵形或卵形，长7~17（~26）cm，宽5.5~13（~20）cm，顶端骤尖，基部宽楔形或截形，侧脉1~2对；叶柄长达6（~8）cm。穗状花序单生叶腋，雌雄异株，雄花序长约3 cm；雄花花被片4，椭圆形，长约1 mm，基部合生，外面被短糙伏毛；雄蕊4枚，花药长约0.5 mm。雌花序长7~20（~30）cm；雌花花被片倒卵状纺锤形，长1~1.2 mm，果期呈菱状倒卵形，长约2 mm；柱头长1.2~1.5 mm。瘦果倒卵球形，长约1 mm，光滑。

地理分布 多分布于我国黄河流域以南。常生于丘陵、田边、溪边或低山灌丛和疏林中。

饲用价值 大叶苎麻叶量大，茎叶柔软。嫩叶切碎或打浆后猪、禽喜食，牛、羊采食其嫩叶，其也可晒制干草或调制青贮料。此外，叶供药用，具清热解毒之功效。

大叶苎麻植株

2. 苎麻

Boehmeria nivea (L.) Gaudichaud-Beaupré

形态特征 为苎麻属亚灌木或灌木，高0.5~2 m。叶互生；叶片卵圆形或宽卵形，少卵形，长6~15 cm，宽4~11 cm，顶端骤尖，基部近截形或宽楔形，侧脉约3对；叶柄长2.5~9.5 cm；托叶钻状披针形，长7~11 mm。圆锥花序腋生，上部者雌性，下部者雄性，或同一植株的全为雌性，长2~9 cm。雄花花被片4，狭椭圆形，长约1.5 mm，合生至中部，顶端急尖；雄蕊4枚，长约2 mm，花药长约0.6 mm。雌花花被片椭圆形，长0.6~1 mm，顶端具2~3小齿，果期菱状倒披针形，长0.8~1.2 mm；柱头丝形，长0.5~0.6 mm。瘦果近球形，长约0.6 mm，光滑，基部突缩成细柄。

地理分布 苎麻原产于中国，越南、老挝等地亦有分布。我国主要分布于华中、华东、西南、华南等。常生于山谷林边或草坡。

饲用价值 嫩枝叶牛、羊采食，切碎后猪喜食。苎麻营养丰富，氨基酸、微量元素、维生素、可消化蛋白质含量及能量均较高，可青饲，也可晒干后加工成草粉用于调制配合饲料。苎麻的化学成分如表所示。

苎麻的化学成分（%）

测定项目	样品情况	嫩茎叶干样
	干物质	87.00
占干物质	粗蛋白	23.00
	粗脂肪	3.50
	粗纤维	16.00
	无氮浸出物	47.50
	粗灰分	10.00
	钙	3.00
	磷	0.70

苎麻植株

3. 糯米团

Gonostegia hirta (Bl. ex Hassk.) Miq.

形态特征 为糯米团属多年生草本。茎蔓生，长50～100（～160）cm，基部粗1～2.5 mm。叶对生；叶片宽披针形至狭披针形、狭卵形，长（1～）3～10 cm，宽（0.7～）1.2～2.8 cm，顶端渐尖，基部浅心形或圆形；叶柄长1～4 mm。团伞花序腋生，通常两性，径2～9 mm；苞片三角形，长约2 mm。雄花花梗长1～4 mm；花蕾直径约2 mm；花被片5；雄蕊5，花丝条形，长2～2.5 mm，花药长约1 mm；退化雌蕊极小，圆锥状。雌花花被片菱状狭卵形，长约1 mm；柱头长约3 mm。瘦果卵球形，长约1.5 mm，白色或黑色，具光泽。

地理分布 分布于亚洲、大洋洲的热带和亚热带地区。我国分布于华南、华东、华中大部及西南部分地区。常生于丘陵、低山疏林、灌丛和沟边草地中。

饲用价值 糯米团草质柔嫩，牛、羊采食，多煮熟喂猪。糯米团的化学成分如表所示。

测定项目	样品情况	开花期鲜嫩茎叶
	干物质	16.00
占干物质	粗蛋白	15.11
	粗脂肪	2.17
	粗纤维	24.26
	无氮浸出物	48.78
	粗灰分	9.68
	钙	1.28
	磷	0.27

糯米团植株

糯米团花序

第46章　藜科牧草

藜科（Chenopodiaceae），多为一年生草本，少数为半灌木或灌木，稀为小乔木。单叶，互生或对生，扁平或柱状，较少退化为鳞片状，有柄或无柄，无托叶。花单被，两性，较少为杂性或单性，如为单性时，雌雄同株，极少雌雄异株；花被3（1～2）～5深裂或全裂，花被片覆瓦状，很少排列成2轮，果时常常增大，变硬，或在背面生出翅状、刺状、疣状附属物，较少无显著变化；雄蕊与花被片同数或较少，对生，着生于花被基部或花盘上，花丝钻形或条形，离生或基部合生，花药背着，2室，外向纵裂或侧面纵裂；花盘有或无；子房卵形至球形，由2～5个心皮合成，离生，极少基部与花被合生；花柱顶生，通常极短；柱头通常2，少3～5，丝形或钻形，少近头状；胚珠1，弯生。多胞果，少盖果，果皮膜质、革质或肉质。种子直立、横生或斜生，扁平圆形、双凸镜形、肾形或斜卵形。

该科100余属1400余种，主要分布于非洲南部、中亚、南美洲、北美洲及大洋洲的干草原、荒漠、盐碱地，以及地中海、黑海、红海沿岸。我国有39属约200种，分布于全国各地，尤以西北、华北、东北丰富。

该科植物种类多，用途广，其中广为栽培的有菠菜（*Spinacia oleracea*）和甜菜（*Beta vulgaris*）。藜科植物少生长在山林中，在其他植物难以生存的海边、荒漠、盐碱地等环境中则较常见。藜科植物大多具喜盐碱的特性，能从盐碱土中吸收水分；另外，其体内贮水组织发达，根扎得深，叶片缩小，甚至完全消失，或变为肉质，因此抗旱能力极强。

1. 藜
Chenopodium album L.

形态特征 为藜属一年生草本，高30～150 cm。茎直立，粗壮，具棱及绿色或紫红色色条，多分枝；枝条斜升或开展。叶片菱状卵形至宽披针形，长3～6 cm，宽2.5～5 cm，先端急尖或微钝，基部楔形至宽楔形，腹面通常无粉，背面多少有粉，边缘具不整齐锯齿；叶柄与叶片近等长，或为叶片的1/2。花两性，花簇于枝上部排列成穗状或圆锥状花序；花被片5，宽卵形至椭圆形，背面具纵隆脊，有粉；雄蕊5，花药伸出花被，柱头2。果皮与种子贴生；种子横生，双凸镜状，径1.2～1.5 mm，边缘钝，黑色，具光泽，表面具浅沟纹，胚环形。

地理分布 分布于世界热带、亚热带和温带地区。我国各地均产。常生于路旁、荒地及田间。

饲用价值 藜鲜嫩柔软，营养丰富，无特殊气味，鲜草猪极喜食，鲜草、干草牛、羊均喜食，为中等牧草。此外，其嫩茎叶可蔬食。

藜植株

2. 小藜
Chenopodium ficifolium Smith

形态特征 为藜属一年生草本，高20～50 cm。茎直立，多分枝。叶卵状矩圆形，长2.5～5 cm，宽1～3.5 cm，通常三浅裂；中裂片两边近平行，先端钝或急尖并具短尖头，边缘具深波状锯齿；侧裂片位于中部以下，通常各具2浅裂齿。花两性，数个团集，排列于上部的枝上形成较开展的顶生圆锥状花序；花被近球形，5深裂，裂片宽卵形；雄蕊5，开花时外伸；柱头2。胞果包于花被内，果皮与种子贴生；种子双凸镜状，黑色，具光泽，径约1 mm，边缘微钝，胚环形。

地理分布 分布于亚洲、欧洲、美洲等地。我国各地广泛分布。常生于荒地、道旁。

饲用价值 小藜鲜嫩柔软，无特殊气味，生长期长，营养丰富，鲜草猪极喜食，鲜草、干草牛、羊均喜食，为中等牧草。果实成熟后，植株木质化程度增大，种子及叶片部分脱落，适口性降低。小藜的化学成分如表所示。

小藜的化学成分（%）

测定项目	样品情况	营养期鲜叶
	干物质	14.50
占干物质	粗蛋白	17.71
	粗脂肪	2.93
	粗纤维	13.07
	无氮浸出物	48.15
	粗灰分	18.14
	钙	2.08
	磷	0.37

小藜植株

3. 厚皮菜

Beta vulgaris var. *cicla* L.

形态特征 又名叶用甜菜、莙荙菜，为甜菜属一年生或二年生草本，株高0.3～1 m。叶互生，具长叶柄；基生叶卵形或矩圆状卵形，长30～40 cm，先端钝，基部楔形或心形，边缘波浪形，茎生叶菱形、卵形、倒卵形或矩圆形，较小，最顶端的变为线形的苞片。花小，两性，黄绿色，无柄，单生或2～3朵聚生为一长而柔弱、开展的圆锥花序；苞片狭，短尖；花被5裂，裂片矩圆形，先端钝，果时变为革质并向内拱曲；雄蕊5；子房半下位，花柱2～3。胞果下部陷于硬化的花被内，上部稍肉质；种子横生，圆形或肾形。

地理分布 厚皮菜原产于欧洲南部。我国长江流域以南多有栽培。

饲用价值 厚皮菜水分含量较高，质地柔软，适口性好，各种畜禽均喜食，但叶含较多草酸，不宜饲喂过量，以免影响钙质的吸收。此外，其叶可蔬食。厚皮菜的化学成分如表所示。

厚皮菜的化学成分（%）

测定项目	样品情况	营养期鲜叶
	干物质	7.02
占干物质	粗蛋白	16.66
	粗脂肪	2.43
	粗纤维	12.31
	无氮浸出物	54.36
	粗灰分	14.24
	钙	1.21
	磷	0.27

第47章　苋科牧草

苋科（Amaranthaceae），多为一年生或多年生草本，少攀缘藤本或灌木。叶互生或对生，全缘，少数具微齿，无托叶。花小，两性，稀单性或杂性，花簇生在叶腋内，成疏散或密集的穗状花序、头状花序、总状花序或圆锥花序；苞片1；小苞片2；花被片3～5，覆瓦状排列，常和果实同脱落，少有宿存；雄蕊常和花被片等数且对生，花丝分离，或基部合生成杯状或管状，花药2室或1室；有或无退化雄蕊；子房上位，1室，胚珠1颗或多数，花柱1～3，宿存，柱头头状或2～3裂。果为胞果或小坚果，少数为浆果，果皮薄膜质，不裂、不规则开裂或顶端盖裂；种子1颗或多颗，凸镜状或近肾形，光滑或有小疣点，胚环状，胚乳粉质。

该科约60属850余种，从热带至寒温带均有分布，尤以热带、亚热带地区为多。我国产13属约39种。

1. 喜旱莲子草

Alternanthera philoxeroides (C. Mart.) Griseb.

形态特征 又名水花生、水苋菜，为莲子草属多年生草本。茎基部匍匐，上部上升，管状，不明显4棱，长0.55~1.2 m，具分枝。叶对生，矩圆形、矩圆状倒卵形或倒卵状披针形，长3~6 cm，宽1~3 cm，顶端急尖或圆钝，基部渐狭，全缘；叶柄长3~10 mm。花密生成头状花序，花序单生于叶腋，径8~15 mm；花白色，两性，花被片5，内生雄蕊10，雌蕊1。蒴果卵圆形；种子细小扁平。

地理分布 喜旱莲子草原产于巴西。我国长江流域及以南地区均有分布。常生于池沼、水沟、湿地上。

饲用价值 喜旱莲子草多用来喂猪、羊、牛和鱼，可青饲，也可制成青贮料。喜旱莲子草的化学成分如表所示。

喜旱莲子草的化学成分（%）

测定项目	样品情况	初花期鲜草
	干物质	9.20
占干物质	粗蛋白	30.40
	粗脂肪	3.26
	粗纤维	16.30
	无氮浸出物	40.26
	粗灰分	9.78
	钙	0.08
	磷	0.03

喜旱莲子草群体

喜旱莲子草花序

2. 莲子草

Alternanthera sessilis (L.) R. Brown ex Candolle

形态特征 为莲子草属多年生草本，高10～50 cm。茎上升或匍匐，多分枝，具条纹及纵沟。叶对生，条状披针形、矩圆形、倒卵形、卵状矩圆形，长1～8 cm，宽2～20 mm，顶端急尖、圆形或圆钝，基部渐狭，全缘或有不明显锯齿；叶柄长1～4 mm。头状花序1～4，腋生，无总花梗，初为球形，后渐为圆柱形，径3～6 mm；花密生；苞片、小苞片及花被白色；雄蕊3；花柱极短，柱头短裂。胞果倒心形，长2～2.5 mm，侧扁，翅状，深棕色，包在宿存花被片内；种子卵球形。

地理分布 分布于印度、缅甸、越南、马来西亚、菲律宾等地。我国分布于华中、华东、华南、西南等地。常生于草坡、水沟、田边、沼泽、海边潮湿处。

饲用价值 莲子草为优质青饲料，可鲜喂猪、羊、鸡、鸭、鹅，也可切碎或打浆后拌精料饲喂。莲子草的化学成分如表所示。

莲子草的化学成分（%）

测定项目	样品情况	开花期鲜草
	干物质	12.80
占干物质	粗蛋白	26.23
	粗脂肪	3.32
	粗纤维	8.97
	无氮浸出物	44.85
	粗灰分	16.63
	钙	2.50
	磷	0.16

莲子草植株

3. 凹头苋

Amaranthus blitum L.

形态特征　为苋属一年生草本，高10～30 cm。茎伏卧而上升，自基部分枝，淡绿色或紫红色。单叶互生，无托叶，叶片卵形或菱状卵形，长1.5～5.5 cm，宽1～3.5 cm，顶端凹缺，有1芒尖，基部宽楔形，全缘或稍呈波状；叶柄长1～3.5 cm。穗状花序或圆锥花序生于枝端；花单性或两性；苞片及小苞片矩圆形；花被片3，宿存，矩圆形或披针形，长1～1.5 mm；柱头3或2，果熟时脱落。胞果扁卵形，长3 mm，不裂，微皱缩而近平滑，超出宿存花被片；种子环形，黑色至黑褐色。

地理分布　凹头苋原产于非洲热带地区，广布于热带、亚热带和温带地区。我国除降水稀少的干旱区和半干旱区外，大部分地区均广泛分布。

饲用价值　凹头苋多分枝，茎秆细弱，纤维素含量低；叶片柔软，多种畜禽喜食。初花期茎、叶鲜重比约为1∶0.76，茎、叶干重比约为1∶0.82，为优质牧草。凹头苋的化学成分如表所示。

凹头苋的化学成分（%）

测定项目	样品情况	初花期干样
占干物质	干物质	85.05
	粗蛋白	29.85
	粗脂肪	4.45
	粗纤维	35.60
	无氮浸出物	19.93
	粗灰分	10.17
	钙	1.44
	磷	0.31

凹头苋植株

凹头苋花序

4. 籽粒苋

Amaranthus hypochondriacus L.

形态特征 为苋属一年生草本，高20～80 cm。叶片菱状卵形或矩圆状披针形，长3～10 cm，宽1.5～3.5 cm，顶端急尖或短渐尖，具凸尖，基部楔形；叶柄长3～7.5 cm。圆锥花序顶生，直立，圆柱形，长达25 cm，径1～2.5 cm，由多数穗状花序形成，穗状花序长可达6 cm，侧生穗较短，花簇在花序上排列极密；苞片及小苞片卵状钻形，长4～5 mm，为花被片长的2倍，背部中脉隆起成长凸尖；花被片矩圆形，长2～2.5 mm，顶端急尖或渐尖，有1深色中脉，成长凸尖；柱头2～3。胞果近菱状卵形，长3～4 mm，环状横裂，绿色，上部带紫色，超出宿存花被；种子近球形，径约1 mm，白色，边缘锐。

地理分布 籽粒苋原产于热带中美洲和南美洲，广泛分布于世界热带、亚热带和温带地区。我国各地均有分布。

饲用价值 籽粒苋叶片柔软，各种家畜均喜食，是一种优良的多汁青饲料，营养价值丰富，整株的粗蛋白、粗脂肪、赖氨酸和维生素的含量均较高，苗期叶中蛋白质含量达21.8%，成熟期叶中蛋白质含量仍可达18.8%；籽粒粗蛋白、粗脂肪、维生素、氨基酸和矿物质的含量更为丰富，高于水稻、小麦和玉米等籽粒中的含量。籽粒苋的化学成分如表所示。

籽粒苋的化学成分（%）

测定项目	样品情况	现蕾期叶绝干样
占干物质	干物质	100
	粗蛋白	28.31
	粗脂肪	4.21
	粗纤维	7.75
	无氮浸出物	50.47
	粗灰分	9.26
	钙	—
	磷	—

籽粒苋植株

籽粒苋花序

5. 刺苋

Amaranthus spinosus L.

形态特征 为苋属一年生草本，高0.3～1 m。茎直立，多分枝，有纵条纹。叶片菱状卵形或卵状披针形，长3～12 cm，宽1～5.5 cm，顶端圆钝，基部楔形，全缘；叶柄长1～8 cm，其旁具2刺，刺长5～10 mm。圆锥花序腋生及顶生，长3～25 cm；苞片在腋生花穗及顶生花穗的基部者变成尖锐直刺，长5～15 mm；小苞片狭披针形，长约1.5 mm；花被片绿色，顶端急尖，具凸尖；雄蕊花丝与花被片近等长或较短；柱头3，有时2。胞果矩圆形，包裹在宿存花被片内，长1～1.2 mm，在中部以下不规则横裂；种子近球形，径约1 mm，黑色或带棕黑色。

地理分布 广泛分布于世界热带、亚热带和温带地区。我国南北均有分布。常生于旷地或园圃。

饲用价值 刺苋开花结实前，叶片柔软，但由于茎枝多刺，影响适口性。抽穗前，牛、羊喜食其嫩枝，切碎或打浆后，猪、鹅、鸭均喜食。此外，其嫩茎叶可供蔬食；全草可供药用，具清热解毒、消肿之功效。刺苋的化学成分如表所示。

刺苋花序

刺苋的化学成分（%）

测定项目	样品情况	现蕾期鲜样
	干物质	17.00
占干物质	粗蛋白	21.76
	粗脂肪	4.12
	粗纤维	22.94
	无氮浸出物	34.10
	粗灰分	17.08
	钙	0.31
	磷	0.03

刺苋植株

6. 青葙
Celosia argentea L.

形态特征 为青葙属一年生直立草本，高0.3～1 m。叶片矩圆披针形、披针形或披针状条形，长5～8 cm，宽1～3 cm，顶端具小芒尖，基部渐狭；叶柄长2～15 mm，或无叶柄。花多数，密生，在茎或枝端成单一、无分枝的圆柱状穗状花序，长3～10 cm；苞片及小苞片披针形，长3～4 mm，顶端渐尖，延长成细芒；花被片矩圆状披针形，长6～10 mm，初为白色，顶端带红色，或全部粉红色，后成白色，顶端渐尖，具1中脉；花丝长5～6 mm，花药紫色；子房具短柄，花柱紫色，长3～5 mm。胞果卵形，包裹在宿存花被片内，长3～3.5 mm；种子凸镜状肾形，径约1.5 mm。

地理分布 广布于世界热带、亚热带和温带地区，尤以热带地区为多。我国南北均有分布。常生于平原、田边、丘陵、山坡。

饲用价值 青葙开花前叶量大，茎叶肥嫩多汁，营养丰富，牛、羊、兔喜食，煮熟后猪喜食。粗蛋白含量高，粗纤维较少，为优质青饲料。此外，其嫩芽可供蔬食。青葙的化学成分如表所示。

青葙的化学成分（%）

测定项目	样品情况	营养期鲜草
占干物质	干物质	14.78
	粗蛋白	20.06
	粗脂肪	2.67
	粗纤维	17.05
	无氮浸出物	43.53
	粗灰分	16.69
	钙	1.03
	磷	0.89

青葙植株

青葙花序

7. 土牛膝

Achyranthes aspera L.

形态特征 为牛膝属多年生草本，高0.3～1.0 m。根细长，土黄色；茎四棱形，具柔毛，分枝对生。叶片纸质，宽卵状倒卵形或椭圆状矩圆形，长1.5～7 cm，宽0.4～4 cm；叶柄长5～15 mm，密生柔毛或近无毛。穗状花序顶生，直立，长10～30 cm，花期后反折；总花梗具棱角，粗壮，坚硬，密生白色柔毛；花长3～4 mm，疏生；苞片披针形，长3～4 mm；小苞片刺状，长2.5～4.5 mm；花被片披针形，长3.5～5 mm；雄蕊长2.5～3.5 mm；退化雄蕊顶端截状或细圆齿状。胞果卵形，长2.5～3 mm；种子卵形，长约2 mm，棕色。

地理分布 分布于印度、越南、菲律宾、马来西亚等地。我国分布于海南、广东、广西、福建、台湾、云南、贵州、四川、湖南、江西等地。常生于山坡疏林或村旁旷地。

饲用价值 牛、羊采食其叶片。可放牧利用，也可切碎煮熟后喂猪。此外，土牛膝根可入药，具清热、解毒、利尿等功效。土牛膝的化学成分如表所示。

土牛膝的化学成分（%）

测定项目	样品情况	营养期鲜样
	干物质	20.80
占干物质	粗蛋白	16.82
	粗脂肪	2.33
	粗纤维	20.99
	无氮浸出物	49.10
	粗灰分	10.76
	钙	2.91
	磷	0.27

土牛膝植株（花期）

第48章　旋花科牧草

旋花科（Convolvulaceae），草本、亚灌木或灌木，偶为乔木。常有乳汁。茎缠绕或攀缘，有时平卧或匍匐，偶有直立。叶互生，螺旋排列，通常为单叶，全缘，或不同深度的掌状或羽状分裂至全裂。花单生于叶腋，或少至多花组成腋生聚伞花序，有时呈总状、圆锥状、伞形或头状，少为二歧蝎尾状聚伞花序。花整齐，两性，5数；花萼分离，覆瓦状排列，外萼片常比内萼片大，宿存。花冠合瓣，漏斗状、钟状、高脚碟状或坛状，冠檐近全缘或5裂，极少每裂片又具2小裂片，蕾期旋转折扇状或镊合状。雄蕊与花冠裂片等数互生，着生花冠管基部或中部稍下，花丝丝状，有时基部稍扩大；花药2室。花盘环状或杯状。子房上位，由2（稀3～5）心皮组成，1～2室，或因有发育的假隔膜而为4室，稀3室，心皮合生，极少深2裂；每室有2颗直立倒生无柄胚珠，子房4室时每室1颗胚珠；花柱1～2；柱头各式。通常为蒴果，室背开裂、周裂、盖裂或不规则破裂，稀为不开裂的浆果或果皮干燥坚硬呈坚果状。种子和胚珠同数，或由于不育而减少，通常呈三棱形，种皮光滑或有各式毛；胚乳小，肉质至软骨质；胚大。

该科约56属1800余种，主产于美洲和亚洲的热带、亚热带地区，广泛分布于世界热带、亚热带和温带地区。我国有22属约125种，南北各地均有分布，尤以华南、西南为多。

1. 番薯
Ipomoea batatas (L.) Lam.

形态特征 又名甘薯、红薯、地瓜，为番薯属一年生草本，具块根，块根圆形、椭圆形或纺锤形。茎平卧或上升，偶有缠绕，多分枝，茎节易生不定根。叶片通常为宽卵形，长4～13 cm，宽3～13 cm，全缘或3～5（～7）裂，裂片宽卵形、三角状卵形或线状披针形，叶片基部心形或近于平截，顶端渐尖；叶柄长2.5～20 cm。聚伞花序腋生，1～7朵花聚集成伞形，花序梗长2～10.5 cm；花梗长2～10 mm；萼片长圆形或椭圆形，外萼片长7～10 mm，内萼片长8～11 mm，顶端骤然成芒尖状；花冠粉红色、白色、淡紫色或紫色，钟状或漏斗状，长3～4 cm；雄蕊及花柱内藏，花丝基部被毛；子房2～4室。蒴果卵形或扁圆形，有假隔膜分为4室；种子1～4，通常2。

地理分布 番薯原产于南美洲，世界热带、亚热带地区广泛栽培。我国大部分地区有栽培。

生物学特性 番薯性喜温，不耐寒。适宜栽培于夏季平均气温22℃以上、年平均温度10℃以上、全生育期有效积温3000℃以上、无霜期不短于120天的地区。

饲用价值 番薯茎叶柔嫩多汁，适口性好，营养价值高，是猪、牛、羊的优良粗饲料。薯块富含淀粉，是优良的能量饲料，加工后的副产品如粉渣、酒糟等均可作饲料。番薯的化学成分如表所示。

番薯的化学成分（%）

测定项目	样品情况	嫩茎叶	茎蔓	块根	粉渣
干物质		9.80	11.50	31.20	10.50
占干物质	粗蛋白	25.09	12.17	5.77	12.38
	粗脂肪	4.73	3.84	1.92	0.95
	粗纤维	14.60	28.70	4.17	13.33
	无氮浸出物	40.33	43.12	84.61	71.43
	粗灰分	15.25	12.17	3.53	1.91
	钙	2.39	—	—	—
	磷	0.42	—	—	—

番薯茎叶

2. 蕹菜
Ipomoea aquatica Forssk.

形态特征 又名空心菜，为番薯属一年生草本，蔓生或漂浮于水，具节，节间中空，节上生根。叶片卵形、长卵形、长卵状披针形或披针形，长3.5~17 cm，宽0.9~8.5 cm，顶端锐尖或渐尖，具小短尖头，基部心形、戟形或箭形，偶尔截形，全缘或波状；叶柄长3~14 cm。聚伞花序腋生，花序梗长1.5~9 cm，具1~3（~5）朵花；苞片小鳞片状，长1.5~2 mm；花梗长1.5~5 cm；萼片近等长，卵形，长7~8 mm，顶端钝，具小短尖头；花冠白色、淡红色或紫红色，漏斗状，长3.5~5 cm；雄蕊不等长，花丝基部被毛；子房圆锥状。蒴果卵球形至球形，径约1 cm。

地理分布 蕹菜原产于我国，现遍及热带亚洲、非洲和大洋洲等地。我国南方各地广泛栽培。

饲用价值 蕹菜适口性好，各种家畜均喜食，尤适于用作猪、鸡的青饲料，可直接投喂，也可切碎、打浆拌入精料饲喂。此外，蕹菜为南方重要的蔬菜。蕹菜的化学成分如表所示。

蕹菜的化学成分（%）

测定项目	样品情况	地上部鲜样
	干物质	11.71
占干物质	粗蛋白	15.80
	粗脂肪	5.12
	粗纤维	10.25
	无氮浸出物	43.55
	粗灰分	25.28
	钙	—
	磷	—

蕹菜群体

3. 五爪金龙
Ipomoea cairica (L.) Sweet

形态特征 为番薯属多年生缠绕草本。茎细长。叶掌状5深裂或全裂，裂片卵状披针形、卵形或椭圆形，中裂片较大，长4~5 cm，宽2~2.5 cm，两侧裂片稍小，顶端渐尖或稍钝，具小短尖头，基部楔形渐狭；叶柄长2~8 cm，基部具小的掌状5裂的假托叶。聚伞花序腋生，花序梗长2~8 cm，花1~3，偶有3朵以上；花梗长0.5~2 cm，有时具小疣状突起；萼片稍不等长，外方2片较短，卵形，长5~6 mm，内萼片稍宽，长7~9 mm；花冠紫红色、紫色或淡红色，偶有白色，漏斗状，长5~7 cm；雄蕊不等长，花丝基部稍扩大下延贴生于花冠管基部以上；子房无毛，花柱纤细，长于雄蕊，柱头二球形。蒴果近球形，高约1 cm，2室，4瓣裂；种子黑色，长约5 mm，边缘被褐色柔毛。

地理分布 五爪金龙原产于热带亚洲或非洲，世界热带、亚热带地区广泛分布。我国分布于海南、广东、广西、福建、台湾、云南等地。常生于低海拔的平地、山地、路边和灌丛中。

饲用价值 叶牛、羊采食，亦可煮熟后喂猪。五爪金龙的化学成分如表所示。

五爪金龙的化学成分（%）

测定项目	样品情况	茎叶干样
	干物质	91.67
占干物质	粗蛋白	16.13
	粗脂肪	2.73
	粗纤维	16.53
	无氮浸出物	50.84
	粗灰分	13.77
	钙	—
	磷	—

五爪金龙植株

4. 厚藤
Ipomoea pes-caprae (L.) R. Brown

形态特征 为番薯属多年生草本。茎平卧，有时缠绕。叶肉质，卵形、椭圆形、圆形、肾形或长圆形，长3.5~9 cm，宽3~10 cm，顶端微缺或2裂，裂片圆，裂缺浅或深，基部阔楔形、截平至浅心形；背面近基部中脉两侧各有1枚腺体，侧脉8~10对；叶柄长2~10 cm。多歧聚伞花序，腋生，有时仅1朵发育；花序梗粗壮，长4~14 cm，花梗长2~2.5 cm；萼片卵形，顶端圆形，具小凸尖，外萼片长7~8 mm，内萼片长9~11 mm；花冠紫色或深红色，漏斗状，长4~5 cm；雄蕊和花柱内藏。蒴果球形，长1.1~1.7 cm，2室，果皮革质，4瓣裂；种子三棱状圆形，长7~8 mm，密被褐色绒毛。

地理分布 广布于世界热带沿海地区。我国分布于海南、广东、广西、福建、台湾海滨地区。常生于沙滩上及路边灌丛中。

饲用价值 厚藤叶量大，营养丰富，嫩茎叶可作猪饲料。厚藤的化学成分如表所示。

厚藤的化学成分（%）

测定项目	样品情况	营养期鲜茎叶
	干物质	11.40
占干物质	粗蛋白	23.00
	粗脂肪	3.22
	粗纤维	16.90
	无氮浸出物	41.05
	粗灰分	15.83
	钙	1.60
	磷	0.42

厚藤植株

5. 猪菜藤
Hewittia malabarica (L.) Suresh

形态特征 为猪菜藤属缠绕或平卧草本；茎细长，径1.5~3 mm。叶卵形、心形或戟形，长3~6（~10）cm，宽3~4.5（~8）cm，顶端短尖或锐尖，基部心形、戟形或近截形，全缘或3裂。花序腋生，花序梗长1.5~5.5 cm；通常1朵花；苞片披针形，长7~8 mm；花梗短，长2~4 mm，密被短柔毛；萼片5，外面2片宽卵形，长9~10 mm，宽6~7 mm，结果时增大，长1.9 cm，内萼片较短且狭，长圆状披针形，被短柔毛，结果时长1.4 cm；花冠淡黄色或白色，喉部以下带紫色，钟状，长2~2.5 cm，冠檐裂片三角形；雄蕊5枚，内藏，长约9 mm，花丝基部稍扩大，具细锯齿状乳突，花药卵状三角形，基部箭形；子房被长柔毛，花柱丝状，柱头2裂，裂片卵状长圆形。蒴果近球形，为宿存萼片包被，具短尖，径8~10 mm；种子2~4，卵圆状三棱形，长4~6 mm。

地理分布 分布于非洲热带地区及亚洲东南部等地。我国分布于海南、广东、广西、云南等地。常生于低海拔的平地、草地、山坡和河边的灌丛中。

饲用价值 羊喜食，也可煮熟后喂猪。猪菜藤的化学成分如表所示。

猪菜藤的化学成分（%）

测定项目	样品情况	开花期地上部
	干物质	15.20
占干物质	粗蛋白	17.81
	粗脂肪	3.89
	粗纤维	20.17
	无氮浸出物	48.24
	粗灰分	9.89
	钙	0.51
	磷	0.37

第49章 菊科牧草

菊科（Asteraceae），草本、亚灌木或灌木，稀为乔木。叶通常互生，稀对生或轮生，全缘或具齿或分裂。花两性或单性，极少单性异株，整齐或左右对称，5基数，密集成头状花序或短穗状花序，为1层或多层总苞片组成的总苞所围绕；头状花序单生或数个排列成总状、聚伞状、伞房状或圆锥状；萼片不发育，通常形成鳞片状、刚毛状或毛状的冠毛；花冠常辐射对称，管状，或左右对称，二唇形，或舌状，头状花序盘状或辐射状，有同形的小花，全部为管状花或舌状花，或有异形小花，即外围为雌花，舌状，中央为两性的管状花；雄蕊4~5，着生于花冠管上，花药内向，合生成筒状，基部钝，锐尖，戟形或具尾；花柱上端两裂，花柱分枝上端有附器或无附器；子房下位，合生心皮2枚，1室，具1颗直立的胚珠。果为不开裂的瘦果；种子无胚乳，具2子叶，稀1子叶。

该科1600~1700属24 000余种，广布于全世界。我国有200余属2000多种，南北各地均有分布。

1. 地胆草

Elephantopus scaber L.

形态特征　又名地胆头，为地胆草属多年生直立草本，高30～60 cm。茎常二歧分枝。基生叶丛生，叶片匙形或倒披针状匙形，长5～18 cm，宽2～4 cm，顶端圆钝，或具短尖，基部渐狭成宽短柄；茎生叶少数而小，倒披针形或长圆状披针形，向上渐小。头状花序多数，在茎或枝端组成复头状花序，基部被3个叶状苞片所包围；花淡紫色或粉红色，花冠长7～9 mm，管部长4～5 mm。瘦果长圆状线形，长约4 mm，具棱，被短柔毛；冠毛污白色，具5条，稀6条硬刚毛，长4～5 mm，基部宽扁。

地理分布　地胆草原产于美洲热带地区，广布于世界热带、亚热带地区。我国分布于海南、广东、广西、福建、云南、贵州等地。常生于山坡、山谷林缘及村边、路旁、荒地、耕地等低草丛中。

饲用价值　地胆草基生叶柔软，羊采食。此外，其全株可入药，具凉血清热、利水解毒之功效。地胆草的化学成分如表所示。

地胆草的化学成分（%）

测定项目	样品情况	成熟期干样
	干物质	93.30
占干物质	粗蛋白	9.05
	粗脂肪	2.37
	粗纤维	42.99
	无氮浸出物	32.78
	粗灰分	12.81
	钙	0.46
	磷	0.15

地胆草植株

地胆草花序

2. 加拿大蓬

Erigeron canadensis L.

形态特征　又名小蓬草，为飞蓬属一年生或越年生直立草本，高0.6~1.2 m。茎上部多分枝，小枝纤弱，多叶。叶倒卵状线形、狭线形或线状披针形；叶大小差异甚大，大的叶片长4~5 cm，宽2~5 mm，小的甚小。头状花序，径3.5~6 mm，在总花梗上排列成圆锥花序式；总苞片狭长而尖，长4~6 mm；花托扁平，长2~2.5 mm；雌花细小，具白色短舌；两性花管状，花冠5齿裂。瘦果呈压扁状，长约1.5 mm；冠毛白色，长约4 mm。

地理分布　加拿大蓬原产于北美洲，世界各地常见。我国于1860年在山东首次发现，现南北各地均有分布。常生于荒地、耕地、路边、村旁、河边及旷野草地。

饲用价值　加拿大蓬苗期茎叶柔软，可作猪饲料。加拿大蓬的化学成分如表所示。

加拿大蓬的化学成分（%）

测定项目	样品情况	营养期茎叶
	干物质	17.20
占干物质	粗蛋白	18.31
	粗脂肪	3.38
	粗纤维	10.30
	无氮浸出物	56.61
	粗灰分	11.40
钙		1.15
磷		1.76

加拿大蓬植株

加拿大蓬花序

3. 鼠曲草

Gnaphalium affine D. Don

形态特征 为鼠曲草属一年生草本，高10～50 cm。茎直立或斜升，通常自基部分枝，丛生状。叶互生，匙状倒披针形或倒卵状匙形，下部叶长5～7 cm，宽11～14 mm，上部叶长15～20 mm，宽2～5 mm，基部渐狭，稍下延，顶端圆，具刺尖头。头状花序多数，通常在顶端密集成伞房状；总苞球状钟形，长约3 mm，宽3.5 mm，总苞片2～3层，金黄色，干膜质；花黄色，外围的雌花花冠丝状，中央的两性花花冠筒状，顶端5裂。瘦果倒卵形或倒卵状圆柱形，长约0.5 mm，有乳头状突起；冠毛粗糙，易脱落，长约1.5 mm。

地理分布 分布于印度、缅甸、泰国、越南、印度尼西亚、菲律宾等地。我国分布于华中、华南、西南。常生于荒地或湿润草地上，尤以稻田中最为常见。

饲用价值 结实前，茎、叶柔嫩多汁，营养丰富，猪喜食；切碎后，鸡、鸭、鹅均喜食；马、牛、羊亦采食。在孕蕾前，刈割嫩枝叶，切碎饲喂猪、禽效果佳。此外，其嫩茎叶可供食用。鼠曲草的化学成分如表所示。

鼠曲草的化学成分（%）

测定项目	样品情况	营养期全草	开花期全草
	干物质	6.18	7.99
占干物质	粗蛋白	19.38	16.70
	粗脂肪	3.43	2.50
	粗纤维	19.57	22.90
	无氮浸出物	37.93	41.51
	粗灰分	19.69	16.39
	钙	1.91	1.74
	磷	0.48	0.47

鼠曲草植株

4. 豨莶

Siegesbeckia orientalis L.

形态特征 为豨莶属一年生草本。茎直立，高 0.3～1 m，分枝斜升，上部分枝常成复二歧状。基部叶略小，花期凋萎；中部叶三角状卵圆形或卵状披针形，长 4～10 cm，宽 1.8～6.5 cm，基部阔楔形，下延成具翼的柄；上部叶渐小。头状花序，径 15～20 mm，多数聚生于枝端，排列成圆锥花序；花梗长 1.5～4 cm；总苞阔钟状，总苞片 2 层，叶质，背面被紫褐色头状具柄的腺毛；花黄色；雌花花冠的管部长 0.7 mm；两性管状花上部钟状，上端有 4～5 卵圆形裂片。瘦果倒卵圆形，有 4 棱，长 3～3.5 mm，宽 1～1.5 mm。

地理分布 广泛分布于世界热带、亚热带和温带地区。我国南北各地均有分布。常生于山野、荒地、灌丛、林缘及林下，耕地中常见。

饲用价值 豨莶开花前茎叶柔嫩，可煮熟喂猪。此外，其全草可入药，具祛风湿、利筋骨之功效。豨莶的化学成分如表所示。

豨莶的化学成分（%）

测定项目	样品情况	营养期茎叶	开花期茎叶	成熟期茎叶
干物质		13.70	17.10	25.00
占干物质	粗蛋白	17.10	15.28	10.04
	粗脂肪	3.25	2.46	3.14
	粗纤维	15.74	19.21	24.50
	无氮浸出物	54.81	48.25	54.32
	粗灰分	9.10	14.80	8.00
钙		1.73	0.78	0.84
磷		0.56	0.68	0.59

豨莶植株

5. 沼菊
Enydra fluctuans Lour.

形态特征 为沼菊属沼生草本。茎粗壮，稍肉质，中空，下部匍匐，长40～80 cm，节间长4～7 cm。叶长椭圆形至线状长圆形，长2～6 cm，宽4～14 mm，基部骤狭、抱茎。头状花序少数，径8～10 mm，单生、腋生或顶生；总苞片4个，交互对生，外面1对较大，绿色，阔卵形，长约13 mm，顶端钝，内面1对卵状长圆形，长10～11 mm，顶端圆；花托稍凸，径约3 mm；舌状花长约3 mm，舌片顶端3～4裂；管状花与舌状花等长，上半部扩大，檐部有5深裂或齿刻；雄蕊5，稀6。瘦果倒卵状圆柱形，具明显的纵棱，长约3.5 mm，隐藏于坚硬的托片中。

地理分布 分布于印度、中南半岛、印度尼西亚及澳大利亚等地。我国分布于华南及西南。常生于湿地或溪流边。

饲用价值 沼菊全株柔嫩多汁，是猪的优质青饲料，煮熟后饲喂，效果佳。此外，沼菊可供蔬食。沼菊的化学成分如表所示。

沼菊的化学成分（%）

测定项目	样品情况	营养期全株	开花期全株
占干物质	干物质	10.90	12.40
	粗蛋白	10.28	9.74
	粗脂肪	5.09	3.41
	粗纤维	14.14	14.94
	无氮浸出物	58.39	60.70
	粗灰分	12.10	11.21
	钙	1.73	1.32
	磷	0.23	0.23

沼菊群体

沼菊花序

6. 鳢肠
Eclipta prostrata (L.) L.

形态特征　又名旱莲草、墨菜，为鳢肠属一年生草本。茎直立，斜升或平卧，高达60 cm。叶长圆状披针形或披针形，长3~10 cm，宽0.5~2.5 cm，顶端尖或渐尖，边缘有细锯齿或有时仅波状。头状花序，径6~8 mm，花序梗细弱，长2~4 cm；总苞球状钟形，草质，5~6个排成2层，长圆形或长圆状披针形；外围的雌花2层，舌状，长2~3 mm，中央的两性花多数，花冠管状，白色，长约1.5 mm，顶端4齿裂；花柱分枝钝，有乳头状突起；花托凸，有披针形或线形的托片。瘦果暗褐色，长2.8 mm，雌花的瘦果三棱形，两性花的瘦果扁四棱形，顶端截形，具1~3个细齿。

地理分布　广泛分布于世界热带、亚热带地区。我国南北各地均有分布。常生于河边、田边或路旁。

饲用价值　鳢肠茎叶柔嫩，各类家畜均喜食，常煮熟喂猪。此外，其全草可入药，具凉血、止血、消肿之功效。鳢肠的化学成分如表所示。

鳢肠的化学成分（%）

测定项目	样品情况	营养期鲜草	开花期鲜草	成熟期鲜草
	干物质	14.50	20.00	22.20
占干物质	粗蛋白	23.67	14.43	14.31
	粗脂肪	2.79	2.99	2.63
	粗纤维	10.83	16.66	21.59
	无氮浸出物	46.59	52.75	49.70
	粗灰分	16.12	13.17	11.77
	钙	1.85	1.46	1.27
	磷	0.38	0.35	0.31

鳢肠植株

鳢肠花序

7. 蟛蜞菊

Wedelia chinensis (Osbeck.) Merr.

形态特征 为蟛蜞菊属多年生草本。茎匍匐，上部近直立，基部各节生不定根，长15~50 cm，基部径约2 mm。叶对生，椭圆形、长圆形或线形，长3~7 cm，宽7~13 mm，基部狭，顶端短尖或钝。头状花序少数，单生于枝顶或叶腋内，径15~20 mm；花序梗长3~10 cm；总苞钟形，长约12 mm，宽约1 cm；总苞片2层，外层叶质，椭圆形，长10~12 mm，顶端钝或浑圆，内层较小，长圆形，长6~7 mm，顶端尖；托片折叠成线形，长约6 mm，顶端渐尖，有时具3浅裂；舌状花1层，黄色，舌片卵状长圆形，长约8 mm，顶端2~3深裂，管部细短，长为舌片的1/5；管状花较多，黄色，长约5 mm，花冠近钟形。瘦果倒卵形，长约4 mm，多疣状突起，顶端稍收缩，舌状花的瘦果具3边，边缘增厚。

地理分布 分布于印度、印度尼西亚、菲律宾、越南至日本。我国分布于华南、西南及华东部分地区。常生于路旁、田边、沟边或湿润草地上。

饲用价值 蟛蜞菊茎叶柔嫩、多汁，营养价值较高，但适口性差，牛、羊采食，可煮熟后喂猪，鸵鸟喜食其嫩茎叶。蟛蜞菊的化学成分如表所示。

蟛蜞菊的化学成分（%）

测定项目		营养期茎叶	开花期茎叶
占干物质	干物质	12.90	13.70
	粗蛋白	15.60	14.29
	粗脂肪	3.18	4.00
	粗纤维	17.79	19.49
	无氮浸出物	53.03	51.62
	粗灰分	10.40	10.60
	钙	1.67	1.43
	磷	0.37	0.41

蟛蜞菊植株

8. 肿柄菊

Tithonia diversifolia A. Gray

形态特征 为肿柄菊属一年生草本。茎直立，高2～5 m。叶卵形或卵状三角形或近圆形，长7～20 cm，3～5深裂，裂片卵形或披针形，边缘有细锯齿。头状花序大，宽5～15 cm，顶生于假轴分枝的长花序梗上；总苞片4层，外层椭圆形或椭圆状披针形，内层苞片长披针形，上部叶质或膜质，顶端钝；舌状花1层，黄色，舌片长卵形，顶端有不明显的3齿；管状花黄色。瘦果长椭圆形，扁平，黑褐色，长约4 mm。

地理分布 肿柄菊原产于墨西哥，分布于热带、亚热带地区。我国分布于海南、广西、广东、福建、云南等地。

饲用价值 叶柔软，秆多汁，营养丰富，但适口性不佳，水牛在饲料短缺时采食。此外，肿柄菊适应性强，茎叶产量高，易腐烂，是我国南方重要的绿肥作物。肿柄菊的化学成分如表所示。

肿柄菊的化学成分（%）

测定项目	样品情况	营养期鲜草
	干物质	14.02
占干物质	粗蛋白	18.89
	粗脂肪	4.31
	粗纤维	11.55
	无氮浸出物	51.80
	粗灰分	13.45
	钙	1.20
	磷	0.41

肿柄菊植株

9. 金腰箭
Synedrella nodiflora (L.) Gaertn.

形态特征 为金腰箭属一年生草本。茎直立，高 0.5~1 m，基部径约 5 mm，常二歧状分枝。叶对生，阔卵形至卵状披针形，长（含叶柄）7~12 cm，宽 3.5~6.5 cm，基部下延成 2~5 mm 宽的翅状宽柄。头状花序，径 4~5 mm，长约 10 mm，常 2~6 簇生于叶腋，或在顶端成扁球状；小花黄色；总苞卵形或长圆形，外层总苞片叶状、卵状长圆形或披针形，长 10~20 mm，内层总苞片鳞片状、长圆形至线形，长 4~8 mm。托片线形，长 6~8 mm，宽 0.5~1 mm。舌状花连管部长约 10 mm，舌片椭圆形，顶端 2 浅裂；管状花向上渐扩大，长约 10 mm。雌花瘦果倒卵状长圆形，扁平，深黑色，长约 5 mm，宽约 2.5 mm；冠毛 2，长约 2 mm。两性花瘦果倒锥形或倒卵状圆柱形，长 4~5 mm，宽约 1 mm，黑色，有纵棱，腹面压扁，两面有疣状突起，腹面突起粗密；冠毛 2~5。

地理分布 金腰箭原产于美洲，广布于世界热带和亚热带地区。我国分布于东南至西南。常生于旷野、耕地、路旁。

饲用价值 金腰箭适口性差，牛采食其嫩茎叶。此外，其全草可入药，具清热解暑、凉血解毒之功效。金腰箭的化学成分如表所示。

金腰箭的化学成分（%）

测定项目	样品情况	营养期茎叶	开花期茎叶
	干物质	14.90	18.70
占干物质	粗蛋白	18.59	17.71
	粗脂肪	2.23	3.01
	粗纤维	15.45	28.72
	无氮浸出物	49.16	39.38
	粗灰分	14.57	11.18
	钙	1.76	1.35
	磷	0.50	0.23

金腰箭植株

10. 鬼针草
Bidens pilosa L.

形态特征　又名三叶鬼针草,为鬼针草属一年生草本。茎直立,高0.3~1 m。茎下部叶较小,3裂或不分裂;中部叶具长1.5~5 cm无翅的柄,三出叶,少为5~7小叶的羽状复叶,顶生小叶较大,长椭圆形或卵状长圆形,长3.5~7 cm,两侧小叶椭圆形或卵状椭圆形,长2~4.5 cm,宽1.5~2.5 cm;上部叶小,3裂或不分裂,条状披针形。头状花序,径8~9 mm,花序梗长1~6 cm,果时长3~10 cm;苞片7~8片,条状匙形,开花时长3~4 mm,果时长至5 mm,外层托片披针形,果时长5~6 mm,内层较狭,条状披针形。盘花筒状,长约4.5 mm。瘦果黑色,条形,具棱,长7~13 mm,宽约1 mm。

地理分布　广布于亚洲和美洲的热带、亚热带地区。我国分布于华南、东南和西南各地。常生于荒地、路边、村边及园地。

饲用价值　鬼针草苗期柔嫩多汁,可煮熟喂猪。此外,其全草可入药,具清热解毒、散瘀活血之功效。嫩叶可供蔬食。鬼针草的化学成分如表所示。

鬼针草的化学成分(%)

测定项目	样品情况	营养期茎叶
	干物质	13.50
占干物质	粗蛋白	15.24
	粗脂肪	2.78
	粗纤维	17.54
	无氮浸出物	51.84
	粗灰分	12.60
	钙	1.38
	磷	0.82

鬼针草植株

11. 羽芒菊
Tridax procumbens L.

形态特征 为羽芒菊属多年生铺地草本。茎纤细，平卧，节处常生多数不定根，长30～100 cm。基部叶略小，花期凋萎；中部叶有长达1 cm的柄，叶片披针形或卵状披针形，长4～8 cm，宽2～3 cm；上部叶小。头状花序少数，单生，径1～1.4 cm；花序梗长10～20 cm；总苞钟形，长7～9 mm；总苞片2～3层，卵形或卵状长圆形，长6～7 mm，内层长圆形，长7～8 mm；花托稍突起，托片长约8 mm，顶端芒尖或近于凸尖。雌花1层，舌状，舌片长圆形，长约4 mm，宽约3 mm，顶端2～3浅裂，管部长3.5～4 mm；两性花多数，花冠管状，长约7 mm。瘦果陀螺形、倒圆锥形或稀圆柱状，干时黑色，长约2.5 mm，密被疏毛。

地理分布 分布于美洲热带及印度、中南半岛、印度尼西亚等地。我国分布于海南、广西、广东、福建等地。常生于低海拔旷野、荒地、坡地及路旁。

饲用价值 羽芒菊草质柔嫩多汁，在冬春干旱季节，多数牧草枯黄老化时，羽芒菊仍青绿柔嫩，牛、羊采食较多，煮熟后可喂猪。嫩茎叶兔极喜食，在海南也称之为"兔草"。羽芒菊的化学成分如表所示。

羽芒菊花序

羽芒菊的化学成分（%）

测定项目	样品情况	营养期全株	开花期全株	成熟期全株干样
	干物质	13.40	14.00	89.40
占干物质	粗蛋白	18.63	15.89	10.67
	粗脂肪	3.00	2.27	1.90
	粗纤维	16.59	23.86	25.76
	无氮浸出物	54.88	52.88	49.56
	粗灰分	6.90	5.10	12.11
	钙	3.95	3.25	1.05
	磷	0.26	0.26	0.20

羽芒菊植株

12. 革命菜

Crassocephalum crepidioides (Benth.) S. Moore

形态特征 又名野茼蒿，为野茼蒿属一年生直立草本，高0.5~1.2 m。单叶，互生，椭圆形或长圆状椭圆形，长7~12 cm，宽4~5 cm，顶端渐尖，基部楔形，边缘有不规则锯齿或重锯齿，或有时基部羽状裂；叶柄长2~2.5 cm。头状花序多数，排成圆锥状聚伞花序，径约3 cm；总苞钟状，长1~1.2 cm，基部截形，有数片不等长的线形小苞片；总苞片1层，线状披针形，宽约1.5 mm，小花全部管状，两性，花冠红褐色或橙红色，花冠顶端5齿裂，花柱基部呈小球状，分枝。瘦果狭圆柱形，赤红色；冠毛极多数，白色，绢毛状，易脱落。

地理分布 分布于非洲、印度，以及泰国等东南亚地区。我国分布于华南、东南、西南等地。常生于水边、湿润地块、山坡、荒地、路旁。

饲用价值 革命菜茎叶柔软多汁，鲜草兔极喜食，煮熟后可喂猪。幼苗可供蔬食。革命菜的化学成分如表所示。

革命菜的化学成分（%）

测定项目	样品情况	营养期鲜草	开花期鲜草	成熟期鲜草
	干物质	7.00	7.40	7.70
占干物质	粗蛋白	14.18	13.70	10.50
	粗脂肪	4.34	3.10	2.59
	粗纤维	16.33	18.53	21.04
	无氮浸出物	49.45	49.77	52.57
	粗灰分	15.70	14.90	13.30
	钙	1.22	1.38	1.17
	磷	1.06	0.82	0.72

革命菜花序

第 49 章 菊科牧草 | 523

革命菜植株（局部）

13. 白子菜
Gynura divaricata (L.) DC.

形态特征　又名叉花土三七，为菊三七属多年生草本，高30～60 cm。茎直立或基部多少斜升。叶片卵形、椭圆形或倒披针形，长2～15 cm，宽1.5～5 cm，顶端钝或急尖，基部楔状狭或下延成叶柄；叶柄长0.5～4 cm，基部有卵形或半月形具齿的耳；上部叶渐小，狭披针形或线形，羽状浅裂，略抱茎。头状花序，径1.5～2 cm，通常3～5个在枝端排成疏伞房状圆锥花序；花序梗长1～15 cm，具1～3线形苞片；总苞钟状，长8～10 mm，宽6～8 mm，基部有数个线状或丝状小苞片；总苞片1层，11～14片，狭披针形，长8～10 mm，宽1～2 mm，顶端渐尖，呈长三角形；小花橙黄色，略伸出总苞；花冠长11～15 mm，管部细，长9～11 mm，上部扩大，裂片长圆状卵形；花柱分枝细。瘦果圆柱形，长约5 mm，褐色，具10条肋；冠毛白色，绢毛状，长10～12 mm。

地理分布　分布于印度、中南半岛。我国分布于海南、广西、广东、云南等地。常生于山坡草地、荒坡和田边潮湿处。

饲用价值　白子菜柔嫩多汁，其嫩茎叶为优质猪饲料。白子菜的化学成分如表所示。

白子菜的化学成分（%）

测定项目	样品情况	营养期嫩茎叶
占干物质	干物质	7.40
	粗蛋白	17.95
	粗脂肪	6.88
	粗纤维	11.17
	无氮浸出物	54.76
	粗灰分	9.24
	钙	2.39
	磷	0.98

14. 一点红

Emilia sonchifolia (L.) DC.

形态特征 为一点红属一年生草本。茎直立或斜升，高25～40 cm。叶质较厚，下部叶密集，羽状分裂，长5～10 cm，宽2.5～6.5 cm，顶生裂片大，宽卵状三角形，侧生裂片通常1对，长圆形或长圆状披针形；中部叶疏生，较小，卵状披针形或长圆状披针形；上部叶少数，线形。头状花序，长8 mm，后伸长达14 mm，通常2～5个排列于枝端成疏伞房状；花序梗长2.5～5 cm；总苞圆柱形，长8～14 mm，宽5～8 mm；总苞片1层，8～9片，长圆状线形或线形；小花粉红色或紫色，长约9 mm，管部细长，顶部渐扩大，具5深裂。瘦果圆柱形，长3～4 mm，具5棱；冠毛白色。

地理分布 广布于非洲、亚洲热带和亚热带地区。我国分布于海南、广东、广西、福建、云南、贵州、湖南、江西等地。常生于山坡荒地、田埂、路旁、村边。

饲用价值 一点红开花前茎叶柔嫩，兔极喜食，煮熟后可喂猪。此外，一点红是我国南方地区重要的凉茶。一点红的化学成分如表所示。

一点红的化学成分（%）

测定项目	样品情况	开花期茎叶	成熟期茎叶
	干物质	9.10	11.70
占干物质	粗蛋白	15.24	14.15
	粗脂肪	0.45	2.80
	粗纤维	19.19	19.34
	无氮浸出物	52.32	51.61
	粗灰分	12.80	12.10
	钙	0.83	0.73
	磷	0.25	0.22

一点红植株

一点红花序

15. 千里光
Senecio scandens Buch.-Ham. ex D. Don

形态特征 又名九里明，为千里光属多年生攀缘草本。根状茎木质，径达1.5 cm。茎长2~5 m，多分枝。叶片卵状披针形至长三角形，长5~12 cm，宽3~4.5 cm，顶端渐尖，基部宽楔形、截形，上部叶变小，披针形或线状披针形；叶柄长0.5~2 cm。头状花序含多数舌状花，在枝端排列成顶生复聚伞圆锥花序；花序梗长1~2 cm，具苞片，小苞片通常1~10片，线状钻形；总苞圆柱状钟形，长5~8 mm，宽3~6 mm，具外层苞片；总苞片12~13片，线状披针形。舌状花8~10朵，管部长4.5 mm；舌片黄色，长圆形，长9~10 mm，宽2 mm；管状花多数，花冠黄色，长7.5 mm；管部长3.5 mm，顶部漏斗状；裂片卵状长圆形；花药长2.3 mm，基部有钝耳；附片卵状披针形；花药颈部伸长，向基部略膨大；花柱分枝长1.8 mm，顶端截形。瘦果圆柱形，长3 mm，被柔毛；冠毛白色，长7.5 mm。

地理分布 分布于印度、尼泊尔、中南半岛等地。我国分布于华南、东南、西南等地。常生于河滩、沟边和灌丛中。

饲用价值 千里光嫩茎叶煮熟可喂猪。千里光的化学成分如表所示。

千里光的化学成分（%）

测定项目	样品情况	营养期嫩茎叶
占干物质	干物质	7.60
	粗蛋白	13.02
	粗脂肪	3.58
	粗纤维	9.12
	无氮浸出物	59.78
	粗灰分	14.50
	钙	2.23
	磷	0.40

千里光花序

千里光植株

16. 黄鹌菜

Youngia japonica (L.) DC.

形态特征 为黄鹌菜属一年生草本，高10～60 cm。茎直立，单生或少数茎簇生。基生叶倒披针形、椭圆形、长椭圆形或宽线形，长2.5～13 cm，宽1～4.5 cm，羽状深裂或全裂，顶裂片卵形、倒卵形或卵状披针形，顶端圆形或急尖，边缘有锯齿或几全缘，侧裂片3～7对，椭圆形，向下渐小，最下方的侧裂片耳状；叶柄长1～7 cm，有狭或宽翼或无翼。头状花序含10～20舌状小花，少数或多数在枝顶端排成伞房花序；花序梗细；总苞圆柱状，长4～5 mm；总苞片4层，内层者，长4～5 mm，宽1～1.3 mm，披针形，顶端急尖，外层及最外层极短；舌状小花黄色。瘦果纺锤形，压扁，褐色或红褐色，长1.5～2 mm。

地理分布 分布于印度、越南、马来西亚、菲律宾、日本和朝鲜半岛。我国分布于长江以南及黄河流域周边地区。常生于山坡、山谷林缘、林下、林间草地及潮湿地、河边沼泽地、田间与荒地上。

饲用价值 黄鹌菜茎叶柔嫩，煮熟可喂猪。此外，其苗、叶可供蔬食；全草可入药，具清热解毒、消肿止痛之功效。黄鹌菜的化学成分如表所示。

黄鹌菜的化学成分（%）

测定项目	样品情况	营养期茎叶	开花期茎叶
	干物质	8.90	10.60
占干物质	粗蛋白	20.36	12.56
	粗脂肪	4.73	4.43
	粗纤维	16.43	18.49
	无氮浸出物	48.18	54.42
	粗灰分	10.30	10.10
	钙	1.94	1.99
	磷	0.48	0.27

黄鹌菜花序

第 49 章 菊科牧草 | 529

黄鹌菜植株

第50章　桑科牧草

桑科（Moraceae），多为乔木、灌木，有时为藤本，稀为草本，通常具乳液。叶互生，稀对生，全缘或具锯齿，分裂或不分裂，叶脉掌状或羽状，有或无钟乳体；托叶2，通常早落。花小，单性，雌雄同株或异株，无花瓣；花序腋生，典型成对，总状、圆锥状、头状、穗状或壶状，稀为聚伞状，花序托有时为肉质，增厚或封闭而为隐头花序或开张而为头状或圆柱状。雄花花被片通常2~4，分离或合生，覆瓦状或镊合状排列，宿存；雄蕊通常与花被片同数而对生。雌花花被片通常4，宿存；子房1室，稀2室，每室有倒生或弯生胚珠1颗，着生于子房室的顶部或近顶部。果为瘦果或核果状，围以肉质变厚的花被，或藏于其内形成聚花果，或隐藏于壶形花序托内壁形成隐花果，或陷入发达的花序轴内形成大型的聚花果。种子大或小，包于内果皮中。

该科约53属1400余种，多产于热带、亚热带地区，少数分布于温带地区。该科植物经济价值高，用途广，有些供食用，如波罗蜜（*Artocarpus heterophyllus*）、无花果（*Ficus carica*）的果实；有些供造纸，如桑属（*Morus*）、构属（*Broussonetia*）植物的树皮；有些供纺织，如大麻（*Cannabis sativa*）的茎皮纤维。此外，其也是热带、亚热带地区重要的粗饲料来源。

1. 波罗蜜
Artocarpus heterophyllus Lam.

形态特征 又名木波罗，为波罗蜜属常绿乔木，高10～20 m。托叶环状抱茎，遗痕明显。叶革质，螺旋状排列，椭圆形或倒卵形，长7～15 cm或更长，宽3～7 cm，先端钝或渐尖，基部楔形，成熟叶全缘；叶柄长1～3 cm；托叶抱茎，卵形，长1.5～8 cm。花雌雄同株，花序生老茎或短枝上，雄花序有时着生于枝端叶腋或短枝叶腋，圆柱形或棒状椭圆形，长2～7 cm，花多数；总花梗长10～50 mm；雄花花被管状，长1～1.5 mm，上部2裂，雄蕊1枚，花丝在蕾中直立，花药椭圆形，无退化雌蕊；雌花花被管状，顶部齿裂，基部陷于肉质球形花序轴内，子房1室。聚花果椭圆形至球形，或不规则形状，长30～100 cm，径25～50 cm，幼时黄绿色，成熟时黄褐色，表面具坚硬六角形瘤状突起和粗毛；核果长椭圆形，长约3 cm，径1.5～2 cm。

地理分布 波罗蜜原产于印度，东南亚等地有栽培。我国海南、广西、广东、云南等地有栽培。

饲用价值 波罗蜜四季常青，叶量丰富，牛、羊喜食其叶。波罗蜜是著名的热带果树，果肉供食用，此外，其种子富含淀粉，也可食用。波罗蜜的化学成分如表所示。

波罗蜜植株（局部）

波罗蜜的化学成分（%）

测定项目	样品情况	新鲜叶片
	干物质	24.20
占干物质	粗蛋白	16.97
	粗脂肪	2.67
	粗纤维	26.64
	无氮浸出物	45.03
	粗灰分	8.69
	钙	1.31
	磷	0.32

2. 桂木

Artocarpus nitidus subsp. *lingnanensis* (Merr.) F. M. Jarrett

形态特征 为波罗蜜属常绿乔木，高达15 m。叶互生，长圆状椭圆形至倒卵椭圆形，长7～15 cm，宽3～7 cm，先端短尖或具短尾，基部楔形或近圆形，全缘或具不规则浅疏锯齿；叶柄长5～15 mm；托叶披针形，早落。雄花序头状，倒卵圆形至长圆形，长2.5～12 mm，径2.7～7 mm，雄花花被片2～4裂，基部连合，长0.5～0.7 mm，雄蕊1；雌花序近头状，雌花花被片管状，花柱伸出苞片外。聚花果近球形，表面粗糙被毛，径约5 cm，成熟时红色，肉质，干时褐色，苞片宿存；小核果10～15颗。

地理分布 泰国、柬埔寨、越南北部有栽培。我国分布于海南、广东、广西、云南等地。常生于中海拔、湿润的杂木林中。

饲用价值 羊喜食，鹿极喜食其叶。桂木的化学成分如表所示。

桂木的化学成分（%）

测定项目	样品情况	鲜叶及嫩梢
	干物质	25.29
占干物质	粗蛋白	12.31
	粗脂肪	2.10
	粗纤维	16.70
	无氮浸出物	60.63
	粗灰分	8.26
钙		2.93
磷		0.41

桂木植株（局部）

3. 构树

Broussonetia papyrifera (L.) L'Hér. ex Vent.

形态特征 为构属乔木，高10~20 m。叶螺旋状排列，广卵形至长椭圆状卵形，长6~18 cm，宽5~9 cm，先端渐尖，基部心形，边缘具粗锯齿，不分裂或3~5裂，基生脉三出，侧脉6~7对；叶柄长2.5~8 cm；托叶大，卵形，狭渐尖，长1.5~2 cm，宽0.8~1 cm。花雌雄异株；雄花序为柔荑花序，粗壮，长3~8 cm，苞片披针形，被毛，花被4裂，裂片三角状卵形，被毛，雄蕊4，花药近球形；雌花序头状，苞片棒状，顶端被毛，花被管状，顶端与花柱紧贴，子房卵圆形，柱头线形，被毛。聚花果直径1.5~3 cm，成熟时橙红色，肉质；瘦果表面有小瘤，龙骨双层，外果皮壳质。

地理分布 分布于印度、缅甸、泰国、越南、马来西亚、日本、朝鲜半岛等地。我国南北各地均有分布。

饲用价值 构树叶、花序、成熟的聚花果柔软多汁，均可食用。鲜叶煮熟后，猪极喜食。加工成叶粉，添加于配合饲料中，各种畜禽均喜食。构树叶粗蛋白含量高，畜禽消化率高，因此饲用价值高。此外，其树皮可用于制绳或造纸。构树叶的化学成分如表所示。

构树叶的化学成分（%）

测定项目	样品情况	花期干叶片
占干物质	干物质	85.58
	粗蛋白	29.39
	粗脂肪	4.18
	粗纤维	11.77
	无氮浸出物	40.61
	粗灰分	14.05
	钙	2.23
	磷	0.30

构树植株

构树果

4. 葎草
Humulus scandens (Lour.) Merr.

形态特征 为葎草属一年生或多年生缠绕草本。茎枝和叶柄有倒钩刺。叶对生，具长柄；叶片近肾状五角形，掌状5～7深裂，稀3裂，长宽7～10 cm，基部心脏形，表面粗糙，疏生糙伏毛，背面有柔毛和黄色腺体，裂片卵状三角形，边缘具锯齿；叶柄长5～10 cm。雄花小，黄绿色，圆锥花序，长15～25 cm；雌花序球果状，径约5 mm，苞片三角形，顶端渐尖；子房为苞片所包围，柱头2，伸出苞片外。瘦果成熟时露出苞片外。

地理分布 分布于日本、越南等地。我国除新疆、青海外，南北各地均有分布。常生于沟边、荒地、林缘。

饲用价值 在亚热带，葎草的藤蔓长达5 m以上，形成的群丛高达1 m，鲜草产量达75 000～112 500 kg/hm²。幼嫩期刈割，切碎或经蒸煮后可用作猪、禽饲料。葎草的化学成分如表所示。

葎草的化学成分（%）

测定项目	样品情况	营养期茎叶干样
	干物质	88.45
占干物质	粗蛋白	19.16
	粗脂肪	3.01
	粗纤维	19.77
	无氮浸出物	39.86
	粗灰分	18.20
	钙	2.40
	磷	0.33

葎草茎叶

葎草花序

5. 地瓜
Ficus tikoua Bur.

形态特征 又名地果，为榕属匍匐木质藤本。茎上生细长的不定根，节膨大，幼枝偶直立，高达30～40 cm。叶硬纸质，倒卵状椭圆形，长2～8 cm，宽1.5～4 cm，先端急尖，基部圆形至浅心形，边缘具波状疏浅圆锯齿；叶柄长1～2 cm；托叶披针形，长约5 mm，被柔毛。果成对或簇生于匍匐茎上，常埋于土中，球形至卵球形，径1～2 cm，基部收缩成狭柄，成熟时深红色，表面多圆形瘤点，基生苞片3，细小；雄花生榕果内壁孔口部，无柄，花被片2～6，雄蕊1～3枚；雌花生另一植株榕果内壁，具短柄；无花被，有黏膜包被子房。瘦果卵球形，表面有瘤体。

地理分布 分布于印度、越南、老挝等地。我国华南、西南、东南均有分布。常生于荒地、草坡。

饲用价值 茎叶黄牛、水牛喜食，山羊乐食。

地瓜藤

6. 大果榕
Ficus auriculata Lour.

形态特征 又名馒头果，为榕属乔木，高3～10 m。叶互生，广卵状心形，长15～55 cm，宽15～27 cm，先端钝，具短尖，基部心形，边缘具整齐细锯齿，基生侧脉5～7条；叶柄长5～8 cm；托叶三角状卵形，长1.5～2 cm。榕果簇生于树干基部或老茎短枝上，梨形或扁球形至陀螺形，径3～6 cm，具纵棱8～12条，红褐色，顶生苞片宽三角状卵形，4～5轮覆瓦状排列而成莲座状，基生苞片3，卵状三角形；雄花花被片3，匙形，雄蕊2枚，花药卵形，花丝长；瘿花花被片下部合生，上部3裂，微盖子房，花柱侧生，柱头膨大；雌花生于另一植株榕果内，花被片3裂，子房卵圆形，花柱侧生。瘦果具黏液。

地理分布 分布于巴基斯坦、印度、越南、马来西亚等地。我国分布于海南、广东、广西、云南、贵州、四川等地。常生于低山沟谷、河边湿润之地。

饲用价值 大果榕叶肥大多汁，牛喜食，羊、鹿极喜食。此外，成熟的榕果味甜，可食，在云南，嫩芽常供蔬食。大果榕的化学成分如表所示。

测定项目	样品情况	营养期鲜叶
	干物质	21.20
占干物质	粗蛋白	10.46
	粗脂肪	1.77
	粗纤维	16.21
	无氮浸出物	58.26
	粗灰分	13.30
	钙	2.25
	磷	0.41

大果榕的化学成分（%）

大果榕果

大果榕植株

7. 对叶榕

Ficus hispida L. f.

形态特征 为榕属灌木或小乔木。叶通常对生，卵状长椭圆形或倒卵状矩圆形，长10~25 cm，宽5~10 cm，侧脉6~9对；叶柄长1~4 cm；托叶2，卵状披针形，生无叶的果枝上，常交互对生。榕果生于落叶枝上或老茎发出的下垂枝上，腋生，陀螺形，成熟时黄色，径1.5~2.5 cm，散生侧生苞片和粗毛；雄花多数，花被片3，雄蕊1；瘿花无花被，花柱近顶生，粗短；雌花无花被，柱头侧生，被毛。

地理分布 分布于尼泊尔、印度、泰国、越南、马来西亚、澳大利亚等地。我国分布于海南、广东、广西、云南、贵州等地。常生于沟谷、河边湿地及低海拔疏林中。

饲用价值 羊、鹿食其叶。对叶榕的化学成分如表所示。

测定项目	样品情况	营养期鲜叶
	干物质	20.00
占干物质	粗蛋白	16.06
	粗脂肪	2.01
	粗纤维	21.18
	无氮浸出物	50.58
	粗灰分	10.17
	钙	3.25
	磷	0.43

对叶榕的化学成分（%）

对叶榕果

对叶榕植株（苗期）

8. 桑

Morus alba L.

形态特征 为桑属落叶小乔木或灌木，高3～10 m或更高。冬芽红褐色，卵形，芽鳞覆瓦状排列。叶卵形或广卵形，长5～15 cm，宽4～12 cm，先端急尖、渐尖或圆钝，基部圆形至近心形；叶柄长1.5～5.5 cm；托叶披针形，早落。花单性，腋生或生于芽鳞腋内；雄花序下垂，长2～3.5 cm，密被白色柔毛；雄花花被片宽椭圆形，淡绿色；雌花序长1～2 cm，被毛，总花梗长5～10 mm，被柔毛，雌花无梗，花被片倒卵形，顶端圆钝，两侧紧抱子房，无花柱，柱头2裂。聚花果卵状椭圆形，长1～2.5 cm，成熟时红色或暗紫色。

地理分布 桑原产于我国华中和华北，全国各地均有栽培。东亚、中亚、南亚、东南亚及欧洲各国也有栽培。

饲用价值 桑叶柔嫩，粗蛋白含量高，甲硫氨酸、亮氨酸、甘氨酸、苏氨酸含量高，并富含大量的维生素和微量元素，是蚕的最佳饲料，也是牛、羊的优质粗饲料。桑叶既可青饲，也可调制青干饲草或草粉。此外，其嫩叶可供蔬食和药用，根皮是煲汤的良好食材。桑叶的化学成分如表所示。

桑叶的化学成分（%）

测定项目	样品情况	鲜叶
	干物质	28.00
占干物质	粗蛋白	22.50
	粗脂肪	5.30
	粗纤维	46.07
	无氮浸出物	13.83
	粗灰分	12.30
	钙	0.27
	磷	0.07

桑植株

桑果

9. 鹊肾树
Streblus asper Lour.

形态特征 为鹊肾树属乔木或灌木。小枝被短硬毛，幼时皮孔明显。叶椭圆状倒卵形或椭圆形，长2.5～6 cm，宽2～3.5 cm，先端钝或短渐尖，基部钝或近耳状，侧脉4～7对；叶柄短或近无柄。花雌雄异株或同株；雄花序头状，单生或成对腋生，有时在雄花序上生有雌花1朵，总花梗长8～10 mm，苞片长椭圆形；雄花近无梗，退化雌蕊圆锥状至柱形，顶部有瘤状凸体；雌花具梗，花被片4，交互对生，被微柔毛，子房球形，花柱在中部以上分枝，果时增长至6～12 mm。核果近球形，径约6 mm，成熟时黄色，不开裂。

地理分布 分布于尼泊尔、印度、斯里兰卡、越南、泰国、马来西亚、印度尼西亚、菲律宾等地。我国分布于海南、广东、广西、云南等地。常生于田园、村边及稀疏灌丛中。

饲用价值 牛采食，羊、鹿极喜食其叶和嫩枝。鹊肾树的化学成分如表所示。

鹊肾树的化学成分（%）

测定项目	样品情况	营养期鲜叶	结实期干叶
	干物质	30.50	92.80
占干物质	粗蛋白	15.08	12.09
	粗脂肪	3.32	3.32
	粗纤维	23.17	34.01
	无氮浸出物	48.02	33.62
	粗灰分	10.41	16.96
	钙	1.51	1.58
	磷	0.81	0.21

鹊肾树植株（局部）

鹊肾树果

第51章 大戟科牧草

大戟科（Euphorbiaceae），乔木、灌木或草本，稀为木质或草质藤本；常有乳状汁液。叶互生，少有对生或轮生，单叶，稀为复叶，或叶退化成鳞片状；叶柄长至极短，基部或顶端有时具1~2枚腺体；托叶2，着生于叶柄的基部两侧，早落或宿存，脱落后具环状托叶痕。花单性，雌雄同株或异株，单花或组成各式花序，通常为聚伞或总状花序，在大戟类中为特殊化的杯状花序；萼片分离或在基部合生，覆瓦状或镊合状排列，在特化的花序中有时萼片极度退化或无；花瓣有或无；花盘环状或分裂成为腺体状，稀无花盘；雄蕊1至多数，花丝分离或合生成柱状，在花蕾时内弯或直立，花药基生或背部着生，药室2，稀3~4，纵裂，稀顶孔开裂或横裂，药隔截平或突起；雄花常有退化雌蕊；子房上位，3室，稀2或4室或更多或更少，每室有1~2颗胚珠着生于中轴胎座上，花柱与子房室同数，分离或基部连合，顶端常2至多裂，直立、平展或卷曲，柱头常呈头状、线状、流苏状、折扇形或羽状分裂。果为蒴果，常从宿存的中央轴柱分离成分果爿，或为浆果状或核果状；种子常有明显的种阜，胚乳丰富、肉质或油质，胚大而直或弯曲，子叶通常扁而宽，稀卷叠式。

该科约300属8000余种，广布于全球，主产于热带和亚热带地区。我国70余属460余种（含引进栽培者），分布于全国各地，主产于西南、华南、东南。该科有众多经济作物，如橡胶树（*Hevea brasiliensis*）、油桐（*Vernicia fordii*）、木油桐（*V. montana*）、蓖麻（*Ricinus communis*）、乌桕（*Triadica sebifera*）等，同时，也有大量的饲用植物，如木薯（*Manihot esculenta*）、土蜜树（*Bridelia tomentosa*）等。

1. 铁苋菜

Acalypha australis L.

形态特征 为铁苋菜属一年生直立草本，高 0.2～0.6 m。叶膜质，长卵形、近菱状卵形或阔披针形，长3～9 cm，宽1～5 cm，顶端渐尖，基部楔形，基出脉3条，侧脉3对；叶柄长2～6 cm；托叶披针形，长1.5～2 mm。雌雄同序，花序腋生，稀顶生，长1.5～5 cm，花序梗长0.5～3 cm；雄花生于花序上部，排列成穗状或头状，雄花苞片卵形，长约0.5 mm，苞腋具雄花5～7，簇生；雄蕊7～8枚；雌花苞片1～2（～4），卵状心形，苞腋具雌花1～3朵；雌花萼片3，长卵形；子房具疏毛，花柱3，长约2 mm。蒴果，径4 mm，果皮具疏生毛和毛基变厚的小瘤体；种子近卵状，黑色，长1.5～2 mm，种皮平滑，具细长的假种阜。

地理分布 分布于朝鲜半岛、日本、东南亚、印度等地。我国除西北高原或干燥地区外，大部分地区均有分布。常生于山坡及较湿润草地和耕地上。

饲用价值 铁苋菜叶量大，茎叶鲜嫩多汁，猪、兔、牛、羊、鹅均喜食。铁苋菜的化学成分如表所示。

测定项目	样品情况	现蕾期茎叶干样
	干物质	90.14
占干物质	粗蛋白	15.87
	粗脂肪	3.89
	粗纤维	17.36
	无氮浸出物	45.63
	粗灰分	17.25
	钙	2.80
	磷	0.44

铁苋菜的化学成分（%）

铁苋菜植株

2. 红背山麻杆
Alchornea trewioides (Benth.) Müller Arg.

形态特征 为山麻杆属灌木，高1～2 m。叶阔卵形或卵圆形，长6～15 cm，宽5～12 cm，顶端急尖或渐尖，基部浅心形或近截平，边缘疏生具腺小齿，基部具斑状腺体4个；小托叶披针形，长2～3.5 mm；叶柄长7～12 cm；托叶钻状，长3～5 mm。雌雄异株，雄花序穗状，腋生，长7～15 cm，苞片三角形，雄花（3～5）11～15簇生于苞腋；花梗长约2 mm；雄花花萼花蕾时球形，径1.5 mm，萼片4，长圆形；雄蕊（7～）8；雌花序总状，顶生，长5～6 cm，花5～12，苞片狭三角形，基部具腺体2个，小苞片披针形，长约3 mm；花梗长1 mm；雌花萼片5～6，披针形，长3～4 mm，其中1枚的基部具1个腺体；子房球形，花柱3，线状，长12～15 mm，合生部分长不及1 mm。蒴果球形，具3圆棱，径8～10 mm；种子扁卵状，长6 mm，种皮浅褐色，具瘤体。

地理分布 分布于泰国、越南北部等地。我国分布于海南、广西、广东、福建、台湾、湖南、江西等地。常生于山坡、林缘、疏林下。

饲用价值 红背山麻杆嫩茎叶营养价值较高，羊喜食。红背山麻杆的化学成分如表所示。

红背山麻杆的化学成分（%）

测定项目	样品情况	嫩茎叶绝干样
	干物质	100
占干物质	粗蛋白	22.87
	粗脂肪	3.41
	粗纤维	14.47
	无氮浸出物	53.06
	粗灰分	6.19
	钙	—
	磷	—

红背山麻杆植株

3. 银柴

Aporusa dioica (Roxb.) Müller Arg.

形态特征 又名大沙叶，为银柴属灌木。叶片椭圆形、长椭圆形、倒卵形或倒披针形，长6～12 cm，宽3.5～6 cm；叶柄长5～12 mm，顶端两侧各具1个小腺体；托叶卵状披针形，长4～6 mm。雄穗状花序长约2.5 cm，宽约4 mm；苞片卵状三角形，长约1 mm；雄花萼片通常4，长卵形；雄蕊2～4，长过萼片；雌穗状花序长4～12 mm；雌花萼片4～6，三角形，顶端急尖；子房卵圆形，密被短柔毛，2室，每室有胚珠2。蒴果椭圆状，长1～1.3 cm；种子2，近卵圆形，长约9 mm，宽约5.5 mm。

地理分布 分布于印度、缅甸、越南和马来西亚等地。我国分布于海南、广东、广西、云南等地。常生于低海拔至中海拔的旷野、山地疏林和山坡灌丛中。

饲用价值 羊采食其叶片。银柴的化学成分如表所示。

银柴的化学成分（%）

测定项目	样品情况	叶及嫩梢
	干物质	21.60
占干物质	粗蛋白	12.44
	粗脂肪	1.45
	粗纤维	23.16
	无氮浸出物	52.36
	粗灰分	10.59
	钙	1.04
	磷	0.25

银柴植株（局部）

4. 黑面神

Breynia fruticosa (L.) Müller Arg.

形态特征 为黑面神属灌木，高1~3 m。叶片卵形、阔卵形或菱状卵形，长3~7 cm，宽1.8~3.5 cm，两端钝或急尖，腹面深绿色，背面粉绿色，干后变黑色，具小斑点；侧脉每边3~5条；叶柄长3~4 mm；托叶三角状披针形，长约2 mm。花小，单生或2~4朵簇生于叶腋；雌花位于小枝上部，雄花位于小枝下部，有时生于不同的小枝上；雄花花梗长2~3 mm；花萼陀螺状，长约2 mm，顶端6齿裂；雄蕊3，合生，呈柱状；雌花花梗长约2 mm；花萼钟状，6浅裂，径约4 mm，萼片近等，顶端近截形，结果时约增大1倍，上部辐射张开呈盘状；子房卵状，花柱3，顶端2裂，裂片外弯。蒴果圆球状，径6~7 mm，有宿存的花萼。

地理分布 分布于越南、老挝等地。我国分布于海南、广东、广西、福建、云南、贵州、浙江等地。常生于干旱山坡、旷野疏林和灌丛中。

饲用价值 羊采食其嫩茎叶。黑面神的化学成分如表所示。

测定项目	样品情况	嫩梢及叶
占干物质	干物质	23.00
	粗蛋白	10.03
	粗脂肪	3.44
	粗纤维	15.29
	无氮浸出物	65.36
	粗灰分	5.88
	钙	0.53
	磷	0.24

黑面神花序

黑面神植株

5. 木薯
Manihot esculenta Crantz

形态特征 为木薯属多年生直立灌木，高1.5～3 m。块根纺锤状或圆柱状。叶互生，长10～20 cm，掌状深裂几达基部，裂片3～7，倒披针形至狭椭圆形，长8～18 cm，宽1.5～4 cm，顶端渐尖，全缘；叶柄长8～22 cm；托叶三角状披针形，长5～7 mm。圆锥花序顶生或腋生，长5～8 cm，苞片条状披针形；花萼带紫红色，具白粉霜；雄花花萼长约7 mm，裂片长卵形，长3～4 mm，宽2.5 mm；雄蕊长6～7 mm，花药顶部被白色短毛；雌花花萼长约10 mm，裂片长圆状披针形，长约8 mm，宽约3 mm；子房卵形，具6条纵棱，柱头外弯，折扇状。蒴果椭圆状，长1.5～1.8 cm，径1～1.5 cm，表面粗糙，具6条狭而波状纵翅；种子长约1 cm，种皮硬壳质，具斑纹，光滑。

地理分布 木薯原产于巴西亚马孙流域，现世界热带、亚热带地区广泛栽培。我国于19世纪20年代引种栽培，现已广泛分布于华南，云南、贵州、四川、湖南、江西等地亦有少量栽培。

生物学特性 木薯喜温而不耐霜，在热带地区为多年生，在有霜冻地区为一年生。喜光，光照不足，植株徒长，茎叶纤细，块根产量低。木薯对土壤要求不高，在各类土壤上均可种植，但以土层深厚的沙壤土或壤土为宜。对钾敏感，钾肥供应不足会影响块根膨大。抗旱，但过度干旱会影响块根贮藏养分，使其纤维含量增加。

饲用价值 木薯块根含有丰富的碳水化合物，是一种高能量饲料。叶富含蛋白质，为优质青饲料。鲜薯块和鲜叶均含有氢氰酸，对畜禽有毒害作用，氢氰酸的含量因品种而异。木薯一般要经过处理后才可饲用，叶片和块根切片经过晒干，氢氰酸基本消失，粉碎后可直接饲用。木薯为许多热带国家的主要粮食作物，块根用于生产食用淀粉，嫩叶供蔬食。木薯的化学成分如表所示。

木薯的化学成分（%）

测定项目	样品情况	鲜叶	块根
	干物质	28.04	30.90
占干物质	粗蛋白	19.25	1.58
	粗脂肪	7.16	1.10
	粗纤维	21.10	2.12
	无氮浸出物	44.47	94.10
	粗灰分	8.02	1.10
钙		—	0.06
磷		—	0.15

木薯植株

木薯花序

6. 飞扬草
Euphorbia hirta L.

形态特征 为大戟属一年生直立或平卧草本。茎基多分枝，枝红色或淡紫色，长15~40 cm。叶对生，披针状长圆形、长椭圆状卵形或卵状披针形，长1~5 cm，宽5~13 mm，先端极尖或钝，基部略偏斜。花序多数，于叶腋处密集成头状，基部无梗或仅具极短的柄；总苞钟状，边缘5裂，裂片三角状卵形；腺体4，近杯状，边缘具白色附属物；雄花数枚，微达总苞边缘；雌花1，具短梗，伸出总苞外；子房三棱状，被少许柔毛；花柱3，分离；柱头2浅裂。蒴果三棱状，长宽均1~1.5 mm；种子卵状四棱形，无种阜。

地理分布 分布于印度、菲律宾、印度尼西亚等热带、亚热带地区。我国分布于海南、广东、广西、云南、福建、台湾、四川、贵州、湖南、江西等地。常生于路旁、草丛、灌丛及山坡。

饲用价值 飞扬草茎叶具乳汁，羊喜食。飞扬草的化学成分如表所示。

飞扬草的化学成分（%）

测定项目	样品情况	营养期全株
	干物质	25.80
占干物质	粗蛋白	12.38
	粗脂肪	3.67
	粗纤维	22.27
	无氮浸出物	52.96
	粗灰分	8.72
	钙	1.25
	磷	0.54

飞扬草植株

7. 重阳木

Bischofia javanica Bl.

形态特征 又名秋枫，为秋枫属乔木，高达40 m。分枝低。三出复叶，稀5小叶，总叶柄长8～20 cm；小叶卵形、椭圆形、倒卵形或椭圆状卵形，长7～15 cm，宽4～8 cm，顶端急尖或短尾状渐尖，基部宽楔形至钝形；顶生小叶柄长2～5 cm，侧生小叶柄长5～20 mm。花小，数朵组成腋生的圆锥花序；雄花序长8～13 cm；雄花径达2.5 mm；萼片半圆形，内面凹成勺状；花丝短；雌花序长15～27 cm，下垂；雌花萼片长圆状卵形；子房光滑无毛，3～4室，花柱3～4，线形，顶端不分裂。果实圆球形或近圆球形，径6～13 mm，淡褐色；种子长圆形，长约5 mm。

地理分布 分布于印度、缅甸、泰国、老挝、越南、马来西亚、印度尼西亚、菲律宾、日本、澳大利亚等地。我国分布于长江以南。常生于海拔800 m以下的山地潮湿沟谷林中。

饲用价值 羊食其叶。重阳木的化学成分如表所示。

重阳木的化学成分（%）

测定项目	样品情况	结实期叶干样
	干物质	87.00
占干物质	粗蛋白	16.85
	粗脂肪	2.77
	粗纤维	29.63
	无氮浸出物	43.16
	粗灰分	7.59
	钙	0.70
	磷	0.14

重阳木枝叶

8. 土蜜树
Bridelia tomentosa Bl.

形态特征 为土蜜树属直立灌木或小乔木，高2～5 m。叶片长圆形、长椭圆形或倒卵状长圆形，稀近圆形，长3～9 cm，宽1.5～4 cm，顶端锐尖至钝形，基部宽楔形至近圆形；叶柄长3～5 mm。雌雄同株或异株，花簇生于叶腋；雄花花梗极短；萼片三角形，长约1.2 mm，宽约1 mm；花瓣倒卵形，顶端3～5齿裂；花丝下部与退化雌蕊贴生；雌花几无花梗；通常3～5簇生；萼片三角形，长宽均约1 mm；花瓣倒卵形或匙形，顶端全缘或有齿裂；花盘坛状，包围子房；子房卵圆形，花柱2深裂，裂片线形。核果近圆球形，径4～7 mm，2室；种子褐红色，长卵形，长3.5～4 mm，宽约3 mm，腹面压扁状，有纵槽，背面稍凸起，有纵条纹。

地理分布 分布于亚洲东南部，经印度尼西亚、马来西亚至澳大利亚等地。我国分布于海南、广东、广西、福建、台湾、云南等地。常生于海拔100～1500 m的山地疏林或灌木林中。

饲用价值 土蜜树营养价值较高，牛、羊喜食。土蜜树的化学成分如表所示。

土蜜树的化学成分（%）

测定项目	样品情况	鲜叶绝干样
	干物质	100
占干物质	粗蛋白	15.69
	粗脂肪	2.79
	粗纤维	10.64
	无氮浸出物	63.75
	粗灰分	7.13
	钙	—
	磷	—

土蜜树植株

9. 白饭树

Flueggea virosa (Roxb. ex Willd.) Voigt

形态特征 为白饭树属灌木，高1~6 m。叶片椭圆形、长圆形、倒卵形或近圆形，长2~5 cm，宽1~3 cm，顶端圆至急尖，有小尖头，基部钝至楔形，全缘，背面白绿色；叶柄长2~9 mm；托叶披针形，长1.5~3 mm。花小，淡黄色，多朵簇生于叶腋；苞片鳞片状；雄花花梗纤细，长3~6 mm；萼片5，卵形，长0.8~1.5 mm，宽0.6~1.2 mm；雄蕊5，花丝长1~3 mm，花药椭圆形，长0.4~0.7 mm，伸出萼片外；花盘腺体5，与雄蕊互生；退化雌蕊通常3深裂，顶端弯曲；雌花3~10簇生，偶单生；花梗长1.5~12 mm；萼片与雄花的相同；花盘环状，顶端全缘，围绕子房基部；子房卵圆形，3室，花柱3，长0.7~1.1 mm，基部合生，顶部2裂，裂片外弯。蒴果近圆球形，径3~5 mm，成熟时果皮淡白色，不开裂；种子栗褐色，具光泽，有小疣状突起及网纹，种皮厚，种脐略圆形，腹部内陷。

地理分布 广布于非洲、大洋洲和亚洲的东部及东南部。我国分布于华东、华南及西南各地。常生于海拔100~2000 m的山地灌丛或河畔潮湿之地。

饲用价值 羊、鹿喜食其叶和嫩梢。此外，其全株可入药，具祛风湿、消肿解毒之功效。白饭树的化学成分如表所示。

白饭树的化学成分（%）

测定项目	样品情况	营养期嫩茎叶
	干物质	20.20
占干物质	粗蛋白	26.67
	粗脂肪	5.45
	粗纤维	18.66
	无氮浸出物	36.62
	粗灰分	12.60
	钙	2.80
	磷	0.34

白饭树植株

10. 余甘子
Phyllanthus emblica L.

形态特征 为叶下珠属灌木或乔木，高1～3 m。叶片2列，线状长圆形，长8～20 mm，宽2～6 mm，顶端截平或钝圆，具锐尖头或微凹，基部浅心形而稍偏斜；叶柄长0.3～0.7 mm；托叶三角形，长0.8～1.5 mm。多朵雄花和1朵雌花或全雄花组成腋生的聚伞花序；萼片6；雄花花梗长1～2.5 mm；萼片黄色，长倒卵形或匙形，长1.2～2.5 mm，宽0.5～1 mm，顶端钝或圆，边缘全缘或有浅齿；雄蕊3枚，花丝合生成柱状，长0.3～0.7 mm，花药直立，长圆形，长0.5～0.9 mm，药室平行，纵裂；花粉近球形，具4～6孔沟；花盘腺体6，近三角形；雌花花梗长约0.5 mm；萼片长圆形或匙形，长1.6～2.5 mm，宽0.7～1.3 mm，顶端钝或圆，较厚，边缘膜质；花盘杯状；子房卵圆形，长约1.5 mm，3室，花柱3，长2.5～4 mm，基部合生。蒴果圆球形，径1～1.3 cm，外果皮肉质，绿白色或淡黄白色，内果皮硬壳质；种子略带红色，长5～6 mm，宽2～3 mm。

地理分布 分布于印度、斯里兰卡、印度尼西亚、马来西亚和菲律宾等地，南美洲有栽培。我国分布于海南、广西、广东、福建、台湾、云南、贵州、四川、江西等地。常生于山地疏林、灌丛、荒地或山沟向阳处。

饲用价值 羊、鹿喜食其叶片及嫩梢。此外，其果可食用或药用。余甘子的化学成分如表所示。

余甘子的化学成分（%）

测定项目	样品情况	鲜叶及嫩梢
	干物质	28.30
占干物质	粗蛋白	9.41
	粗脂肪	1.83
	粗纤维	18.96
	无氮浸出物	66.37
	粗灰分	3.43
	钙	0.80
	磷	0.24

余甘子植株（果期）

第 52 章　葫芦科牧草

葫芦科（Cucurbitaceae），一年生或多年生草质或木质藤本，极稀为灌木或乔木状。茎通常匍匐或借助卷须攀缘。叶互生，具叶柄；叶片不分裂，或掌状浅裂至深裂，稀为鸟足状复叶，边缘具锯齿或稀全缘，具掌状脉。花单性，极少两性，雌雄同株或异株，单生、簇生或集成总状花序、圆锥花序、近伞形花序。雄花花萼辐状、钟状或管状，5裂，裂片覆瓦状排列或开放式；花冠插生于花萼筒的檐部，基部合生成筒状或钟状，或完全分离，5裂；雄蕊5或3枚，花丝分离或合生成柱状，花药分离或靠合，药室在5枚雄蕊中，全部1室，在具3枚雄蕊中，通常为1枚1室、2枚2室或稀全部2室，药隔伸出或不伸出，纵向开裂，花粉粒圆形或椭圆形。雌花花萼与花冠同雄花；子房通常由3心皮合生而成，极稀具4~5心皮，3室或1（~2）室，有时为假4~5室，胚珠通常多数；花柱单一或在顶端3裂，稀完全分离，柱头膨大。果实常为肉质浆果状或果皮木质，不开裂或在成熟后盖裂或3瓣纵裂，1室或3室。种子多颗，稀少数，压扁状，种皮骨质、硬革质或膜质；无胚乳；胚直，具短胚根，子叶大、扁平。

该科约113属800余种，大多分布于热带和亚热带地区，少数种类分布至温带。我国有32属154种35变种，主要分布于华南、西南、华中和华东等地，少数分布于华北。

1. 葫芦

Lagenaria siceraria (Molina) Standl.

形态特征 又名瓠瓜，为葫芦属一年生攀缘草本。叶柄长16～20 cm，顶端有2腺体；叶片卵状心形或肾状卵形，长宽均为10～35 cm，不分裂或3～5裂，具5～7掌状脉，先端锐尖，边缘具不规则的齿，基部心形。卷须上部分二歧。雌雄同株，雌、雄花均单生。雄花花梗细，比叶柄稍长；花萼筒漏斗状，长约2 cm，裂片披针形，长5 mm；花冠黄色，裂片皱波状，长3～4 cm，宽2～3 cm，5脉；雄蕊3枚，花丝长3～4 mm，花药长8～10 mm，长圆形。雌花花梗比叶柄稍短或近等长；花萼和花冠似雄花；花萼筒长2～3 mm；子房密生黏质长柔毛，花柱粗短，柱头3，膨大，2裂。果实初为绿色，后变白色带黄色，由于长期栽培，果形变异很大，成熟后果皮变木质；种子白色，倒卵形或三角形，长约20 mm。

地理分布 世界热带至温带地区广泛栽培。我国各地有栽培。

饲用价值 葫芦叶、茎蔓及收获后残剩的葫芦均可作为家畜青饲料，尤适于喂猪。嫩果供蔬食。葫芦的化学成分如表所示。

葫芦的化学成分（%）

测定项目	样品情况	鲜叶
	干物质	11.20
占干物质	粗蛋白	25.38
	粗脂肪	4.79
	粗纤维	12.25
	无氮浸出物	38.23
	粗灰分	19.35
	钙	3.97
	磷	0.44

葫芦植株（局部）

2. 苦瓜

Momordica charantia L.

形态特征 为苦瓜属一年生攀缘草本，多分枝。卷须长达20 cm。叶柄细，长4～6 cm；叶片卵状肾形或近圆形，长宽均为4～12 cm，5～7深裂，裂片卵状长圆形，先端多半钝圆形，稀急尖，基部弯缺半圆形，叶脉掌状。雌雄同株。雄花单生叶腋，花梗长3～7 cm，中部或下部具1苞片；苞片绿色，肾形或圆形，全缘，长宽均为5～15 mm；花萼裂片长4～6 mm，宽2～3 mm；花冠黄色，裂片长1.5～2 cm，宽0.8～1.2 cm；雄蕊3枚，离生，药室二回曲折。雌花单生，花梗被微柔毛，长10～12 cm，基部常具1苞片；子房纺锤形，密生瘤状突起，柱头3，膨大，2裂。果实纺锤形或圆柱形，多瘤皱，长10～20 cm，成熟后橙黄色，由顶端3瓣裂；种子多颗，长圆形，具红色假种皮，两端各具3小齿，长1.5～2 cm，宽1～1.5 cm。

地理分布 世界热带、亚热带和温带地区广泛栽培。我国南北各地均普遍栽培。

饲用价值 苦瓜叶、藤蔓煮熟可喂猪。嫩果供蔬食。苦瓜的化学成分如表所示。

苦瓜的化学成分（%）

测定项目	样品情况	鲜叶
	干物质	18.99
占干物质	粗蛋白	29.74
	粗脂肪	1.54
	粗纤维	13.80
	无氮浸出物	30.71
	粗灰分	24.21
	钙	4.56
	磷	0.40

苦瓜植株

3. 丝瓜
Luffa aegyptiaca Mill.

形态特征 为丝瓜属一年生攀缘藤本。卷须稍粗壮，通常二至四歧。叶柄长10~12 cm；叶片三角形或近圆形，长宽均为10~20 cm，通常掌状5~7裂，裂片三角形，中间的较长，长8~12 cm，顶端急尖或渐尖，边缘有锯齿，基部深心形。雌雄同株。雄花通常15~20朵，生于总状花序上部，花序梗长12~14 cm；花梗长1~2 cm，花萼筒宽钟形，径0.5~0.9 cm，被短柔毛，裂片卵状披针形或近三角形；花冠黄色，辐状，开展时直径5~9 cm，裂片长圆形，长2~4 cm，宽2~2.8 cm；雄蕊通常5枚，稀3枚，花丝长6~8 mm，药室多回曲折。雌花单生，花梗长2~10 cm；子房长圆柱状，柱头3，膨大。果实圆柱状，长15~30 cm，径5~8 cm，表面平滑，通常有深色纵条纹，未熟时肉质，成熟后干燥，里面呈网状纤维，由顶端盖裂；种子多颗，黑色，卵形，扁，平滑，边缘狭翼状。

地理分布 丝瓜原产于印度，世界热带、亚热带和温带地区广泛栽培。我国南北各地均有栽培，尤以南方普遍。

饲用价值 丝瓜叶、藤蔓切碎后可喂猪。嫩果供蔬食。丝瓜的化学成分如表所示。

丝瓜的化学成分（%）

测定项目	样品情况	鲜叶
	干物质	15.00
占干物质	粗蛋白	20.67
	粗脂肪	2.00
	粗纤维	10.67
	无氮浸出物	48.00
	粗灰分	18.66
	钙	—
	磷	—

丝瓜植株

4. 冬瓜
Benincasa hispida (Thunb.) Cogn.

形态特征　为冬瓜属一年生蔓生草本。叶柄长5~20 cm；叶片肾状近圆形，宽15~30 cm，5~7浅裂或有时中裂，裂片宽三角形或卵形，先端急尖，边缘有小齿，基部深心形，弯缺张开。卷须二至三歧。雌雄同株；花单生。雄花梗长5~15 cm，常在花梗的基部具一苞片，苞片卵形或宽长圆形，长6~10 mm，先端急尖；花萼筒宽钟形，宽12~15 mm，裂片披针形，长8~12 mm；花冠黄色，辐状，裂片宽倒卵形，长3~6 cm，宽2.5~3.5 cm，先端钝圆，具5脉；雄蕊3枚，离生，花丝长2~3 mm，基部膨大，花药长5 mm，宽7~10 mm。雌花梗长不及5 cm；子房卵形或圆筒形，长2~4 cm；花柱长2~3 mm，柱头3，长12~15 mm，2裂。果实长圆柱状或近球状，长25~60 cm，径10~25 cm，有硬毛和白霜；种子卵形，白色或淡黄色，压扁，长10~11 mm，宽5~7 mm，厚2 mm。

地理分布　主要分布于亚洲热带、亚热带地区。我国南北各地均有栽培。

饲用价值　冬瓜产量高，适口性好，是家畜的优良多汁饲料，其茎叶切碎煮熟后可喂猪。嫩果供蔬食。冬瓜的化学成分如表所示。

冬瓜的化学成分（%）

测定项目	样品情况	鲜茎叶	鲜瓜
	干物质	17.20	9.60
占干物质	粗蛋白	17.51	15.16
	粗脂肪	3.06	2.39
	粗纤维	12.86	18.23
	无氮浸出物	52.46	47.84
	粗灰分	14.11	16.38
	钙	2.00	0.96
	磷	0.37	0.32

冬瓜植株

5. 南瓜
Cucurbita moschata Duch.

形态特征 为南瓜属一年生蔓生草本。茎长达2～5 m。叶柄粗壮，长8～19 cm；叶片宽卵形或卵圆形，有5角或5浅裂，稀钝，长12～25 cm，宽20～30 cm，侧裂片较小，中间裂片较大，三角形，叶脉隆起，各裂片中脉常延伸至顶端，成一小尖头。卷须三至五歧。雌雄同株。雄花单生；花萼筒钟形，长5～6 mm，裂片条形，长1～1.5 cm，上部扩大成叶状；花冠黄色，钟状，长8 cm，径6 cm，5中裂，裂片边缘反卷，具皱褶，先端急尖；雄蕊3枚，花丝腺体状，长5～8 mm。雌花单生；子房1室，花柱短，柱头3，膨大，顶端2裂。果梗粗壮，具棱和槽，长5～7 cm，瓜蒂扩大成喇叭状；果形状多样，外面常有数条纵沟或无；种子多颗，长卵形或长圆形，灰白色，边缘薄，长10～15 mm，宽7～10 mm。

地理分布 南瓜原产于东南亚，南亚、东亚、东南亚等地广泛栽培。我国各地均有栽培。

饲用价值 南瓜是优质的多汁饲料，可以切碎直接饲喂猪、牛，瓜藤可切碎煮熟后喂猪。此外，南瓜的嫩梢、花、果可供蔬食，种子亦可食用。南瓜的化学成分如表所示。

南瓜的化学成分（%）

测定项目	样品情况	嫩茎叶	瓜藤	鲜瓜
	干物质	10.20	17.50	9.30
占干物质	粗蛋白	29.34	8.57	12.90
	粗脂肪	2.13	5.14	6.45
	粗纤维	16.91	32.00	11.83
	无氮浸出物	37.92	44.00	62.37
	粗灰分	13.70	10.29	6.45
	钙	1.96	0.40	0.32
	磷	0.60	0.23	0.11

南瓜植株

第53章 莎草科牧草

莎草科（Cyperaceae），多年生草本，少一年生。多数具根状茎，少数兼具块茎。秆通常三棱形。叶基生或兼秆生，一般具闭合的叶鞘和狭长的叶片，或有时仅有鞘而无叶片。花序有穗状花序、总状花序、圆锥花序、头状花序或长侧枝聚伞花序；小穗单生，簇生或排列成穗状或头状，具2至多朵花，或退化至仅具1朵花；花两性或单性，雌雄同株，少有雌雄异株，着生于鳞片（颖片）腋间，鳞片覆瓦状螺旋排列或2列，无花被或花被退化成下位鳞片或下位刚毛，有时雌花为先出叶所形成的果囊所包裹；雄蕊3，少1~2，花丝线形，花药底着；子房1室，胚珠1，花柱单一，柱头2~3个。果实为小坚果，三棱形、双凸状、平凸状或球形。

该科约80属4000余种，全世界广布。我国约28属800余种，南北均产。大多生长在潮湿处或沼泽中，也生长在山坡草地或林下。莎草科牧草种类较多，其中高山嵩草（*Kobresia pygmaea*）、柄状薹草（*Carex pediformis*）、低矮薹草（*C. humilis*）等是北方天然草地优质牧草；毛芙兰草（*Fuirena ciliaris*）、异型莎草（*Cyperus difformis*）、毛轴莎草（*C. pilosus*）等是热带地区主要的莎草科牧草。

1. 毛芙兰草
Fuirena ciliaris (L.) Roxb.

形态特征 又名毛异花草、毛瓣莎，为芙兰草属多年生丛生草本。根状茎极短或无；茎三棱形，具纵槽纹，高10～40 cm，基部通常有1～2个鞘，鞘顶端无叶片。叶茎生，平展，披针形或线状披针形，顶端渐尖，长5～15 cm，宽3～7 mm；叶鞘闭合，鞘长10～35 mm。苞片叶状，小苞片刚毛状，无鞘；圆锥花序狭长，由顶生和侧生的单一侧枝聚伞花序组成；长侧枝聚伞花序梗一般不伸出鞘外，长7～15 mm；小穗3～15个聚成圆簇；小穗卵形或长圆形，多花，长5～8 mm，宽2.5～3 mm；鳞片倒卵形，长约2 mm；花被片2轮，外轮3片刚毛状，长约0.5 mm，内轮3片花瓣状，四方形，约与小坚果等长；雄蕊3枚，花药长圆形；花柱细长，柱头3。小坚果倒卵形，褐色，平滑，顶端具椭圆形的喙，基部有短柄。

地理分布 分布于亚洲、非洲、大洋洲的热带和亚热带地区。我国分布于海南、广东、广西、福建、台湾等地。常生于田边及空旷的湿润草地。

饲用价值 牛、羊采食。毛芙兰草的化学成分如表所示。

毛芙兰草的化学成分（%）

测定项目	样品情况	结实期干样
	干物质	91.10
占干物质	粗蛋白	6.55
	粗脂肪	1.91
	粗纤维	30.23
	无氮浸出物	36.13
	粗灰分	25.18
	钙	0.18
	磷	0.13

毛芙兰草群体

第 53 章 莎草科牧草 | 563

毛芙兰草小坚果

毛芙兰草花序

2. 异型莎草

Cyperus difformis L.

形态特征 为莎草属一年生丛生草本。株高10～65 cm，扁三棱形。叶短于秆，宽2～6 mm，线形，平张或折合；叶鞘稍长，褐色。苞片2片，少3片，叶状，长于花序。长侧枝聚伞花序简单，少数为复出，辐射枝3～9个，长短不等；头状花序球形，具多数小穗，径5～15 mm；小穗密集，披针形或线形，长2～8 mm，宽约1 mm，花8～28；鳞片排列稍松，近于扁圆形，长不及1 mm，具3条不很明显的脉；雄蕊2，有时1，花药椭圆形；花柱极短，柱头3。小坚果倒卵状椭圆形，三棱形，几与鳞片等长，淡黄色。

地理分布 分布于亚洲、非洲、中美洲热带、亚热带和温带地区，欧洲也有分布。我国分布于华南、华北、西南。常生于田中、田边及水边湿润地。

饲用价值 幼嫩时牛、羊喜食，抽穗开花后草质粗老，适口性差。异型莎草的化学成分如表所示。

异型莎草的化学成分（%）

测定项目	样品情况	营养期茎叶	开花期茎叶
干物质		15.20	18.30
占干物质	粗蛋白	9.33	6.39
	粗脂肪	1.93	1.25
	粗纤维	22.95	27.51
	无氮浸出物	52.79	52.75
	粗灰分	13.00	12.10
钙		0.84	0.64
磷		0.35	0.30

异型莎草植株

3. 毛轴莎草
Cyperus pilosus Vahl

形态特征 为莎草属多年生草本。株高30~70 cm。叶短于秆，宽6~8 mm；叶鞘短，淡褐色。苞片3，长于花序；复出长侧枝聚伞花序具3~10个第一次辐射枝，辐射枝长短不等，每个第一次辐射枝具3~7个第二次辐射枝；穗状花序卵形或长圆形，长2~3 cm，宽10~21 mm，具多小穗；小穗2列，排列疏松，线状披针形或线形，稍肿胀，长5~14 mm，宽1.5~2.5 mm，花8~24；鳞片排列稍松，宽卵形，长2 mm，背面具不明显的龙骨状突起，脉5~7条；雄蕊3枚，花药短，线状长圆形，红色，药隔突出于花药顶端；花柱短，白色，具棕色斑点，柱头3。小坚果宽椭圆形或倒卵形，三棱形，长为鳞片的1/2~3/5，顶端具短尖，成熟时黑色。

地理分布 分布于亚洲、非洲的热带、亚热带地区，澳大利亚也有分布。我国分布于海南、广东、广西、福建、云南、四川、贵州、江西等地。常生于水田边、路旁潮湿处。

饲用价值 幼嫩时牛、羊喜食，抽穗开花后渐粗老，适口性下降。毛轴莎草的化学成分如表所示。

毛轴莎草的化学成分（%）

测定项目	样品情况	营养期鲜草	开花期鲜草
占干物质	干物质	16.90	21.40
	粗蛋白	6.04	4.74
	粗脂肪	1.36	2.73
	粗纤维	27.49	28.23
	无氮浸出物	55.84	56.90
	粗灰分	9.27	7.40
	钙	0.41	0.33
	磷	0.34	0.32

毛轴莎草植株

4. 香附子
Cyperus rotundus L.

形态特征 为莎草属多年生草本。匍匐根状茎长，具椭圆形块茎。秆稍细弱，高10~50 cm，锐三棱形，平滑，基部呈块茎状。叶丛生于茎基部，短于秆，叶鞘闭合；叶片窄线形，长20~60 cm，宽2~5 mm。叶状苞片2~3（~5），常长于花序；长侧枝聚伞花序简单或复出，具（2~）3~10个辐射枝；辐射枝最长达12 cm；穗状花序陀螺形，稍疏松，小穗3~10；小穗线形，长1~3 cm，宽约1.5 mm，花8~28；小穗轴具较宽的、白色透明的翅；鳞片稍密地覆瓦状排列，卵形或长圆状卵形，长约3 mm，顶端急尖或钝，无短尖，具5~7条脉；雄蕊3，花药长，线形，暗红色，药隔突出于花药顶端；花柱长，柱头3，细长，伸出鳞片外。小坚果长圆状倒卵形、三棱形，长为鳞片的1/3~2/5。

地理分布 广布于世界热带、亚热带和温带地区。我国除东北、西北部分地区外，其余各地几乎均有分布。常生于荒地、路边、沟边或田间。

饲用价值 开花前牛、羊喜食。块茎是著名的草药。香附子的化学成分如表所示。

香附子的化学成分（%）

测定项目	样品情况	营养期嫩茎叶	开花期嫩茎叶
	干物质	17.60	19.00
占干物质	粗蛋白	21.78	9.42
	粗脂肪	2.72	2.74
	粗纤维	22.50	24.69
	无氮浸出物	41.42	53.02
	粗灰分	11.58	10.13
	钙	0.59	0.49
	磷	0.33	0.33

香附子群体

5. 红鳞扁莎

Pycreus sanguinolentus (Vahl) Nees ex C. B. Clarke

形态特征 为扁莎属一年生丛生草本。株高5~40 cm，扁三棱形。叶常短于秆，宽2~4 mm，平张，边缘具白色透明的细刺。叶状苞片3~4，长于花序；长侧枝聚伞花序具3~5个辐射枝，辐射枝有时极短，小穗4~12个或更多，密聚成短的穗状花序；小穗长圆形或长圆状披针形，长5~12 mm，宽2.5~3 mm，有花6~24朵，小穗轴直，四棱形，无翅；鳞片疏松的覆瓦状排列，卵形，长约2 mm，有3~5条脉；雄蕊3，稀2；花柱长，柱头2。小坚果倒卵形或长圆状倒卵形、双凸状，长为鳞片的1/2~3/5，成熟时黑色。

地理分布 分布于亚洲、非洲及地中海一带。我国南北各地均有分布。常生于山谷、田边、河旁潮湿处或浅水中。

饲用价值 牛、羊采食。红鳞扁莎的化学成分如表所示。

红鳞扁莎的化学成分（%）

测定项目	样品情况	鲜草
占干物质	干物质	21.31
	粗蛋白	13.80
	粗脂肪	7.90
	粗纤维	18.60
	无氮浸出物	47.70
	粗灰分	12.00
	钙	—
	磷	—

红鳞扁莎群体

568 | 第 4 篇　其他科热带牧草

红鳞扁莎花序

红鳞扁莎小坚果

6. 高秆珍珠茅

Scleria terrestris (L.) Fassett

形态特征 为珍珠茅属多年生草本，匍匐根状茎木质，被深紫色鳞片。秆散生，三棱形，高0.6～1 m。叶线形，长30～40 cm，宽6～10 mm，纸质；叶鞘长1～8 cm，近秆基部的鞘紫红色，鞘端有裂齿3，无翅，秆中部的鞘具1～3 mm宽的狭翅；叶舌半圆形，短，被紫色髯毛。圆锥花序由顶生和1～3个相距稍远的侧生枝圆锥花序组成；侧生枝圆锥花序长3～8 cm，宽1.5～6 cm；小苞片刚毛状，基部具耳；小穗多单生，长圆状卵形或披针形，长3～4 mm，紫褐色或褐色，单性；雄小穗鳞片厚膜质，长2～3 mm，下部几片具龙骨状突起，具锈色短条纹；雌小穗通常生于分枝的基部；鳞片宽卵形或卵状披针形，长2～4 mm，具龙骨状突起；雄花具雄蕊3枚，花药线形，长1.2～1.8 mm；柱头3。小坚果球形或近卵形，有时多少呈三棱形，径约2.5 mm，白色或淡褐色，表面具四至六角形的网纹。

地理分布 分布于印度、斯里兰卡、马来西亚、印度尼西亚、泰国、越南和澳大利亚等地。我国分布于海南、广东、广西、福建、云南、四川、贵州等地。常生于田边、路旁、山坡及密林中。

饲用价值 幼嫩时牛、羊喜食，抽穗后草质老化，适口性差。高秆珍珠茅的化学成分如表所示。

高秆珍珠茅的化学成分（%）

测定项目	样品情况	营养期鲜草	开花期鲜草	成熟期鲜草
	干物质	27.00	29.50	30.80
占干物质	粗蛋白	8.83	8.23	7.66
	粗脂肪	1.66	3.42	1.77
	粗纤维	29.87	34.10	35.41
	无氮浸出物	51.34	46.35	46.36
	粗灰分	8.30	7.90	8.80
	钙	0.21	0.22	0.20
	磷	0.06	0.06	0.08

高秆珍珠茅植株

7. 十字薹草
Carex cruciata Wahlenb.

形态特征 又名油草，为薹草属多年生丛生草本。株高40～90 cm，三棱形。叶长于秆，扁平，宽4～13 mm，边缘具短刺毛。苞片叶状，长于支花序，基部具长鞘。圆锥花序复出，长20～40 cm；侧生枝圆锥花序数个，通常单生，长4～15 cm，宽3～6 cm；小苞片鳞片状，长约1.5 mm，背面被短粗毛。小穗极多数，长5～12 mm，两性。雄花鳞片披针形，长约2.5 mm，顶端渐尖，具短尖，膜质，淡褐白色，密生棕褐色斑点和短线；雌花鳞片卵形，长约2 mm，顶端钝，具短芒，膜质，淡褐色，密生褐色斑点和短线，具3条脉。果囊长于鳞片，椭圆形，长3～3.2 mm，淡褐白色，具棕褐色斑点和短线，平滑或上部疏生短粗毛，具数条隆起的脉，基部几无柄，上部渐狭成喙，喙长约为果囊的1/3，喙口斜截形。小坚果卵状椭圆形，三棱形，长约1.5 mm，成熟时暗褐色。

地理分布 分布于印度、印度尼西亚、中南半岛等地。我国分布于海南、广东、广西、福建、云南、四川、贵州等地。常生于山谷、水旁、林中阴湿地。

饲用价值 幼嫩时牛、羊采食。十字薹草的化学成分如表所示。

十字薹草的化学成分（%）

测定项目	样品情况	开花期干样
	干物质	91.50
占干物质	粗蛋白	5.87
	粗脂肪	1.44
	粗纤维	41.00
	无氮浸出物	43.79
	粗灰分	7.90
	钙	0.71
	磷	0.10

十字薹草植株

第 54 章　马鞭草科牧草

马鞭草科（Verbenaceae），灌木或乔木，有时为藤本，稀为草本。叶对生，少轮生或互生，单叶或掌状复叶，少羽状复叶。花序顶生或腋生，多数为聚伞、总状、穗状、伞房状聚伞或圆锥花序；花两性，极少退化为杂性；花萼宿存，杯状、钟状或管状，稀漏斗状，顶端有4～5齿或为截头状，少6～8齿；花冠管圆柱形，管口裂为二唇形或略不相等的4～5裂，少多裂；雄蕊4，极少2或5～6，着生于花冠管上，花丝分离，花药通常2室，基部或背部着生于花丝上，内向纵裂或顶端先开裂而成孔裂；花盘通常不显著；子房上位，通常2心皮，少为4或5，全缘或微凹或4浅裂，极稀深裂，通常2～4室，有时被假隔膜分为4～10室，每室有2胚珠，或因假隔膜而每室有1胚珠；花柱顶生，极少数多少下陷于子房裂片中；柱头明显分裂或不裂。果实为核果、蒴果或浆果状核果，核单一或可分为2或4个。种子通常无胚乳。

该科80余属3000余种，主要分布于热带和亚热带地区，少数延至温带。我国有21属170余种。

1. 大青
Clerodendrum cyrtophyllum Turcz.

形态特征 为大青属灌木或小乔木，高1～10 m。叶片椭圆形、卵状椭圆形、长圆形或长圆状披针形，长6～20 cm，宽3～9 cm，顶端渐尖或急尖，基部圆形或宽楔形，背面常有腺点；叶柄长1～8 cm。伞房状聚伞花序，长10～16 cm，宽20～25 cm；苞片线形，长3～7 mm；花小；萼杯状，长3～4 mm，顶端5裂，裂片三角状卵形，长约1 mm；花冠白色，外面疏生细毛和腺点，花冠管细长，长约1 cm，顶端5裂，裂片卵形，长约5 mm；雄蕊4，花丝长约1.6 cm，与花柱同伸出花冠外；子房4室，每室1胚珠，常不完全发育；柱头2浅裂。果实球形或倒卵形，径5～10 mm，成熟时蓝紫色，为红色的宿萼所托。

地理分布 分布于印度尼西亚、马来西亚、菲律宾、越南等地。我国分布于华南、东南、西南等地。常生于低海拔山坡、丘陵、林下和溪谷旁，橡胶林下及林缘常见。

饲用价值 大青叶量大，柔嫩多汁，羊采食，亦可切碎喂猪。此外，大青根及叶可供药用，具清热、泻火、利尿、解毒之功效。大青的化学成分如表所示。

大青的化学成分（%）

测定项目	样品情况	嫩茎叶
占干物质	干物质	21.90
	粗蛋白	22.10
	粗脂肪	4.46
	粗纤维	18.30
	无氮浸出物	47.03
	粗灰分	8.11
	钙	0.96
	磷	0.30

大青植株

2. 假败酱
Stachytarpheta jamaicensis (L.) Vahl

形态特征 又名假马鞭，为假马鞭属多年生草本或亚灌木，高0.6～2 m。叶片椭圆形至卵状椭圆形，长2.4～8 cm，顶端短锐尖，基部楔形，边缘有粗锯齿，侧脉3～5；叶柄长1～3 cm。穗状花序顶生，长11～29 cm；花单生于苞腋内，一半嵌生于花序轴的凹穴中，螺旋状着生；苞片边缘膜质，顶端有芒尖；花萼管状，透明，长约6 mm；花冠深蓝紫色，长0.7～1.2 cm，顶端5裂，裂片平展；雄蕊2，花丝短，花药2裂；花柱伸出，柱头头状。果藏于花萼内，成熟后2瓣裂，每瓣有种子1颗。

地理分布 假败酱原产于中南美洲，东南亚广泛分布。我国分布于海南、广东、广西、福建、云南等地。常生于低海拔的山坡、旷野和荒地。

饲用价值 假败酱茎叶柔嫩，牛、羊采食。假败酱的化学成分如表所示。

假败酱的化学成分（%）

测定项目	样品情况	营养期茎叶	开花期茎叶
	干物质	23.70	26.60
占干物质	粗蛋白	21.96	12.01
	粗脂肪	4.06	2.76
	粗纤维	11.02	22.86
	无氮浸出物	53.79	53.46
	粗灰分	9.17	8.91
	钙	1.04	1.27
	磷	0.23	0.14

假败酱植株

假败酱花序

第55章 苦木科牧草

苦木科（Simaroubaceae），乔木或灌木。羽状复叶，稀单叶；叶互生，稀对生。花序腋生，总状、圆锥状或聚伞花序，少穗状花序；花小，辐射对称，单性、杂性或两性；萼片3~5，镊合状或覆瓦状排列；花瓣3~5，分离，少数退化，镊合状或覆瓦状排列；雄蕊与花瓣同数或为花瓣的2倍，花丝分离，通常在基部有一鳞片，花药长圆形，丁字着生，2室，纵向开裂；子房通常2~5裂，2~5室，花柱2~5，分离或多少结合，柱头头状，每室有胚珠1~2颗，倒生或弯生。果为翅果、核果或蒴果，一般不开裂；种子有胚乳或无，胚直或弯曲，具有小胚轴及厚子叶。

该科约20属120种，主产于热带和亚热带地区。我国有5属约11种，产于长江以南，个别种类分布至华北及东北南部。

1. 牛筋果
Harrisonia perforata (Blanco) Merr.

形态特征 为牛筋果属灌木，近直立或稍攀缘，高1~2 m。枝条上叶柄的基部具1对锐利的钩刺。叶长8~14 cm，有小叶5~13片，叶轴在小叶间有狭翅；小叶菱状卵形，长2~4.5 cm，宽1.5~2 cm，先端钝而急尖，基部渐狭而成短柄。花数至10余朵组成顶生被毛的短总状花序；萼片卵状三角形，长约1 mm，被短柔毛；花瓣白色，披针形，长5~6 mm；雄蕊稍长于花瓣，花丝基部的鳞片被白色柔毛；花盘杯状；子房4~5室，4~5浅裂。果肉质，球形或不规则球形，径1~1.5 cm，成熟时淡紫红色。

地理分布 分布于中南半岛、印度尼西亚等地。我国分布于华南、华东、西南等地。常生于低海拔的灌木林和疏林中。

饲用价值 羊食其叶。牛筋果的化学成分如表所示。

牛筋果的化学成分（%）

测定项目	样品情况	叶及嫩梢
干物质		24.40
占干物质	粗蛋白	17.21
	粗脂肪	2.79
	粗纤维	13.27
	无氮浸出物	60.40
	粗灰分	6.33
	钙	1.09
	磷	0.18

牛筋果植株（局部）

2. 鸦胆子
Brucea javanica (L.) Merr.

形态特征 又名苦参子，为鸦胆子属灌木或小乔木。嫩枝、叶柄和花序均被黄色柔毛。叶长20～40 cm，有小叶3～15；小叶卵形或卵状披针形，长5～10（～13）cm，宽2.5～5（～6.5）cm，先端渐尖，基部宽楔形至近圆形，通常略偏斜，边缘有粗齿；小叶柄长4～8 mm。花组成圆锥花序，雄花序长15～25（～40）cm，雌花序长约为雄花序的1/2；花暗紫色，径1.5～2 mm；雄花花梗细弱，长约3 mm，萼片被微柔毛，长0.5～1 mm，宽0.3～0.5 mm；花瓣长1～2 mm，宽0.5～1 mm；雌花的花梗长约2.5 mm，萼片和花瓣与雄花同，雄蕊退化或仅有痕迹。核果1～4，分离，长卵形，长6～8 mm，径4～6 mm，成熟时灰黑色，干后有不规则多角形网纹，外壳硬骨质，种仁黄白色，卵形，有薄膜。

地理分布 分布于亚洲东南部至大洋洲北部。我国分布于华南、东南、西南。常生于旷野、灌丛和疏林中。

饲用价值 山羊食其嫩叶，属中等饲用植物。

鸦胆子花序

第 56 章 漆树科牧草

漆树科（Anacardiaceae），多为乔木或灌木，少有木质藤本和亚灌木状草本。叶互生，稀对生，单叶，掌状三小叶或奇数羽状复叶。花小，单性或杂性，少两性，排列成顶生或腋生的圆锥花序；通常为双被花，稀为单被或无被花；花萼多少合生，3~5裂，极稀分离；花瓣3~5，分离或基部合生，通常下位，覆瓦状或镊合状排列，脱落或宿存，雄蕊着生于花盘外面基部或有时着生于花盘边缘，与花盘同数或为其2倍，花丝线形或钻形，分离，花药卵形、长圆形或箭形，2室；花盘环状、坛状或杯状，全缘或5~10浅裂或呈柄状突起；心皮1~5，仅1个发育或合生，子房上位，少有半下位或下位，通常1室，少有2~5室，每室有胚珠1颗。果多为核果，外果皮薄，中果皮通常厚，具树脂，内果皮坚硬，骨质、硬壳质或革质，1室或3~5室，每室具种子1颗；胚稍大，肉质，弯曲，子叶膜质，扁平或稍肥厚，无胚乳或有少量薄的胚乳。

该科约60属600余种，大多分布于世界热带、亚热带地区，少数延伸到温带地区。我国有16属59种。

1. 厚皮树

Lannea coromandelica (Houtt.) Merr.

形态特征 为厚皮树属落叶乔木。奇数羽状复叶常集生于小枝顶端，长10～33 cm，小叶3～4对，稀2或5对；小叶卵形或长圆状卵形，长5.5～9 cm，宽2.5～4 cm，先端长渐尖或尾状渐尖，基部略偏斜，近圆形，全缘；小叶柄长1～3 mm，被锈色星状毛。花小，黄色或带紫色，排列成顶生分枝或不分枝的总状花序，雄花序长15～30 cm，分枝，雌花序较短，簇生小枝顶端，被锈色星状毛；小苞片长1～2 mm，边缘具细纤毛；花萼无毛，裂片卵形或阔卵形，长约1 mm；花瓣卵状长圆形，长约2.7 mm，宽约1.5 mm，先端和边缘外卷；雄蕊与花瓣等长或略长，在雌花中极短；子房无毛，卵形，4室，通常仅1室发育。核果卵形，略压扁，成熟时紫红色，长8～10 mm，宽约0.5 mm。

地理分布 分布于中南半岛、印度至印度尼西亚等地。我国分布于海南、广东、广西、云南等地。常生于谷地、溪边及低海拔的疏林中。

饲用价值 羊、鹿采食其叶，果可食用。厚皮树的化学成分如表所示。

厚皮树的化学成分（%）

测定项目	样品情况	营养期嫩梢叶
	干物质	24.00
占干物质	粗蛋白	9.74
	粗脂肪	1.66
	粗纤维	18.55
	无氮浸出物	67.56
	粗灰分	2.49
	钙	0.48
	磷	0.24

厚皮树果

厚皮树植株

2. 盐肤木
Rhus chinensis Mill.

形态特征 为盐肤木属灌木或小乔木，高2～10 m。奇数羽状复叶，长25～45 cm，小叶（2～）3～6对，叶轴具宽的叶状翅，小叶自下而上逐渐增大；小叶无柄，卵形、椭圆状卵形或长圆形，长6～12 cm，宽3～7 cm，先端急尖，基部圆形，顶生小叶基部楔形，边缘具粗锯齿或圆齿，叶背粉绿色，被白粉。圆锥花序宽大，多分枝，雄花序长30～40 cm，雄花花萼裂片长卵形，长约1 mm；雄蕊伸出，花丝线形，长约2 mm，花药卵形，长约0.7 mm；雌花花萼裂片较短，长约0.6 mm；花瓣椭圆状卵形，长约1.6 mm；子房卵形，长约1 mm，密被白色微柔毛，花柱3，柱头头状。核果球形，略压扁，径4～5 mm，被具节柔毛和腺毛，成熟时红色，果核径3～4 mm。

地理分布 分布于印度、中南半岛、印度尼西亚、日本和朝鲜等地。我国除新疆、东北、华北和西北的部分地区外，其余各地均有分布。常生于向阳山坡、沟谷、溪边的疏林或灌丛中。

饲用价值 羊喜食其嫩叶，嫩叶煮熟可喂猪。盐肤木的化学成分如表所示。

测定项目	样品情况	开花期嫩叶
占干物质	干物质	24.40
	粗蛋白	15.05
	粗脂肪	7.06
	粗纤维	18.82
	无氮浸出物	52.53
	粗灰分	6.54
	钙	0.71
	磷	0.25

盐肤木植株（局部）

3. 杧果

Mangifera indica L.

形态特征 为杧果属常绿乔木，高可达10～20 m。叶常集生枝顶，通常为长圆形或长圆状披针形，长12～30 cm，宽3.5～6.5 cm，先端渐尖、长渐尖或急尖，基部楔形或近圆形，边缘皱波状；叶柄长2～6 cm，上面具槽，基部膨大。圆锥花序长20～35 cm，花多密集，分枝开展，最基部分枝长6～15 cm；苞片披针形，长约1.5 mm；花小，杂性，黄色或淡黄色；花梗长1.5～3 mm；萼片卵状披针形，长2.5～3 mm，宽约1.5 mm，渐尖；花瓣长圆形或长圆状披针形，长3.5～4 mm，宽约1.5 mm；花盘膨大，肉质，5浅裂；雄蕊仅1枚发育，长约2.5 mm，花药卵圆形，不育雄蕊3～4，具极短的花丝和疣状花药原基，或缺；子房斜卵形，径约1.5 mm，无毛，花柱近顶生，长约2.5 mm。核果大，肾形，压扁，长5～10 cm，宽3～4.5 cm，成熟时黄色，中果皮肉质，肥厚，果核大，扁平，坚硬。

地理分布 杧果原产于印度、中南半岛一带，世界热带地区广泛栽培。我国海南、广东、广西、台湾、福建、云南、四川、贵州等地有栽培。

饲用价值 牛、羊采食其叶片，鹿喜食，猪喜食果实，废弃的果实可青贮利用。杧果的化学成分如表所示。

杧果的化学成分（%）

测定项目	样品情况	鲜叶
	干物质	32.00
占干物质	粗蛋白	8.20
	粗脂肪	2.78
	粗纤维	21.88
	无氮浸出物	57.92
	粗灰分	9.22
	钙	1.99
	磷	0.21

杧果植株（果期）

第 57 章　无患子科牧草

无患子科（Sapindaceae），多为乔木或灌木，少藤本。羽状复叶或掌状复叶，少单叶，互生。聚伞圆锥花序顶生或腋生；苞片和小苞片小；花通常小，单性，少杂性或两性。雄花萼片4或5，有时6，离生或基部合生；花瓣4或5，有时无花瓣或只有1～4个发育不全的花瓣，离生，覆瓦状排列；花盘肉质，环状、碟状、杯状或偏于一边，全缘或分裂，少无花盘；雄蕊5～10枚，通常8枚，偶有多数，着生于花盘内或花盘上，常伸出，花丝分离，极少基部至中部连生，花药背着，纵裂，退化雌蕊很小。雌花花被和花盘与雄花相同，不育雄蕊与雄花中能育雄蕊常相似，但花丝较短，花药有厚壁，不开裂；雌蕊由2～4心皮组成，子房上位，通常3室，很少1或4室，全缘或2～4裂，花柱顶生或着生在子房裂片间，柱头单一或2～4裂；每室有胚珠1或2颗，偶有多颗。果为室背开裂的蒴果，或不开裂浆果状或核果状，1～4室；种子每室1颗，很少2或多颗，种皮膜质至革质，少骨质；胚通常弯拱，无胚乳或有很薄的胚乳，子叶肥厚。

该科约150属2000余种，分布于世界热带和亚热带地区，温带很少。我国有25属约53种，多数分布于西南至东南。

1. 坡柳

Dodonaea viscosa (L.) Jacq.

形态特征 又名车桑子、铁扫把，为车桑子属灌木或小乔木，高1～3 m。小枝纤细，扁，有棱角或狭翅，枝、叶和花序覆有胶状黏液。单叶互生，线形、线状披针形、倒披针形或长圆形，长5～12 cm，宽0.5～4 cm，顶端短尖、钝或圆；叶柄短或近无柄。圆锥花序或总状花序，顶生或在小枝上部腋生。花单性，萼片4，披针形或长椭圆形，长约3 mm，顶端钝；雄蕊7或8，花丝长不及1 mm，花药长2.5 mm；子房椭圆形，2或3室，花柱长约6 mm，顶端2或3深裂。蒴果倒心形或扁球形，2或3翅，长1.5～2.2 cm，宽1.8～2.5 cm，种皮膜质或纸质，有脉纹；种子每室1或2，透镜状，黑色，圆形，两面凸起。

地理分布 分布于印度、尼泊尔、缅甸等地。我国分布于华南、西南、东南等地。常生于低海拔至中海拔的干旱山坡、灌丛中，河谷、沟边亦常见。

饲用价值 羊极喜食其叶。坡柳的化学成分如表所示。

坡柳蒴果

测定项目	样品情况	嫩茎叶
	干物质	27.40
占干物质	粗蛋白	15.29
	粗脂肪	6.36
	粗纤维	9.26
	无氮浸出物	65.55
	粗灰分	3.54
	钙	0.78
	磷	0.16

坡柳的化学成分（%）

坡柳植株（花期局部）

2. 赤才
***Lepisanthes rubiginosa* (Roxb.) Leenh.**

形态特征　为鳞花木属灌木或小乔木，高2~3 m。偶数羽状复叶，长20~40 cm，有小叶2~8对；小叶长圆形或卵状椭圆形，长8~25 cm，宽2.5~8 cm，下部小叶较小，先端钝或急尖，基部稍偏斜，圆形，表面灰绿色，脉上密被锈色绒毛，叶背黄棕色；小叶柄粗短，长不及5 mm。花序通常为复总状，只有一回分枝，分枝上部花密，下部花疏，苞片钻形；花芳香，径约5 mm；萼片近圆形，长2~2.5 mm；花瓣倒卵形，长约5 mm；花丝被长柔毛。果长椭圆形或倒卵状长椭圆形，成熟时红紫色。

地理分布　分布于印度、印度尼西亚、马来西亚、菲律宾、澳大利亚等地。我国分布于海南、广东、广西和云南部分地区。常生于灌丛或疏林中。

饲用价值　羊稍食其嫩叶、嫩梢，特别是在干旱季节，其是热带天然草地上山羊重要的补充饲料。赤才的化学成分如表所示。

赤才的化学成分（%）

测定项目	样品情况	嫩梢及茎叶
占干物质	干物质	23.00
	粗蛋白	13.66
	粗脂肪	1.58
	粗纤维	24.46
	无氮浸出物	54.75
	粗灰分	5.55
	钙	0.59
	磷	0.21

赤才果

第 57 章　无患子科牧草 | 585

赤才植株

第58章　椴树科牧草

椴树科（Tiliaceae），木本或草本。单叶互生，稀对生，具基出脉。花两性，稀单性，排成聚伞花序或再组成圆锥花序；苞片早落，有时大而宿存；萼片通常5，有时4，分离或多少连生，镊合状排列；花瓣与萼片同数，分离，有时或缺；内侧常有腺体，或有花瓣状退化雄蕊，与花瓣对生；雄蕊多数，稀5，离生或基部连生成束，花药2室，纵裂或顶端孔裂；子房2～6室，或更多，每室有胚珠1至数颗，花柱单生，有时分裂，柱头锥状或盾状，常分裂。果为核果、蒴果、裂果，有时浆果状或翅果状，2～10室；种子有胚乳，胚直，子叶扁平。

该科约52属500余种，主要分布于热带及亚热带地区。我国有13属约85种，分布于华南、东南、西南等地。

1. 破布叶

Microcos paniculata L.

形态特征 又名布渣叶，为破布叶属灌木或小乔木，高1~3 m。叶卵状长圆形，长8~18 cm，宽4~8 cm，先端渐尖，基部圆形，三出脉；叶柄长1~1.5 cm；托叶线状披针形，长5~7 mm。顶生圆锥花序长4~10 cm，被星状柔毛；苞片披针形；花梗短小；萼片长圆形，长5~8 mm；花瓣长圆形，长3~4 mm；腺体长约2 mm；雄蕊多数，较萼片短；子房近球形，3室，柱头锥形。核果近球形或倒卵形，长约1 cm。

地理分布 分布于中南半岛、印度及印度尼西亚等地。我国分布于海南、广东、广西及云南等地。常生于山谷、草地、沟边及林缘和疏林中。

饲用价值 羊采食其嫩梢，鹿食其叶。其可作为冬春季饲料短缺时家畜的补充饲料。破布叶的化学成分如表所示。

破布叶的化学成分（%）

测定项目	样品情况	嫩茎叶
	干物质	13.00
占干物质	粗蛋白	17.38
	粗脂肪	3.22
	粗纤维	16.04
	无氮浸出物	52.58
	粗灰分	10.78
	钙	2.34
	磷	0.48

2. 刺蒴麻

Triumfetta rhomboidea Jacq.

形态特征 为刺蒴麻属亚灌木。茎上部叶长圆形，茎下部叶阔卵圆形，长3~8 cm，宽2~6 cm，基出脉3~5条，叶柄长1~5 cm。聚伞花序数枝腋生，花序柄及花梗均极短；萼片狭长圆形，长5 mm，顶端有角；花瓣较萼片略短，黄色；雄蕊10枚；子房有刺毛。果球形，不开裂，被灰黄色柔毛，具钩刺；种子2~6。

地理分布 分布于热带亚洲、非洲等地。我国分布于海南、广东、广西、福建、台湾和云南等地。常生于旷野和山坡灌丛中。

饲用价值 牛、羊、鹿和马喜食。刺蒴麻的化学成分如表所示。

刺蒴麻的化学成分（%）

测定项目	样品情况	嫩茎叶
	干物质	26.70
占干物质	粗蛋白	15.50
	粗脂肪	3.35
	粗纤维	18.86
	无氮浸出物	55.29
	粗灰分	7.00
	钙	1.28
	磷	0.35

刺蒴麻植株

第59章 锦葵科牧草

锦葵科（Malvaceae），草本、灌木或乔木。单叶互生，通常为掌状脉。花腋生或顶生，单生、簇生、聚伞花序至圆锥花序；花两性，辐射对称；萼片3～5，分离或合生；其下附有总苞状的小苞片3至多数；花瓣5，彼此分离，与雄蕊管的基部合生；雄蕊多数，连合成一管（雄蕊柱），花药1室，花粉粒大而具刺；子房上位，2至多室，以5室为多，由2～5或较多的心皮环绕中轴而成，花柱上部分枝或为棒状，每室有胚珠1至多颗，花柱与心皮同数或为其2倍。蒴果，常几枚果爿分裂，很少浆果状。种子肾形或倒卵形，有胚乳；子叶扁平，折叠状或回旋状。

该科约50属1000余种，分布于世界热带、亚热带和温带地区。我国有16属约81种，南北各地均有分布，尤以热带和亚热带地区种类较多。

1. 磨盘草
Abutilon indicum (L.) Sweet

形态特征 为苘麻属一年生或多年生直立亚灌木状草本，高0.5~2.5 m。叶卵圆形或近圆形，长3~9 cm，宽2.5~7 cm，先端短尖或渐尖，基部心形，边缘具不规则锯齿；叶柄长2~4 cm。花单生于叶腋，花梗长达4 cm；花萼盘状，绿色，径6~10 mm，裂片5，宽卵形，先端短尖；花黄色，径2~2.5 cm，花瓣5，长7~8 mm；雄蕊柱被星状硬毛；心皮15~20，花柱枝5，头状。果倒圆形，似磨盘，径约1.5 cm，成熟时黑色，分果爿15~20，先端截形，具短芒，被星状长硬毛；种子肾形，被星状疏柔毛。

地理分布 分布于世界热带、亚热带地区。我国分布于长江以南。常生于山坡草地、旷野、河谷及路旁。

饲用价值 磨盘草叶羊喜食，牛食。此外，其茎叶可药用。磨盘草的化学成分如表所示。

磨盘草的化学成分（%）

测定项目	样品情况	营养期叶及嫩梢	开花期叶及嫩梢
	干物质	19.10	19.90
占干物质	粗蛋白	22.68	22.61
	粗脂肪	2.39	1.62
	粗纤维	14.67	15.08
	无氮浸出物	44.71	45.82
	粗灰分	15.55	14.87
	钙	2.90	3.09
	磷	0.56	0.45

磨盘草植株

第 59 章 锦葵科牧草 | 591

磨盘草花、果

2. 肖梵天花
Urena lobata L.

形态特征 又名地挑花，为梵天花属直立亚灌木状草本，高0.7～1.2 m。茎下部叶近圆形，长4～5 cm，宽5～6 cm，先端浅3裂，基部圆形或近心形，边缘具锯齿；茎中部叶卵形，长5～7 cm，宽3～6.5 cm；茎上部叶长圆形至披针形，长4～7 cm，宽1.5～3 cm；叶柄长1～4 cm。花单生叶腋，淡红色，径约15 mm；花梗长约3 mm，被绵毛；小苞片5，长约6 mm；花萼杯状，裂片5，较小苞片略短；花瓣5，倒卵形，长约15 mm；雄蕊柱长约15 mm；花柱枝10。果扁球形，径约1 cm，分果爿被星状短柔毛和锚状刺。

地理分布 分布于越南、柬埔寨、老挝、泰国、缅甸、印度等地。我国分布于长江以南。常生于空旷地、草坡及疏林下。

饲用价值 适口性稍差，嫩枝叶牛、羊少量采食。肖梵天花的化学成分如表所示。

肖梵天花的化学成分（%）

测定项目	样品情况	开花期嫩茎叶
	干物质	23.70
占干物质	粗蛋白	15.90
	粗脂肪	4.43
	粗纤维	18.87
	无氮浸出物	52.90
	粗灰分	7.90
	钙	2.04
	磷	0.37

肖梵天花花序

肖梵天花植株

3. 白背黄花稔
Sida rhombifolia L.

形态特征 为黄花稔属直立亚灌木，高约1 m。叶菱形或长圆状披针形，长25～45 mm，宽6～20 mm，先端浑圆至短尖，基部宽楔形，边缘具锯齿；叶柄长3～5 mm。花单生于叶腋，花梗长1～2 cm；萼杯形，长4～5 mm，裂片5，三角形；花黄色，径约1 cm，花瓣倒卵形，长约8 mm，先端圆，基部狭；雄蕊疏被腺状乳突，长约5 mm，花柱枝8～10。果半球形，径6～7 mm，分果爿8～10，被星状柔毛，顶端具2短芒。

地理分布 分布于越南、老挝、柬埔寨和印度等地。我国分布于华南、西南、东南等地。常生于山坡灌丛、旷野和沟谷边。

饲用价值 牛、羊、鹿喜食。此外，白背黄花稔全草可入药，具消炎解毒、清热利湿之功效。白背黄花稔的化学成分如表所示。

白背黄花稔的化学成分（%）

测定项目	样品情况	营养期叶及嫩梢
	干物质	25.80
占干物质	粗蛋白	18.91
	粗脂肪	2.02
	粗纤维	11.87
	无氮浸出物	56.99
	粗灰分	10.21
	钙	1.93
	磷	0.45

4. 黄槿

Hibiscus tiliaceus L.

形态特征 为木槿属灌木或小乔木，高4～7 m。叶近圆形或广卵形，径8～15 cm，先端突尖，基部心形；叶柄长3～8 cm。花序顶生或腋生，常数朵排列成聚伞花序，总花梗长4～5 cm，花梗长1～3 cm，基部有1对托叶状苞片；小苞片7～10，线状披针形；萼长1.5～2.5 cm，萼裂5，披针形；花冠钟形，径6～7 cm，花瓣黄色，内面基部暗紫色，倒卵形，长4～5 cm；雄蕊柱长约3 cm；花柱枝5。蒴果卵圆形，长约2 cm，被绒毛，分果片5，木质；种子光滑，肾形。

地理分布 黄槿原产于东半球热带地区，世界热带地区均有分布。我国分布于海南、广东、广西、福建、台湾等地。常生于滨海旷野及灌丛中。

饲用价值 牛、羊采食其叶。此外，其嫩根、嫩枝及叶可供蔬食。黄槿的化学成分如表所示。

黄槿的化学成分（%）

测定项目	样品情况	叶及嫩梢
	干物质	31.50
占干物质	粗蛋白	17.61
	粗脂肪	2.87
	粗纤维	27.50
	无氮浸出物	43.02
	粗灰分	9.00
	钙	1.66
	磷	0.27

黄槿植株

第 59 章　锦葵科牧草　｜　595

黄槿花

黄槿果实

5. 野葵

Malva verticillata L.

形态特征 为锦葵属越年生草本，高60～90 cm。叶肾形或圆形，径5～11 cm，常掌状5～7裂，裂片短，三角形，具钝尖头，叶缘有钝齿；叶柄长2～8 cm。花3至多朵簇生于叶腋，几无柄，或具极短柄；小苞片3，线状披针形，长5～6 mm；萼杯状，径5～8 mm，萼裂5，广三角形；花冠长约为萼的2倍，淡白色至淡红色，花瓣5，长6～8 mm，先端凹入，爪无毛或有少数细毛；雄蕊柱长4 mm；花柱枝10～11。果扁圆形，径5～7 mm，分果爿10～11；种子肾形，径约1.5 mm，紫褐色，秃净。

地理分布 广布于印度、缅甸、朝鲜、埃及、埃塞俄比亚及欧洲等地。我国南北各地均有分布。

饲用价值 野葵适口性较好，幼嫩植株牛、羊均喜采食，煮熟后猪喜食。此外，其嫩苗可供蔬食。野葵的化学成分如表所示。

野葵的化学成分（%）

测定项目	样品情况	营养期茎叶干样
	干物质	86.71
占干物质	粗蛋白	29.65
	粗脂肪	3.23
	粗纤维	18.35
	无氮浸出物	30.73
	粗灰分	18.04
	钙	1.77
	磷	0.50

野葵植株

第60章 梧桐科牧草

梧桐科（Sterculiaceae），乔木或灌木，稀为草本或藤本。叶互生，单叶，稀为掌状复叶，全缘、具齿或深裂。花序腋生，稀顶生，排成圆锥花序、聚伞花序、总状花序或伞房花序，稀为单生花；花单性、两性或杂性；萼片5，稀3~4，或多或少合生，稀完全分离，镊合状排列；花瓣5片或无花瓣，分离或基部与雌雄蕊柄合生，呈旋转的覆瓦状排列；雄蕊的花丝常合生成管状，有5枚舌状或线状的退化雄蕊与萼片对生，或无退化雄蕊，花药2室，纵裂；雌蕊由2~5（稀10~12）个多少合生的心皮或单心皮组成，子房上位，每室有胚珠2颗或多颗，稀为1颗，花柱1或与心皮同数。果多为蒴果或蓇葖果，极少为浆果或核果。

该科约68属1100余种，分布于世界热带和亚热带地区，个别种分布于温带地区。我国有19属82种3变种，主要分布于华南和西南，尤以北回归线以南分布最多。

梧桐科植物经济价值高，用途广，有些供食用，如苹婆（*Sterculia monosperma*）、香苹婆（*S. foetida*）、可可（*Theobroma cacao*）；有些供编织造纸、甚或纺织，如昂天莲（*Ambroma augustum*）、火索麻（*Helicteres isora*）；有些供观赏，如梧桐（*Firmiana simplex*）、火桐（*F. colorata*）；有些用于工业原料的生产，如火绳树属（*Eriolaena*）各种均为紫胶虫的良好寄主，而紫胶为重要的工业原料；一些灌木类为南方山区丘陵地区动物重要的啃食饲料，如山芝麻（*H. angustifolia*）、火索麻等。

1. 山芝麻
Helicteres angustifolia L.

形态特征 为山芝麻属小灌木，高达1 m。叶狭矩圆形或条状披针形，长3.5~5 cm，宽1.51~2.5 cm；叶柄长5~7 mm。聚伞花序有花2至数朵；花梗通常有锥状的小苞片4片；萼管状，长6 mm，5裂，裂片三角形；花瓣5，淡红色或紫红色，比萼略长，基部有2个耳状附属体；雄蕊10，退化雄蕊5，线形；子房5室，较花柱略短，每室约10胚珠。蒴果卵状矩圆形，长12~20 mm，宽7~8 mm，顶端急尖，密被星状毛及混生长绒毛；种子小，褐色，有椭圆形小斑点。

地理分布 分布于印度、缅甸、泰国、越南、老挝、柬埔寨、马来西亚、印度尼西亚和菲律宾等地。我国分布于海南、广东、广西、福建、台湾、云南、湖南、江西等地。常生于草坡上，为南方山地和丘陵地带常见小灌木。

饲用价值 牛、羊喜食其叶。此外，其根可药用，叶捣烂敷患处可治疮疖。山芝麻的化学成分如表所示。

山芝麻的化学成分（%）

测定项目	样品情况	营养期嫩茎叶
	干物质	25.70
占干物质	粗蛋白	14.49
	粗脂肪	1.67
	粗纤维	19.58
	无氮浸出物	54.67
	粗灰分	9.59
	钙	0.96
	磷	0.14

山芝麻植株

2. 火索麻
Helicteres isora L.

形态特征 为山芝麻属灌木，高达2 m。叶卵形，长10～12 cm，宽7～9 cm，顶端短渐尖，常具小裂片，基生脉5条；叶柄长8～25 mm；托叶条形。聚伞花序腋生，常2～3个簇生，长达2 cm；小苞片钻形，长7 mm；花红色或紫红色，径约3.5 cm；萼长17 mm，通常4～5浅裂，裂片三角形，排列成二唇状；花瓣5，前面2瓣较大，长12～15 mm，斜镰刀形；雄蕊10，退化雄蕊5；子房略具乳头状突起，授粉后螺旋状扭曲。蒴果圆柱状，螺旋状扭曲，成熟时黑色，长5 cm，宽7～9 mm，顶端锐尖，具长喙；种子细小，径不及2 mm。

地理分布 分布于印度、越南、斯里兰卡、泰国、马来西亚、印度尼西亚和澳大利亚北部等地。我国分布于海南、云南等地。常生于海拔100～580 m的草坡、丘陵地和灌丛中。

饲用价值 羊稍采食其嫩枝叶。火索麻的化学成分如表所示。

火索麻的化学成分（%）

测定项目	样品情况	营养期嫩茎叶
占干物质	干物质	27.00
	粗蛋白	12.92
	粗脂肪	1.26
	粗纤维	23.16
	无氮浸出物	51.64
	粗灰分	11.02
	钙	1.91
	磷	0.17

火索麻植株（局部）

3. 蛇婆子

Waltheria indica L.

形态特征 为蛇婆子属稍直立或匍匐状半灌木。枝长达1 m。叶卵形或长椭圆状卵形，长2.5～4.5 cm，宽1.5～3 cm，顶端钝，基部圆形或浅心形，边缘有小齿；叶柄长0.5～1 cm。聚伞花序腋生，头状；小苞片狭披针形，长约4 mm；萼筒状，5裂，长3～4 mm，裂片三角形，比萼筒长；花瓣5，淡黄色，匙形，顶端截形，比萼略长；雄蕊5，花丝合生成筒状，包围着雌蕊；子房无柄，花柱偏生，柱头流苏状。蒴果二瓣裂，倒卵形，长约3 mm，被毛，为宿存的萼所包围；种子1颗，倒卵形，极小。

地理分布 广泛分布于世界热带地区。我国分布于海南、广东、广西、福建、台湾、云南等地。常生于向阳草坡地上。

饲用价值 羊喜食，牛采食。蛇婆子的化学成分如表所示。

蛇婆子的化学成分（%）

测定项目	样品情况	营养期嫩茎叶
	干物质	23.00
占干物质	粗蛋白	17.89
	粗脂肪	2.75
	粗纤维	15.16
	无氮浸出物	57.51
	粗灰分	6.69
	钙	1.09
	磷	0.27

蛇婆子植株

第61章 桃金娘科牧草

桃金娘科（Myrtaceae），乔木或灌木。单叶对生或互生，具羽状脉或基出脉，全缘，常有油腺点。花两性，有时杂性，单生或排成各式花序；萼管与子房合生，萼片4~5或更多，有时黏合；花瓣4~5，分离或连成帽状体；雄蕊多数，很少是定数，插生于花盘边缘，在花蕾时向内弯或折曲，花丝分离或多少连成短管或成束而与花瓣对生，花药2室，背着或基生，纵裂或顶裂，药隔末端常有1腺体；子房下位或半下位，心皮2至多个，1室或多室，少数的属出现假隔膜，每室有胚珠1至多颗，花柱单一，柱头单一，有时2裂。果为蒴果、浆果、核果或坚果；种子1至多颗，无胚乳或有稀薄胚乳，胚直或弯曲，马蹄形或螺旋形，种皮坚硬或薄膜质。

该科约100属3000余种，主要分布于美洲热带、大洋洲及亚洲热带地区。我国原产及驯化的有9属126种8变种，主要分布于海南、广东、广西、云南等地。近年来大量引入桉属（*Eucalyptus*）植物作为造林树种，白千层属（*Melaleuca*）、红胶木属（*Lophostemon*）、红千层属（*Callistemon*）、番樱桃属（*Eugenia*）、桃金娘属（*Rhodomyrtus*）及南美稔属（*Feijoa*）等作为观赏树种。

该科一些种类为高大的乔木，是重要的木材资源；大多数种类的叶子含有挥发性的芳香油，是工业及医药的重要原料；还有一些种类是食用香料和优良的热带水果。

1. 桃金娘
Rhodomyrtus tomentosa (Ait.) Hassk.

形态特征 为桃金娘属灌木，高1~2 m。叶对生，革质，叶片椭圆形或倒卵形，长3~8 cm，宽1~4 cm，先端圆或钝，基部阔楔形，离基三出脉；叶柄长4~7 mm。花常单生，具长梗，紫红色，径2~4 cm；萼管倒卵形，长6 mm，萼裂片5，近圆形，长4~5 mm；花瓣5，倒卵形，长1.3~2 cm；雄蕊红色，长7~8 mm；子房下位，3室，花柱长1 cm。浆果卵状壶形，长1.5~2 cm，宽1~1.5 cm，熟时紫黑色；种子每室2列。

地理分布 分布于中南半岛、印度、斯里兰卡、印度尼西亚等地。我国分布于海南、广东、广西、福建、台湾、云南、贵州及湖南等地。常生于丘陵坡地。

饲用价值 嫩茎叶羊、鹿喜食。此外，果可食用或药用。桃金娘的化学成分如表所示。

桃金娘的化学成分（%）

测定项目	样品情况	营养期鲜叶
干物质		26.40
占干物质	粗蛋白	7.82
	粗脂肪	1.99
	粗纤维	17.01
	无氮浸出物	68.77
	粗灰分	4.41
	钙	0.42
	磷	0.15

桃金娘植株

第 61 章 桃金娘科牧草 | 603

桃金娘花

2. 番石榴
Psidium guajava L.

形态特征 为番石榴属灌木或乔木，高可达5～10 m。叶片革质，长圆形至椭圆形，长6～12 cm，宽3.5～6 cm，先端急尖或钝，基部近于圆形；叶柄长5 mm。花单生或2～3排成聚伞花序；萼管钟形，长5 mm，萼帽近圆形，长7～8 mm，不规则裂开；花瓣长1～1.4 cm，白色；雄蕊长6～9 mm；子房下位，与萼合生，花柱与雄蕊同长。浆果球形、卵圆形或梨形，长3～8 cm，顶端有宿存萼片，果肉白色及黄色，胎座肥大，肉质，淡红色；种子多颗。

地理分布 番石榴原产于南美洲，现广布于世界热带地区。我国海南、广西、广东、福建、台湾、云南等地有栽培，且逸为野生。常生于荒地或低山丘陵上。

饲用价值 羊、鹿喜食其叶。此外，其叶可供药用，具止痢、止血之功效；果可食用。番石榴的化学成分如表所示。

番石榴的化学成分（%）

测定项目	样品情况	鲜叶
	干物质	28.90
占干物质	粗蛋白	12.56
	粗脂肪	5.28
	粗纤维	23.69
	无氮浸出物	51.98
	粗灰分	6.49
	钙	0.67
	磷	0.45

番石榴枝叶

第 61 章 桃金娘科牧草 | 605

番石榴花

第62章　番木瓜科牧草

番木瓜科（Caricaceae），小乔木或灌木，具乳汁，常不分枝。叶具长柄，聚生于茎顶，掌状分裂，稀全缘。花单性或两性，同株或异株。雄花通常组成下垂的总状花序或圆锥花序；雄花花萼5裂，裂片细长；花冠细长成管状；雄蕊10，互生，呈2轮，着生于花冠管上，花丝分离或基部连合，花药2室，纵裂。雌花单生于叶腋或数朵组成伞房花序；雌花花萼与雄花花萼相似；花冠管较雄花花冠管短，花瓣初靠合，后分离；子房上位，1室或具假隔膜而成5室，胚珠多数或有时少数生于侧膜胎座上，花柱5。两性花，花冠管极短或长；雄蕊5～10。果为肉质浆果，通常较大；种子卵球形至椭圆形。

该科4属约60种，产于热带美洲及非洲。我国仅引种栽培番木瓜（*Carica papaya*）。

1. 番木瓜
Carica papaya L.

形态特征 为番木瓜属软质小乔木，高达8~10 m。具乳汁。茎不分枝或有时于损伤处分枝，具螺旋状排列的托叶痕。叶大，聚生于茎顶端，近盾形，径达60 cm，通常7~9深裂，每裂片再羽状分裂；叶柄中空，长60~100 cm。花单性或两性。雄花排列成圆锥花序，长达1 m，下垂；花无梗；萼片基部连合；花冠乳黄色，花冠管细管状，长1.6~2.5 cm，花冠裂片5，披针形，长约1.8 cm，宽4.5 mm；雄蕊10，5长5短，短的几无花丝，长的花丝白色；子房退化。雌花单生或由数朵排列成伞房花序，着生于叶腋内，具短梗或近无梗，萼片5，长约1 cm，中部以下合生；花冠裂片5，分离，乳黄色或黄白色，长圆形或披针形，长5~6.2 cm，宽1.2~2 cm；花柱5，柱头数裂。两性花雄蕊5，着生于近子房基部极短的花冠管上，或为10枚着生于较长的花冠管上，排列成2轮，花冠管长1.9~2.5 cm，花冠裂片长圆形，长约2.8 cm，宽9 mm。浆果肉质，成熟时橙黄色或黄色，长圆球形、倒卵状长圆球形、梨形或近圆球形，长10~30 cm或更长；种子多颗，椭圆形至近圆形，长6~8 mm，宽4~5 mm，黄褐色或黑色。

地理分布 番木瓜原产于美洲热带地区，现广泛分布于世界热带及亚热带地区。我国海南、广东、广西、福建、云南、四川等地有栽培。

饲用价值 番木瓜叶大多汁，是猪的优质青饲料，茎秆髓部、肉质根及未成熟的果实煮熟后可喂猪。番木瓜的化学成分如表所示。

番木瓜的化学成分（%）

测定项目	样品情况	鲜叶
	干物质	12.98
占干物质	粗蛋白	25.22
	粗脂肪	9.87
	粗纤维	15.25
	无氮浸出物	38.70
	粗灰分	10.96
	钙	1.36
	磷	0.47

番木瓜植株

第63章 瑞香科牧草

瑞香科（Thymelaeaceae），多灌木，稀乔木或草本。单叶互生或对生，基部具关节，叶柄短。花两性或单性，雌雄同株或异株，头状、穗状、总状、圆锥状或伞形花序，有时单生或簇生，顶生或腋生；花萼通常为花冠状，白色、黄色或淡绿色，稀红色或紫色，常连合成钟状、漏斗状、筒状的萼筒，裂片4～5；花瓣缺或鳞片状，与萼裂片同数；雄蕊通常为萼裂片的2倍或同数，稀退化为2，多与裂片对生，或另一轮与裂片互生，花药卵形、长圆形或线形，2室，向内直裂，稀侧裂；花盘环状、杯状或鳞片状；心皮2～5个合生，每室有悬垂胚珠1颗，稀2～3颗，柱头通常头状。浆果、核果或坚果，稀为2瓣开裂的蒴果，果皮膜质、革质、木质或肉质；种子下垂或倒生，胚直立，子叶厚而扁平，稍隆起。

该科约48属650余种，广布于世界热带、亚热带和温带地区，尤以非洲、大洋洲和地中海沿岸为多。我国有10属100余种，南北各地均有分布，尤以长江流域及其以南地区为多。

1. 了哥王
Wikstroemia indica (L.) C. A. Mey.

形态特征 又名南岭荛花、桐皮子、地棉皮，为荛花属灌木，高0.5~1.5 m。叶对生，倒卵形、长椭圆形或披针形，长2~5 cm，宽0.5~1.5 cm，先端钝或急尖，基部阔楔形或窄楔形，侧脉细密，极倾斜；叶柄长约1 mm。花黄绿色，数朵组成顶生头状总状花序，花序梗长5~10 mm；花梗长1~2 mm；花萼长7~12 mm，裂片4，宽卵形至长圆形，长约3 mm，顶端尖或钝，雄蕊8，2列，着生于花萼管中部以上；子房倒卵形或椭圆形；花柱极短或近无，柱头头状；花盘鳞片通常2或4枚。果椭圆形，长7~8 mm，成熟时红色至暗紫色。

地理分布 分布于印度、越南、菲律宾等地。我国分布于长江以南。常生于海拔1500 m以下的开阔林下、丘陵草坡和灌丛中。

饲用价值 了哥王粗蛋白含量高，营养丰富，山羊、鹿极喜食，为良等饲用植物。了哥王的化学成分如表所示。

了哥王的化学成分（%）

测定项目	样品情况	营养期叶片
占干物质	干物质	30.30
	粗蛋白	26.30
	粗脂肪	3.18
	粗纤维	24.45
	无氮浸出物	39.16
	粗灰分	6.91
	钙	0.98
	磷	0.20

了哥王植株（局部）

了哥王果实

第64章　木麻黄科牧草

木麻黄科（Casuarinaceae），乔木或灌木，小枝轮生或假轮生，具节，纤细，绿色或灰绿色，常有沟槽及线纹或具棱。叶退化为鳞片状（鞘齿），4至多片轮生成环状，围绕在小枝每节的顶端，下部连合为鞘，与小枝下一节间完全合生。花单性，雌雄同株或异株，无花梗。雄花序为穗状花序，纤细，圆柱形，顶生，少侧生；雌花密集成球形或卵形，似头状花序，顶生于短的侧枝上。雄花轮生在花序轴上，开放前隐藏于合生为杯状的苞片腋间，花被片1或2，早落，长圆形，顶端常呈帽状或2片合抱，覆盖着花药，基部有1对早落或宿存的小苞片；雄蕊1枚，花药大，2室，纵裂。雌花无花被；雌蕊由2心皮组成，初为2室，因后室退化而成为单室，胚珠2颗。小坚果扁平，顶端具膜质的薄翅，密集纵列于球果状的果序（假球果）上，初时被包藏在2枚宿存、闭合的小苞片内，成熟时小苞片硬化为木质，展开露出小坚果。种子单生，种皮膜质，无胚乳。

该科1属约65种，主产于大洋洲，亚洲东南部和非洲东部也有分布。

1. 木麻黄

Casuarina equisetifolia L.

形态特征 为木麻黄属常绿乔木。高10～20 m，小枝灰绿色，有纵棱7～8条。叶鳞片状，淡褐色，多枚轮生。花单性，雌雄同株，无花被；雄花序穗状，顶生或腋生，长8～10 mm；雌蕊近头状，侧生枝上。果序近球形或宽椭圆状，径约1.5 cm，具短梗，在木质的小苞片内有1具薄翅的小坚果。

地理分布 木麻黄原产于澳大利亚，美洲、亚洲东南部广泛栽培。我国海南、广东、广西、福建、台湾等地广泛栽培。

生物学特性 木麻黄为典型的热带低海拔树种，在半干旱、半湿润地区生长良好，不耐寒，耐干旱，不耐水渍。对土壤要求不严，尤喜沙质土壤，在滨海沙地生长最盛。抗风力强，广泛分布于沿海沙滩。

饲用价值 木麻黄小枝牛采食，羊、鹿喜食，是热带沿海地区重要的木本饲料，冬春旱季，可补充青饲料的不足。此外，其还有治疗家畜腹泻的功效。木麻黄的化学成分如表所示。

木麻黄的化学成分（%）

测定项目	样品情况	鲜小枝
	干物质	48.10
占干物质	粗蛋白	9.40
	粗脂肪	2.90
	粗纤维	26.30
	无氮浸出物	57.50
	粗灰分	3.90
	钙	1.53
	磷	0.05

木麻黄果序

木麻黄植株

第65章　卫矛科牧草

卫矛科（Celastraceae），乔木、灌木、藤本灌木或匍匐小灌木。单叶对生或互生，少轮生。花两性或退化为功能性不育的单性花，杂性同株，较少异株；聚伞花序1至多次分枝，具有较小的苞片和小苞片；花萼、花冠分化明显，极少萼冠相似或花冠退化；花萼基部通常与花盘合生，萼片4～5；花瓣4～5，分离，少为基部贴合，常具明显肥厚花盘；雄蕊与花瓣同数，花药2室或1室；心皮2～5，合生；子房室与心皮同数或退化成不完全室或1室，倒生胚珠，通常每室2～6颗。多为蒴果，亦有核果、翅果或浆果；种子多少被肉质假种皮包围，稀无假种皮，胚乳肉质丰富。

该科约有60属850种，主要分布于热带、亚热带及温带地区。我国有12属201种，全国均产，其中引进栽培1属1种。

1. 变叶美登木
Maytenus diversifolius (Maxim.) D. Hou

形态特征 又名细叶裸实、变叶裸实，为美登木属灌木或小乔木，高1～3 m。叶倒卵形、近阔卵圆形或倒披针形，长1～4.5 cm，宽1～1.8 cm，先端圆或钝，基部楔形或下延成窄长楔形，边缘有极浅圆齿；叶柄长1～3 mm。圆锥聚伞花序纤细，1至数枝丛生刺枝上；花序梗长5～10 mm，1次二歧分枝；苞片和小苞片长不足1 mm；花白色或淡黄色，径3～5 mm；萼片三角卵形；花盘扁圆；雄蕊着生于花盘外，花丝下部稍宽；子房大部生花盘内，无花柱，柱头圆。蒴果通常2裂，扁倒心形，宽处5～7 mm，红色或紫色，小果梗连同果序梗长8～12 mm，纤细；种子椭圆状，径3～4 mm，黑褐色，基部有白色假种皮。

地理分布 我国分布于华南、福建及台湾等地。常生于山坡路边、干燥沙地、旷野和疏林中。

饲用价值 羊采食其叶及嫩梢。变叶美登木的化学成分如表所示。

变叶美登木的化学成分（%）

测定项目	样品情况	叶及嫩梢
	干物质	35.32
占干物质	粗蛋白	12.60
	粗脂肪	8.24
	粗纤维	16.22
	无氮浸出物	56.62
	粗灰分	6.32
	钙	1.71
	磷	0.09

变叶美登木枝叶

第 66 章　夹竹桃科牧草

夹竹桃科（Apocynaceae），乔木、直立灌木、木质藤本，少为多年生草本。具乳汁。单叶对生、轮生，稀互生，全缘，稀有细齿；通常无托叶或退化成腺体。花两性，辐射对称，单生或组成聚伞花序，顶生或腋生；花萼裂片5，稀4，基部合生成筒状或钟状，裂片通常为双盖覆瓦状排列，基部内面通常有腺体；花冠合瓣，高脚碟状、漏斗状、坛状、钟状、盆状，稀辐状，裂片5，稀4，覆瓦状排列，稀镊合状排列；雄蕊5枚，花丝分离，花药长圆形或箭头状，2室，分离或互相黏合并贴生在柱头上；花盘环状、杯状或舌状，稀无花盘；子房1～2室；花柱1，基部合生或裂开；柱头环状、头状或棒状，顶端通常2裂；胚珠1至多颗。浆果、核果、蒴果或蓇葖果；种子通常一端被毛，常有胚乳。

该科约155属2000余种，分布于世界热带、亚热带地区，少数分布于温带地区。我国有46属145种，主要分布于长江以南，少数分布于华北、西北等地。

1. 倒吊笔
Wrightia pubescens R. Brown

形态特征 为倒吊笔属乔木，高8~20 m。含乳汁。叶对生，长圆状披针形、卵圆形或卵状长圆形，顶端短渐尖，基部急尖至钝，长5~10 cm，宽3~6 cm；叶柄长0.4~1 cm。聚伞花序长约5 cm；总花梗长0.5~1.5 cm；花梗长约1 cm；萼片阔卵形或卵形；花冠漏斗状，白色、浅黄色或粉红色，花冠裂片长圆形，长约1.5 cm，宽7 mm；副花冠分裂为10鳞片，其中5鳞片生于花冠裂片上，长8 mm，顶端通常有3小齿，其余5枚鳞片生于花冠管顶端与花冠裂片互生，长6 mm，顶端2深裂；雄蕊伸出花喉外，花药箭头状；子房由2枚黏生心皮组成，花柱丝状，向上逐渐增大，柱头卵形。蓇葖果2个黏生，线状披针形，灰褐色，斑点不明显，长15~30 cm，径1~2 cm；种子线状纺锤形，黄褐色，顶端具淡黄色绢质毛。

地理分布 分布于印度、泰国、越南、柬埔寨、马来西亚、印度尼西亚、菲律宾和澳大利亚等地。我国分布于海南、广东、广西、云南和贵州等地。常生于山地疏林中。

饲用价值 羊、鹿喜食其嫩枝叶。此外，其根、茎、叶及果实可供药用，具祛风除湿、消肿解毒之功效。倒吊笔的化学成分如表所示。

倒吊笔的化学成分（%）

测定项目	样品情况	嫩茎叶
	干物质	24.50
占干物质	粗蛋白	23.49
	粗脂肪	8.84
	粗纤维	13.76
	无氮浸出物	44.54
	粗灰分	9.37
	钙	1.43
	磷	0.33

倒吊笔植株（果期局部）

倒吊笔花序

第 67 章　大风子科牧草

大风子科（Flacourtiaceae），常绿（或落叶）乔木或灌木。单叶，互生，稀对生和轮生，全缘或有锯齿，多数在齿尖有圆腺体，有时在叶基有腺体和腺点；托叶小，稀大或叶状，通常早落或缺，或宿存。花单生或簇生，排成顶生或腋生的总状花序、圆锥花序、聚伞花序；花小，稀较大，两性或单性，雌雄异株或杂性同株；花梗常在基部或中部处有关节；萼片2~7或更多，覆瓦状排列，稀镊合状和螺旋状排列，分离或在基部联合成萼管；花瓣2~7，稀更多或缺，通常花瓣与萼片相似而同数；花托通常具腺体，或腺体开展成花盘；雄蕊通常多数，稀少数，有的与花瓣同数而和花瓣对生；雌蕊由2~10个心皮组成；子房通常1室。果实通常为浆果和蒴果，有的有棱条，角状或多刺；种子1至多颗，有时有假种皮，或边缘有翅，稀被绢状毛，通常有丰富的、肉质的胚乳，胚直立或弯曲，子叶通常较大，心状或叶状。

该科约有93属1300余种，主要分布于热带和亚热带地区。我国有14属约54种，主产于华南、西南等地，其中叶可供饲用者主要为天料木属（*Homalium*）的红花天料木（*H. ceylanicum*）。

1. 红花天料木

Homalium ceylanicum (Gardner) Benth.

形态特征 又名斯里兰卡天料木,为天料木属乔木,高8~15 m。叶长圆形或椭圆状长圆形,稀倒卵状长圆形,长6~10 cm,宽2.5~5 cm;叶柄长0.5~1 cm。花外面淡红色,内面白色,多数,3~4朵簇生而排成总状,总状花序长5~15 cm;花被极短,长1.2~2 mm,密被短柔毛,中部具节;花径约2.5 mm,结果时增大,约4 mm;萼管陀螺状,长约1 mm;萼片线状长圆形,长约1.5 mm,宽约0.3 mm,结果时增大,先端急尖;花瓣宽匙形,长约1.5 mm,果时略增大,先端钝;雄蕊5或6枚,花丝无毛,长于花瓣,花药圆形,直径0.35 mm;花盘腺体近陀螺状,顶端平;子房被短柔毛,花柱(4~)5~6,长约2 mm。蒴果倒圆锥形,长约4 mm,径约1.5 mm。

地理分布 红花天料木原产于我国海南、广东,越南北部也有分布。我国海南、广东、广西、福建、云南等地有栽培。

饲用价值 羊采食其叶,鹿喜食。红花天料木的化学成分如表所示。

红花天料木的化学成分(%)

测定项目	样品情况	叶及嫩梢
占干物质	干物质	30.30
	粗蛋白	12.51
	粗脂肪	2.11
	粗纤维	20.44
	无氮浸出物	54.46
	粗灰分	10.48
	钙	2.45
	磷	0.30

红花天料木植株(局部)

红花天料木花序

第 68 章 藤黄科牧草

藤黄科（Clusiaceae），乔木或灌木。单叶对生或轮生，稀互生。花序聚伞状、伞状，或为单花。花两性或单性，轮状排列或部分螺旋状排列，通常整齐，下位；萼片（2）4～5（6），覆瓦状排列或交互对生，内部的有时花瓣状；花瓣（2）4～5（6），离生，覆瓦状排列或旋卷；雄蕊多数，离生或成4～5（～10）束，束离生或不同程度合生；子房上位，通常有5或3个多少合生的心皮，1～12室；花柱1～5或不存在；柱头1～12，常呈放射状。果为蒴果、浆果或核果；种子1至多颗。

该科约40属1000余种，大部分产于热带。我国有8属87种，南北各地均有分布。

1. 岭南山竹子
Garcinia oblongifolia Champ. ex Benth.

形态特征 又名海南山竹子，为藤黄属常绿乔木，高5~15 m。叶片长圆形、倒卵状长圆形至倒披针形，长5~10 cm，宽2~3.5 cm，顶端急尖或钝，基部楔形；叶柄长约1 cm。花小，径约3 mm，单性，异株，单生或成聚伞花序，花梗长3~7 mm。雄花萼片等大，近圆形，长3~5 mm；花瓣橙黄色或淡黄色，倒卵状长圆形，长7~9 mm；雄蕊多数，合生成1束，花药聚生成头状。雌花的萼片、花瓣与雄花相似；退化雄蕊合生成4束，短于雌蕊；子房卵球形，8~10室，无花柱，柱头盾形，隆起，辐射状分裂，上面具乳头状瘤突。浆果卵球形或圆球形，长2~4 cm，径2~3.5 cm。

地理分布 我国分布于海南、广东、广西。常生于山坡、沟谷密林或疏林中。

饲用价值 嫩梢、叶片肥嫩多汁，羊喜食，鹿极喜食，为优质木本饲料。果可食用。岭南山竹子的化学成分如表所示。

岭南山竹子的化学成分（%）

测定项目	样品情况	嫩茎叶
	干物质	23.40
占干物质	粗蛋白	10.36
	粗脂肪	3.74
	粗纤维	19.47
	无氮浸出物	58.09
	粗灰分	8.34
	钙	2.76
	磷	0.32

岭南山竹子植株

第69章　美人蕉科牧草

美人蕉科（Cannaceae），多年生直立草本，具块状的地下茎。叶大，互生，有明显的羽状平行脉，具叶鞘。花两性，排成顶生的穗状花序、总状花序或狭圆锥花序，有苞片；萼片3，绿色，宿存；花瓣3，通常披针形，绿色或其他颜色，下部合生成一管并常和退化雄蕊群连合；退化雄蕊花瓣状，基部连合，红色或黄色，3~4枚，外轮3枚较大，内轮的1枚较狭，外反；发育雄蕊的花丝亦增大成花瓣状，多少旋卷，边缘有1枚1室的花药室；子房下位，3室，每室有胚珠多颗；花柱扁平或棒状。蒴果，3瓣裂，多少具3棱，有小瘤体或柔刺；种子球形。

该科仅1属约55种，产于美洲的热带和亚热带地区。我国栽培的约6种，其中蕉藕（*Canna indica*）为我国南方常见栽培植物，其块茎可食用或提取淀粉，是优质饲料，亦供观赏。

1. 蕉藕
Canna indica L.

形态特征　又名蕉芋、姜芋、芭蕉芋、美人蕉，为美人蕉属多年生草本。根茎发达，多分枝，肉质，块状；地上茎粗壮，高3~4 m。叶互生，矩圆形、长圆形或卵状长圆形，长30~70 cm，宽10~25 cm。总状花序疏散，单生或分叉，少花，被蜡质粉霜，基部有阔鞘；花单生或2朵聚生；小苞片卵形，长8 mm，淡紫色；萼片披针形，长约1.5 cm；花冠管杏黄色，长约1.5 cm，花冠裂片杏黄色，顶端紫色，披针形，长约4 cm，直立；外轮退化雄蕊2~3，倒披针形，长约5.5 cm，宽约1 cm，红色，基部杏黄色，直立，其中1枚微凹；唇瓣披针形，长4.5 cm，卷曲，顶端2裂；发育雄蕊披针形，长4.2 cm，花药室长9 mm；子房圆球形，径约6 mm，绿色，密被小疣状突起；花柱狭带形，长6 cm，杏黄色。

地理分布　蕉藕原产于西印度群岛和南美洲。我国西南栽培较多。

饲用价值　蕉藕茎叶可喂兔及鱼，切碎或打浆后可喂猪；块茎为优质能量饲料，煮熟后可喂猪，加工后的粉渣或酒糟也是猪的优良饲料。蕉藕的化学成分如表所示。

蕉藕的化学成分（%）

测定项目	样品情况	鲜茎叶	块茎干样	粉渣
	干物质	17.30	92.50	4.80
占干物质	粗蛋白	21.39	5.08	20.83
	粗脂肪	6.94	0.76	4.17
	粗纤维	19.08	4.87	12.50
	无氮浸出物	37.57	83.78	56.25
	粗灰分	15.02	5.51	6.25
	钙	—	—	—
	磷	—	—	—

蕉藕植株（栽培群体）

蕉藕花序

蕉芋块茎

第 70 章　竹芋科牧草

竹芋科（Marantaceae），多年生草本，有根茎或块茎。叶具羽状平行脉，通常2列，具顶部增厚的柄，有叶鞘。花两性，常成对生于苞片中，组成顶生的穗状、总状或疏散的圆锥花序，或花序单独由根茎抽出；萼片3，分离；花冠管裂片3，外面的1枚通常较大；退化雄蕊2～4，外轮的1～2枚花瓣状，较大，内轮的2枚一为兜状，包围花柱，另一为硬革质；发育雄蕊1，花瓣状，花药1室，生于一侧；子房下位，1～3室；每室1胚珠；花柱偏斜、弯曲、变宽，柱头3裂。蒴果；种子1～3，坚硬，有胚乳和假种皮。

该科约30属400余种，主产于美洲，分布于世界热带地区。我国原产及引入栽培的共4属10余种。

1. 竹芋
Maranta arundinacea L.

形态特征 为竹芋属直立草本。根茎肉质，纺锤形。茎二歧分枝，高0.4～1 m。叶薄，卵形或卵状披针形，长10～20 cm，宽4～10 cm，绿色，顶端渐尖，基部圆形，背面无毛或薄被长柔毛；叶枕长5～10 mm；无柄或具短柄；叶舌圆形。总状花序顶生，长15～20 cm，有花数朵；苞片线状披针形，内卷，长3～4 cm；花小，白色，小花梗长约1 cm；萼片狭披针形，长1.2～1.4 cm；花冠管长1.3 cm，基部扩大，花冠管裂片长8～10 mm；外轮2枚退化雄蕊倒卵形，长约1 cm，先端凹入，内轮的长仅及外轮的一半；子房无毛或稍被长柔毛。果长圆形，长约7 mm。

地理分布 竹芋原产于南美洲，现世界热带地区普遍栽培。我国华南、西南部分地区有栽培。

饲用价值 竹芋全株可作猪饲料，煮熟后饲喂猪。其块茎富含淀粉，提取的竹芋粉可供食用，剩余的残渣可用来喂猪。竹芋的化学成分如表所示。

竹芋的化学成分（%）

测定项目	样品情况	鲜茎叶	块茎
干物质		14.50	8.10
占干物质	粗蛋白	14.63	4.61
	粗脂肪	2.08	1.01
	粗纤维	25.76	18.28
	无氮浸出物	44.72	65.78
	粗灰分	12.81	10.32
钙		0.54	0.43
磷		0.24	0.11

竹芋植株

主要参考文献

白昌军, 刘国道, 何华玄, 等. 2006. 热研12号平托落花生的选育[J]. 热带作物学报, 2: 45-49.
蔡小艳, 赖志强, 石德顺, 等. 2013. 山毛豆草粉颗粒料对肉兔的饲用价值评价[J]. 草地学报, 4: 798-804.
陈默君, 贾慎修. 2002. 中国饲用植物[M]. 北京: 中国农业出版社.
陈志彤, 罗旭辉, 李春燕, 等. 2012. 闽引2号圆叶决明的适应性研究[J]. 草地学报, 3: 484-488.
陈钟佃, 黄勤楼, 黄秀声, 等. 2012. 闽牧6号狼尾草的选育及田间种植技术[J]. 家畜生态学报, 1: 53-55.
杜逸, 周寿荣, 赵阳汇, 等. 1986. 四川牧草、饲料作物品种资源名录[M]. 成都: 四川民族出版社.
顾洪如, 白淑娟, 丁成龙. 1999. 牧草新品种"宁杂3号"美洲狼尾草及其栽培技术[J]. 江苏农业科技, 4: 71-72.
顾洪如, 杨运生, 白淑娟, 等. 1992. 牧草新品种"宁牧26-2"狼尾草[J]. 江苏农业科学, 4: 61-63.
广东省植物研究所. 1997. 海南植物志(第四卷)[M]. 北京: 科学出版社.
匡崇义, 奎嘉祥, 薛世明, 等. 2001. 东非狼尾草的引种应用研究[J]. 四川草原, (2): 9-12.
赖志强, 黄敏瑞. 1998. 热带亚热带优质高产牧草矮象草的试验研究[J]. 中国草地, 6: 25-29.
梁北金. 1986. 多穗狼尾草消化饲养试验[J]. 广东农业科学, 12: 44.
梁英彩. 1999. 桂牧1号杂交象草选育研究[J]. 中国草地, 1: 19-22.
刘国道. 2000. 海南饲用植物志[M]. 北京: 中国农业大学出版社.
刘国道. 2015. 中国热带牧草品种志[M]. 北京: 科学出版社.
刘国道, 罗丽娟. 1999. 中国热带饲用植物资源[M]. 北京: 中国农业大学出版社.
莫熙穆, 陈定如, 陈章和. 1993. 广东饲用植物[M]. 广州: 广东科技出版社.
全国草品种审定委员会. 2008. 中国审定登记草品种集[M]. 北京: 中国农业出版社.
全国牧草品种审定委员会. 1999. 中国牧草登记品种集[M]. 北京: 中国农业大学出版社.
王栋. 1989. 牧草学各论[M]. 南京: 江苏科学技术出版社.
韦家少. 1992. 象草品比试验报告[J]. 热带作物研究, 3: 54-57.
易显凤, 赖志强, 滕少花, 等. 2013. 桂闽引象草的选育研究[J]. 上海畜牧兽医通讯, 5: 19-21.
易永艳, 江生泉, 李德荣. 2006. 百喜草不同生育期营养成分变化及动态研究[J]. 江西农业大学学报, 5: 658-661.
应朝阳, 罗旭辉, 黄毅斌, 等. 2010. 闽引圆叶决明适应性研究[J]. 草地学报, 1: 137-140.
余世俊. 1997. 江西牧草[M]. 北京: 中国农业出版社.
周自玮, 匡崇义, 袁福锦. 2007. 德宏象草不同生育时期营养成分研究[J]. 云南农业大学学报, (1): 79-81.

中文名索引

A

矮柱花草	269
岸杂1号狗牙根	101
凹头苋	496
奥图草	232

B

巴拉草	62
白背黄花稔	593
白饭树	553
白花柳叶箬	229
白灰毛豆	380
白茅	256
白羊草	199
白子菜	524
百喜草	87
斑茅	211
邦得1号杂交狼尾草	148
棒头草	244
苞子草	220
蝙蝠草	421
扁豆	402
扁穗牛鞭草	171
变叶美登木	614
波罗蜜	531

C

菜豆	311
䅟	181
糙伏山蚂蝗	324
草胡椒	459
草木犀	386
长波叶山蚂蝗	336
长画眉草	126
长叶雀稗	74
赤才	584
赤豆	314
赤山蚂蝗	338
赤小豆	318
翅托叶猪屎豆	295
臭根子草	197
刺芒野古草	254
刺蒴麻	588
刺苋	498
粗糙柱花草	271
酢浆草	476

D

大苞鸭跖草	455
大豆	394
大果榕	538
大花田菁	354
大画眉草	122
大罗网草	25
大藻	446
大青	572
大叶千斤拔	356
大叶山蚂蝗	332

大叶相思	369
大叶苎麻	484
单节假木豆	344
倒吊笔	616
德宏象草	140
地胆草	508
地瓜	537
地毯草	175
蝶豆	417
丁葵草	424
东非狼尾草	153
冬瓜	559
豆薯	420
短穗画眉草	123
短叶决明	283
短叶黍	24
对叶榕	539
多花木蓝	382
多穗狼尾草	155
多枝臂形草	64

E

| 二型马唐 | 93 |

F

番木瓜	607
番石榴	604
番薯	502
饭包草	454
飞扬草	550
凤凰木	375
俯仰臂形草	54
俯仰马唐	92

G

盖氏虎尾草	115
刚果臂形草	60
刚莠竹	238
高丹草	108
高秆珍珠茅	569
高粱	104
革命菜	522

葛	303
狗尾草	52
狗牙根	99
构树	533
菰	179
光高粱	111
光头稗	163
光叶落花生	279
圭亚那须芒草	160
圭亚那柱花草	264
鬼针草	520
桂闽引象草	142
桂木	532
桂牧1号杂交象草	146

H

海金沙	437
海南槐	372
海南马唐	94
海雀稗	88
含羞草决明	284
蔬子梢	387
合萌	428
黑面神	547
黑籽雀稗	81
红苞茅	216
红背山麻杆	545
红花酢浆草	478
红花天料木	619
红鳞扁莎	567
红尾翎	95
厚皮菜	491
厚皮树	579
厚藤	505
胡枝子	384
葫芦	556
葫芦茶	390
蝴蝶豆	396
虎尾草	117
华南象草	139
华须芒草	158
华野百合	297
画眉草	125
黄鹌菜	528

黄槿	594
黄茅	218
黄细心	470
黄羽扇豆	426
火索麻	599

J

蒺藜草	189
蕺菜	466
虮子草	225
稷	31
加拿大蓬	510
假败酱	573
假地豆	326
假地蓝	298
假俭草	194
假蒟	460
假木豆	346
坚尼草	28
豇豆	319
蕉藕	624
金合欢	367
金钱草	339
金色狗尾草	44
金丝草	242
金腰箭	519
决明	282

K

卡松古鲁非洲狗尾草	38
卡选14号非洲狗尾草	40
糠稷	23
苦瓜	557
宽叶雀稗	83
阔叶丰花草	482

L

老鼠芳	255
类芦	221
类雀稗	237
藜	489
鳌豆	398
李氏禾	223
鳢肠	515
莲子草	495
链荚豆	404
两型豆	405
了哥王	609
岭南山竹子	622
柳叶箬	228
柳枝稷	35
龙爪茅	183
蒌叶	461
鹿藿	407
绿豆	316
绿叶山蚂蝗	328
葎草	535
卵叶山蚂蝗	322
乱草	128
罗顿豆	415
落葵	463

M

马齿苋	473
马棘	383
蔓草虫豆	393
蔓花生	278
蔓生莠竹	239
蔓性千斤拔	358
芒	208
杧果	581
毛臂形草	68
毛芙兰草	562
毛花雀稗	70
毛蔓豆	408
毛排钱草	350
毛颖草	235
毛轴莎草	565
茅根	230
美丽胡枝子	385
美丽鸡血藤	376
美洲合萌	429
孟加拉野古草	253
密子豆	410
棉豆	309
闽牧6号狼尾草	149

摩特矮象草	137
磨盘草	590
墨西哥玉米	165
木豆	392
木麻黄	612
木薯	549

N

纳罗克非洲狗尾草	41
南迪非洲狗尾草	42
南瓜	560
南苜蓿	432
囊颖草	233
尼泊尔芒	210
拟高粱	110
拟金茅	206
宁杂3号美洲狼尾草	132
宁杂4号美洲狼尾草	134
牛筋草	182
牛筋果	576
糯米团	486

P

排钱草	348
蟛蜞菊	517
平托落花生	276
蘋	444
坡柳	583
破布叶	587
铺地蝙蝠草	422
铺地黍	33

Q

千金子	226
千里光	527
青绿黍	30
青葙	499
求米草	186
球穗草	250
球穗千斤拔	360
雀稗	78
鹊肾树	541

R

热研4号王草	151
绒毛山蚂蝗	334
柔枝莠竹	241
乳豆	412

S

三白草	468
三点金	341
三尖叶猪屎豆	291
三裂叶野葛	304
三数马唐	97
桑	540
山芝麻	598
珊状臂形草	56
蛇婆子	600
升马唐	90
湿生臂形草	67
十字马唐	96
十字薹草	570
石蝉草	458
石芒草	251
首冠藤	361
蓖麻	293
鼠妇草	120
鼠曲草	511
鼠尾粟	185
双花草	200
双穗雀稗	72
水葫芦	449
水黄皮	373
水蕨	440
水田稗	164
水蔗草	190
水竹叶	456
丝瓜	558
丝毛雀稗	85
四棱豆	400
四生臂形草	65
苏丹草	106
宿根画眉草	124
粟	46

T

台湾虎尾草	113
糖蜜草	173
桃金娘	602
藤竹草	26
田菁	352
甜根子草	213
铁苋菜	544
筒轴茅	222
头状柱花草	267
土蜜树	552
土牛膝	500
土人参	474

W

弯穗狗牙根	102
弯叶画眉草	127
网脉臂形草	58
危地马拉草	169
蕹菜	503
乌毛蕨	442
蜈蚣草	195
五节芒	207
五爪金龙	504

X

西南莩草	51
豨莶	512
喜旱莲子草	493
喜马拉雅葛藤	306
细柄草	246
细长柄山蚂蝗	388
纤毛蒺藜草	188
纤毛鸭嘴草	202
香附子	566
香根草	177
香合欢	371
象草	135
小藜	490
小叶海金沙	438
肖梵天花	592

Y

鸦胆子	577
鸭舌草	451
鸭跖草	453
盐肤木	580
羊蹄甲	363
洋紫荆	364
野葛	301
野葵	596
一点红	525
异型莎草	564
异序虎尾草	118
异叶山蚂蝗	342
薏苡	167
银柴	546
银合欢	365
银叶山蚂蝗	330
印度檀	374
硬秆子草	248
硬皮豆	419
有钩柱花草	273
有芒鸭嘴草	204
莠狗尾草	45
余甘子	554
羽芒菊	521
羽叶决明	285
雨久花	450
玉叶金花	481
芋	447
圆果雀稗	76
圆叶决明	286
圆叶舞草	378

Z

杂交狼尾草	144
沼菊	513
蔗茅	215
珍珠粟	130
肿柄菊	518
重阳木	551
皱叶狗尾草	50
猪菜藤	506

猪屎豆	289	籽粒苋	497
猪仔笠	425	紫花大翼豆	413
竹节草	192	紫雀花	427
竹叶草	187	紫云英	430
竹芋	627	棕叶狗尾草	48
苎麻	485	棕籽雀稗	79

拉丁名索引

A

Abutilon indicum	590
Acacia auriculiformis	369
Acacia farnesiana	367
Acalypha australis	544
Achyranthes aspera	500
Aeschynomene americana	429
Aeschynomene indica	428
Albizia odoratissima	371
Alchornea trewioides	545
Alloteropsis semialata	235
Alternanthera philoxeroides	493
Alternanthera sessilis	495
Alysicarpus vaginalis	404
Amaranthus blitum	496
Amaranthus hypochondriacus	497
Amaranthus spinosus	498
Amphicarpaea edgeworthii	405
Andropogon chinensis	158
Andropogon gayanus	160
Apluda mutica	190
Aporusa dioica	546
Arachis duranensis	278
Arachis glabrata	279
Arachis pintoi	276
Artocarpus heterophyllus	531
Artocarpus nitidus subsp. *lingnanensis*	532
Arundinella bengalensis	253
Arundinella nepalensis	251
Arundinella setosa	254
Astragalus sinicus	430
Axonopus compressus	175

B

Basella alba	463
Bauhinia corymbosa	361
Bauhinia purpurea	363
Bauhinia variegata	364
Benincasa hispida	559
Beta vulgaris var. *cicla*	491
Bidens pilosa	520
Bischofia javanica	551
Blechnum orientale	442
Boehmeria japonica	484
Boehmeria nivea	485
Boerhavia diffusa	470
Bothriochloa bladhii	197
Bothriochloa ischaemum	199
Brachiaria brizantha	56
Brachiaria decumbens	54
Brachiaria dictyoneura	58
Brachiaria humidicola	67
Brachiaria mutica	62
Brachiaria ramose	64
Brachiaria ruziziensis	60
Brachiaria subquadripara	65
Brachiaria villosa	68
Breynia fruticosa	547
Bridelia tomentosa	552
Broussonetia papyrifera	533

Brucea javanica	577

C

Cajanus cajan	392
Cajanus scarabaeoides	393
Callerya speciosa	376
Calopogonium mucunoides	408
Campylotropis macrocarpa	387
Canna indica	624
Capillipedium assimile	248
Capillipedium parviflorum	246
Carex cruciata	570
Carica papaya	607
Cassia leschenaultiana	283
Cassia mimosoides	284
Cassia nictitans	285
Cassia rotundifolia	286
Cassia tora	282
Casuarina equisetifolia	612
Celosia argentea	499
Cenchrus ciliaris	188
Cenchrus echinatus	189
Centrosema pubescens	396
Ceratopteris thalictroides	440
Chenopodium album	489
Chenopodium ficifolium	490
Chloris formosana	113
Chloris gayana	115
Chloris pycnothrix	118
Chloris virgata	117
Christia obcordata	422
Christia vespertilionis	421
Chrysopogon aciculatus	192
Chrysopogon zizanioides	177
Clerodendrum cyrtophyllum	572
Clitoria ternatea	417
Codoriocalyx gyroides	378
Coix lacryma-jobi	167
Colocasia esculenta	447
Commelina benghalensis	454
Commelina communis	453
Commelina paludosa	455
Crassocephalum crepidioides	522
Crotalaria alata	295
Crotalaria chinensis	297
Crotalaria ferruginea	298
Crotalaria juncea	293
Crotalaria micans	291
Crotalaria pallida	289
Cucurbita moschata	560
Cynodon dactylon	99
Cynodon dactylon cv. Coastcross-1	101
Cynodon radiatus	102
Cyperus difformis	564
Cyperus pilosus	565
Cyperus rotundus	566

D

Dactyloctenium aegyptium	183
Dalbergia sissoo	374
Delonix regia	375
Dendrolobium lanceolatum	344
Dendrolobium triangulare	346
Desmodium gangeticum	332
Desmodium heterocarpon	326
Desmodium heterophyllum	342
Desmodium intortum	328
Desmodium ovalifolium	322
Desmodium rubrum	338
Desmodium sequax	336
Desmodium strigillosum	324
Desmodium styracifolium	339
Desmodium triflorum	341
Desmodium uncinatum	330
Desmodium velutinum	334
Dichanthium annulatum	200
Digitaria ciliaris	90
Digitaria cruciata	96
Digitaria decumbens	92
Digitaria heterantha	93
Digitaria radicosa	95
Digitaria setigera	94
Digitaria ternata	97
Dodonaea viscosa	583

E

Echinochloa colona	163

Echinochloa oryzoides	164
Eclipta prostrata	515
Eichhornia crassipes	449
Elephantopus scaber	508
Eleusine coracana	181
Eleusine indica	182
Emilia sonchifolia	525
Enydra fluctuans	513
Eragrostis atrovirens	120
Eragrostis brownii	126
Eragrostis cilianensis	122
Eragrostis curvula	127
Eragrostis cylindrica	123
Eragrostis japonica	128
Eragrostis perennans	124
Eragrostis pilosa	125
Eremochloa ciliaris	195
Eremochloa ophiuroides	194
Erigeron canadensis	510
Eriosema chinense	425
Euchlaena mexicana	165
Eulaliopsis binata	206
Euphorbia hirta	550

F

Ficus auriculata	538
Ficus hispida	539
Ficus tikoua	537
Flemingia macrophylla	356
Flemingia prostrata	358
Flemingia strobilifera	360
Flueggea virosa	553
Fuirena ciliaris	562

G

Galactia tenuiflora	412
Garcinia oblongifolia	622
Glycine max	394
Gnaphalium affine	511
Gonostegia hirta	486
Gynura divaricata	524

H

Hackelochloa granularis	250
Harrisonia perforata	576
Helicteres angustifolia	598
Helicteres isora	599
Hemarthria compressa	171
Heteropogon contortus	218
Hewittia malabarica	506
Hibiscus tiliaceus	594
Homalium ceylanicum	619
Houttuynia cordata	466
Humulus scandens	535
Hylodesmum leptopus	388
Hyparrhenia yunnanensis	216

I

Imperata cylindrica	256
Indigofera amblyantha	382
Indigofera pseudotinctoria	383
Ipomoea aquatica	503
Ipomoea batatas	502
Ipomoea cairica	504
Ipomoea pes-caprae	505
Isachne albens	229
Isachne globosa	228
Ischaemum aristatum	204
Ischaemum ciliare	202

L

Lablab purpureus	402
Lagenaria siceraria	556
Lannea coromandelica	579
Leersia hexandra	223
Lepisanthes rubiginosa	584
Leptochloa chinensis	226
Leptochloa panicea	225
Lespedeza bicolor	384
Lespedeza formosa	385
Leucaena leucocephala	365
Lotononis bainesii	415
Luffa aegyptiaca	558
Lupinus luteus	426

Lygodium japonicum	437
Lygodium microphyllum	438

M

Macroptilium atropurpureum	413
Macrotyloma uniflorum	419
Malva verticillata	596
Mangifera indica	581
Manihot esculenta	549
Maranta arundinacea	627
Marsilea quadrifolia	444
Maytenus diversifolius	614
Medicago polymorpha	432
Melilotus officinalis	386
Melinis minutiflora	173
Microcos paniculata	587
Microstegium ciliatum	238
Microstegium fasciculatum	239
Microstegium vimineum	241
Miscanthus floridulus	207
Miscanthus nepalensis	210
Miscanthus sinensis	208
Momordica charantia	557
Monochoria korsakowii	450
Monochoria vaginalis	451
Morus alba	540
Mucuna pruriens var. *utilis*	398
Murdannia triquetra	456
Mussaenda pubescens	481

N

Neyraudia reynaudiana	221

O

Oplismenus compositus	187
Oplismenus undulatifolius	186
Ottochloa nodosa	232
Oxalis corniculata	476
Oxalis corymbosa	478

P

Pachyrhizus erosus	420
Panicum bisulcatum	23
Panicum brevifolium	24
Panicum incomtum	26
Panicum luzonense	25
Panicum maximum	28
Panicum maximum cv. Trichoglume	30
Panicum miliaceum	31
Panicum repens	33
Panicum virgatum	35
Parochetus communis	427
Paspalidium flavidium	237
Paspalum atratum	81
Paspalum dilatatum	70
Paspalum distichum	72
Paspalum longifolium	74
Paspalum notatum	87
Paspalum plicatulum	79
Paspalum scrobiculatum var. *orbiculare*	76
Paspalum thunbergii	78
Paspalum urvillei	85
Paspalum vaginatum	88
Paspalum wettsteinii	83
Pennisetum clandestinum	153
Pennisetum glaucum	130
Pennisetum glaucum cv. Ningza No. 3	132
Pennisetum glaucum cv. Ningza No. 4	134
Pennisetum glaucum × *P. purpureum* cv. 23A × N51	144
Pennisetum glaucum × *Pennisetum purpureum* cv. Bangde No. 1	148
Pennisetum glaucum × *Pennisetum purpureum* cv. Minmu No. 6	149
(*Pennisetum glaucum* × *P. purpureum*) × *P. purpureum* cv. Guimu No. 1	146
Pennisetum polystachion	155
Pennisetum purpureum	135
Pennisetum purpureum cv. Dehong	140
Pennisetum purpureum cv. Guiminyin	142
Pennisetum purpureum cv. Huanan	139
Pennisetum purpureum cv. Mott	137
Pennisetum purpureum × *Pennisetum glaucum* cv. Reyan No. 4	151

Peperomia blanda	458
Peperomia pellucida	459
Perotis indica	230
Phaseolus lunatus	309
Phaseolus vulgaris	311
Phyllanthus emblica	554
Phyllodium elegans	350
Phyllodium pulchellum	348
Piper betle	461
Piper sarmentosum	460
Pistia stratiotes	446
Pogonatherum crinitum	242
Polypogon fugax	244
Pongamia pinnata	373
Portulaca oleracea	473
Psidium guajava	604
Psophocarpus tetragonolobus	400
Pueraria montana var. *lobata*	301
Pueraria montana var. *montana*	303
Pueraria phaseoloides	304
Pueraria wallichii	306
Pycnospora lutescens	410
Pycreus sanguinolentus	567

R

Rhodomyrtus tomentosa	602
Rhus chinensis	580
Rhynchosia volubilis	407
Rottboellia cochinchinensis	222

S

Saccharum arundinaceum	211
Saccharum rufipilum	215
Saccharum spontaneum	213
Sacciolepis indica	233
Saururus chinensis	468
Scleria terrestris	569
Senecio scandens	527
Sesbania cannabina	352
Sesbania grandiflora	354
Setaria anceps cv. Kaxuan 14	40
Setaria anceps cv. Kazungula	38

Setaria anceps cv. Nandi	42
Setaria anceps cv. Narok	41
Setaria forbesiana	51
Setaria italica	46
Setaria palmifolia	48
Setaria parviflora	45
Setaria plicata	50
Setaria pumila	44
Setaria viridis	52
Sida rhombifolia	593
Siegesbeckia orientalis	512
Sophora tomentosa	372
Sorghum bicolor	104
Sorghum bicolor × *Sorghum sudanense*	108
Sorghum nitidum	111
Sorghum propinquum	110
Sorghum sudanense	106
Spermacoce alata	482
Spinifex littoreus	255
Sporobolus fertilis	185
Stachytarpheta jamaicensis	573
Streblus asper	541
Stylosanthes capitata	267
Stylosanthes guianensis	264
Stylosanthes hamata	273
Stylosanthes humilis	269
Stylosanthes scabra	271
Synedrella nodiflora	519

T

Tadehagi triquetrum	390
Talinum paniculatum	474
Tephrosia candida	380
Themeda caudata	220
Tithonia diversifolia	518
Tridax procumbens	521
Tripsacum laxum	169
Triumfetta rhomboidea	588

U

Urena lobata	592

V

Vigna angularis	314
Vigna radiata	316
Vigna umbellata	318
Vigna unguiculata	319

W

Waltheria indica	600
Wedelia chinensis	517
Wikstroemia indica	609
Wrightia pubescens	616

Y

| *Youngia japonica* | 528 |

Z

| *Zizania latifolia* | 179 |
| *Zornia gibbosa* | 424 |